"十二五"职业教育国家规划教材
经全国职业教育教材审定委员会审定

"十四五"技工教育规划教材

黑龙江省"十四五"职业教育规划教材

动物解剖生理

主　编◎白彩霞

副主编◎薛琳琳　王艳辉　丁玉玲

主　审◎张淑娟

DONGWU JIEPOU
SHENGLI

北京师范大学出版集团
BEIJING NORMAL UNIVERSITY PUBLISHING GROUP
北京师范大学出版社

图书在版编目(CIP)数据

动物解剖生理/白彩霞主编 . —北京：北京师范大学出版社，2025.1
("十二五"职业教育国家规划教材)
ISBN 978-7-303-29687-3

Ⅰ.①动… Ⅱ.①白… Ⅲ.①动物解剖学－高等职业教育－教材
②动物学－生理学－高等职业教育－教材 Ⅳ.①Q954.5 ②Q4

中国国家版本馆 CIP 数据核字(2024)第 009469 号

出版发行：北京师范大学出版社 https://www.bnupg.com
　　　　　北京市西城区新街口外大街 12-3 号
　　　　　邮政编码：100088

印　　刷：涿州汇美亿浓印刷有限公司
经　　销：全国新华书店
开　　本：787 mm×1092 mm　1/16
印　　张：22.75
字　　数：515 千字
版　　次：2025 年 1 月第 1 版
版　　次：2025 年 1 月第 1 次印刷
定　　价：55.80 元

策划编辑：周光明　　　　　　责任编辑：周光明
美术编辑：焦　丽　　　　　　装帧设计：焦　丽
责任校对：陈　民　　　　　　责任印制：马　洁

内容简介

　　本教材是畜牧兽医类专业的重要专业基础学习领域教材，是按照工学结合人才培养模式的要求编写的。全书主要包括 12 个项目，即动物体基本结构、运动系统、被皮系统、消化系统、呼吸系统、泌尿系统、生殖系统、心血管系统、免疫系统、神经系统、内分泌系统和动物解剖观察。每个项目通过具体实用的可行性任务来完成。教材中各种动物的解剖生理内容对比编写，以牛羊各个系统的解剖构造和生理机能为重点，猪、马、禽、犬、猫、兔仅做特征性的介绍。

　　通过本教材的学习，学生能对动物进行正确解剖，能识别主要器官正常的形态、位置和构造，并认知其机能，为学习动物营养、繁育、畜禽生产、病理、药理、内科、外科、临床诊断等相关学习领域构筑基本理论和基本技能平台，同时也为基层畜牧兽医工作人员提供借鉴和参考。

本书资源共享

前　言

本教材是以习近平新时代中国特色社会主义思想和党的二十大精神为指导，依据《教育部关于加强高职高专教育人才培养工作的意见》和《关于加强高职高专教育教材的若干意见》文件精神编写，供畜牧兽医类专业使用。

本书本着"以职业能力培养为核心，以工作过程为导向"的总体设计思想，依托成果导向教学改革实践和国家级在线精品课建设成果，遵循淡化学科体系，重视能力培养的原则进行编写。教材具有如下特点。

1. 教材根据畜牧兽医专业岗位能力的实际需要，确定编写内容和顺序。教材添加动物实地解剖观察，并按照知识从简单到复杂、能力从单项到综合培养的认知规律，确定12个项目编排顺序。每个项目通过任务驱动进行学习，强调学生学习主动性。

2. 教材体现成果导向和思政育人理念。教材细化每个项目的知识、能力和素养目标，具化相应教学目标达成度的评价方式及标准；通过拓展阅读方式融入思政元素，实现价值引领、知识传授、技能培养同频共振。

3. 教材形式新颖。每个项目包括学习任务单、任务资讯单、案例单、工作任务单、材料设备清单、作业单、学习反馈单，这充分体现了工作手册式教材设计理念和体例要求。

4. 教材采用学校与企业联合开发模式。编者队伍具有丰富的畜牧生产和兽医临床实践、教学经验。教材内容及所设项目任务贴近动物生产和疾病防治工作实际，并兼顾执业兽医师考试需求，顺应"岗课证"融通的职教理念。

5. 为体现在线精品课资源共享建设目的，教材提供配套数字化教学资源，满足当前全方位立体化融媒体教材、教学和课堂改革需要。

本教材具体编写分工如下：项目1、2、3由王艳辉编写；项目4、5由白彩霞编写；项目6、7由丁玉玲编写；项目8、9由聂明达编写；项目10、11、12由薛琳琳编写；孙福平负责临床案例设计编写。教材由白彩霞统稿，张淑娟审定。

本书于2011年、2017年分别出版了第一版、第二版，本次修订为第三版。本书为"十二五"职业教育国家规划教材、黑龙江省"十四五"职业教育规划教材。由于编写时间仓促，编者水平有限，难免有不足之处，恳请广大师生和社会学习者提出宝贵意见和建议。

编　者

目　录

项目 1
动物体基本结构

●●●●● **学习任务单**

项目 1	动物体基本结构	学时	10
布置任务			
学习目标	1. 知识目标 (1)知晓细胞构造； (2)理解细胞的机能； (3)知晓基本组织的分类、分布、特点和作用； (4)知晓器官、系统含义和分类； (5)理解有机体的调节方式。 2. 技能目标 (1)学会显微镜的使用和保养； (2)能利用显微镜识别细胞和各类基本组织； (3)能区辨矢状面、额面和横断面； (4)能在活体动物上指出各部名称和方位术语； 3. 素养目标 (1)培养学生发现、分析、解决问题的能力； (2)学会从辩证思维角度理解形态、构造与机能的关系； (3)培养学生爱岗敬业、精益求精、珍爱生命的工匠精神和人文素养。		
任务描述	在实训室利用图片或显微镜识别细胞和基本组织构造，并认知其机能。 具体任务如下。 1. 利用图片识别细胞结构。 2. 利用显微镜识别基本组织结构特点。		
提供资料	1. 白彩霞. 动物解剖生理. 北京：北京师范大学出版社，2021 2. 周其虎. 动物解剖生理. 第三版. 北京：中国农业出版社，2019 3. 张平，白彩霞，杨惠超. 动物解剖生理. 北京：中国轻工业出版社，2017 4. 丁玉玲，李术. 畜禽解剖与生理. 哈尔滨：黑龙江人民出版社，2005 5. 南京农业大学. 家畜生理学. 第三版. 北京：中国农业出版社，2009 6. 范作良. 家畜解剖. 北京：中国农业出版社，2001 7. 范作良. 家畜生理. 北京：中国农业出版社，2001		

	8. 动物解剖生理在线精品课：
对学生要求	1. 能根据任务单、资讯引导，查阅相关资料，在课前以小组合作的方式完成任务资讯问题。 2. 以小组为单位完成任务，体现团队合作精神。 3. 严格遵守实训室规章制度。

●●●●● **任务资讯单**

项目 1	动物体基本结构
资讯方式	通过资讯引导、观看视频，到本课程及相关课程的在线精品课网站、解剖实训室、组织实训室、标本室、图书馆查询，向指导教师咨询。
资讯问题	1. 细胞的构造如何？ 2. 细胞膜有何作用？物质出入细胞膜的方式有哪几种？各有何特点？ 3. 细胞质内有哪些重要的细胞器？各有何主要作用？ 4. 细胞核的结构有哪些？ 5. 细胞生命活动的基本特征有哪些？ 6. 如何理解同化和异化作用？ 7. 如何理解组织的含义？动物体内基本组织有哪几种？ 8. 被覆上皮分哪几类？分布和作用如何？ 9. 上皮组织有哪些特点？ 10. 结缔组织有何特点？分哪几类？ 11. 各类肌肉组织的分布和作用特点如何？ 12. 神经元的构造和分类如何？ 13. 突触的结构包括哪几部分？ 14. 如何理解器官、系统和内脏的含义？ 15. 如何理解神经调节、体液调节和自身调节？各有何特点？
资讯引导	所有资讯问题可以到以下资源中查询。 1. 白彩霞主编的《动物解剖生理》项目一。 2. 周其虎主编的《动物解剖生理》第三版项目一中任务一、二、三、四、五。 3. 张平、白彩霞、杨惠超主编的《动物解剖生理》模块一中项目一、二、三、四。

	4. 动物解剖生理在线精品课： 5. 本项目工作任务单中的必备知识。

●●●●● 案例单

项目1	动物体基本结构		学时	10
序号	案例内容		关联教材内容	
1.1	病死犬，肾脏组织病理学观察可见肾小管上皮细胞内玻璃样病变，即变性的细胞质内有大小不一、均质红染的玻璃样圆形小滴。此病变为气球样变。 12岁雄性京巴犬，临诊见右前肢腋下有一核桃大的肿物，质地坚硬。组织病理学分析见肿瘤细胞为梭形，核大而浓染，瘤细胞排列成旋涡状，见大量异型性分裂象，胶原纤维少。此肿瘤诊断为皮脂腺瘤、纤维肉瘤和脂肪肉瘤。		此案例涉及与本项目内容相关的知识点和技能点为：正常细胞的大小、形态以及细胞核的大小和构造。	
1.2	一仔猪阉割后不久，伤口局部组织出现气性坏疽，表现为仔猪体温升高，伤口红肿，切开伤口见病变组织呈蜂窝样和污秽的棕黑色，手按有捻发音。此伤口局部的病变为气性坏疽。 藏獒犬，因打斗致使左侧肩胛骨有一5 cm的开放性创口，一周后该部位周围组织脱毛、水肿，创面呈暗紫红色、湿润，并覆盖有恶臭的红褐色分泌物。该犬表现的病理特征是湿性坏疽。		此案例涉及与本项目内容相关的知识点和技能点为：基本组织中的疏松结缔组织的分布及正常状态。	
1.3	黄牛，1岁，眼部和耳部皮肤出现结节状与菜花状突起，并在面部、颈部、肩部和下唇部逐渐增多，其表面无毛，凹凸不平，表面摩擦脱落后常见角化现象，这些皮肤突起为乳头状瘤。		此案例涉及与本项目内容相关的知识点和技能点为：动物体头部中的眼部、耳部、面部、下唇部以及躯干的颈部、肩部等部位的具体位置。	

●●●●● 工作任务单

项目1	动物体基本结构
任务1	识别细胞

子任务1　识别细胞的形态、大小和结构

任务描述：利用切片、课件和图片，识别细胞的形态、大小、结构及其机能。

准备工作：在实训室准备显微镜、组织切片等。

实施步骤如下。

1. 借助切片、图片，观察细胞形态和大小。
2. 借助图片、课件，识别细胞膜的构造，并认知其机能。
3. 借助图片、课件，识别细胞质中主要的细胞器，并认知其机能。
4. 借助图片、课件，识别细胞核的构造。
5. 借助互联网、在线精品课学习相关内容。

子任务2　认知细胞的生命活动

任务描述：结合生活实例，解释细胞的各种生命活动现象。

准备工作：在实训室准备细胞生物电现象动画。

实施步骤如下。

1. 联系生活实例，理解细胞的生命活动。
2. 利用动画，理解细胞生物电现象。
3. 借助互联网、在线精品课学习相关内容。

任务2	识别组织

子任务1　识别上皮组织

任务描述：识别上皮组织分类、分布和结构特点。

准备工作：在实训室准备显微镜、组织切片等。

实施步骤如下。

1. 识别单层柱状上皮（小肠）。

（1）低倍镜观察：整个小肠壁由几层组织构成，低倍镜下可见小肠绒毛呈指状，其表面覆盖一层柱状上皮，由于材料和制片关系，有的绒毛横断呈游离状态，选择一部分切面比较正、细胞核呈单层排列的上皮进行观察。

（2）高倍镜观察：细胞核排列紧密，细胞核呈椭圆，蓝紫色，位于细胞基底部。细胞顶端有一层粉红色的膜状结构，在上皮的基底面有染成粉红色的条状结构。此外，在柱状上皮细胞之间，有散在的杯状细胞。

2. 识别单层立方上皮（甲状腺）。

（1）低倍镜观察：腺实质主要由圆或稍长的囊泡组成，腺泡中含有大量红色的类胶质。

（2）高倍镜观察：腺泡壁由单层立方上皮构成，细胞彼此之间界限明显，细胞高度和宽度几乎相等，胞核圆，居于细胞中央。

3. 借助图片，辨别各类上皮组织的分布和构造特点。
4. 借助互联网、在线精品课学习相关内容。

子任务2　识别结缔组织

任务描述：识别结缔组织的分类、分布和结构特点。

准备工作：在实训室准备显微镜、组织切片等。

实施步骤如下。

1. 观察疏松结缔组织(蜂窝组织)。

(1)低倍镜观察：选择标本最薄处，可以见到交叉呈网的纤维与许多散在纤维之间的细胞，纤维与细胞之间为无定形基质。

(2)高倍镜观察：胶原纤维为红色粗细不等的索状结构，数量甚多，交叉排列，有的较直，有的呈波浪形。混杂在胶原纤维之间有细的蓝紫色弹性纤维，仔细观察可见其有分支，彼此交叉。在纤维之间可辨认以下几种细胞。

①成纤维细胞，数量较多，细胞轮廓不明显，多数细胞只见椭圆形的细胞核，染色质少，核仁比较明显，有时在细胞核外面隐约可见到浅蓝色的细胞质。

②组织细胞(巨噬细胞)，细胞轮廓清楚，有圆形、椭圆形，常有短而钝的小突起，数量较多。细胞质和细胞核均较成纤维细胞染色深。细胞核较小，位于细胞中央。细胞质中含有大小不等的蓝色颗粒。

③肥大细胞，呈球形或卵圆形，胞质内充满颗粒，颗粒内含有肝素、组织胺等，有参与抗凝血、增加毛细血管通透性和促使血管扩张等作用。

④浆细胞，在油镜下可见浆细胞的细胞质呈紫红色，胞核偏于细胞一侧，紫蓝色的染色质在核内排列呈车轮状，近核部位的细胞质染色略浅。

2. 观察血细胞。

利用高倍镜或油镜观察，注意各种血细胞的形态、构造，区别鸡和哺乳动物的血涂片不同点。

(1)红细胞，数量多、无核、红色、扁圆形、中央染色淡，鸡红细胞内有大的细胞核。

(2)嗜中性粒细胞，胞质内含有淡红色微细颗粒，核分2～5叶。

(3)嗜酸性粒细胞，胞质内含有深红色大而圆的颗粒，核分2～3叶。

(4)嗜碱性粒细胞，胞质内含有粗细不等的蓝紫色颗粒，核分叶不明显。

(5)淋巴细胞，小淋巴细胞形态小，核呈椭圆形或豆形，染成蓝色，细胞质较少，染成浅蓝色。中或大淋巴细胞细胞大，细胞质也较多。

(6)单核细胞，细胞较小，形态不规则，细胞核呈肾形或马蹄形。

(7)血小板，形体较小，形态不规则，内含紫色颗粒，无核，常聚集成团。

3. 借助图片，观察各类结缔组织分布和构造特点。

4. 借助互联网、在线精品课学习相关内容。

子任务3　识别肌肉组织

任务描述：识别肌肉组织分类、分布和特点。

准备工作：在实训室准备显微镜、组织切片等。

实施步骤如下。

1. 借助组织切片、图片，观察肌肉组织构造特点。

(1)低倍镜观察：分离装片上可以看到平滑肌纤维，呈红色。

(2)高倍镜观察：可见肌纤维呈长梭形，两端尖，中央有椭圆形的细胞核，细胞膜不明显。

2. 借助图片，观察肌肉组织分布情况。

3. 借助互联网、在线精品课学习相关内容。

子任务4　识别神经组织

任务描述：识别神经元的构造和分类。

准备工作：在实训室准备显微镜、组织切片等。

实施步骤如下。

1. 借助脊髓切片、图片，观察神经元结构，区辨神经元类型。

(1)低倍镜观察：识别脊髓灰质和白质。灰质位于中央，呈蝴蝶形；白质位于周边。

(2)高倍镜观察：观察灰质中的神经元细胞体、突起和细胞核。

2. 借助图片，识别神经纤维、神经、神经末梢、突触和神经胶质细胞。

3. 借助互联网、在线精品课学习相关内容。

任务3	认知器官、系统和有机体调节

任务描述：解析器官、系统的含义和分类，认知有机体的神经、体液调节和自身调节。

准备工作：在实训室准备实质性和中空性器官的模型、图片等。

实施步骤如下。

1. 借助模型、图片，认知器官、系统 。

2. 借助模型、图片、动画，理解有机体调节方式。

3. 借助互联网、在线精品课学习相关内容。

任务4	描述动物体各部名称和方位术语

任务描述：在整体模型、标本、图片或活体动物上，指出动物体各部名称和方位术语。

准备工作：动物整体标本、模型以及活体。

实施步骤如下。

1. 在实训室利用整体模型、标本、图片，指出动物体各部名称和方位术语。

2. 在实习牧场将动物保定，指出动物体各部名称和方位术语。

3. 借助互联网、在线精品课学习相关内容。

必备知识

第一部分　细胞

细胞是动物体形态结构、生命活动和生长发育的基本单位。细胞之间的物质是细胞间质，由细胞产生，构成细胞生存的微环境，对细胞起支持、营养和保护作用。

一、细胞的形态和大小

细胞形态多种多样，有圆形、梭形、长柱形、多突起形等(见图1-1)。细胞形态与其分布位置和所执行的生理机能相匹配。如血液中流动的红细胞是圆形，能收缩的肌细胞呈纤维状，能传导神经冲动的神经细胞具有多突起等。

细胞的大小千差万别。小脑颗粒细胞是动物体内最小的细胞之一，直径只有 $4~\mu m$；最大的细胞是成熟卵细胞，鸵鸟的卵细胞直径可达 $14\sim15~cm$ 以上，有的神经细胞突起可长达 $1~m$ 以上。

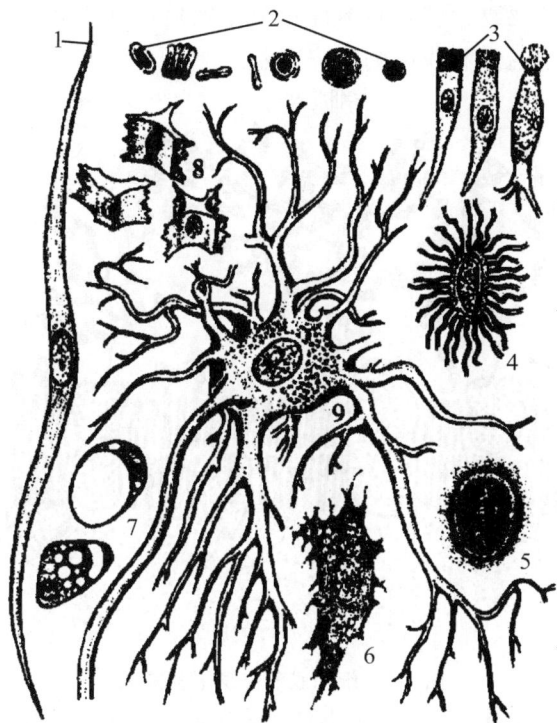

图1-1　细胞形态

1. 平滑肌细胞；2. 血细胞；3. 上皮细胞；4. 骨细胞；5. 软骨细胞；6. 成纤维细胞；
7. 脂肪细胞；8. 腱细胞；9. 神经细胞

二、细胞的结构

细胞的形态多样，大小不一，但都由细胞膜、细胞质和细胞核三部分构成。

（一）细胞膜

细胞膜是位于细胞表面具有一定通透性的薄膜，又称单位膜。细胞膜的厚度一般为 $7\sim10\ \mu m$，在光镜下不可分辨。

1. 细胞膜的分子结构

目前较为公认的是"液态镶嵌模型"学说，即细胞膜由两层类脂分子和嵌入的球状蛋白质构成（见图1-2）。类脂双层中每一类脂分子的一端为亲水极（向着膜的内、外表面）；另一端为疏水极（向着膜的中央）。球状蛋白按分布不同，可分为表在蛋白和嵌入蛋白。细胞膜的许多功能靠这些膜蛋白质来完成。电镜下细胞膜的外表面被覆一层多糖物质，称为细胞衣（多糖被），其中的糖是由细胞膜上的糖蛋白和糖脂的外伸糖链构成。细胞膜上的寡糖链可以捕捉和辨认胞外的化学信号。

2. 细胞膜的生理功能

细胞膜可维持细胞形态结构的完整，保护细胞内含物，参与细胞的识别、粘连、运动和免疫反应等。此外，还能控制、调节细胞与其周围环境间的物质交换，具有物质转运功能。常见的物质转运形式有以下几种。

（1）单纯扩散，也称简单扩散，是脂溶性物质从高浓度一侧透过细胞膜向低浓度一侧移动，不消耗能量。氧气、二氧化碳及脂溶性小分子物质以此方式出入细胞膜。扩散速度取决于细胞膜对该物质的通透性和膜两侧的浓度差。

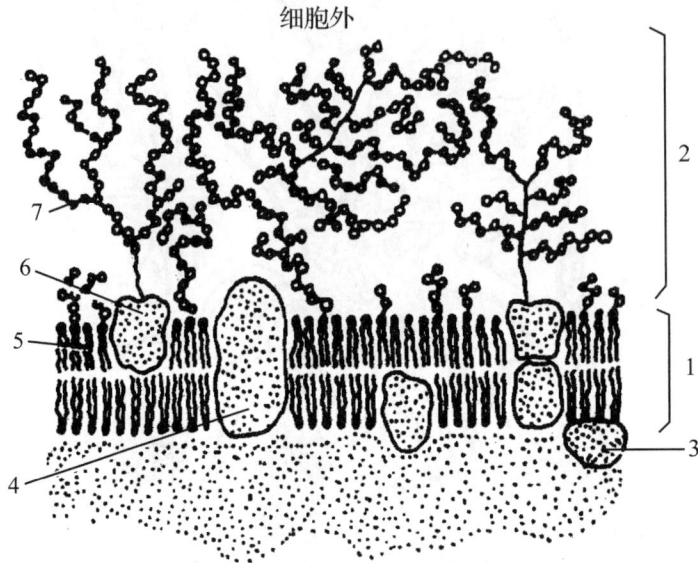

细胞外

图 1-2　细胞膜液态镶嵌模式图

1. 脂质双层；2. 糖衣；3. 表在蛋白；4. 嵌入蛋白；5. 糖脂；6. 糖蛋白；7. 糖链

（2）易化扩散，也称帮助扩散，是不溶于脂质的物质，借膜蛋白的帮助，由高浓度一侧向低浓度一侧转运，不消耗能量。葡萄糖、氨基酸和各种无机离子（K^+、Na^+、Ca^{2+} 等）可以此方式出入细胞膜。

（3）主动转运，指某些物质逆着浓度差、由低浓度向高浓度的物质转运过程。需要细胞膜嵌入蛋白帮助，并消耗细胞内三磷酸腺苷（ATP）所提供的能量来完成。人们形象地将完成这种主动转运的膜嵌入蛋白称为"泵"。细胞膜上钠—钾泵可将 Na^+ 从细胞内（低浓度）泵到细胞外（高浓度），同时把 K^+ 从细胞外（低浓度）泵到细胞内（高浓度）。细胞膜上还有钙泵、碘泵等。此外，葡萄糖在小肠上皮的吸收以及在肾小管上皮的重吸收都是主动转运。

（4）入胞作用和出胞作用，是指大分子物质或团块物质出入细胞的过程（见图 1-3）。

入胞作用是大分子物质或团块物质与细胞膜接触后，细胞膜内凹将其包围，然后脱离细胞膜，在细胞内形成小泡。如果入胞的物质是固体，称为吞噬作用；如果入胞的物质是液体，称为吞饮作用。蛋白质、细菌、病毒、异物等进入细胞时采用此种方式。

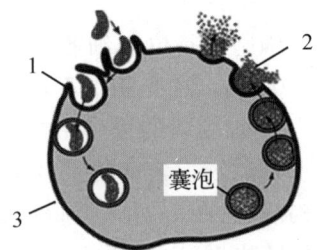

囊泡

图 1-3　细胞膜入胞出胞模式图

1. 入胞；2. 出胞；3. 细胞膜

出胞作用与入胞过程相反，是大分子物质或团块物质从细胞内排出的一种方式。这些物质从细胞内排出时，也常常在细胞内由一层膜包裹形成小泡。当这种小泡与细胞膜接触时，接触部位的膜蛋白质发生构型改变，产生小的孔道，泡内物质经过这样的暂时性孔道排出细胞外，这种作用称为出胞作用。出胞作用在细胞分泌活动中较常见。如内分泌细胞分泌激素、外分泌细胞分泌酶原、神经末梢释放递质等。入胞和出胞作用都是主动转运过程。

（二）细胞质

细胞质是填充于细胞膜与细胞核之间、呈均匀半透明的胶状物。由基质、内含物和细胞器组成。

1. 基质

基质是无定形的胶状物质，约占细胞质体积的一半，内含水、蛋白质、脂类、糖和无机盐等，是细胞执行功能和化学反应的重要场所。

2. 内含物

内含物是贮存于细胞内的营养物质和代谢产物，如糖原、脂类、蛋白质和色素等。其数量和形态可随细胞不同的生理状态和病理情况而改变。

3. 细胞器

细胞器是位于细胞质内具有一定形态结构和执行一定功能的小器官（见表1-1），好像动物体内的器官一样，所以叫细胞器。一般细胞所具有的细胞器有以下几种。

表 1-1　主要细胞器的形态结构及功能

细胞器	形 态 结 构	功 能
线粒体	线粒体呈线状或粒状，一般长 $0.5 \sim 3.0\ \mu m$，直径 $0.1 \sim 0.5\ \mu m$，由内外两层单位膜构成	通过氧化磷酸化产生能量，供细胞各种生命活动
核蛋白体	是由核糖核酸和蛋白质构成的致密小体。由大、小两个亚基构成，直径 $15 \sim 25\ nm$	合成蛋白质
内质网	由单位膜围成的囊状或小泡状结构，表面附着核蛋白体者为粗面内质网；无核蛋白体附着、光滑的为滑面内质网	粗面内质网是蛋白质的合成场所；滑面内质网参与糖原异生、脂类固醇类激素的合成，参与肝细胞解毒作用
高尔基复合体	由双层单位膜形成扁平囊泡、小囊泡、大囊泡	对细胞合成的分泌物进行浓缩、储存、分离、加工、输出
溶酶体	由单位膜围成的囊泡，直径 $0.25 \sim 0.8\ \mu m$	消化进入细胞的异物及细胞自身衰老的细胞器
过氧化体	由单位膜构成的圆形或卵圆形小泡，直径 $0.1 \sim 0.5\ \mu m$	与细胞内物质的氧化以及过氧化氢的形成、分解有关
中心体	由成对圆筒状小体构成，直径 $0.1 \sim 0.5\ \mu m$，长 $0.3 \sim 2\ \mu m$	参与细胞有丝分裂
微丝	为直径 $5 \sim 7\ nm$ 和直径 $10 \sim 12\ nm$ 的细丝	与细胞运动、吞噬、分泌物的排出等功能有关，具有支持作用
微管	为直径 $18 \sim 25\ nm$ 的细丝	参与细胞有丝分裂、细胞运动、物质运输

（1）线粒体，存在于除红细胞以外的所有细胞内。光镜下线粒体呈线状或粒状（见图1-4）。电镜下线粒体为大小不等的圆形或圆柱状小体，是由两层单位膜围成的封闭结构，

外膜平滑，包裹着整个线粒体，内膜向线粒体内折叠成许多板状或管状的小嵴，称为线粒体嵴（见图1-5）。线粒体参与细胞内的物质氧化，释放能量，所以线粒体具有"能量供应站"的作用，供细胞代谢所需能量。

图 1-4　光镜下动物肝细胞中的线粒体

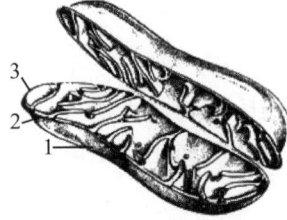

图 1-5　电镜下线粒体模型图

1. 外膜；2. 膜间腔；3. 内膜

（2）核蛋白体，又称核糖体，是由核糖核酸和蛋白质构成的致密小体，普遍存在于各种细胞中。在电镜下，核蛋白体由大、小两个亚基构成（见图1-6）。核蛋白体是合成蛋白质的重要结构，它可以根据信使RNA的密码，将氨基酸组成肽链，进一步合成蛋白质。在分化低的细胞以及蛋白质合成旺盛的细胞内，核蛋白体含量较多。核蛋白体有的分散于细胞基质中，称为游离核蛋白体，其合成的蛋白质主要供细胞本身生长发育需要。有的核蛋白体附着在内质网表面，形成粗面内质网，主要合成分泌蛋白，如浆细胞产生的抗体、各种腺细胞分泌的消化酶等。

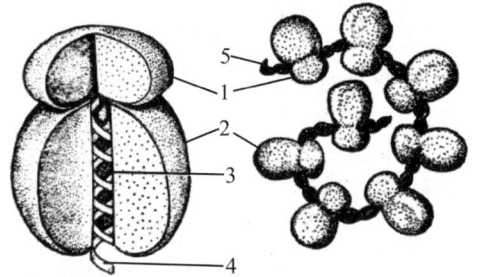

图 1-6　核蛋白体

1. 小亚基；2. 大亚基；3. 中央管；

4. 新生的肽链；5. mRNA

（3）内质网，在电镜下为薄膜所包绕的小管状或小泡状结构，相互连接成网。内质网有两种，一种是内质网上附着大量核蛋白体，外形粗糙，叫粗面内质网（见图1-7），粗面内质网的核蛋白体可以合成蛋白质。另一种是内质网上没有核蛋白体附着，表面光滑，叫滑面内质网（见图1-8）。滑面内质网功能较复杂，可参与骨骼肌、心肌收缩，参与固醇类激素、糖原和脂类的合成以及肝细胞解毒作用等。两种内质网在不同细胞内分布不一样，如胰腺细胞均为粗面内质网，平滑肌细胞均为滑面内质网，在肝细胞内两者都有。

（4）高尔基复合体，位于细胞核附近，光镜下呈网状，故又称内网器。在电镜下，高尔基复合体是由单位膜构成的扁平囊泡、大囊泡和小囊泡组成（见图1-9、图1-10）。高尔基复合体可将一些细胞合成的物质（特别是蛋白质）进行包装、加工、浓缩，有利于合成物排出细胞外，所以它有"加工车间"之称。高尔基复合体的功能主要是形成分泌颗粒、合成多糖类。此外，它还参与溶酶体的形成，在肝细胞内参与脂蛋白合成和分泌。

（5）溶酶体，在光镜下不易见到。在电镜下，溶酶体是一种囊泡状结构，内含酸性磷酸酶和多种水解酶，可分解蛋白质。溶酶体广泛存在于各种细胞内，能把进入细胞的异物（细菌、病毒等）或自身衰老、损伤的细胞器消化、分解，并将残体排出。因此把溶酶体称为细胞内的"消化器官"。它使细胞结构不断更新，若溶酶体功能失常，则使细胞自身受损。

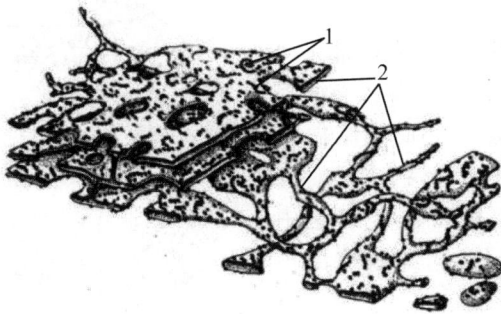

图 1-7　粗面内质网结构

1. 核蛋白体；2. 扁平囊泡

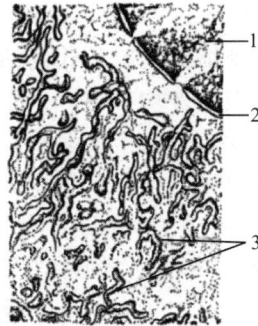

图 1-8　滑面内质网

1. 细胞核；2. 核膜；3. 滑面内质网

图 1-9　高尔基复合体立体结构模式图

1. 大囊泡；2. 成熟面；3. 层状扁囊；

4. 小囊泡；5. 生成面

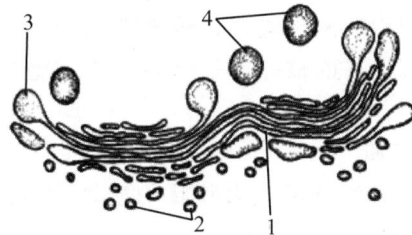

图 1-10　高尔基复合体超微结构模式图

1. 层状扁囊；2. 小囊泡；3. 大囊泡；4. 分泌囊泡

（6）过氧化体，又称微体，是由单位膜构成的圆形或卵圆形小泡，内含过氧化氢酶、多种氧化酶、类脂和多糖等。过氧化体的功能与细胞内物质氧化、过氧化氢的形成和分解有关。此外，它还具有保护细胞免受毒害，参与糖原异生和脂肪代谢等功能。过氧化体多数存在于肾、肝和具有吞噬能力的细胞内。

（7）中心体，位于细胞中央，核的附近，光镜下可见由两个中心粒构成。在电镜下，中心粒是由成对圆筒状小体构成的，每个圆筒壁有 9 组微管呈风车状有规律地排列（见图 1-11）。它们在细胞有丝分裂时形成纺锤丝，参与细胞分裂。若中心体遭受破坏，细胞即失去分裂能力。此外，它还参与细胞运动结构（纤毛，鞭毛等）的形成。

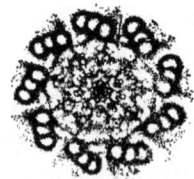

（a）中心体横断面

（b）中心体立体图

图 1-11　中心粒显微镜模式图

（8）微丝，包括两种。一种为直径 5～7 nm 的细丝，广泛存在于各种细胞内，参与细胞运动、吞噬、分泌物的排出等功能；另一种为直径 10～12 nm 的细丝，分布于上皮细胞和神经细胞内，具有支持作用。

（9）微管，为直径 18～25 nm 的细丝，长度不等，由微管蛋白组成，存在于一些细胞的细胞质内或细胞的纤毛、鞭毛中。细胞分裂时所出现的纺锤丝也是由许多微管聚集而成。不同细胞内的微管，其功能不同，如鞭毛、纤毛的微管，主要与运动有关；神经纤维内的微管具有支持和参与物质运输等功能。

（三）细胞核

细胞核是细胞遗传和代谢活动的控制中心，除哺乳动物成熟的红细胞外均有核。细胞核的数量，一般一个细胞只有一个，少数有两个或多个，如肝细胞、心肌细胞偶有两核，骨骼肌细胞则有几百个核。细胞核的形状多样，有圆形、椭圆形、杆状和分叶状等。细胞核多位于细胞中央。核的体积一般为细胞体积的 $1/4 \sim 1/3$。细胞核由核膜、核基质、核仁和染色质构成（见图 1-12）。

图 1-12　电镜下细胞核模式图

1. 核膜；2. 常染色质；3. 异染色质；
4. 核孔；5. 核周隙；6. 核仁；
7. 核膜外层；8. 核膜内层

1. 核膜

核膜为一层很薄的膜，电镜下核膜是双层单位膜结构。双层膜之间为核周隙。核膜外层表面附着核蛋白体。外层膜可与内质网相连接，核周隙与内质网腔相通。核膜上还有许多散在的核孔，是细胞核与细胞质之间进行物质交换的通道。

2. 核基质

核基质又称核液，为胶状物质，含有水、各种酶和无机盐。核仁和染色质位于核基质内。

3. 核仁

核仁一般为球形，每个核内有 $1 \sim 2$ 个核仁。核仁是合成核蛋白体的部位，核蛋白体形成后，便通过核孔进入细胞质内，参与蛋白质合成。

4. 染色质

染色质在细胞未繁殖期间，呈长纤维状结构，上面附有许多大小不等的染色颗粒。当细胞进入有丝分裂时，长纤维状染色质均高度螺旋化，浓缩为一条条粗短的棒状或条状结构，这时称染色体。可见，染色质与染色体是同一物质在不同时期的不同形态表现。

各种家畜的染色体具有特定的数目，如猪 38 条、牛 60 条、马 64 条、驴 62 条，绵羊 54 条、山羊 60 条、鸡 78 条、鸭 80 条。正常家畜体细胞的染色体为双倍体（即染色体成对），而成熟的性细胞其染色体是单倍体。成对的染色体中有一对为性染色体，哺乳动物的性染色体又可分为 X 和 Y，它们与性别决定有关。雌性哺乳动物体细胞的性染色体为 XX，雄性哺乳动物性染色体的则为 XY。在家禽中，雌性性染色体为 ZW，雄性性染色体为 ZZ。

染色质的主要成分是 DNA（脱氧核糖核酸），上面贮存着大量遗传信息，控制着细胞的生长、代谢、分化和繁殖，也决定着子代细胞的遗传性状，故对生物的遗传变异有着十分重要的意义。总之，细胞核的功能主要表现在两个方面，既是细胞内蛋白质合成的控制台，又是遗传信息传递的中枢。所以，细胞失去核，便失去生长和分裂的能力。

三、细胞的生命活动

（一）新陈代谢

每个活着的细胞，在维持其生命过程中，必须不断地从外界摄取营养物质，经过加工合成细胞本身的物质，这一过程称为同化作用（合成代谢）。另一方面，细胞本身的物质又不断分解，释放能量，供给自身生命活动需要，同时排出废物，这一过程称为异化作用（分解代谢）。同化作用和异化作用互为存在的条件，缺一不可。同化作用利用异化作用所产生的能量，

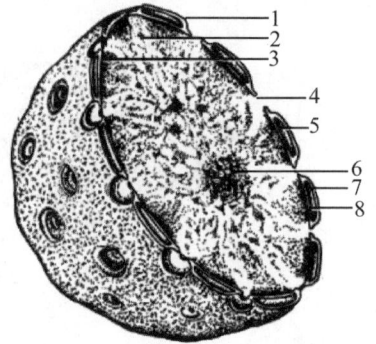

异化作用分解同化作用所合成的物质。细胞只有通过不断地新陈代谢，才能维持生长、发育和分裂繁殖。所以说新陈代谢是生命存在的必需条件，新陈代谢一旦停止，生命也就结束。

（二）兴奋性

细胞对其周围环境的刺激（如机械、温度、光、电和化学等）发生反应的特性，叫兴奋性。不同种类的细胞，兴奋性的表现形式不同。如肌细胞受刺激后收缩，神经细胞受刺激后产生兴奋和传导冲动，腺细胞受刺激后可引起分泌，白细胞受刺激后完成吞噬活动，浆细胞受抗原刺激后可产生抗体等。

（三）运动

体内有些细胞在不同环境条件刺激下，能产生不同形式的运动。常见的有变形运动、舒缩运动、纤毛（鞭毛）运动。

1. 变形运动

细胞从一处位移到另一处，细胞向移动方向伸出伪足，胞浆不断向伪足中流动，最后整个细胞徐徐前进。由于运动，细胞发生形态变化，故称为变形运动，如嗜中性粒细胞和组织细胞均具有变形运动的能力。

2. 舒缩运动

肌细胞的肌原纤维具有舒缩功能，肌肉的舒缩即是每个肌细胞收缩的结果。

3. 纤毛（鞭毛）运动

有些上皮细胞的纤毛，能做连续波浪式运动，使细胞表面的物质向一定方向移动，如气管和支气管的纤毛上皮靠纤毛摆动，将尘埃和分泌物向外排出。精子的游动则是鞭毛运动。

（四）生长与繁殖

当细胞同化作用超过异化作用时，细胞体积增大，称生长。细胞生长到一定阶段，在一定条件下以分裂的方式进行增殖，产生新细胞，称繁殖。细胞分裂方式包括有丝分裂和无丝分裂。另外，生殖细胞的分裂为特殊的减数分裂。

（五）细胞的分化、衰老与死亡

1. 分化

分化是指胚胎细胞或幼稚细胞转变为各种形态、功能不同的细胞的过程。这种由相同到不同，由共性到特性的演变，称为细胞分化，如受精卵可分化为神经细胞、腺细胞等。有一些细胞不断地分裂繁殖，同时又不断地进行分化。这种幼稚的细胞常称为干细胞，其形态通常表现为细胞核大、核仁明显、染色浅、细胞质嗜碱性。细胞的分化受内部遗传和外界环境的影响，如某些化学药物、激素、维生素缺乏等因素，可抑制细胞分化或引起异常分化。

2. 衰老和死亡

衰老和死亡是各种细胞都必然经历的过程。衰老细胞主要表现为代谢活动降低，生理功能减弱，并出现形态结构改变。细胞衰老速度不同，一般寿命长的细胞衰老慢。衰老的细胞濒临死亡时，形态也发生显著变化，如细胞质出现膨胀或缩小、酸性增强、脂肪增多、色素蓄积等。当细胞核崩裂成碎片或核内染色质出现溶解时，细胞即解体死亡。细胞死亡是细胞生命现象不可逆的终止。细胞死亡有两种形式，一种是意外性死亡，称细胞坏死，如局部贫血、高热等造成细胞急速死亡；另一种是自然死亡，称细胞凋亡，是细胞衰老、功能逐渐减退的必然结果。

四、细胞的兴奋性

(一)兴奋性的概念

见上述内容"三、细胞的生命活动(二)兴奋性"。

(二)刺激与反应

能引起细胞发生反应的内、外环境因素，称为刺激。细胞受到刺激后发生功能活动的改变，称为反应。各种刺激并不是对所有细胞都能引起反应，如一定频率的声波能引起内耳听细胞的兴奋反应，称为适宜刺激，而对机体其他细胞则不起反应，则称不适宜刺激。

适宜刺激引起细胞反应还需要一定的强度。在一定时间内，能引起细胞产生反应的最低刺激强度，称为阈值。兴奋性越高，阈值越低。低于阈值的刺激，称为阈下刺激。

引起细胞反应还需要刺激的一定时间。一般来说，细胞的兴奋性越低，需要刺激时间就越长，反之越短。刺激的强度和时间是引起细胞发生反应的两个必要条件。

(三)兴奋性的变化

细胞兴奋性经历一系列有规律的变化，然后才恢复正常。一般而言，兴奋性依次经历以下四个时期。

1. 绝对不应期

细胞完全缺乏兴奋的时期，对任何新刺激不发生反应，所以也称绝对乏兴奋期。

2. 相对不应期

这时细胞的兴奋性开始逐渐恢复，但还没有达到正常水平，原来的阈刺激不能引起反应，较强的刺激才能引起反应。

3. 超常期

超常期继相对不应期之后出现，这时细胞的兴奋性略高于正常水平，原来的阈下刺激也能引起反应。

4. 低常期

这时组织细胞兴奋性又降低至正常水平以下，低常期后兴奋性逐渐恢复正常。

五、生物电现象

细胞生命活动中出现的电现象，称为细胞的生物电现象。它是细胞的基本特征之一，伴随细胞兴奋性变化而变化。

(一)静息电位

细胞在安静时，即未受刺激时，膜内、外两侧的电位差(呈膜外为正，膜内为负的极化状态)称为静息电位或膜电位。神经细胞和肌细胞的膜电位为$-65\sim-100$ mV。

(二)动作电位

细胞接受刺激发生兴奋时，细胞膜原来的极化状态立即消失，并在膜的内外两侧发生一系列电位变化，这种电位变化称动作电位。动作电位包括三个基本过程。

1. 去极化

膜内原来存在的负电位迅速消失，即膜电位的极化状态消失。

2. 负极化

继去极化之后，进而发展为极化状态倒转，即膜内为正，膜外为负。

3. 复极化

膜内电位达到顶峰后开始下降，恢复至原来静息电位水平。

（三）生物电现象产生机制

细胞膜内外离子分布不同。在正离子方面，细胞内 K^+ 浓度高，为膜外的 $20\sim40$ 倍，而细胞外 Na^+ 浓度高于膜内的 20 多倍。负离子方面，细胞外 Cl^- 较细胞内高，而细胞内大分子有机物（A^-）较细胞外多。因此，细胞膜内外两侧存在离子分布不平衡，即存在离子浓度差和电位差。

细胞在静息状态下，膜对 Na^+ 的通透性小，对 K^+ 通透性较大，于是 K^+ 在浓度差的推动下，带着正电荷从膜内向膜外扩散，而带负电荷的蛋白质不能外流，被留在膜内。于是膜外积累正电荷，膜内积累负电荷，这种电位差随着 K^+ 的外流逐渐增大，所形成的电场力（方向由正电荷指向负电荷）对 K^+ 外流产生阻碍作用。当 K^+ 外流动力和阻力达到平衡时，K^+ 跨膜转运等于零，即形成静息电位。因此，细胞静息电位由 K^+ 外流所产生的平衡电位。

当细胞受刺激而兴奋时，细胞膜对 Na^+ 通透性突然增大，于是在膜两侧 Na^+ 浓度差的推动下，Na^+ 向细胞内流，而这时对 K^+ 通透性降低，致使 K^+ 外流减少，膜内正电荷积累，形成去极化和反极化过程。随后膜对 Na^+ 通透性迅速降低，而对 K^+ 通透性又增高，于是 K^+ 外流增多，逐渐恢复到原来的静息电位水平，为复极化过程。在复极化期末，膜内 Na^+ 和膜外 K^+ 浓度都比正常时有所增加，此时在 ATP 分解供能的情况下，钠—钾泵运转，泵出膜内增多的 Na^+，同时把膜外增多的 K^+ 吸进膜内，使膜内外的 Na^+、K^+ 浓度恢复到静息状态水平。

第二部分　组织

组织是由来源相同、形态结构和机能相似的细胞群和细胞间质构成。动物体内基本组织分为上皮组织、结缔组织、肌肉组织和神经组织四类。

一、上皮组织

上皮组织简称上皮，在体内分布很广，主要覆盖在体表（皮肤的表皮）、内脏器官的外表面和腔性器官的内表面，是一种边界组织。此外，上皮组织还分布在腺体和感觉器官内。上皮组织的功能主要是保护作用，分布在不同器官内的上皮，还有吸收、分泌、感觉、排泄和生殖等功能，见表 1-2。

表 1-2　上皮组织的分布和功能

细胞层数	上皮分类	分布	功能
单层	单层扁平上皮	内衬心、血管及淋巴管的腔面（内皮），被覆在胸膜、腹膜、心包膜或某些脏器表面（间皮）	润滑
	单层立方上皮	甲状腺、肾小管等处	分泌和吸收
	单层柱状上皮	内衬胃的有腺部、肠黏膜、子宫内膜及输卵管黏膜	保护、吸收和分泌
	假复层柱状纤毛上皮	呼吸道、睾丸输出管、输精管以及猪和反刍动物的输卵管	保护和分泌
复层	复层扁平上皮	皮肤表皮，口腔、食管、胃的无腺部、肛门、尿道外口的腔面和角膜等处	保护
	变移上皮	肾盂、肾盏、输尿管、膀胱的腔面	保护
	复层柱状上皮	睑结膜	保护

上皮组织在形态结构上的特点是：上皮组织内细胞多，间质少，排列紧密，呈层状分布；具有明显的极性，朝向管腔或体表的一端称游离面，相对的另一端称基底面；上皮组织内无血管、淋巴管，营养由结缔组织经基膜渗透而来；上皮组织内有神经末梢分布。上皮组织根据功能和形态结构不同可分为：被覆上皮、腺上皮、特殊上皮。

（一）被覆上皮

被覆上皮为上皮组织中分布最广的一类，根据细胞的排列层数和形态可分为：单层上皮和复层上皮。

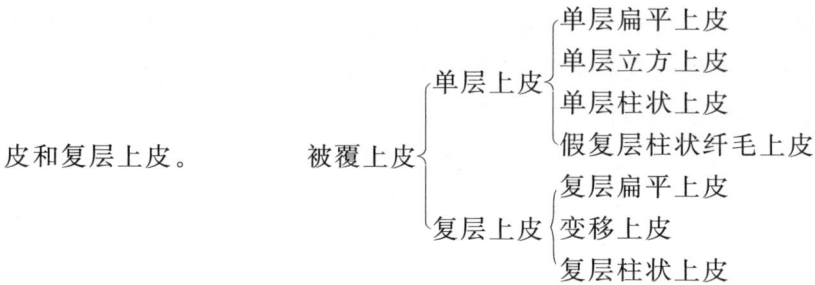

被覆上皮
- 单层上皮
  - 单层扁平上皮
  - 单层立方上皮
  - 单层柱状上皮
  - 假复层柱状纤毛上皮
- 复层上皮
  - 复层扁平上皮
  - 变移上皮
  - 复层柱状上皮

1. 单层上皮

单层上皮由一层上皮细胞构成，每一细胞都与基膜相连。根据细胞的形态分为以下四类。

（1）单层扁平上皮，由一层扁平细胞构成。细胞从侧面看呈扁平形，从正面看呈不规则的多边形，边缘锯齿状，核扁圆，位于细胞中央（见图1-13）。单层扁平上皮因分布位置不同而有不同的名称。单层扁平上皮被覆体腔浆膜（胸膜、腹膜和心包膜）表面的称间皮。间皮光滑而湿润，有减少内脏器官运动时摩擦的作用。单层扁平上皮衬于心、血管及淋巴管腔面的称内皮。内皮薄而光滑，有利于血液和淋巴的流动，也有利于内皮细胞内外的物质交换。单层扁平上皮也分布于肺泡壁、肾小囊壁层和髓袢降支等处。

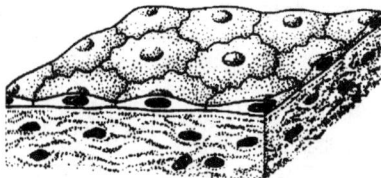

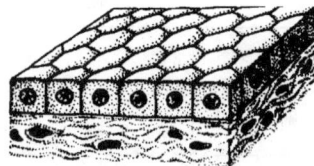

（2）单层立方上皮，由一层立方细胞紧密排列而成。细胞呈六面形矮柱状，其长、宽、高几乎相等，侧面观呈正方形。核大而圆，位于细胞中央（见图1-14）。

单层立方上皮分布于多数腺的排泄管、肾小管和脉络丛等处，其功能随器官而异，主要具有分泌和吸收等作用。

图1-13　单层扁平上皮　　　　图1-14　单层立方上皮

（3）单层柱状上皮，由一层柱状细胞紧密排列而成。细胞呈多面形高柱状，柱状细胞之间夹有杯状细胞。细胞核为卵圆形，偏于细胞基底部。

单层柱状上皮多分布在胃肠道黏膜、子宫内膜以及输卵管黏膜等处，具有保护、分泌和吸收等作用。

（4）假复层柱状纤毛上皮，由一层高矮和形状不同的细胞构成。细胞有四种，其中主要是高柱状纤毛细胞，其次是梭形细胞、杯状细胞和锥形细胞。四种细胞互相夹杂排列在同一基膜上。由于细胞高矮不同，只有高柱状细胞才能达到上皮游离面，且胞核不在同一水平面上，看来像复层，实际是单层，故称假复层柱状纤毛上皮。

假复层柱状纤毛上皮分布在呼吸道、睾丸输出管、输精管以及猪和反刍动物的输卵管等处的腔面，其功能主要是有助于分泌物排出。

2. 复层上皮

复层上皮由多层细胞构成，仅基底层细胞与基膜接触，根据细胞的形态分为以下三类。

(1)复层扁平上皮。它是最常见的一种上皮，结构较复杂，细胞层数较多。最深层细胞呈矮柱状或立方形；中间层细胞较大，呈多角形；表层细胞逐渐变为扁平呈鳞片状(见图 1-15)。

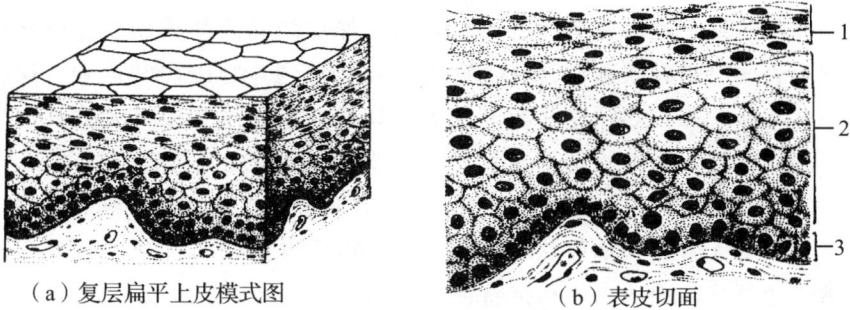

图 1-15 复层扁平上皮
1. 表层；2. 中间层；3. 深层

复层扁平上皮分布在皮肤表皮以及口腔、食管、肛门、尿道外口的腔面和角膜等处。其中角膜上皮的细胞层数较少，表面细胞不角质化，称为非角质化复层扁平上皮；分布在其他部位的细胞层数较多，表层细胞呈现角化和退化现象，称为角化复层扁平上皮。角化复层扁平上皮深层的结缔组织往往向上皮中突入，形成乳头。乳头中含有丰富的血管，对上皮的营养供应和运输代谢产物具有重要作用。复层扁平上皮具有抵抗机械和化学刺激作用，且分裂增殖能力强，受伤后易于修复，所以是一种保护作用较强的上皮组织。

(2)变移上皮。其特点是上皮细胞的层数和形状随器官的功能状态而改变，分布于泌尿系统的肾盂、肾盏、输尿管和膀胱等处的腔面。如膀胱上皮，当器官收缩时，上皮变厚，细胞变高，细胞层数增多可达 5~6 层；器官扩张时，上皮变薄，细胞变扁，细胞层数减少至 2~3 层(见图 1-16)。变移上皮的表层细胞较大，胞质丰富，具有嗜酸性，称为盖细胞。游离面的细胞有防止尿液侵蚀和渗入的作用，称壳层。中间层细胞呈倒梨形或梭形，基底层细胞呈立方或矮柱状。变移上皮有收缩、扩张的功能。

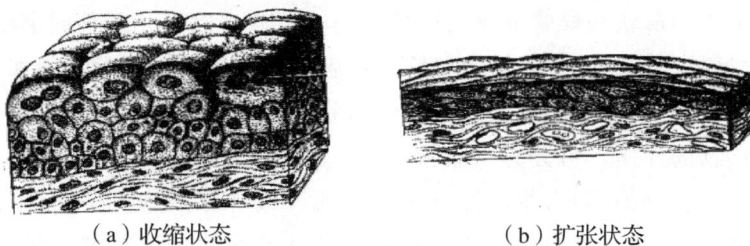

图 1-16 变移上皮

（3）复层柱状上皮。这种上皮家畜很少见，仅局限于个别部位，如眼的睑结膜处，此种上皮的表层细胞呈柱状，中间层为多角形细胞，基底层为矮柱状细胞。

（二）腺上皮

以分泌为主的上皮称腺上皮，其细胞多数聚集成团状、索状、泡状或管状，也有单个分散存在。以腺上皮为主要成分构成的器官称腺体或腺。腺体外面被覆结缔组织被膜，被膜伸入腺上皮细胞团索之间，将腺体分隔成许多腺小叶，同时有血管、神经伴随结缔组织进入腺体内。

腺上皮在胚胎时期，是由原始的上皮细胞索向深层结缔组织内生长、分化而形成。如果腺体的导管与表面上皮有联系，其分泌物可经导管排到器官腔内和体表，这种腺体称为外分泌腺，亦称为有管腺，如汗腺、唾液腺等。如果在发生过程中，上皮细胞索与表面的上皮脱离，不形成导管，腺细胞则呈索状、团状排列，它们之间具有丰富的血管和淋巴管，腺的分泌物（激素）通过渗透进入血液和淋巴，而由体液传递到有机体各部，这种腺体则称为内分泌腺，亦称为无管腺，如甲状腺、肾上腺和脑垂体等。

下面着重叙述外分泌腺的一般构造特征和种类。

1. 外分泌腺的一般构造

外分泌腺分单细胞腺和多细胞腺。

（1）单细胞腺指单独分布于上皮细胞之间的腺细胞，如呼吸道和肠上皮细胞之间的杯状细胞。这种细胞呈典型的高脚杯状，核位于细胞细狭的下部，分泌颗粒充满在细胞宽阔的上部。杯状细胞分泌黏液，有润滑和保护上皮的作用。

（2）多细胞腺由许多腺细胞组成，包括分泌部、导管部和排泄管两部分。

①分泌部由一层腺细胞围成，中央的空腔称为腺腔。腺细胞的分泌物首先排入腺腔内。腺细胞与周围结缔组织之间也有一层基膜，在有些腺体的基膜与腺细胞间，有一种星形的、互相连接的篮状细胞或称肌上皮细胞，收缩时有助于分泌部排出分泌物，基膜周围结缔组织内有丰富的毛细血管、淋巴管和神经。

②导管部和排泄管为分泌物排出的管道，管壁由两层组织组成。外层为结缔组织；内层为上皮层，通常由非分泌性的上皮细胞所构成。上皮细胞的形状因管径大小而异，小排泄管为单层立方上皮，大排泄管则多为单层和复层上皮。

2. 多细胞腺的分类

（1）根据分泌部的形状和导管分支情况的不同，可分为以下几种不同类型。

家畜体内常见的多细胞腺有：单管状腺如汗腺和肠腺等；分支管状腺如胃腺和子宫腺；复管状腺如肝脏；分支泡状腺如皮脂腺；复管泡状腺如唾液腺、胰腺和乳腺。

（2）根据分泌物的性质，可分为浆液腺、黏液腺和混合腺三类。

①浆液腺。腺泡（分泌部）由浆液性腺细胞组成。这种腺细胞多呈锥形，胞核圆形，染色较浅，位于细胞基底部，细胞顶部的细胞质内含有嗜酸性分泌颗粒。浆液腺的分泌物比较稀薄，有的含有酶，如腮腺和胰腺。

②黏液腺。腺泡由黏液性腺细胞组成，这种细胞多呈矮柱状、立方形或锥形，核多为扁平状，染色较深，位于细胞的基底部，顶部胞质内含有嗜碱性的分泌颗粒。黏液腺分泌

物黏稠，具有润滑和保护等作用，如舌腺、腭腺以及反刍动物和肉食动物的短管舌下腺等。

③混合腺。腺泡由浆液性和黏液性腺细胞共同组成。常见形式是浆液性腺细胞位于腺泡的末端，或者几个浆液性腺细胞附贴于黏液性腺细胞的一侧，在切片上呈半月形排列，称为半月。混合腺的分泌物兼有黏液和浆液，如颌下腺和舌下腺等。

（三）特殊上皮

特殊上皮指具有感觉和生殖等功能的上皮。感觉上皮又称神经上皮，是具有特殊感觉功能的特化上皮。上皮游离端往往有纤毛，另一端与感觉神经纤维相连。感觉上皮主要分布在舌、鼻、眼、耳等感觉器官内，具有味觉、嗅觉、视觉、听觉等功能。生殖上皮主要在睾丸、卵巢等器官内，具有生殖功能。

二、结缔组织

结缔组织是动物体内分布最广泛，形态、结构最多样的一种组织。根据其形态不同，结缔组织可分为液态的血液和淋巴、松软的固有结缔组织及坚硬的骨组织和软骨组织。结缔组织起源于中胚层的间充质。间充质是胚胎早期的原始结缔组织，由多突起的星状细胞构成。突起互相连接成网，核大，染色浅，核仁明显，细胞质少，嗜碱性，网孔内充满胶样基质。

结缔组织与上皮组织比较，有以下特点：细胞数量少，种类多，细胞无极性；细胞间质多，由基质和纤维组成；不直接与外界环境接触，因而称为内环境组织。结缔组织主要起连接、支持、营养和保护等作用。根据形态结构不同，结缔组织可分为以下几种。

（一）疏松结缔组织

疏松结缔组织因结构疏松，类似蜂窝，故又称蜂窝组织。它是一种白色带黏性的疏松柔软组织，形态不固定，具有一定的弹性和韧性，广泛分布在皮下和各器官内，起连接、支持、保护、营养和创伤修复等功能。疏松结缔组织由细胞、纤维和基质三种成分组成。细胞和纤维含量少，纤维排列松散，基质含量较多。

1. 细胞成分

细胞成分有多种类型，主要有成纤维细胞、组织细胞、肥大细胞、浆细胞、脂肪细胞和淋巴细胞等。

（1）成纤维细胞是最基本的细胞成分，数量最多，遍布于结缔组织中，常与纤维靠近。细胞呈扁平不规则形，有星形或梭形，具有突起，核大，呈卵圆形，染色质少，有1～2个核仁，胞质呈弱嗜碱性，细胞轮廓不清。成纤维细胞在结缔组织中处于不同的发育阶段。功能降低的老龄细胞，胞体较小，核染色较深，核仁不明显，胞质很少，呈弱嗜酸性，这时称为纤维细胞。成纤维细胞具有形成纤维和基质的功能，在机体生长发育时期和创伤修复过程中，表现尤为明显。

（2）脂肪细胞体积较大，常将核挤向一侧，HE染色的切片上，脂滴被溶解，使细胞呈空泡状，脂肪细胞能合成和储存脂肪。

（3）组织细胞数量较多，分布较广，常与毛细血管靠近。组织细胞与成纤维细胞相似，细胞较小，核也较小，染色较深，不显核仁，细胞质染色较深，细胞轮廓清晰。组织细胞具有多种功能，当机体局部受到细菌感染时，能做变形运动，游走到发炎部位，大量吞噬细菌和坏死物质，故又称为巨噬细胞。正常情况下，它能吞噬衰老和死亡细胞，摄取维生素 C 颗粒，吸取并贮存脂肪粒，变成脂肪细胞。此外，它还参与机体重要的免疫反应。

（4）肥大细胞大多沿血管附近分布。肥大细胞呈球形或卵圆形，胞质内充满颗粒，颗粒内含有肝素、组织胺等，有参与抗凝血、增加毛细血管通透性和促使血管扩张等作用。

（5）浆细胞多见于淋巴组织、胃肠道、呼吸道和输卵管等固有膜内，来源于 B 淋巴细胞。细胞呈球形、卵圆形或梨形，大小不一，核位于细胞一端，核内染色质成块状，沿核膜作辐射状排列，呈车轮状。浆细胞能合成和分泌免疫球蛋白即抗体，参与体液免疫。

2．纤维

纤维是细胞间质中的有形成分。根据纤维的形态结构和理化特性不同，可分三种类型，即胶原纤维、弹性纤维和网状纤维。前两种含量多，后一种含量少。

（1）胶原纤维数量最多，分布最广。纤维呈粗细不同、长短不一的分支状，交织分布在疏松结缔组织中，每条纤维又由许多极细的胶原纤维合并而成。胶原纤维颜色白，又称为白纤维。其化学成分为胶原蛋白，加热或用弱酸处理，可溶解成胶冻状；易被酸性胃液消化，不被碱性胰液消化，纤维呈波浪状，能弯曲，质地坚韧不易拉断。

（2）弹性纤维数量比胶原纤维少，是单一的纤维，单根存在，粗细不同，且有分支，折断时，断端常呈卷曲状，新鲜时，颜色发黄，又称黄纤维。其化学成分为弹性蛋白，加热煮沸或弱酸弱碱处理，不溶解；易被胰液消化，不易被胃液消化。纤维有很大的弹性，其伸展度可达最初长度的 2.5 倍，这种弹性对某些器官的特定功能非常有利。

（3）网状纤维网状纤维在疏松结缔组织中数量很少，主要分布在疏松结缔组织与其他组织交界处，如上皮组织下的基膜中，脂肪组织、血管、神经及平滑肌的周围。网状纤维由于 HE 染色不易着色，而用浸银法可染成棕黑色，故又称为嗜银纤维。在弱酸和胃液中不溶解，纤维有韧性无弹性。

3．基质

基质是一种无定形黏稠状的胶状物质，无色而透明，数量较多，充满于纤维和细胞之间。其主要成分是透明质酸，有很强的黏滞性，可阻止进入体内细菌、异物的扩散。但有些病原微生物可分泌透明质酸酶，将透明质酸溶解，从而使炎症蔓延，如溶血性链球菌。除透明质酸外，基质中还含有大量的组织液，是由毛细血管渗透而来，通过它实现组织与血液之间的物质交换。

（二）致密结缔组织

致密结缔组织是由大量紧密排列的纤维成分和少量的细胞成分构成。基质含量少，形态固定，故又称定形致密结缔组织。根据纤维排列方向的不同，又分为不规则和规则致密结缔组织。

不规则致密结缔组织以胶原纤维为主，纤维排列方向不规则，相互交织（见图 1-17），构成坚固的纤维膜，如真皮、骨膜、软骨膜和巩膜等。规则致密结缔组织有的以胶原纤维为主，如肌腱；有的以弹性纤维为主，如项韧带。其纤维排列十分规则而致密（见图 1-18），排列方向与该组织所受牵引的方向相一致。肌腱有很强的韧性和抗牵引力，项韧带则有很大的弹性。

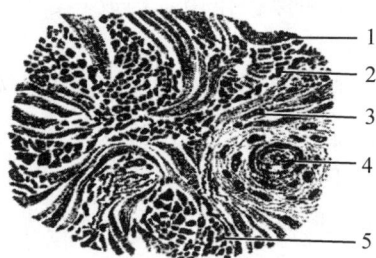

图 1-17　不规则致密结缔组织
1. 胶原纤维(纵切)；2. 弹性纤维；
3. 成纤维细胞核；4. 血管；5. 胶原纤维

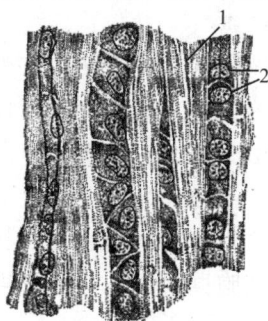

图 1-18　规则致密结缔组织(肌腱)
1. 胶原纤维；2. 腱细胞

（三）脂肪组织

脂肪组织是非常活跃的组织，经常处于分裂、分解和合成的动态变化中。由大量脂肪细胞聚集而成，细胞表面包绕着致密而纤细的网状纤维，基质含量极少。少量疏松结缔组织和小血管深入脂肪组织内，将其分隔成许多小叶。脂肪细胞呈球形或圆形，由于细胞的堆积和挤压，有时候变成多角形，整个细胞被一个大滴脂肪所占。细胞质和细胞核被挤到细胞的外围，呈一个狭窄的指环状。在普通切片中，由于脂滴被溶解，细胞呈现大空泡状。脂肪组织分为黄(白)色脂肪组织和棕色脂肪组织两类。

1. 黄(白)色脂肪组织

黄(白)色脂肪组织由大量单泡脂肪细胞聚集而成，主要分布在皮下、网膜和系膜等处。

2. 棕色脂肪组织

棕色脂肪组织由多泡脂肪组织构成，组织呈棕色，含丰富毛细血管。细胞核圆，位于细胞中央，细胞质内有许多小脂滴。棕色脂肪组织见于新生儿及冬眠动物脂肪组织。

脂肪组织主要分布在皮下、肠系膜、腹膜、网膜以及心脏、肾等器官的周围。其主要功能是储存脂肪，并参与能量代谢，是体内最大的能量库。此外，脂肪组织还有支持、保护和维持体温、缓冲等作用。

（四）网状组织

网状组织由网状细胞、网状纤维和基质构成。网状细胞为星形多突起，细胞突起互相连接成网，胞核大而染色浅，核仁明显，胞质丰富（见图 1-19）。网状细胞的功能目前还不十分清楚，一般认为它能形成网状纤维，创造一个适合 T、B 淋巴细胞定居和发育成熟的微环境，有些网状细胞还具有

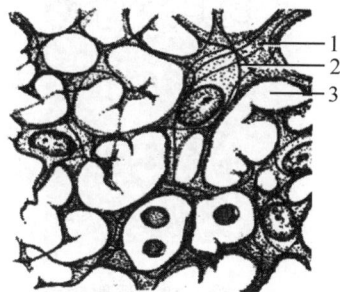

图 1-19　网状组织
1. 网状细胞；2. 网状纤维；3. 网眼

吞噬作用，可能间接参与免疫反应。网状纤维含量多，纤维有分支，互相交织成网，紧贴在网状细胞的表面，纤维的形态、特点和化学性质与疏松结缔组织中的网状纤维完全相同，网孔内充满淋巴液和组织液。网状组织分布在淋巴结、脾、胸腺和骨髓等组织器官中，构成他们的支架。

（五）软骨组织

软骨组织简称软骨，坚韧而有弹性，具有支持和保护作用，构成耳、鼻、喉、气管和支气管等器官的支架，以及大部分骨的关节软骨。

软骨组织由少量的软骨细胞和大量的细胞间质构成。软骨细胞埋藏在由软骨基质形成的软骨陷窝中，细胞大小、形态很不一致，有小扁平状的，或大圆球形的，有的分散，有的聚集成群。软骨间质呈固体凝胶状，由基质和纤维构成。基质的主要化学成分是软骨黏多糖蛋白。在细胞群周围，基质浓集，染色较深，形成一深色环，称软骨囊。纤维埋藏在基质中。

根据所含纤维的性质和数量不同，软骨组织可分为三种，即透明软骨、弹性软骨和纤维软骨。

1. 透明软骨（见图 1-20）

基质中含有较细的胶原纤维，排列散乱。因纤维的折光率与基质相近，因而普通染色标本中不显示。透明软骨分布最广，主要分布在成年动物骨的关节面、肋软骨、鼻中隔软骨、喉、气管和支气管等处。在胚胎时期，透明软骨构成大部分的四肢骨和中轴骨，以后被骨所代替。生活状态时，呈半透明玻璃状，坚韧而有弹性。

2. 弹性软骨（见图 1-21）

基质中含有弹性纤维，交织成密网。弹性纤维分布在耳廓、会厌和咽鼓管等处。新鲜时略呈黄色，不透明，具有弹性。

3. 纤维软骨（见图 1-22）

基质中含有大量的粗大胶原纤维束，呈平行或不规则排列，细胞成行分布在纤维束之间，基质极少。

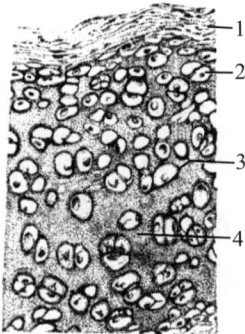

图 1-20　透明软骨
1. 软骨膜；2. 软骨细胞；3. 软骨细胞膜；4. 基质

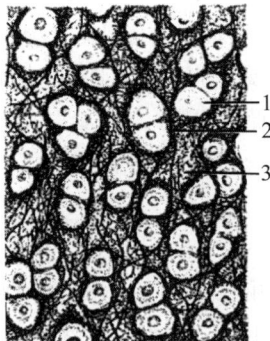

图 1-21　弹性软骨
1. 软骨细胞；2. 弹性纤维；3. 基质

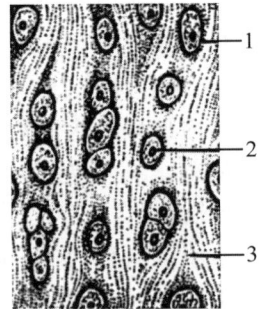

图 1-22　纤维软骨
1. 软骨囊；2. 软骨细胞；3. 胶原纤维束

纤维软骨在软骨中最少见，分布在椎间盘、半月板和耻骨联合等处。它是软骨组织和致密结缔组织之间的一种过渡类型，新鲜时呈不透明的乳白色，具有很大的抗压能力。

大多数软骨组织的表面（关节软骨的关节面除外），均覆盖一层由致密结缔组织构成的软骨膜。膜内的细胞成分有分裂增生能力，是软骨生长和再生的来源。软骨内无血管，其营养来源和代谢产物的运出，主要依靠基质的渗透和扩散作用，然后再与软骨膜的血管进行物质交换。

（六）骨组织

骨组织是动物体内（除牙齿的釉质外）最坚硬的组织，构造很复杂。它和软骨组织一起构成动物体的支架，具有支持和保护作用，由骨间质和骨细胞构成。

1. 骨间质

骨间质是一种钙化的细胞间质，固态，又称骨基质。由有机物和无机物共同组成。骨基质中有机物比较少，占成年骨重的 35％，无机物占 65％。

有机物主要成分为纤维和无定型基质，由骨细胞分泌形成。其中 95％是纤维，无定型基质只有 5％，呈凝胶状。无定型基质为黏多糖蛋白，称骨黏蛋白。骨中纤维与胶原纤维相似，称骨胶原，大多都组成致密的纤维束，与骨黏蛋白黏合在一起。

无机物主要是钙盐，又称为骨盐，其化学成分主要是羟基磷灰石。此外，还有少量的 Mg^{2+}、Na^+、F^- 和 $CO_3{}^{2-}$ 等。动物体内 90％的钙以骨盐的形式贮存在骨内。骨盐沉积在纤维上，使骨组织具有坚硬性。正常情况下，骨中的钙与血液中的钙经常处于动态平衡和不断更新中，如血液中缺钙，骨将得不到应有的钙而发生骨软化症。

骨中有机物决定骨的韧性，无机物决定骨的硬度。这两种不同性质的物质结合在一起，构成了骨的坚韧性。如用稀盐酸脱去骨的钙盐，只剩有机质（此时称脱钙骨），骨虽保持原来形状，但变得柔软易弯曲；如将骨放在铁丝网或石棉网上，用酒精灯灼烧，直至完全除去有机物变为灰白色（此时称灰化骨），骨的外形仍保留，但脆而易碎。

成熟骨组织的骨间质均以骨板的形式存在。骨组织内的胶原纤维被基质中的黏蛋白黏合在一起，并有钙盐沉积形成薄板状结构，称为骨板。同一层内的骨胶原纤维束平行排列，相邻骨板内的纤维互相垂直或呈一定角度，并有部分纤维贯穿于两层骨板之间。骨组织的这种结构，使得骨能承受多方压力，增强骨的坚固性。

2. 骨细胞

骨细胞有骨原细胞、成骨细胞、骨细胞及破骨细胞四种。骨细胞为扁椭圆形，多突起，细胞埋藏在由基质形成的骨陷窝中。细胞核扁圆、染色深、胞质弱嗜碱性。骨陷窝为骨板内和骨板之间形成的小腔。骨陷窝向周围放射状排列的细小管道，称为骨小管。相邻骨陷窝的骨小管互相贯通，骨细胞的突起伸入骨小管内。相邻骨细胞突起彼此相互接触，以缝管连接相连，供骨组织进行物质交换。骨原细胞、成骨细胞、骨细胞与骨基质生成有关。破骨细胞与骨基质的溶解有关，存在于骨膜内与骨质表面。

（七）血液和淋巴

血液和淋巴为液态的结缔组织，详见项目8、项目9心血管系统和免疫系统。

三、肌肉组织

肌肉组织是动物各种运动的基础，如四肢的运动、胃肠的蠕动、心脏的跳动都有赖于肌肉组织的舒缩来实现。肌肉组织由肌细胞构成，肌细胞间有少量结缔组织及丰富的血管、淋巴管和神经等。肌细胞呈细长纤维状，故称肌纤维，其细胞膜称肌膜，细胞质称肌浆。肌细胞内还有肌原纤维，是肌细胞收缩的形态基础。每条肌原纤维都有许多肌微丝组成，肌微丝又分粗、细两种，粗肌微丝的主要成分是肌球蛋白，细肌微丝的主要成分是肌动蛋白。肌组织按其结构和功能分为骨骼肌、平滑肌和心肌三种（见表1-3）。

表 1-3　三种肌纤维比较

肌纤维	形态	胞核	横纹	分布	机能特点
骨骼肌	长圆柱状	椭圆形，可达几百个核，位于肌纤维边缘	有	主要在骨骼上	随意性，作用迅速，易疲劳
平滑肌	长梭形	椭圆形，一个核，位于细胞中央	无	主要在血管、内脏器官	不随意，作用缓慢、持久，不易疲劳
心肌	短柱状，有分支彼此吻合，两个心肌纤维的连接处称闰盘	椭圆形，一个核，偶见两个，位于细胞中央	有横纹，但不明显	心脏	不随意，有自动节律性，不易疲劳

（一）骨骼肌

骨骼肌主要分布在骨骼上，因其肌纤维显有横纹，也叫横纹肌（见图 1-23）。骨骼肌活动受意识支配，故又称随意肌。肌纤维呈长柱状，末端呈圆锥形，一般长 1～40 mm，直径 10～100 μm。每条肌纤维含有很多细胞核，最多可达数百个，核一般呈椭圆形，位于肌纤维的边缘。肌浆内含有丰富的肌原纤维。肌原纤维呈细丝状，每条肌原纤维可见到折光不同的明带和暗带，明、暗带相间排列，因此显出横纹。

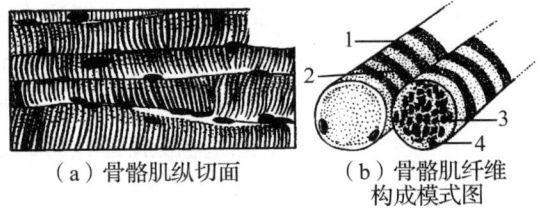

（a）骨骼肌纵切面　　（b）骨骼肌纤维构成模式图

图 1-23　骨骼肌
1. 明带；2. 暗带；3. 肌原纤维；4. 细胞核

肌纤维中肌原纤维多而肌浆少，称为白肌纤维；肌浆多而肌原纤维少，称为红肌纤维。白肌纤维收缩力强，收缩较快，故又称快肌，多存在于哺乳类动物。红肌纤维收缩力较弱，收缩较慢，但较持久，故称为慢肌，多存在于鸟类。通常在一块肌肉内，两种肌纤维均有，但其比例随不同肌肉而异。

（二）平滑肌

平滑肌主要分布在胃肠道、呼吸道、泌尿生殖道以及血管和淋巴管的管壁内。

平滑肌细胞一般呈长梭形，平均直径约 10 μm，长约 100 μm。细胞中央有一个核，呈棒状或椭圆形（见图 1-24）。肌纤维收缩时，核可扭曲呈螺旋状。肌浆中的肌原纤维细而光滑，无横纹。肌原纤维中含有两种纤维蛋白，即肌动蛋白和肌球蛋白，是肌细胞收缩的物质基础。

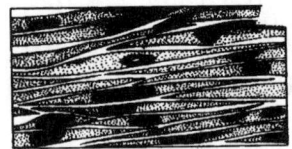

平滑肌细胞在不同的器官分布情况不同，如在小肠绒毛、淋巴结被膜和小梁等处，为单个分散存在；皮肤的竖毛肌则形成小束；在消化道和子宫壁等处呈层分布。平滑肌收缩有节律，缓慢而持久，不受意识支配，为不随意肌。

（a）平滑肌纵切面

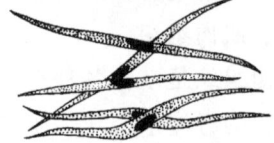

（b）分离平滑肌图

图 1-24　平滑肌

（三）心肌（见图 1-25）

心肌主要分布在心脏，是构成心房和心室壁的肌肉，也可见于靠近心脏的大血管壁上。心肌不受意识支配，是不随意肌。心肌纤维与骨骼肌纤维类似，也有横纹，但不明显。

图 1-25　心肌

心肌纤维呈短柱状，有分支，长 50～100 μm，直径 10～20 μm。细胞核位于肌纤维中央，每一条纤维有一个核，偶尔可见双核。核较大，呈卵圆形，着色较浅。心肌纤维的分支相互吻合成网状，在细胞连接处，肌膜分化成特殊结构，染色较深的粗线，宽 0.5～1 μm，称为闰盘，这种结构有利于细胞间冲动的传导。心肌纤维收缩力较强，持续时间长，不出现强直收缩。心肌细胞再生能力比较弱。

心脏内除一般的心肌纤维外，还有少量特殊的心肌纤维，分布在心脏的传导系统内。传导系统包括窦房结、房室结、房室束。分布在结内的特殊细胞比普通心肌纤维小，颜色苍白，有启动作用，即有自动节律性，故又叫起搏细胞或 P 细胞。分布在左、右分支的房室束内的特殊纤维叫浦肯野纤维，比一般心肌纤维粗，肌浆含量多，内含丰富的线粒体和糖原颗粒，肌原纤维少，分布在肌纤维边缘，排列不规则，有 1～2 个细胞核。

四、神经组织

神经系统由神经组织构成，神经组织由神经细胞和神经胶质细胞构成。神经细胞又称神经元。

（一）神经元

神经元是神经系统结构和功能的基本单位，能感受刺激和传导冲动。另外，有的神经元具有内分泌功能。

1. 神经元的结构（见图 1-26）

神经元是一种有突起的细胞，其形态多种多样，但结构都由细胞体和突起两部分构成。

（1）细胞体简称胞体，大小不等，直径为 4～100 μm，形态呈多角形、圆形、梨形、梭形和锥形。胞体主要存在脑、脊髓和神经节内，作用是对信息进行分析综合。胞体构造与一般细胞相同，包括细胞膜、细胞质和细胞核三部分。

①细胞膜：为单位膜，能够接受刺激，产生及传导神经冲动。

②细胞核：较大，通常呈圆形，位于胞体中央，一个，染色质多，着色浅，核仁大而明显。

③细胞质：细胞质除了具有线粒体、高尔基复合体、溶酶体等细胞器外，还有丰富的尼氏体和神经原纤维。

（2）突起从神经元的胞体发出，根据突起的形态和机能不同，分树突和轴突两种。

①树突：为胞体伸出的树枝状突起，有一个或多个。树突能接受由感受器或其他神经元传来的冲动，把冲动传给胞体，分支越多，接受冲动的面积越大。树突内也含有尼氏体和神经原纤维。

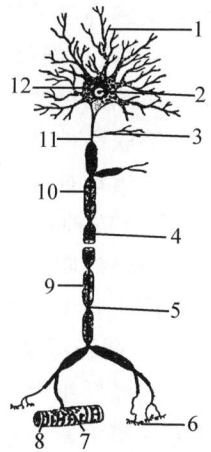

图 1-26　运动神经元模式图

1. 树突；2. 神经细胞核；
3. 侧支；4. 雪旺氏鞘；
5. 朗飞氏节；6. 神经末梢；
7. 运动终板；8. 肌纤维；
9. 雪旺氏细胞核；10. 髓鞘；
11. 轴突；12. 尼氏小体

②轴突：为胞体伸出的一根细长的突起，又叫轴索。一般只有一个。轴突末端借分支与其他神经元的树突或胞体接触，或者进入器官及组织的内部。轴突的作用是能把细胞体发出的冲动传向另一个神经元，或者传至某一器官或组织。

尼氏体为嗜碱性物质，光镜下呈斑块状分布，又称虎斑，仅存于胞体和树突内。电镜下观察，尼氏体由密集平行排列的粗面内质网构成，因而尼氏体与蛋白质合成有关。

神经原纤维为细丝状物质，成束排列。神经原纤维除具有支持作用外，还与细胞内蛋白质、化学递质以及离子的运输有关。

2. 神经元的类型

神经元的种类很多，现主要按突起数目、神经元功能以及释放递质进行分类。

(1)按突起数目分为三种(见图 1-27)。

①假单极神经元，从胞体发出一个突起，在离胞体不远处又分为两支，一支伸向外周器官，称为外周突；另一支进入中枢，称为中枢突。假单极神经元见于脑和脊神经节的感觉神经元。

②双极神经元，从胞体发出一个轴突和一个树突，见于嗅觉细胞和视网膜中的双极细胞。

③多极神经元，从胞体上发出两个以上的突起，一个轴突，其余为树突。这种神经元在体内分布最广，形态多样，胞体大小不等。大脑皮质中的锥体细胞、脊髓腹角运动神经元和交感神经节细胞等都是多极神经元。

(2)按功能分为三种。

①感觉神经元，又称传入神经元，能感受各种刺激，如脊神经节细胞。

②联络神经元，又称中间神经元，起联络作用，如脑、脊髓内的神经细胞。

③运动神经元，又称传出神经元，支配效应器活动，如脊髓腹角的神经元。

(3)按神经元释放的神经递质分，释放胆碱的叫胆碱能神经元，释放肾上腺素的叫肾上腺素能神经元。

3. 神经纤维

神经纤维由轴突(轴索)及包在外面的神经膜细胞(雪旺氏细胞)或少突胶质细胞构成，其主要功能是传导神经冲动。其中少突胶质细胞、神经膜细胞是神经胶质细胞的一种。

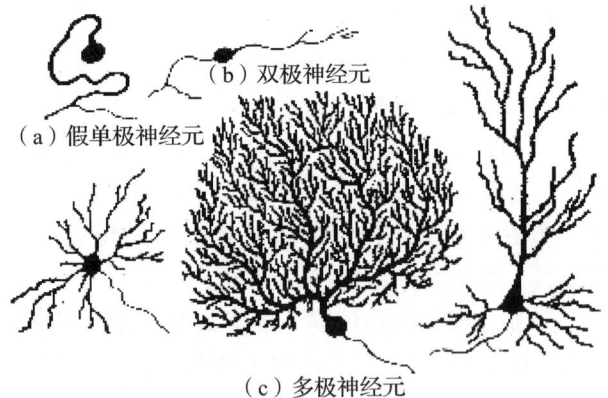

（a）假单极神经元　（b）双极神经元

（c）多极神经元

图 1-27　神经元的类型

(1)根据有无髓鞘，神经纤维分为有髓神经纤维和无髓神经纤维。髓鞘是直接包在轴突外面的鞘状结构，主要成分是脂蛋白。

①有髓神经纤维，大多数脑神经、脊神经为有髓神经纤维。髓鞘呈节段性包绕轴突，无髓鞘的狭窄处，称郎飞氏节。相邻郎飞氏节之间的一段神经纤维，称节间体。有髓神经纤维传导冲动是从一个郎飞氏节跳到相邻郎飞氏节，故传导速度快。

②无髓神经纤维，由轴突及包在外面的神经膜细胞构成，无髓鞘和郎飞氏节。一个神经膜细胞可分别包裹一至数条轴突。无髓神经纤维传导神经冲动沿轴突连续进行，传导速度

比有髓神经纤维慢。

（2）根据功能神经纤维分为感觉神经纤维（传入神经纤维）和运动神经纤维（传出神经纤维）。

4. 神经

神经是在周围神经系统中，许多的神经纤维束平行排列聚集在一起，外层被结缔组织膜包裹构成神经。简要说，神经就是由很多条神经纤维聚集而成的神经纤维传导束。

5. 神经末梢

神经末梢是神经纤维末端部分，终止于其他组织内，构成感受器和效应器。神经末梢按其生理机能不同，分为感觉神经末梢和运动神经末梢两类。

①感觉神经末梢，是感觉神经元外周突的末梢，分布到皮肤、肌肉、内脏器官和血管等处，与其附属结构共同形成感受器。可分为游离神经末梢和被囊神经末梢两种。

游离神经末梢，分布在黏膜上皮细胞之间以及某些结缔组织内，如表皮、角膜、毛囊、浆膜、蹄、爪、骨膜、肌腱、韧带等。它感受冷、热、疼痛和轻触等刺激。

被囊神经末梢，形式多样，大小不一，但末梢外面都有结缔组织包裹。常见的有分布在真皮乳头层司触觉的触觉小体；分布在皮下组织、胸膜、腹膜、肠系膜及某些脏器周围结缔组织中的司触觉和压觉的环层小体；以及分布在肌肉或肌腱中的肌梭、腱梭，能感受本体感觉等。

②运动神经末梢，是运动神经元轴突的末端部分，终止于肌肉和腺体，与其附属结构共同称为效应器。分为躯体运动神经末梢和内脏运动神经末梢。

躯体运动神经末梢，支配骨骼肌运动的神经末梢，终止于骨骼肌纤维表面形成爪状分支，再形成椭圆形的板状隆起，称为运动终板，又叫神经肌肉接头。

内脏运动神经末梢，支配心肌、平滑肌收缩和腺体分泌。内脏运动神经纤维无髓鞘，在接近终末时反复分支，每一支常形成串珠状膨大，称为膨体。

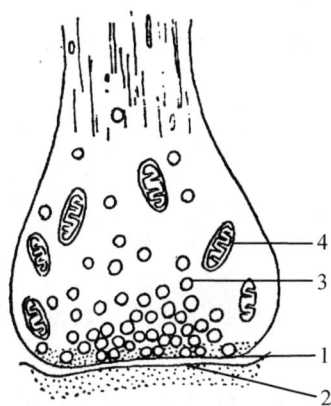

图 1-28　突触超微结构模式图
1. 突触前膜；2. 突触后膜；
3. 突触小泡；4. 线粒体

6. 突触

神经元之间或神经元与效应器之间的功能性接触点，称突触。神经元之间的接触有不同的方式，有轴树突触、轴体突触和轴轴突触等。其中轴树突触、轴体突触最常见。电镜观察发现（见图 1-28），突触处有膜相隔，前一神经元末梢的轴膜称突触前膜，后一个神经元的树突或胞体膜称突触后膜，突触前膜与突触后膜之间有宽 $15\sim30$ nm 的突触间隙。在靠近突触前膜的轴浆内有很多突触小泡和线粒体。突触小泡内含有高浓度的化学递质，如乙酰胆碱、去甲肾上腺素等。当神经冲动传到轴突末梢时，突触小泡即释放神经递质，经扩散作用从突触前膜进入突触间隙中，并作用于后膜，后膜上有多种能与化学递质结合的特异性受体，引起后膜电位发生变化，于是出现生理效应。

神经冲动有一定的传导方向。树突接受刺激，并把冲动传至胞体，轴突把冲动自胞体传出至另一神经元。

（二）神经胶质细胞

神经胶质细胞数量多，为神经元的 $10\sim50$ 倍，它们与相邻的细胞不形成突触结构。无感受刺激和传导冲动的功能，对神经细胞起支持、保护、营养和绝缘的作用。神经胶质细胞夹杂在神经元之间，细胞有突起，但无树突和轴突之分。胞浆内缺尼氏体和神经原纤维。中枢神经系统的神经胶质细胞可分为星形胶质细胞、少突胶质细胞、小胶质细胞和室管膜细胞四种（见图1-29）。外周神经系统的神经胶质细胞有神经膜细胞和被囊细胞（又称卫星细胞）。

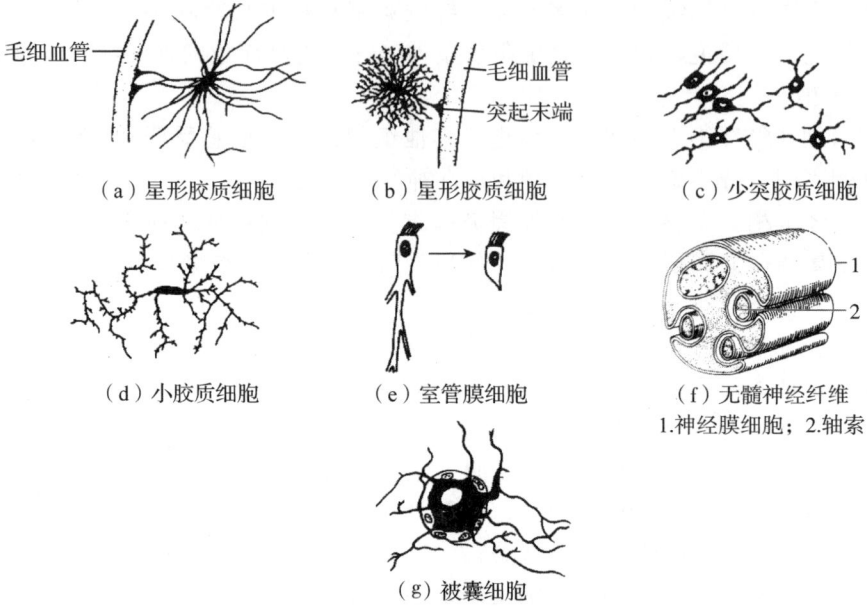

图 1-29　胶质细胞类型

星形胶质细胞是数量最多、体积最大的一类胶质细胞，细胞突起中可见1~2个较长的突起终止于毛细血管壁上，称血管周足。星形胶质细胞的血管周足与毛细血管紧密接触处形成血—脑屏障，有筛选某些药物、染料以及其他化学物质进入脑组织的作用。

少突胶质细胞是一种体积较小、突起较短而分枝少的胶质细胞。血管周足不常见。它们中有些能产生髓鞘物质，参与中枢神经系统神经纤维髓鞘的形成。有的对神经元起代谢物质转运站的作用。

小胶质细胞胞体最小，呈长梭形或不规则形，突起细长有分支，数量少，有吞噬能力。

室管膜细胞是衬在脊髓中央管和脑室壁上的一种上皮细胞。细胞游离缘常有纤毛伸出。室管膜细胞有支持和保护作用，此外，还参与脑脊液形成。

神经膜细胞又称施万细胞（雪旺细胞），呈扁平形，排列成串，包裹神经纤维，形成周围神经系统有髓神经纤维的髓鞘。

被囊细胞分布于外周神经节内，神经细胞的周围，细胞扁平，又称卫星细胞，对神经元有营养和保护作用。

第三部分　器官、系统和有机体调节

一、器官

器官是几种不同组织按一定规律结合在一起，形成具有一定形态和机能的结构。器官可分为两大类。

1. 中空性器官

中空性器官内部有较大的腔体，如食管、胃、肠、气管等。结构上分层，内表面是上皮，周围是结缔组织和肌肉组织。

2. 实质性器官

实质性器官内部没有大的空腔，如肝脏、肺脏、肾和肌肉等。结构上分实质和间质两部分。实质是代表该器官的功能部位，如脑实质部分是神经组织、肝的实质是肝细胞等。间质是指该器官内部的一些辅助部分，多为一些结缔组织、血管、淋巴管和神经。

二、系统

几种功能上有密切相关的器官联合在一起，共同完成体内某一方面的生理机能，这些器官构成一个系统，如鼻、咽、喉、气管、支气管、肺等器官构成呼吸系统。

动物体由十大系统组成：运动系统、被皮系统、消化系统、呼吸系统、泌尿系统、生殖系统、心血管系统、免疫系统、神经系统和内分泌系统。通常消化系统、呼吸系统、泌尿系统、生殖系统合称为内脏，构成内脏的器官称为脏器。内脏器官大部分在体腔内，有孔直接或间接与外界相通。

三、有机体调节

器官和系统构成完整的有机体。有机体体内各个器官、系统都不独立存在，而是相互关联，协调统一，这样才能保证有机体的完整性。同时，有机体与外界环境之间也要经常保持动态平衡。这些主要靠机体的神经调节和体液调节来实现。

（一）神经调节

神经调节是指神经系统对各个器官和系统活动所进行的调节。神经调节的基本方式是反射。反射是指机体在神经系统参与下，对内、外刺激所发生的适应性反应。例如，饲料进入口腔，就引起唾液分泌；蚊虫叮咬皮肤，则引起皮肤颤抖或尾巴摆动来驱赶蚊子等。完成反射活动必备的结构是反射弧（见图 1-30），它包括五个部分，即感受器、传入神经纤维、神经中枢、传出神经纤维和效应器，任何一个部分发生异常或缺失，反射活动都不会进行。

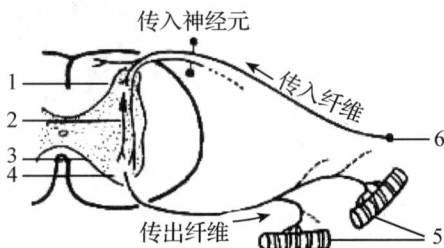

图 1-30　反射弧模式图
1. 突触；2. 中间神经元；3. 突触；
4. 传出神经元；5. 效应器；6. 感受器

神经调节的特点是作用迅速、准确，持续时间短，作用范围较局限。

（二）体液调节

体液调节是体液因素通过血液循环输送到全身或某些特定器官，有选择地调节其机能活动的过程，称为体液调节。体液因素主要是内分泌腺和具有分泌功能的特殊细胞或组织所分泌的激素。此外，组织本身的代谢产物，如二氧化碳、乳酸等也参与局部的体液调节，如组织产生的二氧化碳可通过其在血液中浓度的变化，使呼吸运动增强或减弱。

体液调节的特点是作用缓慢，持续时间长，作用范围较广泛。

动物体内的多数生理活动，既有神经调节参与，又有体液因素的作用，两者相互影响，相辅相成。从整个机体调节来看，神经调节占主导地位。

（三）自身调节

许多组织细胞自身也能对周围环境的变化发生适应性反应，这种反应是组织、细胞本身的生理特性，并不依赖外来的神经或体液的作用，所以称自身调节。例如，血管壁的平滑肌在受到牵拉刺激时，会发生收缩性反应。

自身调节的特点是简单、局限、幅度小、灵敏度低。自身调节是全身性神经调节和体液调节的补充。

第四部分　动物体各部名称和方位术语

为了说明畜体各部结构的位置关系，必须了解有关定位用的轴、面与方位术语。

一、轴和面

（一）轴

家畜都是四足着地，其躯干长轴（或称纵轴），从头端至尾端，是和地面平行。长轴也可用于四肢和各器官，均以纵长的方向为基准，如四肢的长轴则是由四肢上端至下端，为与地面垂直的轴。

（二）面（见图 1-31）

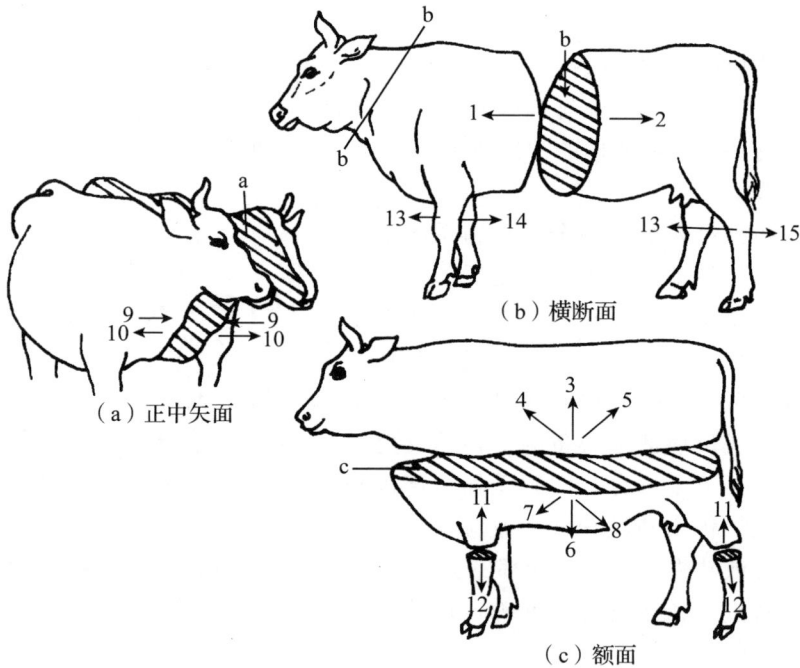

图 1-31　三个基本切面和方位术语

1. 前；2. 后；3. 背侧；4. 前背侧；5. 后背侧；6. 腹侧；7. 前腹侧；8. 后腹侧；9. 内侧；
10. 外侧；11. 近端；12. 远端；13. 背侧（四肢）；14. 掌侧；15. 跖侧

1. 矢状面

矢状面是指与动物体长轴平行且与地面垂直的切面，分正中矢状面和侧矢状面。正中矢状面只有一个，位于动物体长轴的正中线上，将动物体分为左、右对称的两部分。侧矢状面与正中矢状面平行，位于正中矢状面的两侧。

2. 横断面

横断面是指与动物体长轴垂直的切面，位于躯干的横断面可将动物体分为前、后两部分。与器官长轴垂直的切面也称横断面。

3. 额面

额面指与地面平行且与矢状面、横断面垂直的切面，将动物体分为背、腹两部分。

二、动物体各部位名称和方位术语的描述

（一）畜禽各部位名称

1. 家畜各部位名称（见图 1-32）

动物身体左右两侧对称，可分为头部、躯干部和四肢部三部分。

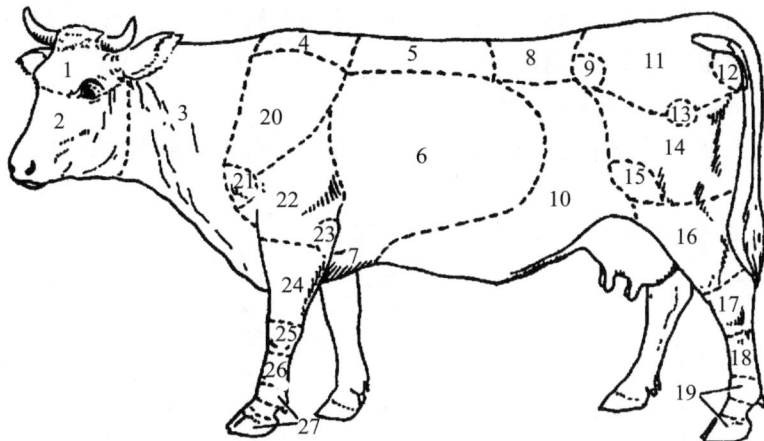

图 1-32　牛体各部名称

1. 颅部；2. 面部；3. 颈部；4. 鬐甲部；5. 背部；6. 肋部；7. 胸骨部；8. 腰部；
9. 髋结节；10. 腹部；11. 荐臀部；12. 坐骨结节；13. 髋关节；14. 股部；15. 膝部；
16. 小腿部；17. 跗部；18. 跖部；19. 趾部；20. 肩胛部；21. 肩关节；22. 臂部；
23. 肘部；24. 前臂部；25. 腕部；26. 掌部；27. 指部

（1）头部。头部包括颅部和面部。

①颅部位于颅腔周围，又可分为以下几个部分。

枕部：位于颅部后方，两耳之间。

顶部：位于枕部的前方。

额部：位于顶部的前方，左右眼眶之间。

颞部：位于顶部的两侧，耳与眼之间。

耳廓部：指耳和耳根附近。

眼部：包括眼及眼睑。

②面部位于口腔和鼻腔周围，又可分为以下几个部分。

眶下部：位于眼眶前下方。

鼻部：位于额骨前方，以鼻骨为基础。

鼻孔部：包括鼻孔和鼻孔周围。

咬肌部：位于颞部下方。

颏部：位于下唇下方。

唇部：包括上唇和下唇。

（2）躯干部。除头和四肢以外的部分称躯干部。躯干部包括颈部、背胸部、腰腹部、荐臀部和尾部。

①颈部：以颈椎为基础，颈椎以上的部分称颈背侧部，两侧称颈侧部，下方为颈腹侧部。

②背胸部：位于颈部和腰腹部之间。其前方较高的部分称鬐甲部，后方为背部，侧面以肋骨为基础称为肋部，前下方称胸前部，下部称胸骨部。

③腰腹部：位于背胸部和荐臀部之间，腰椎以上为腰部，腰椎以下为腹部。

④荐臀部：位于腰腹部后方，上方为荐部，侧面为臀部，后方与尾部相连。

⑤尾部：分尾根、尾尖、尾体。

（3）四肢部。四肢部包括前肢和后肢。

①前肢：自上而下可分为肩带部（肩部）、臂部、前臂部、前脚部，前脚部又分为腕部、掌部、指部。

②后肢：由臀部和荐部相连，可分为大腿部（股部）、小腿部、后脚部，后脚部又分跗部、跖部、趾部。

2. 家禽各部位名称（见图 1-33）

（1）头部：有肉冠、喙、肉垂、耳叶、鼻孔、眼、耳孔。

（2）躯干：包括颈部、胸部、背部、腰部、腹部和尾部等。

（3）四肢：前肢衍变为翼，分为臂部、前臂部等；后肢包括股部、小腿部、跖部和趾部。

（二）方位术语的描述

1. 躯干部

①内侧：靠近正中矢状面的一侧。

②外侧：远离正中矢状面的一侧。

③背侧：额面上方的部分。

④腹侧：额面下方的部分。

⑤头侧：朝向头部的一侧。

⑥尾侧：朝向尾部的一侧。

2. 四肢部

①近端：离躯干近的一端。

②远端：离躯干远的一端。

③背侧：四肢的前面。

④掌侧：前肢的后面。

⑤跖侧：后肢的后面。

⑥桡侧：前肢的内侧。

⑦尺侧：前肢的外侧。

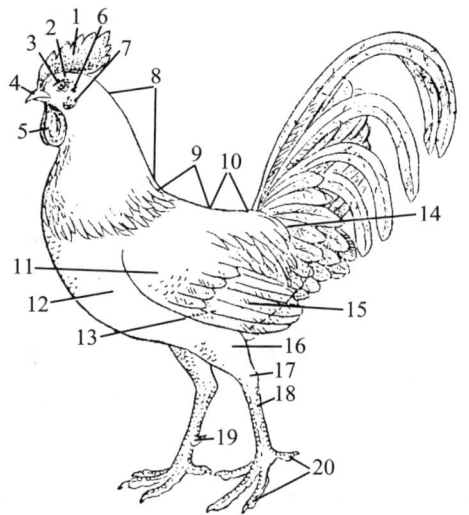

图 1-33　鸡体表各部名称

1. 冠；2. 头；3. 眼；4. 喙；5. 肉垂；6. 耳孔；
7. 耳叶；8. 颈部；9. 背部；10. 腰部；11. 翼；
12. 胸部；13. 股部；14. 尾部；15. 腹部；
16. 小腿部；17. 跗关节；18. 跖部；
19. 距；20. 趾部

⑧胫侧：后肢的内侧。

⑨腓侧：后肢的外侧。

第五部分　显微镜的构造和使用

1. 显微镜的构造

（1）机械部分。

①镜座：是直接与实验台相接触的部分。

②镜柱：与镜座相连接的部分，与镜座一起支持和稳定整个显微镜。

③镜臂：与镜柱连接的弯曲部分，把持移动显微镜时使用。

④镜筒：目镜和物镜之间的金属筒，上端有目镜，下端装有转换器。

⑤活动关节：可使镜臂倾斜。

⑥粗调节器：旋转它可使物镜与切片间距离改变。

⑦细调节器：旋转一周可使镜筒升降 0.1 mm。

⑧载物台：放组织切片的平台，中央有圆形或椭圆形的通光孔。

⑨推进器：可前后、左右移动标本。

⑩压（卡）夹：可固定组织切片。

⑪转换器：位于镜筒下部，上装有各种倍数的物镜，用于转换物镜。

⑫聚光器升降螺旋：可使聚光器升降，以调节光线的强弱。

（2）光学部分。

①目镜：安装在镜筒上端，目镜上的数字表示放大倍数，有 10、15、16 和 25 倍等。

②物镜：安装在转换器上，可分低倍、高倍和油镜三种。低倍镜有 4、10、20、25 倍；高倍镜有 40、45 倍；油镜一般为 100 倍。显微镜的放大倍数等于目镜和物镜倍数的乘积。

③反光镜：有平面和凹面。凹面聚光效果好。无反光镜的显微镜直接安装灯泡作光源。

④聚光器：位于载物台下，旋转聚光器升降螺旋，可改变聚光器的位置，借以调节光线强度，聚光器上升时光线增强，下降时光线减弱。聚光器上还装有虹彩（光圈），旁边有一条扁柄，左右移动可使虹彩的开孔扩大或缩小，以调节进光量。

2. 显微镜的使用

（1）取放显微镜时，必须右手握镜臂，左手托镜座，靠在胸前，轻轻地将其放于实验台上或显微镜箱内。

（2）先用低倍镜对光，直至获得清晰、明亮、均匀一致的视野为止。

（3）置组织切片于载物台上，将欲观察的组织对准通光孔正中央，用压（卡）夹固定。注意有盖玻片的一面朝上。

（4）转动粗调节器，使镜筒徐徐下降，将头偏向一侧，注视物镜下降程度，以防压碎组织切片，在转换高倍镜或油镜时更要当心。

（5）观察组织切片时，身体坐端正，胸部挺直，同时转动粗调节器，使镜筒上升到一定程度，就会出现物象，再微微转动细调节器，直到物象清晰为止。组织学切片标本多半在高倍镜下即可辨认。如需采用油镜观察时，应先用高倍镜观察，把欲观察的部位置于视野的中央，然后移开高倍镜，把香柏油（檀香油）滴在标本上，转换油镜，使油镜与标本上的油液相接触，轻轻转动细调节器，直至获得最清晰的物像为止。

（6）调节光线时，可扩大或缩小虹彩（光圈）的开孔；也可使聚光器上升或下降；有的还可以直接调节灯光的强度。

3. 显微镜的保养

(1)显微镜使用后，取下组织切片，旋动转换器，使物镜叉开呈八字形，转动粗调节器使载物台下移，然后用绸布包好，放入显微镜箱内。

(2)显微镜切勿置于日光下或靠近热源。

(3)在使用过程中，切勿将酒精或其他药品污染显微镜。显微镜一定要保存在干燥处，否则会使光学部分发霉，机械部件生锈。

(4)用完油镜时，应以擦镜纸蘸少量二甲苯，将镜头上和标本上的油擦去，再用干擦镜纸擦干净。对于无盖玻片的标本，可采用"拉纸法"，即把小张擦镜纸盖在玻片上的香柏油处，加数滴二甲苯，趁湿向外拉擦镜纸，拉出去后丢掉，如此连续 3～4 次即可将标本上的油去净。

(5)不论目镜或物镜，若有灰尘，严禁用口吹或手抹，应用擦镜纸擦净。

(6)勿用暴力转动粗、细调节器，并保持该部的清洁。

(7)活动关节不要随意弯曲，以防机件由于磨损而失灵。

(8)显微镜的部件不要随意拆卸，以免损坏和丢失。

拓展阅读

张鹤宇

张鹤宇(1914—1975)，河北省丰润县人，家畜解剖学家，教育家，长期从事家畜解剖学的研究工作，在大熊猫颅骨和消化器官、蒙古绵羊肾、北京鸭头部解剖、马腰荐神经丛及肾的血管分布等方面，都有较深入的研究。

张鹤宇从小爱好兽医学，中学毕业后考入中国陆军兽医学校大学部本科，1940 年到北平大学农学院畜牧系任教，讲授家畜生理学和家畜饲养卫生学。1943 年被派去日本东京帝国大学攻读硕士学位。1951 年，远赴苏联的列宁格勒(今俄罗斯彼得格勒)兽医学院解剖学教研组攻读博士学位，到 1956 年完成他的博士论文《马盆腔脏器的血管、神经分布》，这篇论文观点新颖，插图清晰美观，内容充实，对家畜解剖学具有重要意义，张鹤宇也成为第一位获得苏联生物学博士的中国学者。1956 年回国后，张鹤宇一直在北京农业大学从事家畜解剖学教学，推动我国家畜解剖学教学工作的发展。张鹤宇组织多位科研工作者共同翻译并出版了俄文书籍《家畜解剖学概论》和《农畜的乳房》，以及日文书籍《马体解剖图》、英文书籍《家畜解剖学》等，主编《家畜解剖学》(全国农业高等院校试用教材上、下册)。张鹤宇翻译和编写的书籍对今天的家畜解剖学仍有重大参考意义。20 世纪 50 年代，张鹤宇对大熊猫进行首次形态学研究，在《动物学报》先后发表《大猫熊消化器官的解剖》《大猫熊颅骨外形及牙齿的比较解剖》等文章，具有重要学术价值。他说："我做科研工作没有什么秘诀，只有一个笨办法，就是对研究对象的各个侧面、各个部分都要仔细看，看彻底，切记不要看到一点现象之后，就想当然地对其他部分作出推断。"张鹤宇认为，做研究时，要细心观察，尊重客观事实，不要拘泥于前人的经验与结论。张鹤宇严谨的科学态度，丰富的科研经验，都值得我们学习。

●●●●● 材料设备清单

项目1			动物体基本结构		学时		10	
项目	序号	名称	作用	数量	型号	使用前	使用后	
所用设备	1	投影仪	观看视频图片。	1台				
	2	显微镜	观看组织切片。	40台				
所用药品（动物）	3	牛	描述动物体各部名称和方位术语。	2头				
所用材料	4	甲状腺、小肠切片	识别单层立方和单层柱状上皮的构造特点。	各40张				
	5	血涂片	识别白细胞和红细胞。	40张				
所用材料	6	平滑肌和骨骼肌切片	识别平滑肌和骨骼肌构造。	各40张				
	7	脊髓切片	识别神经元构造。	40张				
	8	整体模型标本	描述动物体各部名称和方位术语。	各4套				

●●●●● 作业单

项目1	动物体基本结构
作业完成方式	课余时间独立完成。
作业题1	物质出入细胞膜的方式有哪些？各有何特点？
作业解答	
作业题2	简述各类被覆上皮分布和作用。
作业解答	
作业题3	结缔组织有何特点？分哪几类？
作业解答	
作业题4	简述三类肌肉组织的分布和作用特点。

作业解答	
作业题 5	举例说明有机体的神经调节、体液调节以及自身调节的含义和特点。
作业解答	
作业题 6	解释名词：细胞、组织、突触、内脏、正中矢状面。
作业解答	
作业评价	班级　　　第　组　　组长签字 学号　　　姓名 教师签字　　　教师评分　　　日期 评语：

●●●●● 学习反馈单

项目 1	动物体基本结构				
评价内容	评价方式及标准。				
	作业评量及规准				
	A （90分以上）	B （80～89分）	C （70～79分）	D （60～69分）	E （60分以下）
知识目标 达成度	内容完整，阐述具体，答案正确，书写清晰。	内容较完整，阐述较具体，答案基本正确，书写较清晰。	内容欠完整，阐述欠具体，答案大部分正确，书写不清晰。	内容不太完整，阐述不太具体，答案部分正确，书写较凌乱。	内容不完整，阐述不具体，答案基本不太正确，书写凌乱。
	实作评量及规准				
	A （90分以上）	B （80～89分）	C （70～79分）	D （60～69分）	E （60分以下）
技能目标 达成度	能准确识别细胞和基本组织构造，并快速准确指出动物体各部名称和方位术语。操作规范，速度快。	能准确识别细胞和基本组织构造，并准确指出动物体各部名称和方位术语。操作规范，速度较快。	细胞、基本组织构造以及动物体各部名称和方位术语大部分能识别出来。操作较规范，速度一般。	细胞、基本组织构造以及动物体各部名称和方位术语小部分能识别出来。操作欠规范，速度较慢。	细胞、基本组织构造以及动物体各部名称和方位术语个别能识别出来。操作不规范，速度很慢。

	表现评量及规准				
	A （90分以上）	B （80～89分）	C （70～79分）	D （60～69分）	E （60分以下）
素养目标 达成度	积极参与线上、线下各项活动，态度认真。处理问题及时正确，生物安全意识强，不怕脏不怕异味。	积极参与线上、线下各项活动，态度较认真。有较强处理问题能力和生物安全意识，不怕脏不怕异味。	能参与线上、线下各项活动，态度一般。处理问题能力和生物安全意识一般。不太怕脏怕异味。	能参与线上、线下部分活动，态度一般。处理问题能力和生物安全意识较差。有些怕脏怕异味。	线上、线下各项活动参与度低，态度较差。处理问题能力和生物安全意识较差，怕脏怕异味。
反馈及改进					

项目 2

运动系统

● ● ● ● ○ **学习任务单**

项目 2	运动系统	学时	10
布置任务			
学习目标	1. 知识目标 (1)知晓骨的形态、构造、化学成分及物理特性； (2)知晓骨连接类型和关节构造； (3)知晓副鼻窦、胸廓、肋弓、骨盆、颈静脉沟、髂肋肌沟、股二头肌沟、腹股沟管和腹白线的构成和位置； (4)知晓肌肉的主要构造和辅助结构； (5)熟知全身主要骨骼和肌肉的分布。 2. 技能目标 (1)能在标本、图片上识别骨和关节的构造； (2)能在整体标本、模型或活体上指出全身主要骨、关节和骨性标志； (3)能在整体标本、模型或活体上指出全身主要肌肉和肌性标志。 3. 素养目标 (1)培养学生发现、分析、解决问题的能力； (2)学会从辩证思维角度理解形态、构造与机能的关系； (3)培养学生爱岗敬业、精益求精、珍爱生命的工匠精神和人文素养。		
任务描述	在实习牧场和实训室观察动物骨骼和肌肉，识别重要的骨、关节、骨性标志、肌肉和肌性标志。 具体任务如下。 1. 在实习牧场或实训室利用标本、模型或活体动物，指出头部、躯干部、前肢、后肢的主要骨、关节和骨性标志。 2. 在实习牧场或实训室利用标本、模型或活体动物，指出头部、躯干部、前肢、后肢的主要肌肉和肌性标志。		
提供资料	1. 白彩霞. 动物解剖生理. 北京：北京师范大学出版社，2021 2. 周其虎. 动物解剖生理. 第三版. 北京：中国农业出版社，2019 3. 张平，白彩霞，杨惠超. 动物解剖生理. 北京：中国轻工业出版社，2017 4. 丁玉玲，李术. 畜禽解剖与生理. 哈尔滨：黑龙江人民出版社，2005 5. 南京农业大学. 家畜生理学. 第三版. 北京：中国农业出版社，2009		

	6. 范作良. 家畜解剖. 北京：中国农业出版社，2001 7. 范作良. 家畜生理. 北京：中国农业出版社，2001 8. 动物解剖生理在线精品课：
对学生 要求	1. 能根据任务单、资讯引导，查阅相关资料，在课前以小组合作的方式完成任务资讯问题。 2. 以小组为单位完成任务，体现团队合作精神。 3. 严格遵守实训室规章制度。

●●●● 任务资讯单

项目 2	运动系统
资讯方式	通过资讯引导、观看视频，到本课程及相关课程的在线精品课网站、解剖实训室、组织实训室、标本室、图书馆查询，向指导教师咨询。
资讯问题	1. 简述运动系统的组成及各自的作用。 2. 骨的一般构造包括哪些？为何骨折手术处理时要保护好骨膜？ 3. 关节的构造如何？滑膜炎是指发生在关节哪个部位的炎症？ 4. 头骨包括哪些？如何连接？头部骨性标志有哪些？什么是副鼻窦？ 5. 躯干骨包括哪些？如何连接？躯干部骨性标志有哪些？ 6. 牛、羊、猪、马、犬各有多少对肋？掌握肋对数在临床诊断上有何指导意义？ 7. 胸廓由哪些骨构成？胸廓前口、后口各由什么围成？ 8. 前肢骨和关节包括哪些？球节是指哪个关节？ 9. 后肢骨和关节包括哪些？飞节是指哪个关节？ 10. 围成骨盆的骨包括哪些？什么是骨盆联合？ 11. 肌肉的构造包括哪些？ 12. 什么是颈静脉沟？此沟在临床上有何指导意义？ 13. 参与呼吸的肌肉主要有哪些？膈肌上有哪几个裂口？ 14. 腹侧壁肌肉包括哪些？肌纤维走向如何？ 15. 什么是腹白线？为何腹腔剖开手术大多沿腹白线进行？ 16. 什么是腹股沟管？临床上腹壁疝、阴囊疝气发生的解剖学因素是什么？ 17. 什么是股二头肌沟？臀部肌肉注射时应避开哪个部位？为什么？ 18. 跟腱有哪些肌腱构成？位置在哪儿？有何作用？
资讯引导	所有资讯问题可以到以下资源中查询。 1. 白彩霞主编的《动物解剖生理》项目二。

	2. 周其虎主编的《动物解剖生理》第三版项目二中任务一、二。 3. 张平、白彩霞、杨惠超主编的《动物解剖生理》模块二中项目一。 4. 动物解剖生理在线精品课：  5. 本项目工作任务单中的必备知识。

●●●●● 案例单

项目 2	运动系统	学时	10
序号	案例内容		关联教材内容
1.1	犬，被车撞后，后腿粉碎性骨折，数日前，精神沉郁，骨折下部组织糜烂，呈褐绿色黏泥样。黏膜和骨膜坏死及关节囊溶解。初步诊断为腐败性感染。 一只 4 月龄体重 5.5 kg 的雄性法国斗牛犬，从 1.5 m 高台摔下，造成右后肢受伤，不能负重，可见明显跛行，且精神沉郁，体温 39 ℃，摸右后腿，胫骨有明显痛感。经过 X 射线拍摄检查，可诊断为右后腿胫骨骨折。		此案例涉及与本项目内容相关的知识点和技能点为：骨构造中骨膜以及后肢骨中的小腿骨中胫骨的位置。
1.2	公犬，频频排尿，努责，排尿困难，有血尿，X 线拍片检查显示膀胱中有高密度阴影。手术治疗选腹中线切口，需依次切开与分离皮肤、皮下组织、钝性分离腹直肌，用外科镊子夹住腹膜将腹膜剪开，用创钩子向左右拉开，手指伸入腹腔探查。 某个体养殖户饲养的成年猪表现营养不良、贫血、生长迟缓、逐渐消瘦等症状。剖检心肌、咬肌、四肢肌肉等部位有黄豆大小半透明的囊泡状虫体。该病是猪的囊尾蚴病。		此案例涉及与本项目内容相关的知识点和技能点为：腹底壁的腹直肌、心肌、咬肌及四肢主要肌肉的位置。

●●●●● 工作任务单

项目 2	运动系统
任务 1	识别骨骼

子任务 1 骨骼概述

任务描述：借助标本和图片识别骨的形态、构造以及关节的构造；借助实验理解骨的化学成分和物理特性。

准备工作：在实训室准备各种形态的骨标本等。

实施步骤如下。

1. 在实训室利用标本、图片识别骨的形态(长骨、短骨、扁骨、不规则骨和含气骨)和构造(骨膜、骨松质、骨密质、骨髓腔、红骨髓、黄骨髓、血管和神经)。

2. 借助实验理解骨的化学成分(有机物、无机物)和物理特性(弹性、韧性、坚固性和脆性)。

3. 在实训室利用标本、图片识别关节构造：关节面(关节头和关节窝)、关节软骨、关节囊(滑膜层和纤维层)、关节腔、半月板、关节盘、韧带等结构。

4. 借助互联网、在线精品课学习相关内容。

子任务 2　识别全身骨骼

任务描述：借助标本、图片或活体动物观察全身的主要骨骼，指出头部、躯干和四肢的主要骨、关节和骨性标志。

准备工作：在实训室准备羊、牛、马、猪、犬、鸡等动物骨骼标本和挂图等；实习牧场准备牛、六柱栏、保定器械等。

实施步骤如下。

1. 在实训室识别主要骨、关节和骨性标志。

(1)头部骨骼：额骨、上颌骨、下颌骨、腭骨、蝶骨、筛骨，下颌间隙、血管切迹、齿槽间隙、枕骨大孔、鼻颌切迹、额隆起、颧弓、颞窝、角突、上颌窦、额窦、筛窦、蝶腭窦，颞下颌关节等。

(2)躯干骨骼：椎间孔、椎孔、鬐甲、腰椎横突、腰荐间隙、荐骨岬、肋弓、肋间隙、剑状软骨、胸廓。

(3)前肢骨骼：前肢骨与关节、肘突、球节、肩胛冈。

(4)后肢骨骼：后肢骨与关节、髋结节、荐结节、坐骨结节、坐骨弓、跟结节、骨盆联合、骨盆、飞节。

2. 在实习牧场活体牛上识别上述的骨、关节和骨性标志。

3. 借助互联网、在线精品课学习相关内容。

任务 2	识别肌肉

子任务 1　肌肉概述

任务描述：借助标本、图片识别肌肉的形态和构造。

准备工作：在实验室内准备牛、羊、马的肌肉标本、图片。

实施步骤如下。

1. 在实训室利用标本、图片识别肌肉的形态：板状肌、多裂肌、纺锤形、环形等。

2. 在实训室利用标本、图片识别肌肉的构造：肌腹、肌腱、筋膜、腱鞘、黏液囊等。

3. 借助互联网、在线精品课学习相关内容。

子任务 2　识别全身肌肉

任务描述：借助活体动物、尸体、标本、图片识别主要肌肉和肌性标志。

准备工作：在实验室内准备牛、羊、马的肌肉标本、挂图；在实习牧场准备牛、六柱栏、保定器械等。

实施步骤如下。

1. 在实训室利用牛(羊)的肌肉标本、尸体、挂图识别全身主要的肌肉和肌性标志：咬肌、背最长肌、髂肋肌、肋间肌、膈肌、臀肌、股二头肌、半腱肌、股四头肌、胸肌、臂头肌、胸头肌、腹外斜肌、腹内斜肌、腹横肌、腹直肌、夹肌、腰肌，跟腱、屈腱、前臂正中沟、髂肋肌沟、颈静脉沟、股二头肌沟、腹白线、腹股沟管。

2. 在实习牧场活体牛上识别全身主要肌肉和肌性标志：咬肌、背最长肌、肋间肌、臀肌、股二头肌、半腱肌、股四头肌、胸肌、臂头肌、胸头肌、腹外斜肌、腹直肌，跟腱、屈腱、前臂正中沟、髂肋肌沟、颈静脉沟、股二头肌沟、腹白线、腹股沟管。

3. 借助互联网、在线精品课学习相关内容。

必备知识

第一部分　骨骼

运动系统包括骨骼和肌肉。骨骼由骨和骨连接组成，构成动物体坚固的支架，以保持体型、保护脏器和支持体重。肌肉附着于骨骼上，肌肉收缩时，以骨连接为支点，使骨的位置移动而产生各种运动。因此，在运动中，骨多起杠杆作用，骨连接是运动的枢纽，肌肉则是运动的动力。骨和骨连接是运动系统的被动部分，肌肉是运动系统的主动部分。

运动系统重量占畜禽体重的75%～80%。它直接影响家畜使役能力、肉用畜禽屠宰率及肌肉品质。同时体表的一些骨性突起和肌肉形成某些自然的外观标志，在畜牧生产和兽医临床中常用作体尺测量、内部器官位置确定以及取穴的标志。

一、骨骼概述

(一)骨

畜禽每块骨都是一个复杂器官，具有一定形态和功能。骨主要由骨组织构成，坚硬而有弹性，富有血管、淋巴管和神经，具有新陈代谢和生长发育的特点，并具有改建和再生能力。骨基质内沉积大量的钙盐和磷酸盐，是畜体钙、磷库，参与钙、磷代谢与平衡。此外，骨还具有造血作用。

1. 骨的形态

畜禽全身骨因位置和机能不同，骨的形状也多种多样，一般可分为长骨、短骨、扁骨和不规则骨四种类型。

(1)长骨主要分布在四肢游离部，呈圆柱状。两端膨大，称骺；中部较细，称骨干或骨体。骨干中的空腔称骨髓腔，容纳骨髓。长骨的作用是支持体重和形成运动中杠杆，如股骨、臂骨等。长骨长的原因是骺软骨细胞具有分裂增生能力。

(2)短骨呈不规则立方形，多成群分布于四肢的长骨间，除起支持作用外，还有分散压力和缓冲震动的作用，如腕骨、跗骨等。

(3)扁骨为板状，主要位于颅腔、胸廓周围和四肢的带部，能保护脑、心、肺等重要器官，如颅骨、髋骨、肩胛骨、肋骨等。

(4)不规则骨形状不规则，一般构成畜体中轴，具有支持、保护和供肌肉附着的作用，如椎骨、蝶骨等。

2. 骨的构造

骨由骨膜、骨质、骨髓、血管和神经构成(见图 2-1)。

(1)骨膜。骨膜是一层致密结缔组织膜，其中包裹于整个骨表面的称骨外膜。但骨的关节面上没有骨膜，被关节软骨覆盖；衬在骨髓腔内面的称骨内膜。骨膜呈淡粉红色。在腱和韧带附着的地方，骨膜显著增厚，腱和韧带的纤维束穿入骨膜，有的深入骨质中。骨膜分为深、浅两层。浅层为纤维层，富有血管和神经，具有营养和保护作用；深层为成骨层，富含成骨细胞，参与骨的形成。正在生长的骨，成骨层很发达，直接参与骨的生成，老龄动物成骨层逐渐萎缩，细胞转为静止状态，但它终生保持分化能力。在骨受损时，成骨层有修补和再生骨质的作用。因此在进行骨折手术时，要注意保护骨膜。

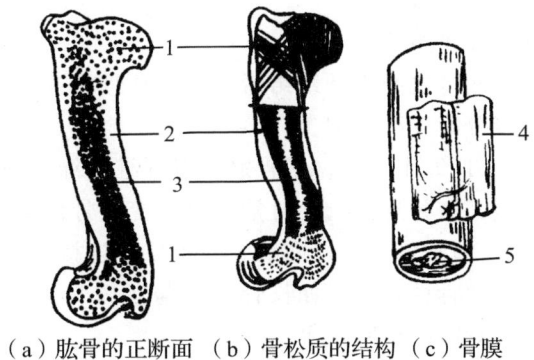

(a)肱骨的正断面　(b)骨松质的结构　(c)骨膜

图 2-1　骨的构造

1. 骨松质；2. 骨密质；3. 骨髓腔；
4. 骨外膜；5. 骨内膜

(2)骨质。骨质构成骨的主要成分，可分为骨密质和骨松质两种。骨密质由排列紧密的骨板构成，坚硬致密，耐压性强，分布在长骨的骨干和其他类型骨的外层；骨松质呈海绵状，结构疏松，分布在长骨的两端和其他类型骨的内部。骨密质和骨松质在骨内的这种分布，使骨既轻便又坚固，适于运动。

(3)骨髓。骨髓位于长骨的骨髓腔和骨松质的间隙内。胎儿和幼龄动物的骨髓全为红骨髓。红骨髓内含有不同发育阶段的各种血细胞和大量毛细血管，是重要的造血器官。随着年龄的增长，骨髓腔内的红骨髓逐渐被黄骨髓代替，因此成年动物有红、黄两种骨髓。红骨髓主要分布在长骨两端、短骨、扁骨及不规则骨的骨松质内，有造血功能。黄骨髓填充在长骨的骨髓腔内，主要由脂肪组织构成，无造血功能。动物失血过多时，黄骨髓可变成红骨髓恢复造血功能。

(4)血管和神经。骨具有丰富的血液供应，分布在骨膜上的小血管经骨表面的小孔进入，并分布于骨密质。较大的血管称滋养动脉，穿过滋养孔分布于骨髓。骨膜、骨质和骨髓均有丰富的神经分布。

3. 骨的化学成分和物理特性

骨是体内最坚硬的组织，并且具有显著的弹性，因而能承受相当大的压力和张力。骨的这种物理特性不仅决定于骨的形态和内部结构，而且与骨的化学成分有密切关系。

骨的化学成分包括有机质和无机质。有机物主要是骨胶原(蛋白质)，决定骨的弹性、韧性；无机物主要是磷酸钙和碳酸钙，决定骨的坚固性。有机物和无机物二者的比例随动物的年龄、营养及生活条件不同而改变。幼年骨内有机物含量多，故弹性和韧性大，不易骨折，但柔软，易弯曲变形；老年骨内则无机物含量增多，故脆性较大，易发生骨折。成年动物的骨约含 1/3 有机物和 2/3 无机物，这样的比例使骨具有最大的坚固性。妊娠和泌乳的母畜骨内的钙质可被胎儿吸收或随乳汁排出，这会造成无机物的减少，使母畜易发生软骨病和生产瘫痪。因此，应注意饲料成分的合理调配，以预防软骨病和奶牛生产瘫痪的发生。

（二）骨连接

骨与骨之间的连接部位称为骨连接。骨连接按构成形式和机能不同分为两大类：直接连接和间接连接。

1. 直接连接

两骨之间借纤维结缔组织或软骨相连，其间无腔隙，不活动或仅有小范围活动。直接连接分为三种类型。

（1）纤维连接。两骨之间以纤维结缔组织连接，比较牢固，一般无活动性，如头骨间的连接。这种连接老龄时常骨化，变成骨性结合。

（2）软骨连接。两骨之间借软骨连接，基本不能运动。由透明软骨连接的，到老龄时常骨化为骨性结合，如长骨骨骺与骺软骨之间的连接等；由纤维软骨连接的，终生不骨化，如椎骨间的椎间盘等。

（3）骨性结合。两骨相对面以骨组织连接，完全不能运动。这种连接常由纤维连接和软骨连接骨化而成，如荐骨椎体间的结合，髂骨、耻骨和坐骨间的结合等。

2. 间接连接

间接连接又称关节或滑膜连接，骨与骨之间可灵活运动，如四肢关节等。

（1）关节的构造。关节的基本构造包括关节面、关节软骨、关节囊、关节腔构成（见图2-2），有的关节还有韧带、关节盘、关节唇等辅助装置构成。

①关节面，是骨与骨相接触的光滑面，骨质致密光滑，表面附有关节软骨。形状彼此相互吻合，其中一个面略凸，称关节头；另一个面略凹，称关节窝。

②关节软骨，是附着在关节面上的一层透明软骨，光滑而具有弹性和韧性，可减少运动时冲击和摩擦。关节软骨无血管、神经分布，其营养由滑液和关节囊滑膜层的血管渗透获得。

③关节囊，是包在关节周围的结缔组织囊，附着于关节面的周缘及其附近的骨面上，囊壁分内、外两层。外层为纤维层，由致密结缔组织构成，厚而坚韧，其厚度与关节的功能相一致。负重大而活动性较小的关节，纤维层厚而紧张；运动范围大的关节，纤维层薄而松弛，有保护和连接作用。内层为滑膜层，由疏松结缔组织构成，薄而柔软，紧贴于纤维层内面，有丰富的血管网，能分泌透明滑液，有营养软骨和润滑关节作用。滑膜常形成绒毛和皱襞，突入关节腔内，以扩大分泌和吸收的面积。关节因外伤（如挫伤、扭伤）导致滑膜损伤而引发关节炎。

④关节腔，是关节软骨和关节囊之间的密闭腔隙，内有少量淡黄色滑液，有润滑关节、缓冲震动及营养关节作用，其形状大小因关节而异。

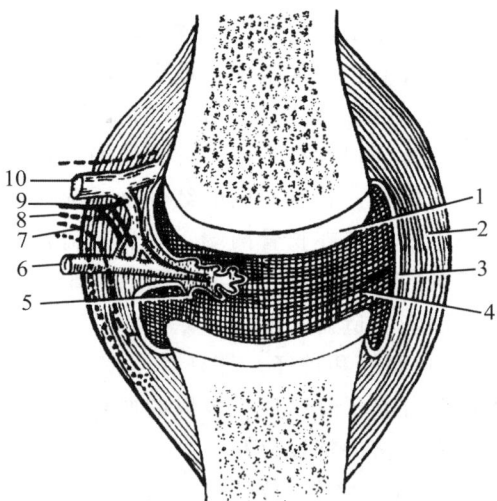

图2-2　关节构造模式图

1. 关节软骨；2. 关节囊的纤维层；3. 关节囊的滑膜层；4. 关节腔；5. 滑膜绒毛；6. 动脉；7, 8. 感觉神经纤维；9. 植物性神经（交感神经节后纤维）；10. 静脉

⑤关节的辅助装置，是为适应关节功能而形成的一些结构，主要有韧带、关节盘、关节唇。

韧带：常见于多数关节，由致密结缔组织构成。位于关节囊外的韧带为囊外韧带；在关节两侧的韧带，称内、外侧副韧带；位于关节囊内的为囊内韧带，囊内韧带均有滑膜包围，故不在关节腔内，而是位于关节囊的纤维层和滑膜层之间，比如髋关节的圆韧带等；位于骨间的称骨间韧带。韧带有增强关节稳固性的作用。

关节盘：是位于两关节面之间纤维软骨板，如膝关节的半月板，其周缘附着于关节囊，把关节腔分为上、下两半，有使关节面吻合一致、扩大运动范围、加强关节稳固性、缓冲震动等作用。关节盘多在活动性大的关节内分布，如下颌关节、股胫关节。

关节唇：为附着在关节周围的纤维软骨环，起到加深关节窝，扩大关节面，并防止边缘破裂的作用，如髋臼周围的唇软骨。

(2)关节的运动。关节的运动与关节面形状有关。其运动形式基本上可依照关节的三种轴分为三组拮抗性的运动。

①屈伸运动。关节沿横轴运动，凡是使关节的两骨接近、关节角变小的称为屈，反之是关节角变大的称为伸。

②内收、外展运动。关节沿纵轴运动，使骨向正中矢状面移动的为内收，相反使骨远离正中矢状面的运动为外展。

③旋转运动。骨环绕垂直轴运动时为旋转运动。向前内侧旋转的称为旋内；向后外侧转动的称为旋外。例如，髋关节能做小范围的旋转运动，寰枢关节的运动也属旋转运动。

(3)关节类型。

①根据构成关节骨的数目，可把关节分成单关节和复关节。单关节由相邻两块骨构成，如前肢的肩关节；复关节由两块以上的骨构成，如腕关节、膝关节等。

②根据关节运动轴的数目，可把关节分成单轴关节、双轴关节和多轴关节三类。单轴关节一般由中间有沟或嵴的滑车关节面构成，只能沿横轴做屈、伸运动，如肘关节；双轴关节由椭圆形的关节面和相应的关节窝构成，能做屈、伸运动及左右摆动，如寰枕关节；多轴关节由半球形的关节面和相应的关节窝构成，能做屈、伸、内收、外展及旋转运动，如肩关节和髋关节等。

二、全身骨骼分布(见图 2-3)

畜禽全身骨骼按其所在部位分为头部骨骼、躯干骨骼、前肢骨骼和后肢骨骼。

(一)头部骨骼

1. 头骨(见图 2-4、图 2-5、图 2-6)

头骨多为扁骨和不规则骨，分为颅骨和面骨两部分。除下颌骨和舌骨外，均以缝或软骨互相紧密连接。

(1)颅骨，位于头部后上方，主要围成颅腔，并形成位听觉器官的支架，容纳并保护脑。构成颅腔的颅骨类型有 7 种，包括成对的额骨、颞骨、顶骨和不成对的顶间骨、枕骨、蝶骨以及筛骨。

①枕骨：单骨，构成颅腔的后壁和底壁，后方中部有枕骨大孔与椎管相通。在枕骨大孔的两侧有卵圆形的关节面，称为枕髁，与寰椎构成寰枕关节。

②顶骨：对骨，位于枕骨之前，额骨之后，除牛外，构成颅腔顶壁，内面有与脑的沟、

回相适应的压迹。牛顶骨和顶间骨位于枕骨的背侧，额骨的腹侧，构成颅腔顶壁(水牛)或后壁(黄牛)，并参与形成颞窝。

③顶间骨：为一小块单骨，位于左右顶骨和枕骨围成的空隙内，常与邻骨愈合，脑面有枕内隆凸，隔开大脑和小脑。马没有顶间骨。

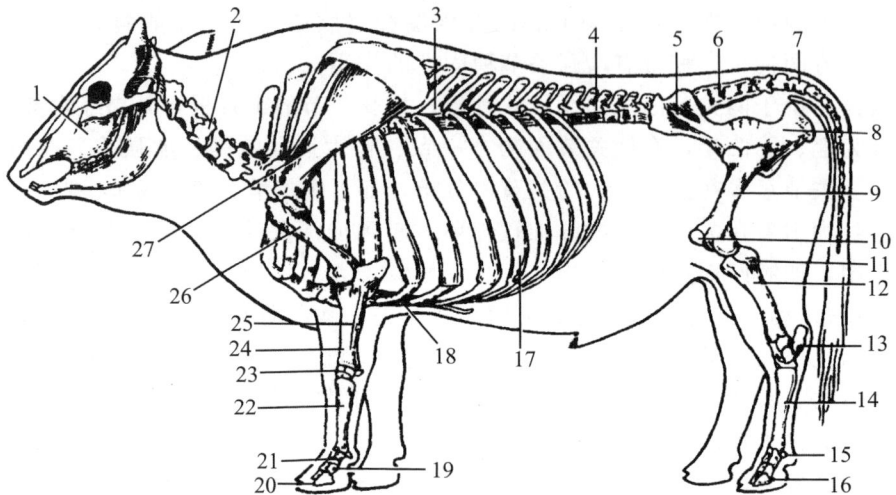

图 2-3　牛的全身骨骼

1. 头骨；2. 颈椎；3. 胸椎；4. 腰椎；5. 髂骨；6. 荐骨；7. 尾椎；8. 坐骨；9. 股骨；

10. 髌骨；11. 腓骨；12. 胫骨；13. 跗骨；14. 跖骨；15. 近籽骨；16. 远籽骨；17. 肋；

18. 胸骨；19. 中指骨(冠骨)；20. 远指节骨(蹄骨)；21. 近指节骨(系骨)；22. 掌骨；

23. 腕骨；24. 桡骨；25. 尺骨；26. 肱骨；27. 肩胛骨

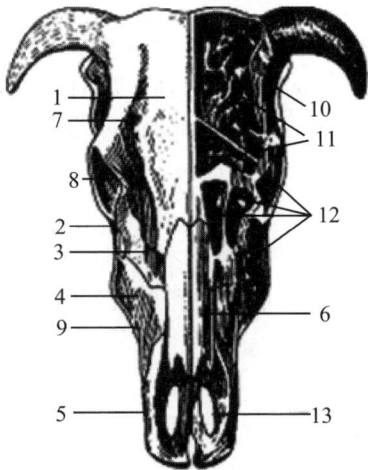

图 2-4　牛头骨(背面观看)

1. 额骨；2. 颧骨；3. 泪骨；4. 上颌骨；

5. 颌前骨；6. 鼻骨；7. 眶上孔；8. 眼眶；

9. 眶下孔；10. 颞窝；11. 额窦；

12. 上颌窦；13. 腭裂

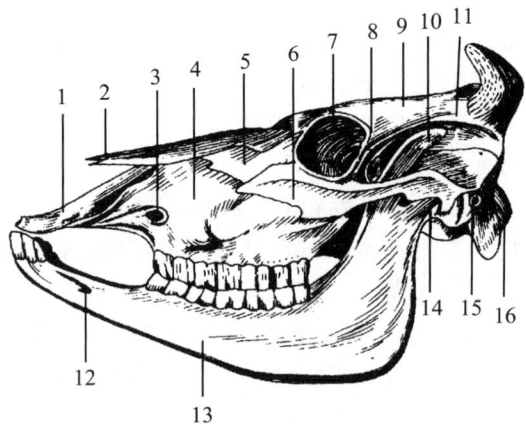

图 2-5　牛头骨侧面

1. 颌前骨；2. 鼻骨；3. 眶下孔；4. 上颌骨；5. 泪骨；

6. 颧骨；7. 眼眶；8. 眶上突；9. 额骨；10. 冠状突；

11. 顶骨；12. 颏孔；13. 下颌骨；14. 下颌髁；

15. 外耳道；16. 枕髁

④额骨：对骨，牛的额骨较为发达，构成颅腔整个顶壁。后外方伸出角突，供角附着。前下方向两侧伸出眶上突，形成眼眶上界。后缘与顶骨之间形成额隆起，为头骨的最高点。额骨内、外骨板之间形成发达的额窦。

⑤颞骨：对骨，位于头骨的后外侧，在枕骨的前方，顶骨的外下方，形成颅腔两侧壁，分为鳞颞骨、岩颞骨、鼓颞骨。鳞颞骨向外前方伸出的突起和面骨中的颧骨突起连成颧弓。其腹侧有一光滑的横行关节面为颞髁，与下颌骨成关节。岩颞骨在鳞颞骨和枕骨之间，内耳和内耳道位于岩颞骨，构成位听觉器官的支架。岩颞骨腹侧有连接舌骨的茎突。鼓颞骨位于岩颞骨腹外侧，外侧有骨性外耳道，向内通鼓室，鼓室在腹侧。

⑥筛骨：单骨，位于颅腔前壁，介于鼻腔和颅腔之间，上有许多小孔，有嗅神经通过。

⑦蝶骨：单骨，位于颅腔底壁，形似蝴蝶，由蝶骨体、两对翼和一对翼突构成。

（2）面骨，构成颜面的基础，位于头部前下方，形成口腔、鼻腔、眼眶的支架。由位于正中线上不成对的单骨：犁骨、下颌骨、舌骨和位于正中线两侧成对的鼻骨、泪骨、颧骨、上颌骨、颌前骨、腭骨、翼骨、鼻甲骨等构成。

①犁骨：单骨，位于鼻腔底面的正中。前面形成宽阔的中隔沟，容纳筛骨垂直板及鼻中隔软骨。犁骨的后部不与鼻腔的底壁接触，故鼻后孔不分为两半。水牛犁骨发达，伸至鼻后孔正中，将其分为左右两半。

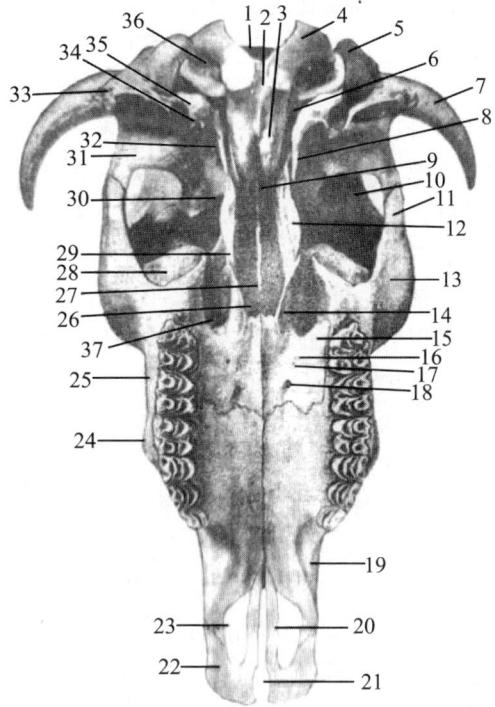

图 2-6　牛头骨（底面观）

1. 枕骨大孔；2. 枕骨；3. 肌结节；4. 枕髁；5. 颈静脉突；
6. 岩枕裂；7. 角突；8. 肌突；9. 蝶骨；10. 眶窝；
11. 颞突；12. 翼骨；13. 颧骨；14. 蝶腭孔；15. 腭骨；
16. 腭后孔；17. 腭小孔；18. 腭大孔；19. 切齿间缘；
20. 切齿骨腭突；21. 切齿裂；22. 切齿骨；23. 腭裂；
24. 面结节；25. 上颌骨；26. 鼻后孔；27. 犁骨；
28. 泪泡；29. 翼骨钩；30. 眶圆孔；31. 颞髁；
32. 卵圆孔；33. 外耳道；34. 颞孔；35. 鼓泡；
36. 舌下神经管；37. 上颌孔

②下颌骨：单骨，面骨中最大的一块骨，分左、右两半，每半分为下颌骨体和下颌支两部分。下颌骨体位于前方，骨体厚，前缘上方有切齿齿槽，后方有臼齿齿槽，切齿齿槽和臼齿齿槽之间的平滑区为齿槽间隙。下颌支位于后方，呈上下垂直的板状，上部后方有一平滑的关节面为下颌髁，与颞髁构成颞下颌关节；下颌髁的前方有一突起叫冠状突。两侧下颌骨体及下颌支之间的空隙为下颌间隙。下颌骨体与下颌支交界的腹侧略凹的部位为下颌血管切迹，供颌外动静脉通过，马可在此进行脉搏检查。

③鼻骨：对骨，构成鼻腔的顶壁，短而窄，几乎前后等宽。外侧与泪骨、上颌骨和颌前骨相接，鼻骨前部游离。

④泪骨：对骨，位于眼眶前部。其眶面有一漏斗状的泪囊窝，是骨性鼻泪管的开口。

⑤颧骨：对骨，位于泪骨下方，构成眼眶下壁。颧骨向后方伸出颞突，与颞骨的颧突形成颧弓。

⑥上颌骨：对骨，马的上颌骨较发达，构成鼻腔侧壁、底壁和口腔顶壁。上颌骨内、外骨板之间形成发达的上颌窦。腹外侧缘有臼齿齿槽。

⑦颌前骨：又称切齿骨。对骨，位于上颌骨前方，骨薄而扁平，前方中部有一裂缝为切齿裂。除反刍动物外，骨体上均有切齿齿槽。鼻骨与颌前骨交界处为鼻颌切迹。

⑧腭骨：对骨，位于鼻后孔两侧，构成鼻后孔侧壁及硬腭后部的骨性支架，分为水平部和垂直部。水平部在上颌骨腭突的后方，与上颌骨的水平部和切齿骨的腭突形成硬腭的骨质基础。垂直部形成鼻后孔侧壁的大部。

⑨翼骨：对骨，是薄而窄并稍带弯曲的骨板，构成鼻后孔侧壁后部的支架。翼骨前下端游离而薄锐，形成翼骨钩。

⑩鼻甲骨：对骨，附与鼻腔侧壁上的两对卷曲的薄骨片，形成鼻腔黏膜的支架，附着于鼻腔的两侧壁上。上面的一对称背鼻甲骨，下面的一对称腹鼻甲骨，支持鼻黏膜，并将每侧鼻腔分为上、中、下三个鼻道。

舌骨：单骨，位于下颌间隙后部，由数块小骨构成，支持舌根、咽及喉。舌骨可分为基舌骨、舌骨突、甲状舌骨和茎舌骨（见图2-7）。基舌骨是横位的短柱状，向前方伸出舌突，支持舌根。舌骨体向后方伸出一对甲状舌骨，与喉的甲状软骨相连接；向后上方伸出角舌骨和茎舌骨，与岩颞骨的茎突相连。

牛的头骨（见图2-8）呈角锥形，较短而宽，额骨特别宽大，后外方伸

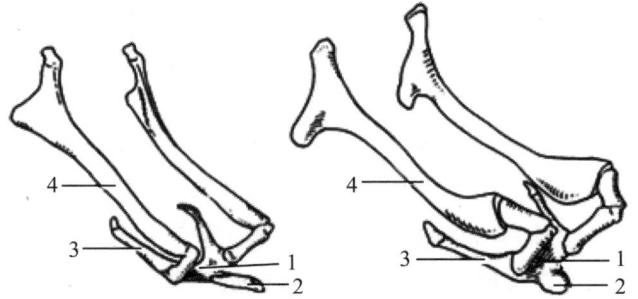

（a）马的舌骨　　　（b）牛的舌骨

图 2-7　舌骨

1. 基舌骨；2. 舌骨突；3. 甲状舌骨；4. 茎舌骨

出角突，供角附着。额骨后缘与两角突之间形成额隆起，为头骨的最高点。上颌骨外上方有一粗糙隆起，称为面结节。颌前骨上没有上切齿齿槽。

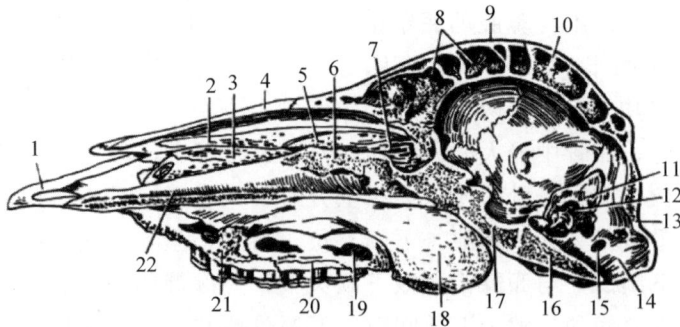

图 2-8　牛头骨的纵切面

1. 切齿骨；2. 背鼻甲骨；3. 腹鼻甲骨；4. 鼻骨；5. 筛鼻甲；6. 筛骨垂直板；7. 筛骨迷路；8. 额窦；
9. 额骨；10. 顶骨；11. 岩颞骨；12. 内耳道；13. 枕骨；14. 枕骨大孔；15. 舌下神经孔；
16. 枕骨基部；17. 蝶骨体；18. 犁骨；19. 腭窦；20. 腭骨；21. 上颌骨；22. 犁骨沟

猪的头骨不同品种差异较大（见图 2-9）。长头型地方品种猪的头骨较长，短头型品种头骨显著变短。额部向上倾斜，背侧面后缘枕嵴发达，为头骨最高点。枕骨大孔上缘有成对的项结节。额骨近眶缘有 2 个眶上孔，孔前方有眶上沟，眶上突较短，与颧弓之间有一宽的缝隙，所以眶缘不完整。成年猪额窦发达，延伸至顶骨、枕骨和颞骨内。颧弓强大，颞窝完全位于头骨的侧面，泪骨眶面无泪囊

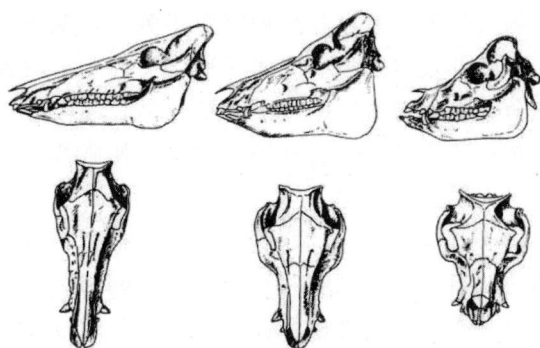

（a）长头型　　　（b）中间类型　　　（c）短头型

图 2-9　不同类型猪的头骨（侧面和背侧面）

窝，在颜面有两个泪孔。鼻骨前端附有吻骨。吻骨为一块三面菱形的小骨，为猪头部特有骨，构成吻突的骨质基础。

马的头骨呈尖端向前的四面棱锥状（见图 2-10）。其枕骨后面有横行的枕嵴，较发达。额骨上无角突，眶缘完整而呈圆形，颧骨外侧面有发达的面嵴，下颌骨的下颌支比牛的发达。其上颌骨、颌前骨、下颌骨有齿槽和齿槽间隙。

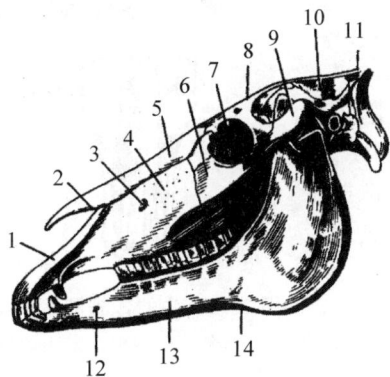

图 2-10　马头骨侧面

1. 颌前骨；2. 鼻颌切迹；3. 眶下孔；4. 上颌骨；
5. 鼻骨；6. 颧骨；7. 眼眶；8. 额骨；9. 颧弓；
10. 顶骨；11. 枕骨；12. 颏孔；13. 下颌骨；
14. 血管切迹

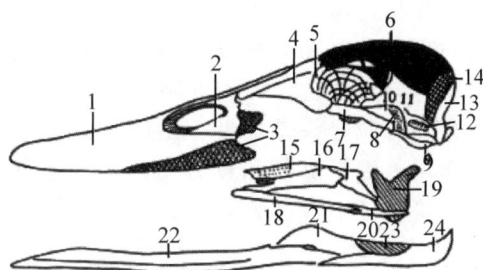

图 2-11　鹅头骨侧面观

1. 颌前骨；2. 鼻骨；3. 上颌骨；4. 泪骨；5. 筛骨；6. 额骨；
7. 前蝶骨；8. 眶蝶骨；9. 基蝶骨；10. 翼蝶骨；11. 鳞蝶骨；
12. 耳骨；13. 枕骨；14. 顶骨；15. 犁骨；16. 腭骨；17. 翼骨；
18. 轭骨；19. 方骨；20. 方轭骨；21. 上隔骨；22. 齿骨；
23. 关节骨；24. 隔骨

禽的头骨以大而明显的眶窝为界，把头骨分为颅骨和面骨两部分（见图 2-11）。颅骨圆形，内有脑和听觉器官。面骨位于颅骨前方，鸡的面骨呈尖圆锥形体，鸭的呈前方钝圆的长方体。1 个月的雏鸡，其头骨已彼此愈合，颅骨比面骨愈合更早。但当用碱性溶液浸泡 2 月龄左右家禽头骨时，仍可将其各骨块分开。5 月龄鸡的头骨骨缝仍可看出，而在老龄鸡则不易看到，各骨界线无法分辨。禽类的颅腔远比其外形小，因为颅骨的两层密质骨板间夹以厚的海绵骨，其中充满由咽鼓管输入的空气。同时颅腔壁的腹侧显著增厚，尤其以侧后壁最厚，其中存有听力和平衡器官。由于极大的眶窝侵入颅腔腹侧部，使颅腔前壁倾斜成 45°角，构成顶壁长度比底壁长 1 倍的比例。在下颌骨与颞骨之间有方骨，口腔开张与闭合，可使上喙上升和下降，便于吞食较大的食块。

犬的头骨外形特点与品种密切相关。长头型品种面骨较长，颅部较窄；短头型品种面骨很短，颅部较宽。一些中间品种，头骨介于两者之间。犬在颅部和面部之间形成一凹陷，称鼻额角。犬的鼻旁窦中鼻甲水平处鼻腔的大憩室，也称上颌隐窝，相当于畜禽的上颌窦，经鼻上颌口通中鼻道。犬眶缘不完整，使眼窝与颞窝相通。颅顶大部分为单层结构。上颌骨有一对大的犬齿齿槽。

猫的头骨颅顶圆突，两侧颧弓间距很宽，眼眶很大，使猫具有所有肉食动物具有的高度发达的双目视觉。颅腔和额窦腔比较明显，相对较大。下颌骨也比较强大，咬肌窝和翼肌窝明显。头骨与颈椎连接灵活，活动范围较其他动物大。

兔的头骨分为颅骨和面骨，背侧观分为前、中、后3部分。前部以鼻骨为主，前端稍窄，后端稍宽，中部最宽，两侧有宽的颧弓，眶窝较大；后部以顶骨和枕骨为主，腹侧面的前部有较大的劈裂。

2. 鼻旁窦（副鼻窦）

鼻旁窦（副鼻窦）是鼻腔附近一些头骨内的含气腔体的总称，因直接或间接与鼻腔相通，故称为鼻旁窦。鼻旁窦包括额窦、上颌窦、蝶腭窦和筛窦等。其中牛的额窦很大（见图2-12），而马的上颌窦发达。

额窦：很大，延伸于整个额部、颅顶壁和部分后壁，并与角突的腔相连通。正中有一隔，将左、右两窦分开。

上颌窦：主要在上颌骨、泪骨和颧骨内。上颌窦在眶下管内侧的部分很发达，伸入上颌骨腭突与腭骨内，称为腭窦。

鼻旁窦有减轻头骨重量、温暖和湿润空气以及对发声起共鸣的作用。因鼻黏膜和鼻旁窦内的黏膜相延续，当鼻黏膜发炎时，可蔓延引起鼻旁窦炎。

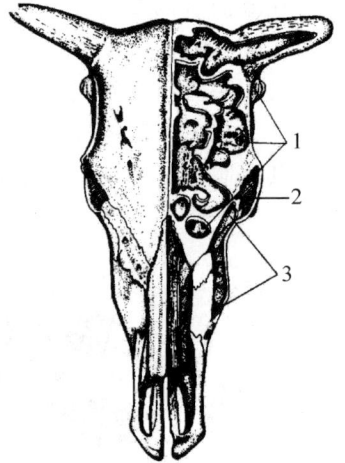

图2-12　牛的额窦和上颌窦

1. 额窦；2. 眼眶；3. 上颌窦

3. 头骨连接

头骨除颞骨和下颌骨构成头部唯一的颞下颌关节外，其余均为缝隙连接，骨与骨之间不能活动。下颌关节的活动性大，主要进行开闭口腔和左右活动等动作。

4. 头部骨性标志

头部骨性标志有额隆起、眶上突、齿槽间隙、鼻颌切迹、下颌间隙、下颌血管切迹、角突、额窦、上颌窦、面结节、枕嵴、面嵴（马）及头部主要骨。

（二）躯干骨骼

1. 躯干骨

躯干骨包括椎骨、肋、胸骨，不同动物躯干骨的数目不等（见表2-1）。躯干骨构成脊柱和胸廓。躯干骨除具有支持头部和传递推动力外，还可构成胸腔、腹腔和骨盆腔的支架，容纳并保护内部器官。

（1）椎骨的一般构造。组成脊柱的各段椎骨由于机能不同，形态和构造虽有差异，但基本相似，均由椎体、椎弓和椎突三个部分构成（见图2-13）。

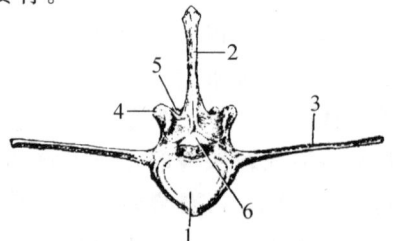

图2-13　椎骨的构造

1. 椎头；2. 棘突；3. 横突；
4. 前关节突；5. 后关节突；6. 椎孔

表 2-1　各种动物躯干骨的数目比较

动物	颈椎	胸椎	腰椎	荐椎	尾椎	肋	胸骨片
牛	7	13	6	5	18～20	13 对	7
羊	7	13	6～7	4	3～24	13 对	6
马	7	18	6	5	15～21	18 对	6～8
猪	7	14～15	6～7	4	20～23	14～15 对	6
犬	7	13	7	3	16～20	13 对	8

椎体位于椎骨腹侧，呈短柱状，前面略凸为椎头，后面稍凹为椎窝。相邻椎体由纤维软骨（椎间盘）相连接。椎弓是位于椎体背侧的拱形骨板。椎弓和椎体围成椎孔，所有椎孔相连形成椎管，椎管内容纳脊髓。椎弓基部的前后缘各有一对椎切迹，相邻椎弓的椎切迹合成椎间孔，供血管、脊神经通过。椎突由椎弓伸出，一般有三种，分别为棘突、横突、关节突。棘突是由椎弓背侧向上伸出的单支突起；横突是向两侧伸出的平行突起；关节突有前、后两对，相邻椎骨的关节突构成关节。

（2）各部椎骨特点。椎骨按其所在部位分为颈椎、胸椎、腰椎、荐椎和尾椎五部分。各部椎骨形态结构有所差异。

①颈椎。家畜颈椎长短不一，但都由 7 块构成。第 1、第 2 颈椎由于适应头部多方面的运动，形态发生特化。第 1 颈椎呈环状又称寰椎，由背弓和腹弓构成。前面有深的前关节凹，与头骨枕骨髁成关节，即枕寰关节；后面有后关节面，与第 2 颈椎形成关节。第 2 颈椎又称枢椎，椎体前端形成发达的齿突，与寰椎的后关节面形成寰枢关节。棘突纵长，呈峭状。牛的横突粗大，马的很小，仅有一支伸向后方。第 3～6 颈椎形态结构相似，椎体发达，长度与颈部长度相适应，牛的较短，马的最长，猪的最短。第 3～6 颈椎椎头椎窝均明显，前后关节突很发达。第 7 颈椎与胸椎相似，椎窝两侧有一对后肋凹，与第 1 肋骨呈关节，横突短而粗，无横突孔。禽颈椎数量多，鸡 13～14 个，鸭 14～15 个，连成乙状弯曲，使颈部活动灵活，便于飞翔、采食、梳羽。犬寰椎翼宽大，背侧前有椎外侧孔，后有横突孔，枢椎的椎体长，呈圆筒状。猫的寰椎翼宽大，前有翼切迹，枢椎较长，椎体的前端形成一尖锥，形如三角，称作齿状突。

②胸椎。胸椎位于背部，各种畜禽数目不同，牛、羊 13 个，马 18 个，猪 14～15 个，鸡 7 个，鸭 9 个，犬、猫 13 个。禽 2～5 胸椎愈合。胸椎的特点是棘突发达，家畜的第 2～6 胸椎棘突最高，构成鬐甲的骨质基础。胸椎关节突小，椎头与椎窝的两侧均有与肋骨头成关节的前、后肋凹，横突短，游离端有小关节面，与肋结节成关节。

③腰椎。腰椎构成腰部和腹腔顶壁的骨质基础。牛、马 6 个，驴、骡常为 5 个，猪、羊 6～7 个，犬 7 个。腰椎特点是横突长，牛 3～6 腰椎横突最长，马 3～5 腰椎横突最长。狗腰椎横斜向前。长的横突可以扩大腹腔顶壁的横径，并在活体体表能够触摸到。

④荐椎。荐椎构成荐部的骨质基础，并连接后肢骨。牛、马均有 5 个荐椎，猪、羊 4 个，犬、猫 3 个。荐椎愈合在一起，称为荐骨，构成盆腔顶壁的骨质基础。第一荐椎椎体腹侧前缘略凸，称为荐骨岬，是仔猪摘除卵巢的定位标志。荐骨背面和盆面每侧有 4 个孔，叫荐背侧孔和荐盆侧孔，是血管和神经的通路。牛的荐骨比马大，愈合较完全，棘突顶端

愈合形成粗厚的荐骨正中嵴，翼后部横突愈合成薄锐的荐外侧嵴。马的荐骨呈三角形，棘突未愈合。猪的荐骨愈合较晚，且不完全，棘突不发达，常部分缺少，荐骨翼与牛的相似，荐骨盆面的弯曲度较牛小。犬、猫的 3 个荐椎愈合形似短而宽的方形。最后腰椎和第一荐椎之间的空隙称为腰荐间隙，是临床上硬膜外腔麻醉的部位。

⑤尾椎。尾椎数目变化较大，牛有 18～20 个，马 14～21 个，羊有 3～24 个，猪 20～23 个，鸡 5～6 个，鸭 7 个。尾椎腹侧有一血管沟，供尾中动脉通过，牛可在此进行脉搏检查。禽类的第 7 胸椎、腰椎、荐椎和第 1 尾椎在发育早期愈合成腰荐骨，鸡的腰荐骨两侧和髂骨紧密相接形成不动关节。尾椎 5～7 个，愈合成尾综骨，支撑尾羽和尾脂腺。

⑥脊柱的弯曲。在完整的脊柱上，从侧面观察有 4 个生理性弯曲。颈曲在颈的前端，由前几个颈椎形成向背侧凸出的弯曲，马的颈曲较明显，猪几乎没有颈曲。颈背曲在后部颈椎到第 1 胸椎处，形成向腹面凸出的弯曲。背腰曲由整个胸椎和腰椎构成，呈稍突向背侧的弓形。荐骨部的曲度不十分明显，骨盆稍凹陷。脊柱的每个弯曲，都有机能意义，对于支持头的抬起、维持身体的前后平衡、支持体重、加强稳固性起重要作用。

（3）肋。肋为左、右成对呈弓形的扁状长骨，其对数与胸椎块数相同。肋连于胸椎、胸骨间，构成胸廓侧壁。哺乳动物的肋很发达，构成呼吸运动的杠杆。每根肋包括肋骨和肋软骨。肋的上端为肋骨，肋骨的椎骨端前方有肋骨小头，与胸椎肋窝形成关节，肋骨小头的后方有肋结节，与胸椎横突形成关节。肋的下端为肋软骨，由透明软骨构成，前几对肋的肋软骨直接与胸骨相连，称为真肋，后几对肋的肋软骨借结缔组织依次连于前位肋软骨上，称为假肋。相邻两肋之间的空隙为肋间隙。最后肋骨和假肋肋软骨依次连接所形成的弓形结构，称为肋弓。牛有 8 对真肋，5 对假肋。猪有 7 对真肋，7～8 对假肋。马有 8 对真肋，10 对假肋。犬、猫有 9 对真肋，3 对假肋，最后一对肋的肋软骨末端游离，称浮肋。禽有 7 对肋，鸡和鸽的最后 2 对肋、鸭和鹅的最后 3 对肋为假肋。兔肋骨 12 对，偶有 13 对，前 7 对为真肋，后 5 对（偶有 6 对）为假肋，最后 2（或 3）对肋为浮肋。

（4）胸骨。胸骨位于胸廓底壁的正中，胸骨由前向后分为胸骨柄、胸骨体和剑状软骨三部分。胸骨柄、胸骨体的两侧有肋窝，与真肋的肋软骨直接形成关节。各种畜禽胸骨的形状不同（见图 2-14、图 2-15），与胸肌发育程度有关。牛的胸骨长，扁平，缺胸骨柄，无胸骨嵴，由 6～8 块胸骨片借软骨连接而成。猪的胸骨与牛的相似，但胸骨柄明显突出。马的胸骨呈舟状，胸骨体前部左右压扁，后部上下压扁，下方有发达的胸骨嵴。禽类胸骨发达，骨体呈背面凹的四边形骨块，表面有许多使气囊与骨内相通的孔，胸骨体两侧有 4～5 个小关节面与胸肋形成关节，骨体后端发出一个长的剑突，一直延伸到骨盆部，辅助支持薄弱的腹壁肌肉，同时保护腹腔内脏，从骨体和剑突的腹侧发出强大的垂直板状突起，即胸骨嵴又叫龙骨，便于发达的胸肌附着。鸭的胸骨比鸡大。犬的胸骨有 8 节，胸骨柄较钝，最后胸骨节的剑状突前宽后窄，后接剑状软骨。

（5）胸廓。胸廓胸廓由胸椎、肋和胸骨共同构成，呈前小后大的圆锥形。胸廓前口由第一胸椎，第一对肋和胸骨柄围成。胸廓后口由最后一个胸椎，左、右肋弓和剑状软骨围成。胸廓前部的肋短而粗，具有较强的坚固性，但活动范围小，以保护心、肺，并便于连接前肢。胸廓后部的肋细而长，具有较大的活动性，以适应呼吸运动。胸廓内包括胸腔和腹前部。家畜胸廓的容积和形态虽各有不同，但形状基本相似，均为平卧的截顶圆锥状。牛的

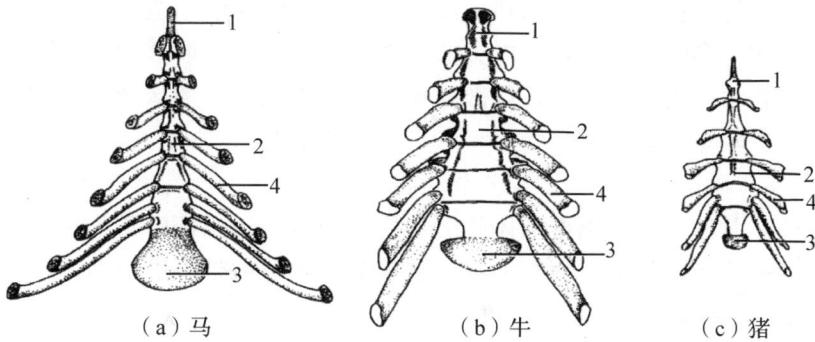

图 2-14　胸骨背侧观

1. 胸骨柄；2. 胸骨体；3. 剑状软骨；4. 肋软骨

胸廓较短，胸前口较高，胸廓底部较宽而长，后部显著增宽。马的胸廓较长，前部两侧扁，向后逐渐扩大，胸前口为椭圆形，下方狭窄，胸后口相当宽大，呈倾斜状。家禽的肋、乌喙骨和锁骨构成胸廓侧壁。鸡的胸廓呈顶端向前的锥体形，背腹径略大于横径，故其横断面为椭圆形。鸭的胸廓比鸡的大，横径略大于背腹径。猫胸廓狭小，但弹性较大。兔的胸廓不发达，胸腔容积较小。

2. 躯干骨连接

躯干骨的连接包括脊柱连接和胸廓连接。

（1）脊柱连接。脊柱连接分为椎体间连接、椎弓间连接和脊柱总韧带。

①椎体间连接，是相邻椎骨的椎头与椎窝，借纤维软骨构成的椎间盘相连接。椎间盘外围是纤维环，中央为柔软的髓核，因此，椎体间的连接既牢固又允许有小范围的活动。椎间盘越厚的部位，运动的范围越大。家畜颈部、腰部和尾部的椎间盘比较厚，因此这些部位的运动较灵活。

②椎弓间连接，是相邻椎骨的前后关节突构成的滑动关节，有关节囊。颈部的关节突发达，关节囊宽松，活动性较大。

③脊柱总韧带，是贯穿脊柱、连接大部分椎骨的韧带，起连接加固的作用。除椎骨间的短韧带外，还有三条贯穿脊柱的长韧带即棘上韧带、背纵韧带和腹纵韧带。

棘上韧带，位于棘突顶端，由枕骨伸至荐骨。棘上韧带在颈部变得宽大，称为项韧带。项韧带由弹性纤维构成，呈黄色，分为背侧的索状部和腹侧的板状部。项韧带的作用是辅助颈部肌肉支持头部。

背纵韧带，位于椎体背侧面，椎管底壁上。背纵韧带起于枢椎，止于荐骨。在椎间盘处变宽并附着于椎间盘上。

腹纵韧带，位于椎体和椎间盘的腹侧面，并紧附于椎间盘上。腹纵韧带由胸椎中部开始，止于荐骨的骨盆面。

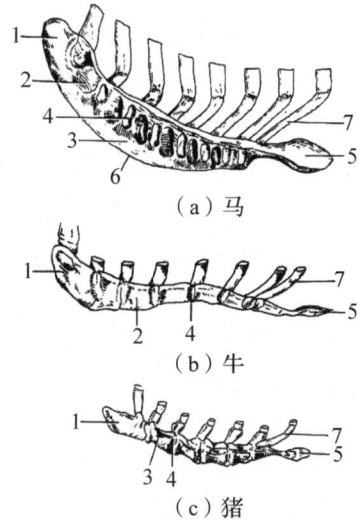

图 2-15　胸骨的侧面观

1. 胸骨柄；2. 胸骨片；3. 胸骨体；
4. 肋窝；5. 剑状软骨；6. 胸骨嵴；
7. 肋软骨

脊柱的运动是许多椎间运动的总和。虽然每一个椎间的活动范围有限，但整个脊柱仍能做范围较大的屈伸和侧运动。为适应头部多方面运动，脊柱前端和枕骨间形成寰枕关节和寰枢关节。寰枕关节为双轴关节，可做屈伸运动和小范围的侧运动；寰枢关节为多轴关节，可沿枢椎的纵轴做旋转运动。

（2）胸廓连接。胸廓连接包括肋椎关节和肋胸关节。

①肋椎关节，是肋上端与胸椎椎体的横突构成的关节，包括肋骨小头与肋凹形成的关节和肋结节与横突形成的关节。两个关节各有关节囊和短韧带。胸廓前部的肋椎关节活动性较小，胸廓后部的肋椎关节活动性较大。

②肋胸关节，是真肋的肋软骨与胸骨两侧肋窝间构成的关节，具有关节囊和韧带。牛的第2～11肋的肋骨与肋软骨间还形成关节，有关节囊。

3. 躯干骨性标志

躯干骨性标志主要有腰椎横突、鬐甲、肋、肋弓、肋间隙、腰荐间隙、剑状软骨和荐骨岬等。

（三）前肢骨骼

前肢骨骼包括前肢骨和前肢关节（见图 2-16、图 2-17、图 2-18）。

1. 前肢骨

前肢骨包括肩胛骨、臂骨、前臂骨、腕骨、掌骨、指骨和籽骨。

（1）肩胛骨

肩胛骨为三角形的扁骨，斜位于胸侧壁的前上部。其上缘有肩胛软骨附着，外侧面有一纵行的嵴，称为肩胛冈。肩胛冈的前上方为冈上窝，后下方为冈下窝。肩胛冈下端有一突起称为肩峰。肩胛骨内侧面的凹窝为肩胛下窝，远端的关节窝是肩臼。

牛的肩胛骨较长，上端较宽，下端较窄。肩胛冈显著，较偏前方，有肩峰。马的肩胛骨呈长三角形，肩胛冈平直，中央稍上方粗大，称冈结节，马没有肩峰。猪的肩胛骨很宽，前缘凸。肩胛冈为三角形，冈的中部弯向后方，有大的冈结节。犬的肩胛骨比牛的长，前角钝圆，背缘只附着有软骨缘，无肩胛软骨，

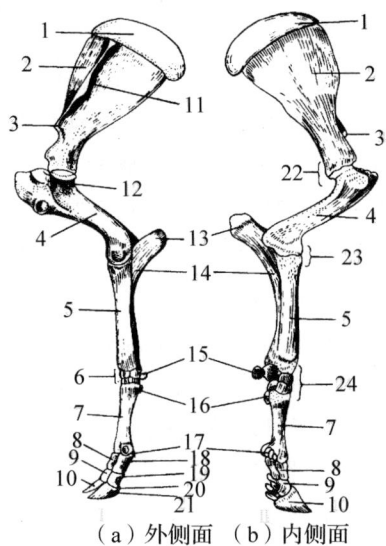

（a）外侧面 （b）内侧面

图 2-16 牛的前肢骨骼

1. 肩胛软骨；2. 肩胛骨；3. 肩峰；4. 臂骨；5. 桡骨；6. 腕骨；7. 第 3、4 掌骨；8. 第 3 指的系骨；9. 第 3 指的冠骨；10. 第 3 指的蹄骨；11. 肩胛冈；12. 大结节；13. 肘突；14. 尺骨；15. 副腕骨；16. 第 5 掌骨；17. 近籽骨；18. 第 4 指的系骨；19. 第 4 指的冠骨；20. 远籽骨；21. 第 4 指的蹄骨；22. 肩关节；23. 肘关节；24. 腕关节

冈上窝和冈下窝大小差不多。犬有锁骨，锁骨呈三角形薄骨片和软骨板，或完全退化。猫的肩胛骨较小，为三角形扁骨，肩峰明显。锁骨小，为一弧形骨棒，埋于臂头肌肌腱内。兔肩带中有发达的肩胛骨和埋在肌肉中的锁骨。

（2）臂骨。臂骨又称肱骨，为一管状长骨，由前上方斜向后下方。近端前方两侧有臂骨内、外结节，外结节又称大结节。结节间是臂二头肌沟。后方有球形的臂骨头，与肩臼成关节。臂骨骨干呈扭曲的圆柱状，外侧有三角肌结节。远端有与桡骨构成关节的髁状关节面，髁的后面有一深的肘窝，又叫鹰嘴窝。

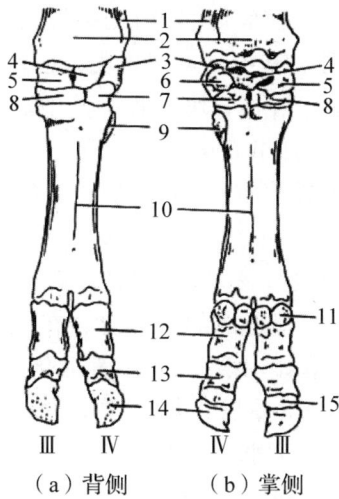

（a）背侧　　（b）掌侧

图 2-17　牛的前脚骨（左）

1. 尺骨；2. 桡骨；3. 尺腕骨；4. 中间腕骨；
5. 桡腕骨；6. 副腕骨；7. 第 4 腕骨；8. 第；2、3
腕骨；9. 第 5 掌骨；10. 大掌骨；11. 近籽骨；
12. 系骨；13. 冠骨；14. 蹄骨；15. 远籽骨；
Ⅲ. 第 3 指；Ⅳ. 第 4 指

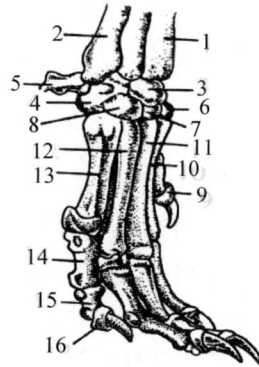

图 2-18　狗的前脚骨（右侧）

1. 桡骨；2. 尺骨；3. 桡腕骨和中间腕骨；
4. 尺腕骨；5、6、7、8. 副腕骨、第 2 腕
骨、第 3 腕骨、第 4 腕骨；9. 第 1 指的中指
节骨；10、11、12、13. 第 2 掌骨、第 3 掌
骨、第 4 掌骨、第 5 掌骨；14、15、16. 第 5
指的近、中、远指节骨

牛的臂骨近端粗大，大结节很发达，前部弯向内方，臂二头肌沟偏于内侧，无中间嵴，三角肌结节较小。马的臂二头肌沟宽，由中间嵴分为两部分。外结节较内结节稍大，三角肌结节较大。猪的臂骨与牛的相似。犬的臂骨比牛细长、扭曲。猫的臂骨粗长，无滑车上孔，而具有髁上孔，是臂动脉和正中神经的通路。

（3）前臂骨。前臂骨包括桡骨和尺骨，成年后两骨彼此愈合，二骨间的缝隙为前臂间隙。桡骨位于前内侧，大而粗，近端与臂骨成关节，远端与近列腕骨成关节。尺骨位于后外侧，近端粗大，突向后上方，称肘突（鹰嘴）；远端稍长于桡骨。

牛的前臂骨中，桡骨较短而宽，尺骨鹰嘴发达。尺骨的骨干和远端较细，近端较桡骨稍长。成年牛由于尺骨骨干与桡骨愈合，因此尺骨近端、远端与桡骨间，形成上下两个前臂骨间隙。马的前臂骨中，桡骨发达，骨干中部稍向前弯曲，尺骨仅近端发达，骨干上部与桡骨愈合，下部与桡骨合并，远端退化消失。

猪的前臂骨中，桡骨短，稍呈弓形。尺骨发达，比桡骨长，近端粗大，鹰嘴特别长。桡骨和尺骨以骨间韧带紧密连接。犬的前臂骨中，桡骨较纤细，近端后面、远端外侧均有关节面，与尺骨形成可活动的关节。尺骨较牛的发达，两骨斜行交叉，近端尺骨位于桡骨内侧，而远端尺骨位于桡骨外侧。

猫的桡骨发达，尺骨是一细长的骨，两骨斜行交叉。

（4）腕骨。腕骨位于前臂骨和掌骨之间，由两列短骨组成。近列腕骨有 4 块，由内向外依次为：桡腕骨、中间腕骨、尺腕骨和副腕骨。远列腕骨一般有 4 块，由内向外依次为第 1、2、3、4 腕骨。近列腕骨的近侧面为凸凹不平的关节面，与桡骨远端成关节。近、远列腕骨与各腕骨之间均成关节。远列腕骨的远侧面与掌骨成关节。整个腕骨的背侧面较隆突，掌侧面凹凸不平。副腕骨向后方突出，其中近侧列副腕骨在活体上可以摸到。

牛有 6 块腕骨,排成上下 2 列。其中,近列 4 块;远列 2 块,内侧一块较大,由第 2、3 腕骨愈合构成,外侧一块为第 4 腕骨。马有 7 块腕骨。其中,近列 4 块;远列 3 块,由内侧向外侧为,第 2、3、4 腕骨,第 1 腕骨小,不常有。猪有 8 块腕骨。其中,近列、远列均 4 块,第 1 腕骨很小。犬、猫均有 7 块腕骨,猫的腕骨粗而长。

(5)掌骨。掌骨为长骨,近端接腕骨,远端接指骨。有些动物的掌骨有不同程度的退化。

牛有 3 块掌骨,即 3、4、5 掌骨,第 3、4 掌骨发达,称为大掌骨,第 5 掌骨为小掌骨,为一圆锥形小骨,附于第 4 掌骨的近端外侧,大掌骨近端的骨干愈合在一起,只有其远端分开。马的掌骨有 3 块,第 3 掌骨发达,又称大掌骨,第 2、4 掌骨退化并附着于第 3 掌骨的两侧。猪有 4 块掌骨,由内侧向外侧为 2、3、4、5 掌骨。3、4 掌骨发达,2、5 掌骨细而短。犬、猫的掌骨有 5 块,第一掌骨短小,3、4 掌骨最长。

(6)指骨。各种家畜的指骨数目不同,一般每一指都具有 3 节:第 1 指节骨又称系骨,第 2 指节骨又称冠骨,第 3 指节骨又称蹄骨。

牛有 4 指,即 2、3、4、5 指。其中第 3、4 指发育完整,称为主指,每指有 3 个指节骨,依次为系骨、冠骨和蹄骨;第 2、5 指退化,不与地面接触,称为悬指,每指仅有两个指节骨,即冠骨和蹄骨。猪有 4 指,第 3、4 指发达,为主指,第 2、5 指细而短,不着地,为悬指。主指和悬指都有系骨、冠骨和蹄骨。马仅有第 3 指。犬有 5 个指,第 1 指短小,缺中指节骨,行走时不着地,其余每指都具有 3 个指节骨,依次为系骨(第 1 指节骨)、冠骨(第 2 指节骨)和蹄骨(第 3 指节骨)。

(7)籽骨。籽骨分近籽骨和远籽骨。牛和马每一掌骨远端与系骨之间的掌侧有 2 个近籽骨;每一冠骨与蹄骨之间的掌侧有 1 个远籽骨。

禽类的前肢由于适应飞翔而演变成翼,分为肩带部和翼部(又叫游离部)(见图 2-19)。肩带部包括肩胛骨、乌喙骨和锁骨。肩胛骨狭长,与脊柱平行。乌喙骨粗大,斜位于胸廓之前,下端与胸骨构成牢固的关节,乌喙骨有气孔通锁骨间气囊,鸭的乌喙骨比鸡的强大,乌喙骨与肩胛骨形成的夹角近乎为直角。锁骨较细,两侧锁骨在下端汇合,由于鸡两侧锁骨愈合呈"V"形,又称为叉骨。翼部包括臂骨、前臂骨和前脚骨(腕骨、掌骨和指骨)三段,静止时,翼的三段折叠呈"Z"形,紧贴于胸廓。

2. 前肢关节

前肢与躯干间不形成关节,借强大的肩带肌与躯干连接。前肢各骨之间以关节的形式相连,自上而下依次为:肩关节、肘关节、腕关节、指关节(包

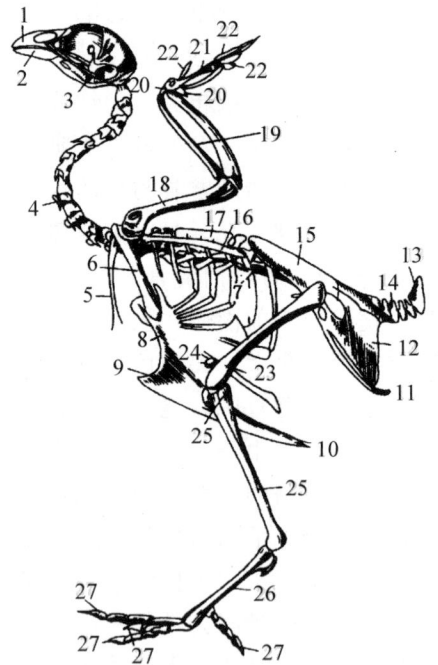

图 2-19　鸡的全身骨骼

1. 颌前骨;2. 下颌骨;3. 方骨;4. 颈椎;
5. 锁骨;6. 乌喙骨;7. 肋骨;8. 胸骨;
9. 胸骨嵴;10. 剑突;11. 耻骨;12. 坐骨;
13. 尾综骨;14. 尾椎;15. 髂骨;16. 肩胛骨;
17. 胸椎;18. 臂骨;19. 前臂骨;20. 腕骨;
21. 掌骨;22. 指骨;23. 股骨;24. 膝盖骨;
25. 小腿骨;26. 跗跖骨;27. 趾骨

括系关节、冠关节和蹄关节）。这些关节主要进行屈、伸运动。

（1）肩关节。肩关节由肩胛骨的肩臼和臂骨头构成，关节角顶向前，关节囊宽松，没有侧副韧带，属多轴关节。肩关节主要进行屈、伸运动。

（2）肘关节。肘关节由臂骨远端和前臂骨的近端构成，关节角顶向后，关节囊宽松，内、外有侧副韧带，属单轴关节。肘关节只能进行屈、伸运动。

（3）腕关节。腕关节为复关节，由前臂骨远端、腕骨和掌骨近端构成，关节角顶向前。关节囊的纤维层背侧面较薄而宽松，掌侧面特别厚而紧张。关节囊的滑膜层形成三个囊：桡腕关节的最宽松，关节腔最大，活动性也最大；腕间关节的次之；腕掌关节的关节腔最小，活动性也最小。

（4）指关节。家畜的指关节在正常站立时呈背屈状态或过度伸展状态，包括系关节、冠关节、蹄关节。系关节又叫球节，由掌骨远端、近籽骨和系骨近端构成，在系关节的掌侧尚有悬韧带等弹力装置，以固定系关节，使之呈一定的角度，防止过度背屈。冠关节由系骨远端、冠骨近端构成，关节囊和侧副韧带紧密相连，仅能做小范围的屈伸运动。蹄关节由冠骨远端、远籽骨和蹄骨近端构成。牛、猪为偶蹄，有两指，各关节均成对。马为奇蹄，只有指（第 3 指），各关节构造同上。

3. 前肢的骨性标志

前肢的骨性标志主要有前肢骨和关节、肘突、肩胛冈、肩峰和球节等。

（四）后肢骨骼（见图 2-20、图 2-21）

1. 后肢骨

后肢骨包括髋骨、股骨、膝盖骨、小腿骨、跗骨、距骨、趾骨和籽骨。

（1）髋骨。髋骨为不规则骨，由髂骨、耻骨和坐骨结合而成（见图 2-22）。三骨结合处形成一个深的杯状关节窝，称为髋臼。髋臼与股骨头成关节，其上方为坐骨棘。髂骨位于背外侧，其前部宽而扁，呈三角形，称为髂骨翼；后部呈三棱形，称为髂骨体。髂骨翼的外侧面称为臀肌面，内侧面（骨盆面）称为耳状面。外侧角粗大称为髋结节，内侧角为称荐结节。耻骨位于腹侧前方，坐骨位于腹侧后部。两骨之间的结合处，分别称为耻骨联合和坐骨联合，合并称为骨盆联合。禽的耻骨、坐骨分离，骨盆底部不结合，形成开放式骨盆，便于产卵。两侧坐骨后缘形成坐骨弓，弓的两端突出且粗糙，称为坐骨结节。坐骨前缘与耻骨围成闭孔，内侧缘与对侧坐骨相接，形成骨盆联合的后部，外侧部参与髋臼的形成。耻骨较小，位于前下方，构成骨盆底的前部，并构成闭孔的前缘，内侧部与对侧相接，形成骨盆联合的前部，外侧部参与形成髋臼。

牛的左、右侧髂骨接近平行，髂骨与水平面的角度比马的小，背面稍凹，荐结节位置较低，髋结节大而突出，前缘接近水平，坐骨大，骨盆面深凹，坐骨弓较窄而深，坐骨结节发达，呈三角形。马的髂骨较倾斜，荐结节突向后背侧，与第 1 荐椎相对，形成荐部最高点。髋结节粗厚，近似四边形，前缘倾斜。坐骨的骨盆面较平，后缘粗厚，坐骨弓较浅。猪的髋骨长而窄，左、右两侧互相平行。

（2）股骨。股骨为一大的管状长骨，由后上方斜向前下方。近端内侧有一球形的股骨头，外侧有一粗大的突起称为大转子。远端粗大，前方为滑车状关节面，与髌骨成关节；后方为股骨髁，与胫骨成关节。牛的股骨近端股骨头较小，关节面有一部分向外延伸，大转

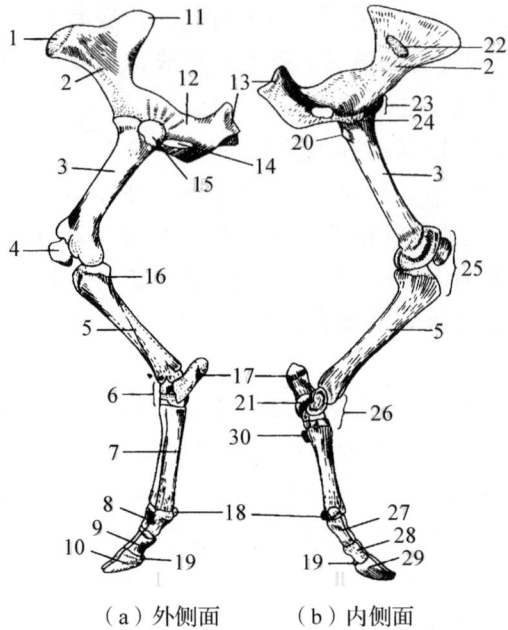

图 2-20 牛的后肢骨骼

1. 髋结节；2. 髂骨；3. 股骨；4. 膝盖骨；5. 胫骨；6. 跗骨；7. 第 3、4 跖骨；

8. 第 4 趾的系骨；9. 第 4 趾的冠骨；10. 第 4 趾的蹄骨；11. 荐结节；12. 坐骨；

13. 坐骨结节；14. 闭孔；15. 大转子；16. 腓骨；17. 跟骨；18. 近籽骨；

19. 远籽骨；20. 小转子；21. 距骨；22. 髂骨的耳状关节面；23. 髋关节；

24. 耻骨；25. 膝关节；26. 跗关节；27. 第 3 趾的系骨；28. 第 3 趾的冠骨；

29. 第 3 趾的蹄骨；30. 第 2 跖骨

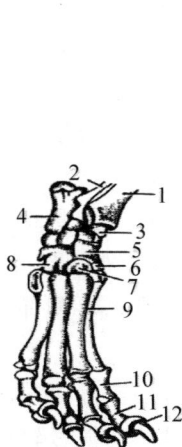

图 2-21 狗的后脚骨

1. 胫骨；2. 腓骨；3. 距骨；

4. 跟骨；5. 中央跗骨；6. 第 2 跗骨；

7. 第 3 跗骨；8. 第 4 跗骨；9. 跖骨；

10、11、12. 趾节骨

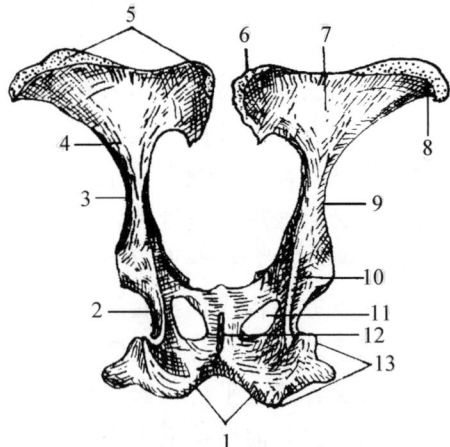

图 2-22 牛的髋骨(背侧面)

1. 坐骨弓；2. 坐骨小切迹；3. 髂骨体；4. 臀肌线；

5. 髂骨翼；6. 荐结节；7. 臀肌面；8. 髋结节；

9. 坐骨大切迹；10. 坐骨棘；11. 闭孔；

12. 骨盆联合；13. 坐骨结节

子发达并向外突出，骨干较细，呈圆柱形；远端前方滑车关节面的内嵴较外嵴宽而突出。马的股骨近端大转子发达，由一切迹分为前、后两部，骨干的背面圆而光滑，后面较平坦，外侧有发达的第 3 转子。猪的股骨基本与牛的相似，但较短。

（3）膝盖骨。膝盖骨又称为髌骨，略呈三角形，位于股骨远端的前方。其前面粗糙，供肌腱、韧带附着，后面为光滑的关节面，与股骨远端滑车状关节面构成关节。牛的髌骨近似圆锥形，马的髌骨呈四边形，猪的髌骨窄而厚。

（4）小腿骨。小腿骨包括胫骨和腓骨。胫骨发达，呈棱柱形。胫骨近端粗大，有内、外髁，与股骨成关节；远端有滑车状关节面，与胫跗骨成关节。腓骨位于胫骨外，已退化，为一向下的小突起。

牛的胫骨发达，形态同上述。腓骨近端与胫骨愈合为一向下的小突起，骨体消失，远端形成一块小的踝骨，与胫骨远端外侧成关节。马的胫骨发达，近端外侧有一小关节面与腓骨头连接。腓骨为一退化的小骨，近端扁圆，称为腓骨头，与胫骨近端外侧构成关节。骨体逐渐尖细。猪的胫骨骨干稍弯向内侧，在近端外髁的后面有与腓骨相连接的关节面。腓骨较发达，与胫骨等长，其近端与远端都与胫骨相连接，远端还形成外侧踝。

（5）跗骨。跗骨由数块短骨构成，位于小腿骨与距骨之间。各种家畜数目不同，一般分为 3 列。近列跗骨 2 块，内侧为胫跗骨，又称为距骨；外侧为腓跗骨，又叫跟骨，跟骨有滑车关节面，与胫骨远端成关节，跟骨近端粗大，向后上方突起，称为跟结节。中列一块为中央跗骨。远列 4 块，由内向外依次为第 1、2、3、4 跗骨。

牛跗骨 5 块，近列两块为距骨和跟骨；中间为中央跗骨和第 4 跗骨愈合成一块；远列两块，第 1 跗骨小，第 2、3 跗骨愈合。马跗骨有 6 块，近列同牛的；中列为扁平的中央跗骨；远列内侧为第 1 和第 2 跗骨愈合成的不规则小骨，中间为扁平的第 3 跗骨，外侧为较高的第 4 跗骨。猪有 7 块跗骨，近列 2 块；中间 1 块；远列为 4 块，为第 2、3、4、5 跗骨。犬、猫有 7 块跗骨。兔有 6 块跗骨。

（6）跖骨、趾骨和籽骨。跖骨、趾骨和籽骨分别与前肢相应的掌骨、指骨和籽骨相似，但跖骨、趾骨较细长些。

牛的大跖骨比前肢的掌骨细长，第 2 跖骨为一退化的小跖骨，呈小盘状，附着于大跖骨的后内侧。马的跖骨较前肢掌骨细而长，马的蹄骨较前肢的小，底面凹入较深，壁面与地面的角度比前肢的略大。鸡有 4 个趾（乌骨鸡、贵妃鸡 5 个趾），第 1 趾向后向内，其余 3 趾向前，以第三趾最发达。犬有 4 个趾，第 1 趾退化。

2. 后肢关节

为保持站立时的稳定，后肢各关节与前肢相适应，除趾关节外，各关节的方向相反。后肢关节由上向下依次为荐髂关节、髋关节、膝关节、跗关节、趾关节（包括系关节、冠关节和蹄关节）。

（1）荐髂关节。荐髂关节由荐骨翼和髂骨翼的耳状面构成，结合紧密，几乎不能活动，主要作用是连接后肢与躯干。在荐骨和髂骨之间还有一些强固的韧带，包括荐骨背侧韧带、荐骨外侧韧带和荐结节阔韧带。其中，荐结节阔韧带最大，为一四边形的宽广韧带，构成骨盆的侧壁，背侧附着于荐骨侧缘和第 1、2 尾椎的横突，腹侧附着于坐骨棘和坐骨结节，其前缘与髂骨间形成坐骨大孔，下缘之间形成坐骨小孔，供血管神经通过。

（2）髋关节。髋关节由髋臼和股骨头构成，关节角顶向后。股骨头与髋臼之间，有一条短而强的圆韧带连接。髋关节属多轴关节，能进行多方面运动，如内收、外展、旋转等，但主要做屈、伸运动。马的髋关节具有副韧带。

（3）膝关节。膝关节为复关节，由股骨远端、髌骨和胫骨近端构成，包括股髌关节和股胫关节。关节角顶向前。股髌关节由股骨远端的滑车关节面和髌骨构成；股胫关节由股骨远端的髁和胫骨的关节面构成。股胫关节中有十字（交叉）韧带，牛股髌关节前方具有 3 条膝直韧带。膝关节是多轴关节，但由于受到肌肉和韧带的限制，主要做屈伸运动。

（4）跗关节。跗关节又叫飞节，是由小腿骨远端、跗骨和跖骨近端构成的复关节。关节角顶向后，为单轴关节，主要做屈、伸运动。跗关节包括胫跗关节、跗间关节和跗跖关节。关节囊前壁宽松，后壁紧而强厚，紧密附着于跗骨。牛的跗关节除胫跗关节有相当大的运动外，距骨与中央跗骨之间也有一定的活动性。马的跗关节仅胫跗关节能做屈、伸运动，其余三个关节连接紧密，活动范围极小，只起缓冲作用。

（5）趾关节。趾关节包括系关节、冠关节、蹄关节，其构造与前肢指关节相同。

3. 骨盆腔

骨盆腔顶壁由荐骨和前三尾椎构成，两侧壁为髂骨和荐坐韧带，底壁为耻骨和坐骨。骨盆腔具有保护盆腔内脏和传递推力的作用。骨盆腔前口以荐骨岬、髂骨及耻骨为界；骨盆腔后口的背侧为尾椎，腹侧为坐骨，两侧为荐结节阔韧带的后缘。

骨盆的形状和大小，因性别而异。在母畜，骨盆又是娩出胎儿的骨性产道，所以母畜骨盆腔较公畜的大而宽敞。荐骨与耻骨的距离较公畜大，髂骨两侧对应点的距离较公畜远，骨盆的横径较大。骨盆底的耻骨部较凹，坐骨部宽而平，骨盆后口较大。

4. 后肢骨性标志

后肢骨性标志主要有后肢骨和关节、髋结节、荐结节、坐骨结节、跟结节、坐骨弓、骨盆联合。

第二部分　肌肉

运动系统的肌肉属于横纹肌，因其附着在骨骼上，故称为骨骼肌。每块肌肉都是一个器官，都具有一定的形态、构造和功能。

一、肌肉概述

（一）肌肉的构造（见图 2-23、图 2-24）

每一块肌肉均由肌腹和肌腱两部分构成。

1. 肌腹

肌腹是肌肉中有收缩能力的部分，由横纹肌纤维借结缔组织结合而成。肌纤维是肌肉的实质部分，结缔组织则为间质部分。由结缔组织把肌纤维先集合成小肌束，再集合成大的肌束，然后集合成肌肉块。包在肌纤维外的膜称为肌内膜，包在肌束外面的称为肌束膜，包在肌肉块外面的称为肌外膜。间质内有血管、神经、脂肪，对肌肉起联系、支持和营养作用。

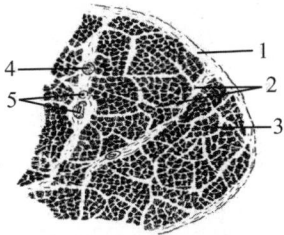

图 2-23　肌器官构造模式图
1. 肌外膜；2. 肌束膜；3. 肌内膜；
4. 神经；5. 血管

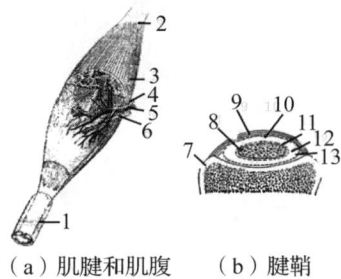

（a）肌腱和肌腹　　（b）腱鞘
图 2-24　肌肉构造示意图
1. 腱鞘；2. 肌腱；3. 肌腹；4. 动脉；5. 静脉；
6. 神经；7. 骨；8. 腱；9. 纤维膜；10. 腱系膜；
11. 滑膜腱层；12. 滑膜腔；13. 滑膜壁层

2. 肌腱

肌腱由致密结缔组织构成，借肌内膜连接在肌纤维的端部或肌腹中，故有的肌肉块的肌腱位于两端，有的肌腱位于中间或某一部位。纺锤形或长肌的肌腱多呈圆索状，阔肌的肌腱多呈薄膜状。肌腱不能收缩，但具有很强的韧性和抗张力，其肌纤维伸入到骨膜和骨质中，而将肌肉牢固地附着于骨上。

（二）肌肉的形态（见图 2-25）

畜体肌肉的形状多种多样，根据形态可将其分为以下几种。

1. 板状肌

板状肌呈薄板状，主要位于腹壁和肩带部，其形态和大小不一，有的呈扇形，如背阔肌；有的呈锯齿状，如下锯肌；有的呈带状，如臂头肌等。板状肌可延续为腱膜，以增加肌肉的坚固性。

2. 多裂肌

多裂肌主要分布于脊柱的椎骨之间，由许多短肌束组成，表现出分节特点，如背最长肌、髂肋肌等。

3. 纺锤形肌

纺锤形肌多分布于四肢，中间膨大，主要由肌纤维构成，称肌腹，两端多为腱质，上端为肌头，下端为肌尾。

4. 环形肌

环形肌分布于自然孔周围，如口轮匝肌，肌纤维环绕自然孔排列，形成括约肌，收缩时可关闭自然孔。

长肌收缩时运动幅度较大，多分布于四肢。短肌收缩时运动幅度小，如脊柱周围的肌肉，主要存在于脊柱相邻椎骨之间，有利于稳定关节。阔肌多见于胸壁、腹壁，除收缩时使躯干运动外，还起支持和保护内脏的作用。

（三）肌肉的种类和命名

肌肉一般按作用、形态、位置、结构、起止点及肌纤维方向等特征命名。有的以单一

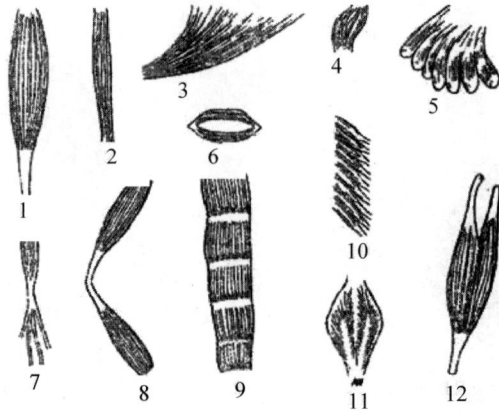

图 2-25　肌肉的形态

1. 纺锤形肌；2. 带状肌；3. 板状肌；4. 短肌；5. 锯肌；
6. 环形肌；7. 四尾肌；8. 二腹肌；9. 带腱划肌；10. 多裂肌；
11. 复羽状纺锤形肌；12. 二头肌

特征命名，如按起止点命名的臂头肌、胸头肌；有的以几个特征综合命名，如腕桡侧伸肌、腹外斜肌等。肌肉按其收缩时所产生的结果不同，分为伸肌、屈肌、内收肌、外展肌、旋肌、张肌、括约肌等几种。

（四）肌肉的起止点

每块肌肉一般都附着在两块以上的骨上，跨过一个或两个以上的关节，肌肉多附着于软骨、筋膜、韧带或皮肤上。肌肉收缩时，不动的一端为起点，动的一端为止点，但这不是绝对的，当活动改变时，起止点也相应地改变。

（五）肌肉的辅助结构

在肌肉的周围，还有一些肌肉的辅助结构，主要有筋膜、黏液囊和腱鞘等。

1. 筋膜

筋膜是覆盖在肌肉表面的结缔组织膜，起保护和固定肌肉位置的作用，可分为浅筋膜和深筋膜。

（1）浅筋膜。浅筋膜位于皮下，由疏松结缔组织构成，覆盖在肌肉表面。浅筋膜内有血管、神经、脂肪或皮肌分布。浅筋膜有联系深部组织、存储营养、保护及参与体温调节等作用。

（2）深筋膜。深筋膜位于浅筋膜深面，由致密结缔组织构成，致密而坚韧，包围在肌群的表面，并伸入肌间，附着于骨上，有支持和连接肌肉的作用。草食家畜腹壁肌外面被覆的深筋膜内含有大量的弹性纤维，称为腹黄膜。

2. 黏液囊

黏液囊是密闭的结缔组织囊，囊壁薄，内衬滑膜，有少量的黏液。黏液囊多位于骨的突起与肌肉、腱、韧带和皮肤之间，分别称肌下、腱下、韧带下和皮肤下黏液囊。黏液囊有减少摩擦的作用。关节附近的黏液囊与关节腔相通，称滑膜囊。

3. 腱鞘

腱鞘是卷曲成长筒状的黏液囊，分内、外两层。外层为纤维层，厚而坚固，由深筋膜增厚而成。内层为滑膜层，又分壁层和脏层。壁层紧贴在纤维层的内面，脏层紧包在腱上，由壁层折转而来。壁、脏两层空隙间有少量的滑液。腱鞘包围在腱的周围，多位于四肢关节部，有减少摩擦、保护肌腱的作用。

二、全身肌肉分布（见图 2-26、图 2-27、图 2-28）

动物全身肌肉，按其所在部位可分为皮肌、头部肌肉、躯干肌肉和四肢肌肉。

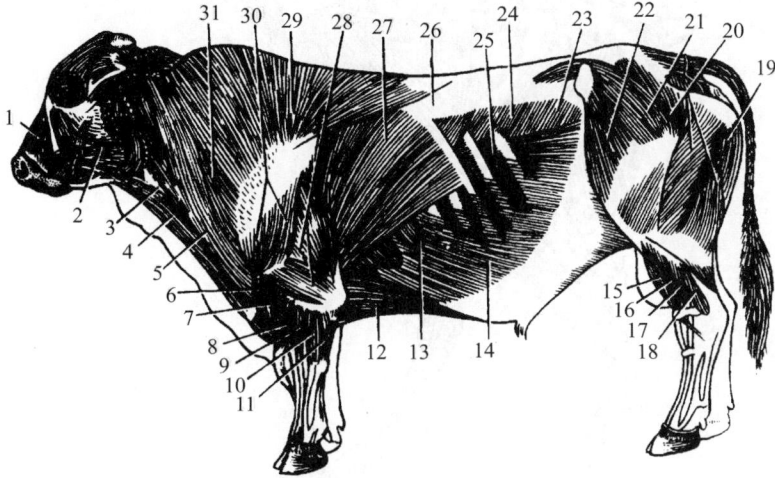

图 2-26　牛体浅层肌

1. 鼻唇提肌；2. 咬肌；3. 颈静脉；4. 胸头肌；5. 臂头肌；6. 臂肌；7. 腕桡侧伸肌；8. 指内侧伸肌；
9. 指总伸肌；10. 指外侧伸肌；11. 腕尺侧伸肌；12. 胸深肌；13. 胸腹侧锯肌；14. 腹外斜肌；15. 腓骨第 3 肌；
16. 腓骨长肌；17. 趾外侧伸肌；18. 趾深屈肌；19. 半腱肌；20. 臀股二头肌；21. 臀中肌；22. 股阔筋膜张肌；
23. 腹内斜肌；24. 后背侧锯肌；25. 肋间外肌；26. 背腰筋膜；27. 背阔肌；28. 臂三头肌；29. 斜方肌；
30. 三角肌；31. 肩胛横突肌

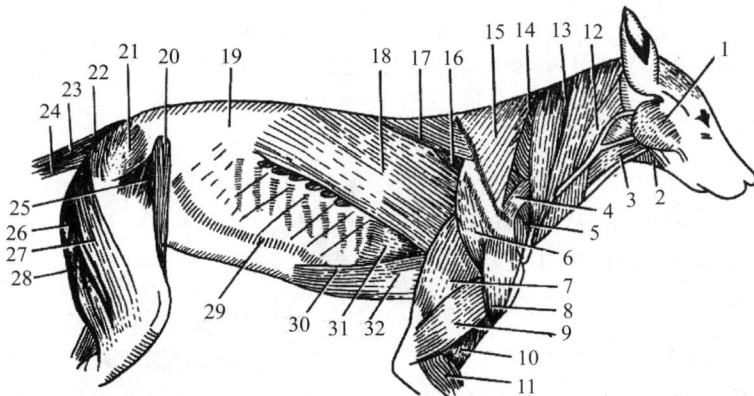

图 2-27　犬全身浅层肌

1. 咬肌；2. 颌舌骨肌；3. 胸骨舌骨肌；4. 肩胛横突肌；5. 冈上肌；6. 三角肌；7. 臂三头肌长头；
8. 三角肌肩峰部；9. 臂三头肌外侧头；10. 臀肌；11. 腕桡侧伸肌；12. 臂头肌；13. 锁枕肌；14. 颈腹侧锯肌；
15. 颈斜方肌；16. 冈下肌；17. 胸斜方肌；18. 背阔肌；19. 背腰筋膜；20. 缝匠肌；21. 臀中肌；22. 臀浅肌；
23. 荐尾背外侧肌；24. 荐尾腹外侧肌；25. 股阔筋膜张肌；26. 半膜肌；27. 臀股二头肌；28. 半腱肌；
29. 腹外斜肌；30. 腹直肌；31. 肋间外肌；32. 胸深肌

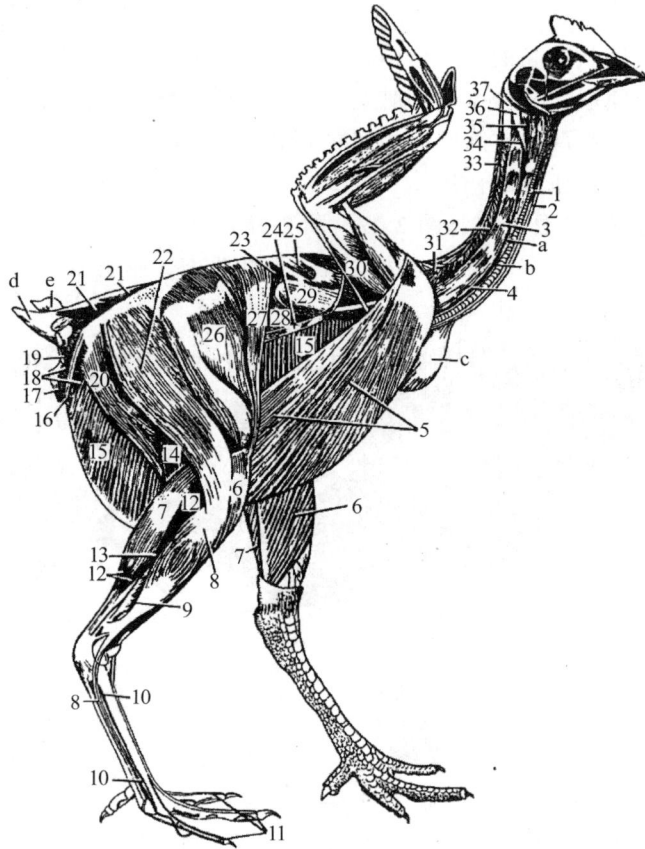

图 2-28   鸡的全身肌肉

1. 胸骨气管肌；2. 胸骨舌骨肌；3. 横突间肌；4. 颈长肌；5. 胸大肌；6. 腓肠肌内侧头；5. 腓肠肌外
侧头；8. 腓骨长肌；9. 趾长屈肌；10. 第 4 趾屈肌；11. 趾长屈肌；12. 第 3 趾屈肌；13. 拇长屈肌；
14. 臀股二头肌(短头)；15. 腹外科肌；16. 肛提肌；17. 肛门括约肌；18. 耻尾肌；19. 坐尾肌；
20. 半腱肌；21. 尾提肌；22. 臀股二头肌；23. 菱形肌；24. 翅膜肌；25. 背阔肌；26. 阔筋膜张肌；
27. 缝匠肌；28. 腹侧锯肌；29. 肩胛上肌；30. 肘长肌；31. 颈二腹肌；32. 背半棘肌和颈半棘肌；
33. 颈长伸肌；34. 头外侧直肌；35. 头腹侧大直肌；36. 气管乳突肌；37. 复肌(孵肌)

a. 食管；b. 气管；c. 嗉囊；d. 综尾骨；e. 尾脂腺

(一)皮肌(见图 2-29)

皮肌是位于浅筋膜内的薄层骨骼肌。
因其紧贴皮肤，故该肌舒缩时可使皮肤
颤动，以驱逐蚊蝇、抖掉灰尘和水滴等。
皮肌并不覆盖全身，根据其部位可分为
面皮肌、颈皮肌、肩臂皮肌和躯干皮肌。

1. 面皮肌

面皮肌薄而不完整，覆盖于下颌间
隙、腮腺和咬肌表面。有分支向前伸达
口角，称唇皮肌。牛还有大的额皮肌。

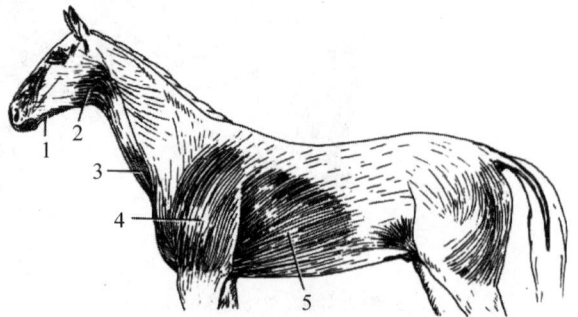

图 2-29   马的皮肌

1. 唇皮肌；2. 面皮肌；3. 颈皮肌；
4. 肩臂皮肌；5. 躯干皮肌

2. 颈皮肌

牛无此肌。马的颈皮肌起自胸骨柄和颈正中缝，向颈的腹侧延伸。起始部较厚，向前逐渐变薄，有的马特别发达，可与面皮肌相连。

3. 肩臂皮肌

肩臂皮肌覆盖于肩臂部，牛的较窄。

4. 躯干皮肌

躯干皮肌覆盖胸腹壁侧壁的大部分，前缘接肩臂皮肌，下缘与胸深后肌融合，上缘与背阔肌融合。

（二）头部肌肉

头部肌肉主要分为面部肌和咀嚼肌。

1. 面部肌

面部肌位于口腔、鼻孔、眼孔周围的肌肉，分为开张自然孔的开肌和关闭自然孔的括约肌。

（1）开肌，起于面部，止于自然孔周围。开肌主要有鼻唇提肌、鼻外侧开肌、上唇提肌、下唇降肌等。

（2）括约肌，位于自然孔的周围，有关闭自然孔的作用。括约肌主要有口轮匝肌和颊肌。

2. 咀嚼肌

咀嚼肌起于颅骨，止于下颌骨的肌肉。当咀嚼肌收缩时可使下颌骨运动，出现张口、闭口、咀嚼及吸吮动作。咀嚼肌可分为开口肌和闭口肌。开口肌主要是二腹肌和枕下颌肌；闭口肌主要有咬肌、翼肌和颞肌。

（三）躯干的主要肌肉

躯干部肌肉可分为脊柱肌、颈腹侧肌、胸壁肌、腹壁肌。

1. 脊柱肌

脊柱肌是支配脊柱活动的肌肉，可分为脊柱背侧肌群和脊柱腹侧肌群。

（1）脊柱背侧肌群。脊柱背侧肌群位于脊柱背侧，很发达。两背侧肌群同时收缩可伸脊柱，并提举头颈和尾；一侧收缩可使脊柱向左或右侧弯曲。脊柱背侧肌群主要有背最长肌、髂肋肌和夹肌。

①背最长肌，又称为眼肌，是体内最大的肌肉，呈三棱形，位于胸椎、腰椎的棘突两侧的三棱形沟内。表面覆盖有一层腱膜，由许多肌束综合而成，起于髂骨前缘及腰荐椎，向前止于最后颈椎及前部肋骨近端。

②髂肋肌，位于背最长肌腹外侧，狭长分节，由一系列斜向前下方的肌束组成。起于腰椎横突末端及后 8 个肋的前缘，向前止于所有肋的后上缘。背最长肌和髂肋肌之间的沟，称为髂肋肌沟。

③夹肌，位于颈侧部，呈三角形，起于颈韧带索状部，止于枕骨及前几个颈椎，其后部被斜方肌及颈腹侧肌覆盖。

（2）脊柱腹侧肌群。脊柱腹侧肌群主要是位于颈椎、腰椎腹侧的一些肌群，不发达。脊柱两腹侧肌群同时收缩可屈头、颈、腰尾部，一侧收缩可使头颈尾偏向该侧。脊柱腹侧肌群主要有腰小肌和腰大肌。腰小肌位于腰椎腹面的两侧,狭长。腰大肌位于腰椎横突的腹外侧,较大,部分被腰小肌覆盖。

2. 颈腹侧肌

颈腹侧肌位于颈部气管、食管及大血管的腹侧和两侧,为长带状肌。颈腹侧肌有胸头肌、肩胛舌骨肌和胸骨甲状舌骨肌。

(1)胸头肌。胸头肌位于颈部腹外侧皮下,臂头肌的下缘。胸头肌与臂头肌之间的沟称为颈静脉沟,内有颈静脉,为牛、羊采血和输液的常用部位。

(2)肩胛舌骨肌。肩胛舌骨肌位于颈侧部,臂头肌的深面,在颈前部形成颈静脉沟的底。

(3)胸骨甲状舌骨肌。胸骨甲状舌骨肌位于气管腹侧,扁平带状,起于胸骨柄,起始部被胸头肌覆盖,向前分两支。外侧支止于喉的甲状软骨,称为胸骨甲状肌;内侧支止于舌骨,称为胸骨舌骨肌。

3. 胸壁肌

胸壁肌主要有肋间肌和膈。

(1)肋间肌。肋间肌位于肋间隙内,分肋间外肌和肋间内肌两层。

①肋间外肌,位于肋间隙的表层,肌纤维从前上方斜向后下方。收缩时,牵引肋骨向前外方运动,使胸腔横径扩大,助吸气。

②肋间内肌,位于肋间隙的深层,肌纤维从后上方斜向前下方。收缩时,牵引肋骨向后内方运动,使胸腔缩小,助呼气。

(2)膈。膈位于胸腹腔之间,为圆顶状的板状肌,凸面向前。膈周围为肌质,中央为腱质。膈收缩时,膈顶后移,扩大胸腔纵径,助吸气;膈舒张时,膈顶回位,助呼气。

膈有三个裂孔:上方是主动脉裂孔,下方是后腔静脉裂孔,中间是食管裂孔;分别有主动脉、后腔静脉及食管通过。

4. 腹壁肌

(1)腹壁肌。腹壁肌是构成腹腔侧壁和底壁的板状肌,由 4 层纤维方向不同的薄板状肌构成。由外向内依次为:腹外斜肌、腹内斜肌、腹直肌和腹横肌。除腹直肌外其余三层肌的上部均为肌腹,下部变为腱膜。

①腹外斜肌,为腹壁肌的最外层,肌纤维由前上方斜向后下方,起于第五至最后肋的外面,起始部为肌质,至肋弓下约一掌处变为腱,止于腹白线。

②腹内斜肌,为腹壁肌的第二层,肌纤维由后上方斜向前下方,起于髋结节及腰椎横突,向前下方延伸,至腹侧壁中部转为腱,止于最后肋后缘及腹白线。

③腹直肌,为腹壁肌的第三层,肌纤维纵行,呈宽带状,位于腹白线两侧的腹底壁内,起于胸骨和后部肋软骨,止于耻骨前缘。

④腹横肌,为腹壁肌的最内层,较薄,起于腰椎横突及肋弓内侧,肌纤维上下行走,以腱膜止于腹白线上。

腹肌的作用:腹壁肌各层肌纤维走向不同,彼此重叠,加上被覆在腹肌表面的腹黄筋膜(一层坚韧的腹壁筋膜),构成柔软而富有弹性的腹壁,对腹腔脏器起着重要的支持和保护作用。腹肌收缩,能增大腹压,协助呼气、排便和分娩等活动。

（2）腹白线。腹白线位于腹底壁正中线上，剑状软骨与耻骨联合之间，由两侧腹肌腱膜交织而成。在白线中部稍后方有一瘢痕叫脐。由于腹白线上没有大的血管和神经，因此腹腔剖开手术大多沿腹白线进行。

（3）腹股沟管。腹股沟管又称为鼠蹊管，位于股内侧的腹壁上，为腹外斜肌和腹内斜肌的一个斜行的楔形裂隙。腹股沟管的内口通腹腔，称腹环，长约 15 cm；外口通皮下，称皮下环，长约 10 cm。对公畜，腹股沟管是胎儿时期睾丸及附睾从腹腔下降到阴囊的通道，管内有精索；母畜的腹股沟管内仅供血管、神经通过。动物出生后如果腹环过大，小肠等器官可进入管内，形成疝。因此临床的腹壁疝、腹股沟管疝和阴囊疝发生的解剖学因素是由于腹股沟管的存在。

（四）前肢主要肌肉（见图 2-30、图 2-31）

前肢主要肌肉包括肩带肌和作用于前肢各关节的肌肉。

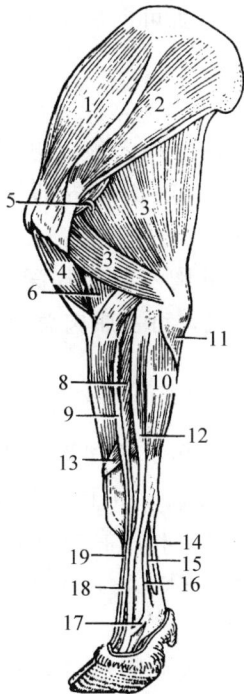

图 2-30　牛前肢肌外侧

1. 冈上肌；2. 冈下肌；3. 臂三头肌；4. 臂二头肌；5. 小圆肌；6. 臂肌；7. 腕桡侧伸肌 8. 指总伸肌 9. 指内侧伸肌；10. 腕尺侧伸肌；11. 指深屈肌尺骨头；12. 指外侧伸肌；13. 拇长外展肌；14. 指浅屈肌腱；15. 指深屈肌腱；16. 悬韧带；17. 悬韧带的分支；18. 指总伸肌腱；19. 指内侧伸肌腱

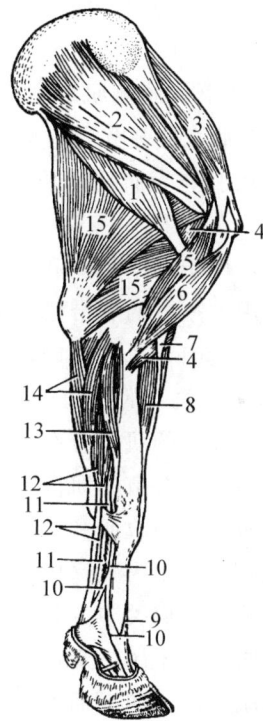

图 2-31　牛前肢肌内侧

1. 大圆肌；2. 肩胛下肌；3. 冈上肌；4. 臂肌；5. 喙臂肌；6. 臂二头肌；7. 臂二头肌纤维索；8. 腕桡侧伸肌；9. 指内侧伸肌腱；10. 悬韧带及其分支；11. 指深屈肌腱；12. 指浅屈肌腱；13. 腕桡侧屈肌；14. 腕尺侧屈肌；15. 臂三头肌

1. 肩带肌

肩带肌是连接前肢与躯干的肌肉，大多数为板状肌。肩带肌起于躯干骨，止于肩胛骨、臂骨及前臂骨。肩带肌收缩时能使肩胛骨、臂骨前后摆动，以此扩大前肢的活动范围，并可提举躯干。根据其所在的位置肩带肌分为背侧肌群和腹侧肌群。由于畜禽的前肢与躯干间没有关节，完全靠肩带肌连接，因此，这些肌肉负重很重，常在跌挫或猛进时，发生损伤而造成脱膊。

(1)背侧肌群。背侧肌群主要有斜方肌、菱形肌、臂头肌和背阔肌。

①斜方肌，为扁平的三角形肌，起于项韧带索状部、棘上韧带，止于肩胛冈。斜方肌分颈、胸两部，颈斜方肌纤维由前上方斜向后下方，胸斜方肌纤维由后上方斜向前下方。

②菱形肌，位于斜方肌和肩胛软骨深面，起于第2颈椎至第5胸椎之间的项韧带索状部、棘上韧带及胸椎棘突，止于肩胛软骨内侧面，分为颈、胸两部分。

③臂头肌，为带状肌，前宽后窄，位于颈侧部皮下浅层，构成颈静脉沟上界。臂头肌起于枕骨、颞骨、下颌骨，止于臂骨。该肌可以牵引前肢向前，伸肩关节、提举或侧偏头颈。

④背阔肌，位于胸侧壁上部的扇形板状肌，肌纤维由后上方斜向前下方。背阔肌以宽阔的腱膜起于腰背筋膜，向下止于臂骨内侧的圆肌结节。该肌可向后上方提举前肢，屈肩关节。

(2)腹侧肌群。腹侧肌群主要有腹侧锯肌和胸肌。

①腹侧锯肌，是一宽大扇形肌，下缘锯齿状，分颈、胸两部。颈腹侧锯肌位于颈部外侧，发达，几乎全为肌质；胸腹侧锯肌位于胸外侧，较薄，表面和内部混有厚而坚韧的腱层。

②胸肌，位于胸壁腹侧和肩臂内侧之间的强大肌群，分胸浅肌和胸深肌，有内收和摆动前肢的作用。家禽的肩带肌较复杂，其中最发达的是胸肌，可占肌肉总重量的一半以上，是飞翔的主要肌肉，也是肌肉注射的主要部位。

2. 作用于肩关节的肌肉

作用于肩关节的肌肉分布于肩胛骨的外侧面及内侧面，起于肩胛骨，止于臂骨，跨越肩关节。作用于肩关节的肌肉有伸肌、屈肌、内收肌和外展肌。由于动物的肩关节主要做屈伸运动，所以，内收肌和外展肌的作用不明显，主要起固定和屈肩关节的作用。

①冈上肌，位于冈上窝中，全为肌质，起于冈上窝和肩胛软骨，止于臂骨内、外侧结节，有伸展及固定肩关节的作用。

②冈下肌，位于冈下窝内，大部分被三角肌覆盖，有外展和固定肩关节的作用。

③三角肌，位于冈下肌的浅层，呈三角形，以腱膜起于肩胛冈、肩胛骨后角及肩峰，止于臂骨三角肌结节，有屈肩关节的作用。

④肩胛下肌，位于肩胛骨内侧的肩胛下窝内，可内收前肢。

⑤大圆肌，位于肩胛下肌后方，呈带状，有屈肩关节的作用。

3. 作用于肘关节肌肉

作用于肘关节的肌肉分布于臂骨周围，伸肌主要有臂三头肌、前臂筋膜张肌；屈肌主要有臂二头肌、臂肌。

(1)臂三头肌。

①臂三头肌，位于肩胛骨后缘与臂骨形成的夹角内，呈三角形，是前肢最强大的一块肌肉。它以长头和内、外侧头分别起于肩胛骨及臂骨的内外侧，止于尺骨的鹰嘴。臂三头肌有伸肘关节的作用。

②前臂筋膜张肌，位于臂三头肌后缘，是一狭长肌肉，起于肩胛骨后角，止于鹰嘴。前臂筋膜张肌有伸肘关节的作用。

(2)臂二头肌。臂二头肌位于臂骨前面，呈纺锤形，起于肩胛结节，止于桡骨近端前内侧。臂二头肌有屈肘关节的作用。

(3)臂肌。臂肌位于臂骨前内侧的肌沟内，有屈肘关节的作用。

4. 作用于腕关节、指关节的肌肉

这部分肌肉的肌腹多在前臂部，至腕关节附近移行为腱，分为背外侧肌群和掌侧肌群。

(1)背外侧肌群。背外侧肌群位于前臂骨的背侧面和外侧面，由前向后依次为腕桡侧伸肌、指内侧伸肌、指总伸肌、指外侧伸肌和腕斜伸肌。背外侧肌群是腕、指关节的伸肌。

(2)掌侧肌群。掌侧肌群位于前臂骨的掌侧面和内侧面，由内向外依次是腕桡侧屈肌、腕尺侧屈肌和腕外侧屈肌。掌侧肌群是腕、指关节的屈肌。

(3)前臂正中沟。前臂正中沟位于前肢内侧，桡骨内后缘和腕桡侧屈肌之间的沟，内有正中动脉、正中静脉和正中神经行走。

(五)后肢主要肌肉

后肢肌肉是推动躯体前进的主要动力，以伸肌最强大。

1. 作用于髋关节的肌肉

作用于髋关节的伸肌主要有臀肌、臀股二头肌、半腱肌和半膜肌；作用于髋关节的屈肌主要是股阔筋膜张肌。此外，还有对髋关节起内收作用的股薄肌和内收肌。

(1)臀肌。臀肌位于臀部的皮下，发达。它起于髂骨翼和荐坐韧带，前与背最长肌筋膜相连，止于股骨大转子。臀肌有伸髋关节作用，并参与竖立、踢蹶及推进躯干的作用。臀肌在临床上是常进行肌肉注射的部位之一。

(2)臀股二头肌。臀股二头肌位于臀肌后方，股后外侧皮下。其起点有两个头：椎骨头起于荐骨，坐骨头起于坐骨结节；向下以腱膜止于膝部、胫部和跟结节。该肌有伸髋关节、膝关节和跗关节的作用。

(3)半腱肌。半腱肌位于臀股二头肌后方，起于坐骨结节，止于胫骨嵴及跟结节。其作用同臀股二头肌。半腱肌与臀股二头肌构成股二头肌沟。股二头肌沟内有全身最粗的坐骨神经，因此臀部肌肉注射应该避开此部位。

(4)半膜肌。半膜肌位于半腱肌后内侧，起于坐骨结节，止于股骨远端和胫骨近端。其作用同臀股二头肌。

(5)股阔筋膜张肌。股阔筋膜张肌位于股部前方浅层，起于髋结节，向下呈扇形展开，止于髌骨和胫骨近端，有屈髋关节、伸膝关节的作用。

(6)股薄肌。股薄肌位于股内侧皮下，有内收后肢的作用。

(7)内收肌。内收肌位于半膜肌前方、股薄肌深层，呈三棱形，有内收后肢的作用。

2. 作用于膝关节的肌肉

作用于膝关节的伸肌主要有股四头肌，位于股骨前方和两侧，被股阔筋膜张肌覆盖。此伸肌有四个头，分别是直头、内侧头、外侧头和中间头。直头起于髂骨体，其余三头分别起于股骨内侧、外侧和前面，向下止于髌骨。作用于膝关节的屈肌主要是位于胫骨近端后面的腘肌。腘肌位于股胫关节和胫骨近端的跖侧面，呈三角形，被腓肠肌和趾浅屈肌覆盖。

3. 作用于跗关节的肌肉

作用于跗关节的伸肌主要有位于小腿后方的腓肠肌、趾浅屈肌和趾深屈肌。其中，腓肠肌发达，有两个肌腹呈纺锤形，有内、外两个肌头分别起于股骨远端后面的两侧，在小腿中部合成一强腱，止于跟结节。作用于跗关节的屈肌主要有位于胫骨背侧的胫骨前肌、第三腓骨肌和腓骨长肌。

跟腱位于小腿后部的一圆形强腱，由腓肠肌腱、趾浅屈肌腱、臀股二头肌腱和半腱肌腱合成，连于跟结节上，有伸跗关节的作用。

4. 作用于趾关节肌肉

作用于趾关节的伸肌位于小腿背外侧，主要有趾内侧伸肌、趾长伸肌和趾外侧伸肌。作用于趾关节的屈肌位于小腿跖侧。

小腿和后脚部的肌肉，多为纺锤形，肌腹多位于小腿上部，在跗关节附近变为肌腱。肌腱在通过跗关节处大部分包有腱鞘。

拓展阅读

造血干细胞

造血干细胞捐献通常称为骨髓移植。将捐献的造血干细胞移植到血液病患者体内，通过造血干细胞强大复制、再生等功能，使血液病患者获得新生。捐献造血干细胞通常不会对身体造成损害。对于健康人捐献前会进行身体检查，如果符合捐献要求，会给予供者应用粒细胞集落刺激因子，促进骨髓造血干细胞生成，然后通过在体外给供者进行肘静脉穿刺，穿刺后利用导管将供者血液引入机器，挑选需要的干细胞，采集供者体内升高的造血干细胞。其他成分通过另一条管道回输到捐献干细胞供者体内。捐献干细胞后骨髓造血功能会得到进一步刺激，剩余的干细胞可以通过自我更新很快使体内造血干细胞恢复到基础水平。

●●●●● 材料设备清单

项目 2		运动系统			学时		10
项目	序号	名称	作用	数量	型号	使用前	使用后
所用设备	1	投影仪	观看视频图片。	1个			
所用药品（动物）	2	活体牛	识别主要骨、关节、骨性标志、肌肉和肌性标志。	2头			

	3	牛、猪、马、羊、犬、鸡骨骼标本	识别全身主要骨、关节和骨性标志。	各2具			
所用材料	4	牛、猪整体骨骼挂图	识别全身主要骨、关节及骨性标志。	各2幅			
	5	牛马整体肌肉标本	识别浅层主要肌肉及肌性标志。	各2具			
	6	牛肌肉挂图	识别浅层主要肌肉及肌性标志。	2幅			

●●●●● 作业单

项目 2	运动系统
作业完成方式	课余时间独立完成。
作业题 1	标出全身重要骨性标志名称：齿槽间隙、鼻颌切迹、下颌血管切迹、鬐甲、肋弓、肋间隙、腰荐间隙、荐骨岬、腰椎横突、剑状软骨、肘突、髋结节、荐结节、坐骨结节、跟结节、前肢骨和关节、后肢骨和关节。
作业解答	
作业题 2	标出全身主要肌性标志名称：咬肌、颈静脉沟、髂肋肌沟、股二头肌沟、跟腱、腹白线。

作业解答	
作业题 3	标出关节各部结构名称：关节面、关节软骨、关节腔、关节囊的纤维层和滑膜层。
作业解答	
作业题 4	腹侧壁肌肉分哪几层？肌纤维走向如何？
作业解答	
作业题 5	参与呼吸的胸壁肌肉主要有哪些？分别参与呼吸的哪个动作？
作业解答	
作业题 6	解释名词：腹白线、腹股沟管、颈静脉沟、股二头肌沟、椎管、副鼻窦。
作业解答	

作业评价	班级		第　　组		组长签字		
	学号		姓名				
	教师签字		教师评分			日期	
	评语：						

●●●●● 学习反馈单

项目 2	运动系统				
评价内容	评价方式及标准。				
知识目标达成度	作业评量及规准				
	A（90 分以上）	B（80～89 分）	C（70～79 分）	D（60～69 分）	E（60 分以下）
	内容完整，阐述具体，答案正确，书写清晰。	内容较完整，阐述较具体，答案基本正确，书写较清晰。	内容欠完整，阐述欠具体，答案大部分正确，书写不清晰。	内容不太完整，阐述不太具体，答案部分正确，书写较凌乱。	内容不完整，阐述不具体，答案基本不太正确，书写凌乱。
技能目标达成度	实作评量及规准				
	A（90 分以上）	B（80～89 分）	C（70～79 分）	D（60～69 分）	E（60 分以下）
	能在整体标本或活体上准确指出全身主要骨、关节、骨性标志、肌肉和肌性标志。操作规范，速度快。	能在整体标本或活体上指出大部分主要骨、关节、骨性标志、肌肉和肌性标志。操作规范，速度较快。	能在整体标本或活体上准确指出小部分骨、关节、骨性标志、肌肉和肌性标志。操作较规范，速度一般。	能在整体标本或活体上指出个别骨、关节、骨性标志、肌肉和肌性标志。操作欠规范，速度较慢。	全身主要骨、关节、骨性标志、肌肉和肌性标志，基本上识别不太正确。操作不规范，速度很慢。
素养目标达成度	表现评量及规准				
	A（90 分以上）	B（80～89 分）	C（70～79 分）	D（60～69 分）	E（60 分以下）
	积极参与线上、线下各项活动，态度认真。处理问题及时正确，生物安全意识强，不怕脏不怕异味。	积极参与线上、线下各项活动，态度较认真。有较强处理问题能力和生物安全意识，不怕脏不怕异味。	能参与线上、线下各项活动，态度一般。处理问题能力和生物安全意识一般。不太怕脏怕异味。	能参与线上、线下部分活动，态度一般。处理问题能力和生物安全意识较差。有些怕脏怕异味。	线上、线下各项活动参与度低，态度较差。处理问题能力和生物安全意识较差，怕脏怕异味。
反馈及改进					

项目 3
被皮系统

●●●●● 学习任务单

项目 3	被皮系统	学时	4
布置任务			
学习目标	1. 知识目标 (1)熟知皮肤的机能； (2)熟知汗腺和皮脂腺的机能； (3)熟知蹄白线和乳镜位置。 2. 技能目标 (1)能在切片、模型上识别皮肤的结构； (2)能在图片、模型、标本、活体上识别毛、乳腺、蹄的构造。 3. 素养目标 (1)培养学生发现、分析、解决问题的能力； (2)学会从辩证思维角度理解形态、构造与机能的关系； (3)培养学生爱岗敬业、精益求精、珍爱生命的工匠精神和人文素养。		
任务描述	在实习牧场和实训室对皮肤和皮肤衍生物进行观察，识别其构造并认知其机能。 具体任务如下。 1. 在实习牧场活体牛上识别蹄、乳腺、角的构造。 2. 在实训室利用标本、挂图识别毛、角、蹄的构造。 3. 在实训室利用模型识别皮肤的构造。		
提供资料	1. 白彩霞. 动物解剖生理. 北京：北京师范大学出版社，2021 2. 周其虎. 动物解剖生理. 第三版. 北京：中国农业出版社，2019 3. 张平，白彩霞，杨惠超. 动物解剖生理. 北京：中国轻工业出版社，2017 4. 丁玉玲，李术. 畜禽解剖与生理. 哈尔滨：黑龙江人民出版社，2005 5. 南京农业大学. 家畜生理学. 第三版. 北京：中国农业出版社，2009 6. 范作良. 家畜解剖. 北京：中国农业出版社，2001 7. 范作良. 家畜生理. 北京：中国农业出版社，2001		

	8. 动物解剖生理在线精品课： ![QR code]
对学生 要求	1. 能根据任务单、资讯引导，查阅相关资料，在课前以小组合作的方式完成任务资讯问题。 2. 以小组为单位完成任务，体现团队合作精神。 3. 严格遵守实训室规章制度。

●●●●● 任务资讯单

项目 3	被皮系统
资讯方式	通过资讯引导、观看视频，到本课程及相关课程的在线精品课网站、解剖实训室、组织实训室、标本室、图书馆查询，向指导教师咨询。
资讯问题	1. 皮肤的结构包括哪些？各属于哪类基本组织？临床皮内和皮下注射分别将药物注入皮肤的哪一层？ 2. 皮肤有哪些作用？ 3. 皮肤衍生物包括哪些？ 4. 毛的构造如何？ 5. 皮肤腺包括哪些？位置在哪里？ 6. 乳腺的结构如何？什么是乳镜？ 7. 蹄的结构如何？牛蹄和马蹄有何区别？
资讯引导	所有资讯问题可以到以下资源中查询。 1. 白彩霞主编的《动物解剖生理》项目三。 2. 周其虎主编的《动物解剖生理》第三版项目二中任务三、四。 3. 张平、白彩霞、杨惠超主编的《动物解剖生理》模块二中项目二。 4. 动物解剖生理在线精品课： ![QR code] 5. 本项目工作任务单中的必备知识。

●●●● **案例单**

项目3	被皮系统	学时	4
序号	案例内容	关联教材内容	
1.1	金毛猎犬，3月龄，近日口唇部出现红疹，而在腋下和股内侧也出现红疹，患部瘙痒感不明显，患部刮皮诊断未出现蠕形螨，真菌检查呈阴性，此犬发病的主要原因为皮肤角质层薄。	此案例涉及与本项目内容相关的知识点和技能点为：皮肤正常颜色以及皮肤角质层的位置和厚度。	
1.2	某牛场暴发口蹄疫，病牛表现为体温40～41℃，口腔黏膜发炎，牵缕状流涎，并带有泡沫，开口时有吸吮声。在口唇、舌面、齿龈、软腭、颊部黏膜及蹄冠、蹄趾和趾间的皮肤出现水疱，有的病牛不能采食，站立困难，甚至蹄匣脱落，病程延长。 某马，4岁，体温40.1℃，四肢蹄冠先后出现圆枕形肿胀，触诊有热、痛，肢跛，根据临床表现诊断所患蹄病是蹄冠蜂窝组织炎。	两个案例涉及与本项目内容相关的知识点和技能点为：蹄构造中的蹄匣、蹄冠的位置和状态。	

●●●●● **工作任务单**

项目3	被皮系统
任务1	识别皮肤

子任务1　识别皮肤构造

任务描述：识别皮肤的构造。

准备工作：在实验室内准备皮肤挂图、模型、显微镜和切片。

实施步骤如下。

1. 在实验室利用模型、图片识别皮肤的表皮、真皮和皮下组织。

2. 在实验室利用显微镜观察皮肤切片，识别皮肤的组织构造。

①低倍镜观察：分辨出表皮、真皮和皮下组织。

②高倍镜观察：表皮由复层扁平上皮构成，一般分为角质层、透明层（无毛皮肤）、颗粒层和生发层；真皮可分为乳头层和网状层；皮下组织同疏松结缔组织。

3. 借助互联网、在线精品课学习相关内容。

子任务2　认知皮肤机能

任务描述：认知皮肤的机能。

准备工作：在实验室内准备皮肤挂图、模型、显微镜、切片和视频。

实施步骤如下。

1. 在实验室利用模型、图片依据皮肤构造，解释皮肤机能。

2. 借助生活常识解释皮肤机能。

3. 借助互联网、在线精品课学习相关内容。

任务 2	识别皮肤衍生物

子任务 1 识别毛的构造

任务描述：识别毛的形态、构造，理解换毛原理。

准备工作：在实习牧场准备牛、六柱栏、保定器械等；在实训室准备毛的标本和挂图。

实施步骤如下。

1. 在实验室利用图片识别毛构造：毛干、毛根、毛球、毛囊、毛乳头、竖毛肌。

2. 利用换毛动画，理解换毛原理。

3. 借助互联网、在线精品课学习相关内容。

子任务 2 识别皮肤腺的构造

任务描述：识别汗腺、皮脂腺、乳腺以及尾脂腺的形态、位置和构造。

准备工作：在实习牧场准备牛、六柱栏、保定器械等；在实训室准备乳腺的标本和挂图。

实施步骤如下。

1. 在实验室利用图片识别汗腺、皮脂腺、肛门囊腺和尾脂腺。

2. 在实验室利用图片识别乳房构造：皮肤、筋膜、腺泡、导管、乳镜、腹壁皮下静脉、乳井。

3. 借助互联网、在线精品课学习相关内容。

子任务 3 识别蹄、角、爪的构造

任务描述：识别蹄、角、爪的形态与构造。

准备工作：在实习牧场准备牛、六柱栏、保定器械等；在实训室准备蹄、角、爪的标本、挂图和模型。

实施步骤如下。

1. 在实验室利用标本、图片和模型识别蹄构造。

①蹄匣：蹄缘、蹄冠、蹄壁、蹄底、蹄球、蹄叉(马)、蹄白线、角质小叶。

②肉蹄：肉壁、肉底、肉球、肉叉(马)、肉小叶。

2. 在实习牧场活体动物上识别蹄的上述构造。

3. 在实验室和实习牧场利用标本、图片、活体识别角和爪构造。

①角：角根、角体和角尖，角表皮、角真皮。

②爪：爪冠、爪壁和爪底。

4. 借助互联网、在线精品课学习相关内容。

必备知识

第一部分 皮肤

被皮系统包括皮肤和皮肤衍生物。

一、皮肤构造

皮肤被覆身体表面，直接与外界接触，在自然孔处与黏膜相连。有保护体内组织，防止异物侵害和机械损伤的作用，是重要的保护器官。皮肤由表皮、真皮和皮下组织三部分构成(见图 3-1)。

（一）表皮

表皮为皮肤的表层，由复层扁平上皮构成，细胞包括角质形成细胞和非角质形成细胞两类。表皮内没有血管和淋巴管，但有丰富的神经末梢，表皮需要的营养物质从真皮摄取。表皮的厚薄因部位不同而异，凡长期受摩擦和压力的部位，表皮较厚，角化也显著。表皮由外向内依次为角质层、透明层、颗粒层和生发层。

1.角质层

角质层为表皮的最外层，由多层角化的扁平细胞构成，细胞内充满角蛋白，染色呈嗜酸性。角质细胞的胞膜增厚，细胞互相嵌合，表层细胞连接松散，浅层细胞死亡后，脱落形成皮屑，以清除皮肤上的污垢和寄生异物，并对外界的物理、化学刺激具有一定的抵抗能力。

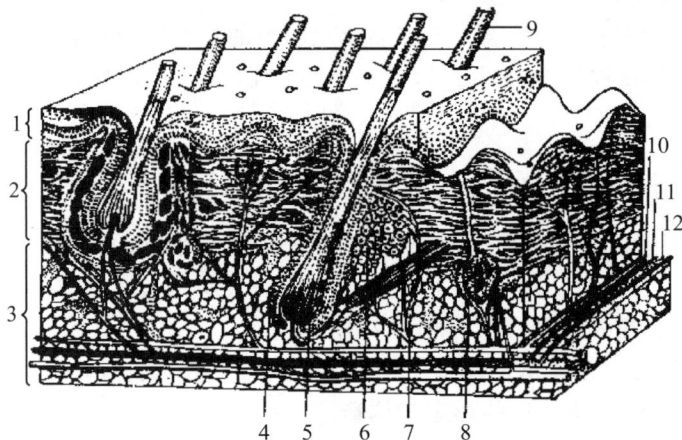

图3-1　皮肤构造模式图

1.表皮；2.真皮；3.皮下组织；4.毛囊；5.毛根；6.皮脂腺；
7.竖毛肌；8.汗腺；9.毛干；10.神经；11.静脉；12.动脉

2.透明层

透明层是无毛皮肤特有的一层，由数层互相密接的无核扁平细胞构成。胞质内有由透明蛋白颗粒液化生成的角母素，故细胞界限不清，形成均质透明的一层。该层在鼻镜、乳头、肉食动物足垫等无毛区内明显，其他部位则薄或不存在。

3.颗粒层

颗粒层位于角质层的深层，由1～4层梭形细胞构成。此层细胞的特点是胞核渐趋退化消失，胞质内出现透明角质蛋白颗粒，颗粒的数量向表层逐渐增加，表皮薄的地方，此层亦薄。

4.生发层

生发层为表皮的最深层，与真皮相接，由数层形态不同的细胞组成。最深一层细胞呈矮柱状或立方体形，分裂增生能力强，所增生的细胞不断地向表面推移，以补充表层脱落的细胞。生发层中还有星状的色素细胞，内含色素。色素决定皮肤及毛发的颜色，并能防止日光中的紫外线损伤深部组织。

表皮没有血管，细胞营养供应和代谢产物的排泄是依靠细胞间隙的组织液与真皮毛细血管内的血液之间的物质交换来实现。

（二）真皮

真皮位于表皮的深面，是皮肤最主要、最厚的一层，由致密结缔组织构成，含有大量的胶原纤维和弹性纤维，坚韧而富有弹性，皮革就是由真皮鞣制而成。临床上做药敏试验、某些疫苗的预防接种等是把药液注入真皮层内。皮内注射通常选择被毛稀少、色素少、皮肤较薄的部位，牛马多在颈侧中上 1/3 处或尾根内侧，猪在耳根，鸡在肉髯。畜禽中以牛的真皮最厚，羊的最薄；老龄的厚，幼龄的薄；公畜的厚，母畜的薄；同一个体，四肢外侧的较厚，腹部、四肢内侧的较薄。禽的真皮以一薄的弹性纤维层与皮下组织为界。真皮可分为乳头层和网状层，两层互相移行，没有明显的界限。

1. 乳头层

乳头层紧靠表皮，由纤细的胶原纤维和弹性纤维交织而成，此层结缔组织向表皮形成许多乳头状突起，伸入表皮的生发层内，以扩大真皮与表皮的接触面，有利于二者的密切结合和表皮的营养代谢。这些乳头状突起称为真皮乳头，乳头的高低与皮肤的厚薄有关，一般表皮较厚的、无毛或少毛皮肤，乳头高而细；反之，多毛的皮肤和表皮薄的皮肤，乳头很小，甚至没有，如羊的皮肤。毛少皮厚的水牛真皮乳头较发达，乳头层富含有毛细血管、淋巴管和感觉神经末梢，以供应表皮的营养和感受外界刺激。

2. 网状层

网状层位于乳头层的深面，较厚，由致密结缔组织构成，细胞成分比乳头层少，粗大的胶原纤维和弹性纤维交织排列成网状。牛的网状层的胶原纤维束粗大且排列紧密，网状层占真皮层的 2/3 左右。绵羊的纤维束细，网状层仅占真皮厚度的 1/3。另外，网状层内含有较多的血管、神经、淋巴管，并分布有汗腺、皮脂腺、毛囊等。

真皮是皮革制品加工的原料基础，皮革制品的质量、特性与原料真皮层结构有密切关系。

（三）皮下组织

皮下组织位于真皮下面，由疏松结缔组织构成，又称浅筋膜。皮肤借皮下组织与深层的肌肉或骨膜相连，使皮肤具有一定的活动性。皮下组织内含有较多的血管、神经、淋巴管，还含有大量的脂肪细胞，形成脂肪组织。猪的皮下脂肪特别发达，形成很厚的一层脂膜。脂肪是热的不良导体，既可作为能量的储存库，又有隔热、保温作用，还能缓冲外界压力。禽的皮下组织疏松，有利于羽毛的活动。皮下组织在羽区和水禽躯干腹侧形成一层脂肪体，在其他一定部位形成若干脂肪体，鸡有 16 个。皮下组织的多少，各部位不同，有的发达，有的很少，甚至没有。皮组织发达的地方，皮肤具有很强的活动性，有的松弛成褶。一般局部麻醉或术前给药以及预防接种等做皮下注射，常选择在皮肤较薄、皮下组织发达、皮肤易于拉起形成皱褶的部位进行，大动物多在颈部两侧，猪在耳根后或股内侧，羊在颈侧、肘后或股内侧，禽类在翼下，犬可在颈侧及股内侧。骨突起表面的皮肤，皮下组织有时出现空隙，形成皮下黏液囊，内有少量黏液和组织液，可减少该部位皮肤活动时的摩擦。有的畜禽部分皮肤，皮下组织变成富有弹性纤维和脂肪的组织，构成一定形态的弹力结构，如指（趾）枕。在皮肤和深层组织紧密连接的地方，如唇、鼻等处，皮下组织很少，甚至没有。

二、皮肤机能

（一）保护

皮肤包被身体，既能保护深层的软组织，防止体内水分蒸发，又能防止有害因素（病原微生物、有害的物理化学因素)侵入体内，是机体和周围环境的屏障。此外，皮肤能产生溶菌酶和免疫体，从而提高皮肤对微生物的抵抗力。因此，皮肤是重要的保护器官。

（二）感觉

皮肤中存在着各种感受器，能感受触、压、热、冷、痛等不同刺激，机体由此做出相应的反应以适应周围环境。

（三）吸收

皮肤能吸收一些脂类、挥发性液体(如醚、酒精等)和溶解在这些液体中的物质。但不易吸收水和水溶性物质，只有在皮肤破损或有病变时，水和水溶性物质才会渗入。因此，用外用药物治疗皮肤病时，应当注意药物浓度和擦药面积的大小，以防止吸收过多而引起中毒。

此外，皮肤还能通过排汗排出体内的代谢产物，并具有调节体温、分泌皮脂、合成维生素 D 和贮存脂肪等功能。

第二部分　皮肤衍生物

皮肤衍生物是由皮肤演变而来的特殊器官，包括毛、皮肤腺、蹄、角、枕等。

一、毛

（一）毛的形态

毛是一种角化的表皮组织，坚韧而有弹性，是热的不良导体，具有保温作用。

动物的毛可分为被毛和长毛两类。被毛细短，均匀分布；长毛粗长，生长在特殊部位，如猪鬃，公山羊的髯，马的鬃、鬣、尾毛和距毛等。

生长在皮板上的毛统称被毛。经济动物和野生动物的被毛分锋毛、针毛和绒毛三种。锋毛也称箭毛，是被毛中最粗、最长、最直的毛，弹性好，有传导感觉和定向的作用，占被毛总量的 0.1%～0.5%。针毛是纺锤形或柳叶形，比锋毛短、细、弹性好，光泽明显，能遮盖绒毛，又称盖毛，针毛起防湿和保护绒毛、使绒毛不易黏结的作用，它关系到被毛的美观及耐磨性，占被毛总量的 2%～4%。绒毛是被毛中最短、最细、最柔软、数量最多的毛，具有保温作用，占被毛总量的 95%～98%，分直形、弯曲形、卷曲形、螺旋形等形态，在被毛中形成一个空气不易流通的保温层，以减少动物的热量散失。

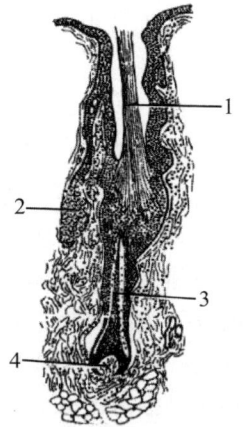

图 3-2　毛的更换

1. 旧毛；2. 皮脂腺；
3. 新毛；4. 毛乳头

（二）毛的构造

各种毛都斜插在皮肤里，可分为毛干和毛根两部分。露在皮肤外面的叫毛干，埋在真皮和皮下组织内的叫毛根。毛根末端的膨大部叫毛球，细胞分裂能力强，是毛的生长点。毛球的底部凹陷，真皮的结缔组织突入毛球的凹陷内形成毛乳头，内含有丰富的血管、神经，可营养毛球。毛根周围包有由上皮组织和结缔组织形成的管状鞘，称毛囊。在毛囊的一侧有一束斜行平滑肌，称竖毛肌，该肌收缩可使毛竖立。

（三）换毛（见图 3-2）

毛有一定寿命，当生长到一定时期，毛乳头的血管萎缩，血流停止，毛球细胞停止生长，逐渐角化，最后与毛乳头分离，毛根逐渐脱离毛囊向皮肤表面移动，同时紧靠毛乳头

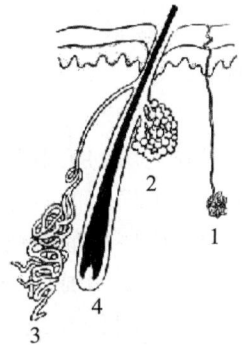

的细胞增殖形成新毛，最后旧毛被新毛推出而发生换毛现象。换毛分季节性和经常性换毛两种方式。大部分动物属于混合性换毛，即季节性换毛和经常性换毛均有，但在春秋两季换毛最明显，全身的被毛多以此种形式脱换。经常性换毛不受时间季节限制，随时脱换一些长毛，如鬃毛、尾毛等。

二、皮肤腺

皮肤腺包括汗腺、皮脂腺、乳腺和尾脂腺（禽）。

（一）汗腺

汗腺位于真皮和皮下组织内，为盘曲的单管状腺，开口于毛囊或皮肤表面（见图3-3）。汗腺腺上皮由单层立方或柱状细胞构成，在上皮细胞和基膜之间，具有一层肌上皮细胞，收缩时有助于汗液的排出。绵羊和马的汗腺发达，猪和牛的汗腺较发达，水牛没有汗腺，鸡和犬的汗腺不发达。汗腺的主要机能是分泌汗液，以散热调节体温。汗液中除水（占98%）外，还含有尿素、尿酸、氨等代谢产物，故汗腺分泌还是排出代谢产物的一个重要途径。

图 3-3 汗腺和皮脂腺模式图

1. 小汗腺；2. 皮脂腺；
3. 大汗腺；4. 毛囊

（二）皮脂腺

皮脂腺位于真皮内毛囊附近，为分支的泡状腺，有毛的皮肤开口于毛囊，仅少数皮脂腺独立开口于皮肤表面（见图3-3），如包皮腺、睑板腺等。皮脂腺分泌皮脂，有滋润皮肤和保护被毛的作用。猪的皮脂腺不发达，绵羊和马的发达，犬的皮脂腺最发达，鸡无皮脂腺。绵羊分泌的皮脂与汗液混合成为脂汗，脂汗对羊毛的质量影响很大，若缺乏，则被毛粗糙、无光泽，而且易折断。

某些部位还有特殊的皮脂腺，是汗腺和皮脂腺变形的腺体。由汗腺衍生的，如外耳道皮肤的耵聍腺，分泌耳蜡；牛的鼻镜腺、羊和猪的鼻唇腺等分泌水样液体。猪腕腺俗称"七星"，位于前肢腕关节近端的内侧后方皮下，距副腕骨内侧约1 cm处的皮肤表面，有一排略呈弯形的皮肤小陷窝，这是腕腺憩室，腕腺开口于凹陷的憩室内，是黏液腺。由皮脂腺衍生的有肛门腺、包皮腺、阴唇腺、睑板腺等。

肛门腺又称为肛门囊腺，位于肛门两侧约四点钟和八点钟的地方，是一对梨形的腺体。其分泌物呈黑色或深咖啡色，液状或泥状，气味臭不可闻，可润滑肛门，便于排便。

（三）乳腺

乳腺是构成乳房的实质部分。乳腺虽然雌雄动物都有，但只有雌性动物才能发育，并具有泌乳能力。

1. 乳房的形态和位置

（1）牛的乳房：在两股间，吊于耻骨部的腹壁下，呈倒圆锥形。母牛四个乳房紧密结合在一起，左右以纵沟分开，前后以横沟为界。每个乳房均分基、体部和乳头部。基部紧接腹壁，乳头顶端有一个乳头孔为乳头管的开口。奶牛乳房每个乳头有1条乳头管，乳头管可以防止病原微生物侵入乳房内部。牛乳房后部至阴门裂之间，有明显的带有线状毛流的皮肤褶，称乳镜。乳镜越大，乳房愈舒展，含乳量就愈多。因此，乳镜在鉴定产乳能力方面有重要作用。

（2）羊和马的乳房：呈倒圆锥形，位于两股之间，有两个，乳头基部有较大的乳池。

（3）猪的乳房：位于胸部和腹正中线的两侧，乳房左右各一排，成对，一般有5~8对，少数有 10 对。乳池较小，每个乳头上有 2～3 个乳头管开口。

（4）犬的乳房：形成 4～5 对乳丘，位于胸腹部正中线的两侧，乳头短，顶端为乳头管的开口。

2. 乳房的构造

乳房由皮肤、筋膜和实质构成（见图 3-4）。

（1）皮肤。乳房的皮肤薄而柔软，长有稀疏的细毛。

（2）筋膜。皮肤的深面有浅筋膜和深筋膜。浅筋膜在乳房的正中矢状面上汇合成乳房中隔，并与来自腹黄筋膜的结缔组织形成乳房悬韧带，将乳房固定在腹底壁的两侧。深筋膜的结缔组织伸入乳腺内，将乳腺分成许多腺叶，每叶又分为若干腺小叶。小叶间结缔组织伸入到小叶内包围在腺泡周围，它们彼此相连构成乳腺支架。乳腺间质的多少随动物生理状态、营养状况、年龄和泌乳周期等不同而变化。在性成熟前和静止期，家畜的乳腺主要是结缔组织、分散的输乳管和一些萎缩塌陷的腺泡或实体的细胞索。

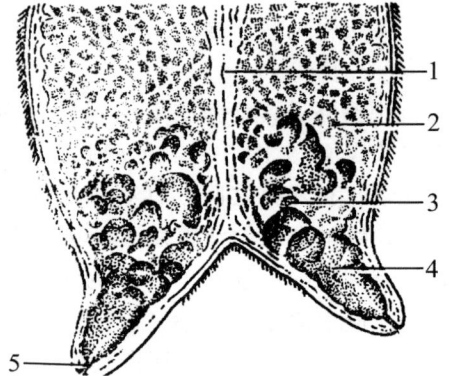

图 3-4　牛乳房的构造
1. 乳房中隔；2. 腺小叶；3. 乳池腺部；
4. 乳头乳池部；5. 乳导管

（3）实质。乳腺的实质由许多腺叶构成，每个腺叶是一个复管泡状腺，由分泌部和导管部两部分构成。

①分泌部由腺泡组成，呈管状或泡状。在静止期，腺泡数量少，妊娠期由于受孕酮刺激，腺泡数量增多，腺泡变大，胞质内含有丰富的粗面内质网，与蛋白质合成有关。妊娠后期，腺上皮分泌活动明显，胞质内聚集大量的脂滴和蛋白质颗粒。泌乳期腺泡结构与妊娠后期基本相同，腺泡腔变大并充满分泌物，腺上皮细胞与基膜之间有呈梭形带有突起的肌上皮细胞，收缩时可促使乳腺分泌物排出。乳腺腺泡合成的物质主要包括乳糖、酪蛋白和乳脂。

②导管部为输送乳汁的管道，包括小叶内导管、小叶间导管、较大的输乳管、乳池和乳头管。小叶内导管与腺泡相连，小叶间导管位于小叶间结缔组织内。乳池分为腺乳池和乳头乳池，腺乳池为乳头基部的空腔；乳头乳池位于乳头内，并连接乳头管，乳头开口处有括约肌。乳腺的分泌物为乳汁，主要含有蛋白质、乳糖、矿物质和脂肪，还含有细胞碎片。

3. 乳房的血液供应

乳房的动脉主要来自阴部动脉，其次是会阴动脉。静脉在乳房基部形成静脉环，乳房血液主要经腹壁皮下静脉（乳静脉）和阴部外静脉流出。乳汁来源于血液，流经乳房的血液越多，产奶量越高，因此在购买奶牛时可以看腹壁皮下两条静脉，这两条静脉越粗，产奶量越高。

（四）尾脂腺

尾脂腺仅禽类具有，位于尾综骨背侧，分为两叶，每叶有一小腔，四周为辐射状排列的单管状分泌腺，分泌物为脂性，经泄殖管开口于小腔，再经一条或数条导管开口于总的小乳头上。鸡的尾脂腺较小，呈豌豆形，水禽的尾脂腺较发达，呈卵圆形。极少数禽类无此腺，如有些鸽子和鹦鹉。禽常用喙汲取尾脂腺分泌物涂润羽毛，使羽毛不易被水浸湿。

三、蹄

蹄是指(趾)端着地的部分，由皮肤衍变而成，具有支持体重的作用。牛和羊为偶蹄动物，每肢有 4 个蹄，其中前面两个为主蹄，与地面接触，内有 3 个指节骨(系骨、冠骨和蹄骨)；后面两个不与地面接触为悬蹄，内有 2 个指节骨(冠骨和蹄骨)。主蹄位于 3、4 指(趾)的远端，两蹄间的空隙为蹄间隙，前端稍接触。猪每肢有 2 个主蹄，2 个副蹄，主蹄与牛相似，副蹄内有完整的指(趾)骨。马每指(趾)有一个蹄，蹄的构成与牛相同。蹄由蹄匣和肉蹄两部分构成(见图 3-5、图 3-6、图 3-7)。

(一)蹄匣

由皮肤表皮高度角质化衍变而成，牛的蹄匣呈三角形，马的蹄匣呈不全圆的环形。蹄匣分蹄壁、蹄底和蹄球(马为蹄叉)。

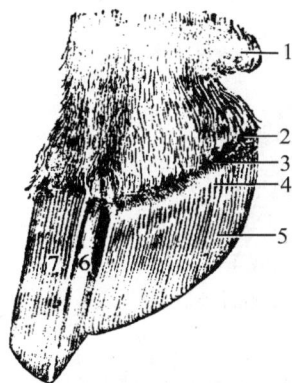

图 3-5　牛蹄背面
1. 悬蹄；2. 蹄缘；3. 肉缘；4. 肉冠；
5. 肉小叶；6. 蹄内侧壁；7. 蹄外侧壁

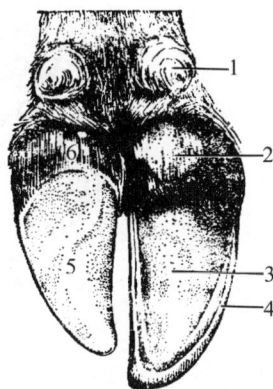

图 3-6　牛蹄底面
1. 悬蹄；2. 蹄球；3. 蹄底；4. 白线；
5. 肉底；6. 肉球

1. 蹄壁

蹄壁是站立时可见的蹄匣部分。蹄壁的上缘突起部分为蹄冠，内有冠状沟。蹄冠与皮肤相连的无毛区域为蹄缘，蹄缘的角质柔软而有弹性，可减少蹄壁对皮肤的压迫。蹄壁与地面接触的部分称蹄底缘，在蹄底缘上有一条浅白色的环状线，叫蹄白线。蹄白线是确定蹄壁厚度的标志，装蹄时将蹄钉钉在白线以外，否则会损伤肉蹄。蹄壁由外、中、内三层构成。外层又称釉层，由角化的扁平细胞构成，幼畜明显，成年时常脱落；中层又称冠状层，较厚，主要由平行排列的角质小管构成；内层为小叶层，由许多纵行排列的角质小叶构成。小叶层的角质小叶与肉壁的肉小叶相互嵌合，使蹄匣和肉蹄牢固结合。

2. 蹄底

蹄底是蹄朝向地面略呈凹陷的部分，位于蹄底缘与蹄球之间。

3. 蹄球或蹄叉(马)

蹄球为位于蹄底后方的球形突起，角质柔软，有缓冲的作用。蹄叉位于蹄底的后方，呈楔形，尖端向前，后部宽大。

(二)肉蹄

肉蹄套于蹄匣的内面，为蹄的真皮和皮下层，由结缔组织构成，内含有丰富的血管、神经，颜色呈鲜红色，可供给蹄匣营养，并有感觉作用。肉蹄的形状与蹄匣相似，可分为

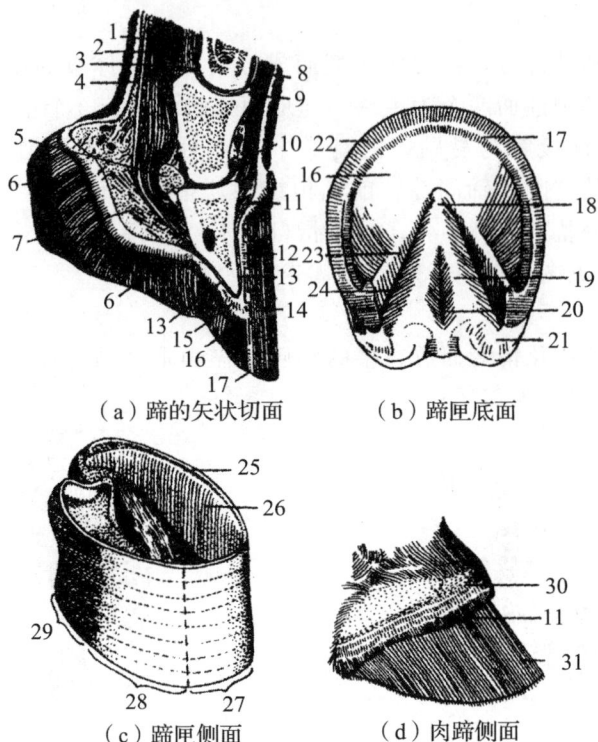

（a）蹄的矢状切面　　（b）蹄匣底面

（c）蹄匣侧面　　（d）肉蹄侧面

图 3-7　马蹄

1. 籽骨下韧带；2. 指深屈肌腱；3. 腱鞘；4. 韧带；5. 远籽骨黏液囊；6. 蹄叉；7. 皮下叉；8. 伸肌腱；
9. 真皮；10. 关节囊；11. 肉冠；12. 肉小叶；13. 骨膜；14. 蹄壁；15. 肉底；16. 蹄底；17. 白线；
18. 蹄叉尖；19. 蹄叉脚；20. 蹄叉中沟；21. 蹄球；22. 蹄壁底缘；23. 蹄叉；24. 蹄叉侧沟；
25. 蹄冠沟；26. 角质小叶；27. 蹄尖壁；28. 蹄侧壁；29. 蹄踵壁；30. 肉缘；31. 肉壁

肉壁、肉底和肉球（肉叉）三部分。

1. 肉壁

肉壁与蹄骨的骨膜紧密结合，分肉缘、肉冠、肉叶三部分。肉缘下面致密结缔组织纵行排列的肉小叶与骨膜相连，表面有细而短的乳头，插入角质缘的小孔中，与蹄壁的角质小叶对应，以滋养蹄缘。肉冠为肉蹄较厚的部分，皮下组织发达，表面有较长的乳头插入蹄冠沟的小孔中，以滋养角质壁。肉叶表面有平行排列的肉小叶嵌入角质小叶中，肉叶无皮下组织，与骨膜紧密相连。

2. 肉底

肉底与角质底相适应，乳头小，插入角质底的小孔中，肉底也无皮下组织，与骨膜紧密相连。

3. 肉球

肉球皮下组织发达，含有丰富的弹性纤维，构成指（趾）端的弹力结构。

偶蹄动物主蹄的后上方还有悬蹄，呈短圆锥状，附着于系关节掌（跖）侧面，不与地面接触，其构造与主蹄相似。

四、角

角是皮肤的衍生物，套在额骨的角突上，为动物的防卫武器。

（一）角的形态

角的形态一般与额骨角突形态相一致，通常呈锥形，略带弯曲。角的形态与角的生长情况有关，如果角质生长不均衡，就形成不同弯曲度乃至螺旋形角。角分角根、角体和角尖三部分。角根与额部皮肤相连续，角质薄而柔软，有稀疏的毛。角体是由角根向角尖的延伸部分，角质逐渐变厚，较粗大。角尖由角体延续而来，角质最厚，甚至成为实体。角的表面呈环状的隆起，称角轮。牛的角轮仅见于角根部，母牛角轮的出现与怀孕以及营养有关。每一次产犊之后，角根就出现新的角轮。水牛和羊的角轮明显，几乎遍及全角。

（二）角的构造（见图 3-8）

角由表皮和真皮组成，缺皮下组织。角表皮演变成高度角质化而坚硬的角鞘，内含致密的角质管，因而比较坚硬。角真皮位于角表皮的深层，在角根部与额部皮肤真皮层相延续。角真皮直接与额骨角突表面的角骨膜紧密相连，由角根向角尖，其厚度逐渐变薄，深层没有皮下组织。角真皮表面有发达呈丝状的真皮乳头，乳头在角根部短而密，向角尖则逐渐变长而稀，到角尖又变密，这些角真皮乳头伸入角表皮的角质小管内，实现角表皮和角真皮的紧密结合。角真皮内富含血管和神经，角真皮乳头表面生发层细胞不断增生产生新的角质，补充被磨损的角表皮。

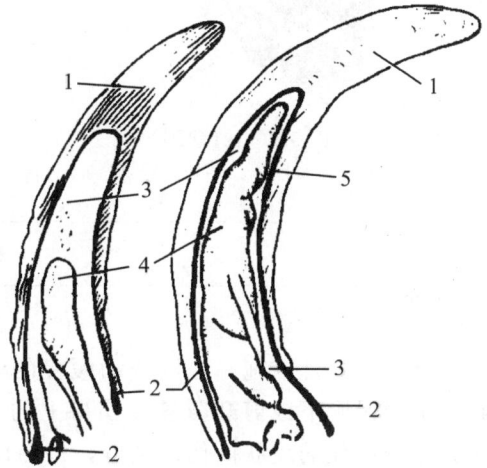

图 3-8 牛角纵切面

1. 角尖；2. 角根；3. 额骨的角突；
4. 角腔；5. 角真皮

五、枕和爪

（一）枕（见图 3-9）

枕是犬或猫脚掌与地面接触的部分，犬的枕很发达，可分为腕（跗）枕、掌（跖）枕和指（趾）枕，分别位于腕（跗）、掌（跖）和指（趾）部的掌（跖）侧面。

枕的结构与皮肤相同，分为枕表皮、枕真皮和枕皮下组织。枕表面厚而无毛，表皮有柔软的角质层，柔韧而有弹性，枕的表皮还有许多汗腺排泄管；枕真皮有发达乳头和丰富的血管、神经；枕皮下组织发达，由胶原纤维、弹性纤维和脂肪组织构成。枕主要起缓冲作用。猫四肢足枕部发达，缓冲消音效果好。犬的掌枕和指枕对犬的行走及站立都起着很重要的作用，而腕枕只有当犬处于腹卧姿势时才与地面接触，起一定的支持作用。

（二）爪（见图 3-10）

犬的指（趾）骨末端附有爪，爪是包裹犬或猫指（趾）骨末端的皮肤衍生物，很坚硬，具有防御、捕食、挖掘等功能。爪可分为爪冠、爪壁和爪底。猫前肢有 5 个爪，后肢有 4 个爪。猫爪呈长钩状，很锋利，能随意伸缩，平时缩在指（趾）球套中，攻击或攀援时立即伸出，经常用爪抓挠木板等，将爪磨得更加锋利。

此外，禽类的羽毛、冠、肉髯、耳垂、喙、鳞片、爪、距等，也都是由皮肤衍变而来的特殊器官。

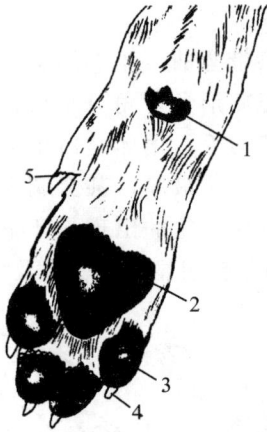

图 3-9　枕（前脚）

1. 腕枕；2. 掌枕；3. 指枕；4. 爪；5. 悬指

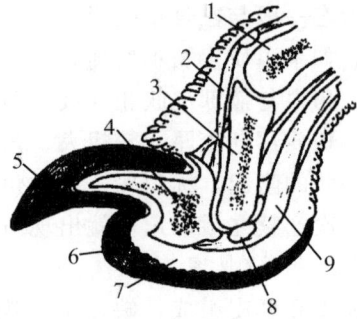

图 3-10　爪

1. 近指（趾）节骨；2. 指（趾）伸肌腱；3. 中指（趾）节骨；
4. 远指（趾）节骨；5. 爪；6. 指枕；7. 真皮；
8. 远籽骨；9. 指屈肌腱

拓展阅读

烧烫处理

　　烧烫伤处理措施：先用流动缓慢的干净冷水冲洗伤口，以降低烧烫伤的痛楚；然后，在水中慢慢脱下或剪开覆盖在伤口上的衣物，但不可以勉强撕下已经粘在皮肤上的衣物，否则会把粘住的皮肤撕伤；接着，将伤口浸泡在水中，但不可以刺破水疱，否则容易被感染；再用无绒毛的清洁布块盖住伤口，不可以涂抹药膏，更不可以听信偏方，以免伤情恶化；最后，送往医院进行救治。

●●●●● 材料设备清单

项目 3		被皮系统			学时		4
项目	序号	名称	作用	数量	型号	使用前	使用后
所用设备	1	投影仪	观看视频图片。	1 个			
所用药品（动物）	2	活体牛羊	识别蹄、角、毛构造。	2 个			
所用材料	3	皮肤挂图	识别皮肤构造。	2 幅			
	4	牛马蹄标本	识别牛马蹄构造。	4 个			
	5	牛羊角标本	识别角结构。	4 个			

●●●●● 作业单

项目 3	被皮系统		
作业完成方式	课余时间独立完成。		
作业题 1	简述皮肤构造和机能，临床皮内和皮下注射分别注射到皮肤的哪一层？		
作业解答			
作业题 2	牛乳腺结构如何？		
作业解答			
作业题 3	牛蹄、马蹄结构如何？		
作业解答			
作业题 4	解释名词：乳镜、蹄白线、皮肤衍生物。		
作业解答			
作业评价	班级		第　组	组长签字	
	学号		姓名		
	教师签字		教师评分		日期	
	评语：			

●●●●● 学习反馈单

项目 3	被皮系统				
评价内容	评价方式及标准				
	作业评量及规准				
	A （90 分以上）	B （80～89 分）	C （70～79 分）	D （60～69 分）	E （60 分以下）
知识目标达成度	内容完整，阐述具体，答案正确，书写清晰。	内容较完整，阐述较具体，答案基本正确，书写较清晰。	内容欠完整，阐述欠具体，答案大部分正确，书写不清晰。	内容不太完整，阐述不太具体，答案部分正确，书写较凌乱。	内容不完整，阐述不具体，答案基本不太正确，书写凌乱。

	实作评量及规准				
	A （90分以上）	B （80~89分）	C （70~79分）	D （60~69分）	E （60分以下）
技能目标 达成度	能准确识别皮肤、毛、乳腺、蹄的构造。操作规范，速度快。	能准确识别皮肤、毛、乳腺、蹄的大部分构造。操作规范，速度较快。	能准确识别皮肤、毛、乳腺、蹄的小部分构造。操作较规范，速度一般。	皮肤、毛、乳腺、蹄的个别构造能识别出来。操作欠规范，速度较慢。	皮肤、毛、乳腺、蹄构造基本上识别不太正确。操作不规范，速度很慢。
	表现评量及规准				
	A （90分以上）	B （80~89分）	C （70~79分）	D （60~69分）	E （60分以下）
素养目标 达成度	积极参与线上、线下各项活动，态度认真。处理问题及时正确，生物安全意识强，不怕脏不怕异味。	积极参与线上、线下各项活动，态度较认真。有较强处理问题能力和生物安全意识，不怕脏不怕异味。	能参与线上、线下各项活动，态度一般。处理问题能力和生物安全意识一般。不太怕脏怕异味。	能参与线上、线下部分活动，态度一般。处理问题能力和生物安全意识较差。有些怕脏怕异味。	线上、线下各项活动参与度低，态度较差。处理问题能力和生物安全意识较差,怕脏怕异味。
	反馈及改进				

项目 4

消化系统

●●●●● **学习任务单**

项目 4	消化系统	学时	20
布置任务			
学习目标	1. 知识目标 (1)知晓消化器官的位置、形态、颜色、质地和构造； (2)理解消化管各段的消化和吸收过程。 2. 技能目标 (1)能在图片、标本、模型或新鲜脏器上识别口腔、咽、食管、胃、肠、肝、胰的位置、形态、颜色、质地和构造； (2)能在标本、模型或活体动物上确定食管、胃、肠的体表投影位置； (3)能在显微镜下识别肠、肝的组织构造； (4)能解释消化管各段的物理消化、化学消化、生物学消化以及各种营养物质的吸收过程； (5)能在活体动物上正确听取胃肠音； (6)能解析神经和体液因素对胃肠运动的影响。 3. 素养目标 (1)培养学生发现、分析、解决问题的能力； (2)能从辩证思维角度理解形态、构造与机能的关系； (3)培养学生爱岗敬业、精益求精、珍爱生命的工匠精神和人文素养。		
任务描述	在实习牧场和实训室对主要消化器官进行体表投影位置确定，识别正常状态下消化管和消化腺的位置、形态、颜色、质地和构造，并认知其机能。 具体任务如下。 1. 在实习牧场活体动物上确定食管、胃、肠的体表投影位置。 2. 在动物解剖实训室观察口腔、咽、食管、胃、肠、肝、胰的形态、大小、颜色、质地和构造。 3. 在动物组织实训室识别肠、肝的组织构造。 4. 在动物生理实训室结合实验和视频，解释胃肠运动的神经和体液调节。		
提供资料	1. 白彩霞. 动物解剖生理. 北京：北京师范大学出版社，2021 2. 周其虎. 动物解剖生理. 第三版. 北京：中国农业出版社，2019 3. 张平，白彩霞，杨惠超. 动物解剖生理. 北京：中国轻工业出版社，2017		

	4. 丁玉玲，李术．畜禽解剖与生理．哈尔滨：黑龙江人民出版社，2005 5. 南京农业大学．家畜生理学．第三版．北京：中国农业出版社，2009 6. 范作良．家畜解剖．北京：中国农业出版社，2001 7. 范作良．家畜生理．北京：中国农业出版社，2001 8. 动物解剖生理在线精品课：
对学生 要求	1. 根据学习任务单、资讯引导，查阅相关资料，在课前以小组合作方式完成任务资讯问题。 2. 以小组为单位完成任务，体现团队合作精神。 3. 严格遵守实训室和实习牧场规章制度，避免安全隐患。 4. 对各种动物的解剖特点进行对比学习。 5. 严格遵守操作规程，做好自身防护，防止疾病传播。

●●●●● 任务资讯单

项目 4	消化系统
资讯方式	通过资讯引导、观看视频，到本课程及相关课程精品课网站、解剖实训室、标本室、组织实训室、生理实训室、实习牧场、图书馆查询，向指导教师咨询。
资讯问题	1. 消化系统由哪些部分组成？壁内腺和壁外腺如何区分？ 2. 腹腔划分为哪几部分？ 3. 什么是腹膜和腹膜腔？如何区分系膜、网膜和韧带？ 4. 口腔的周界都有哪些？ 5. 咽与哪七个孔相通？为何有时食物会呛到鼻子或气管里？ 6. 食管的位置和走向如何？结合解剖知识说明临床投胃导管时，如何判断是否正确？ 7. 阐述瘤、网、瓣、皱四个胃的位置和黏膜的特点。前胃和真胃分别是指哪些胃？为什么临床上易发生创伤性网胃炎？ 8. 大、小肠各分哪几段？位置如何？ 9. 小肠的组织构造如何？肠壁水肿主要发生在哪个部位？ 10. 肝的位置、形态、颜色、质地、构造及分叶情况如何？脂肪肝是什么颜色？ 11. 肝的血液循环有何特点？肝动脉和门静脉各有何作用？ 12. 什么是消化和吸收？动物的消化方式有哪几种？ 13. 唾液有何作用？动物用舌头舔舐伤口有何意义？

	14. 瘤胃微生物有何作用？为何奶牛饲料中可以添加少量的尿素？
	15. 食管沟位置在哪儿？什么是食管沟反射？犊牛为何不宜用桶喂乳？
	16. 什么是反刍？有何意义？尽早训练犊牛吃草有何好处？
	17. 胃酸有何作用？为何新生仔猪容易出现下痢？
	18. 胆汁中不含消化酶，是如何参与消化的？
	19. 为什么说小肠是消化和吸收的主要部位？
	20. 什么是肠音？特点如何？瘤胃蠕动音和肠音分别在哪儿听取？
	21. 纤维素、脂肪、蛋白质在消化道内是如何消化吸收的？
资讯引导	所有资讯问题可以到以下资源中查询。 1. 白彩霞主编的《动物解剖生理》项目四。 2. 周其虎主编的《动物解剖生理》第三版项目二中任务五、六。 3. 张平、白彩霞、杨惠超主编的《动物解剖生理》模块二中项目三。 4. 动物解剖生理在线精品课： 5. 本项目工作任务单中的必备知识。

●●●●● 案例单

项目 4	消化系统	学时	20
序号	案例内容	关联教材内容	
1.1	有一农户，其奶牛出现食欲下降，产奶量下降，反刍和瘤胃蠕动几乎消失，瘤胃鼓气，不愿走动，站立时出现肘关节外展，拱背，喜前高后低的体位姿势，心率快，心音异常。初步确诊为创伤性网胃心包炎。 　　奶牛，6 岁，突然发病，剧烈腹痛，应用镇静剂无效，瘤胃蠕动音、肠蠕动音明显减弱，随努责排出少量松馏油样粪便，直肠检查，腹内压升高，右肾下方可摸到手臂粗、圆柱状硬物。该病最有可能的诊断是肠套叠。	两个案例涉及与本项目内容相关的解剖生理知识点和技能点为：反刍的时间、瘤胃的位置、瘤胃蠕动状态、网胃的位置、肠位置和肠音的性质。	
1.2	某一农户，其羊出现食欲下降，反刍和嗳气减少，鼻镜干燥，有时出现腹痛不安，摇尾，拱背，回视腹部、呻吟和磨牙。听诊瘤胃蠕动音减弱，瘤胃蠕动次数减少。触诊瘤胃胀满、坚实，叩诊呈浊音，体温正常。初步确诊为瘤胃内有异物（如塑料等）。	此案例涉及与本项目内容相关的解剖生理知识点和技能点为：反刍和嗳气的含义和时间、鼻镜位置和状态、瘤胃蠕动音的性质和次数。	

●●●●● 工作任务单

项目 4	消化系统
任务 1	识别消化器官构造

子任务 1　识别消化器官的一般构造

任务描述：在活体牛上确定瘤、网、瓣、皱四个胃和空肠、结肠圆盘以及颈部食管的体表投影位置。

准备工作：在实习牧场准备牛、六柱栏、保定器械等；在实训室准备牛的整体模型、标本和图片等。

实施步骤如下。

1. 在实训室利用整体牛模型、标本（干尸）和图片，确定颈部食管走向，瘤、网、瓣、皱四个胃和空肠、结肠圆盘的体表投影位置。

2. 在实习牧场将牛保定在六柱栏内，然后进行瘤胃、网胃、瓣胃、皱胃、空肠、结肠圆盘和颈部食管的体表投影位置界定。

3. 借助互联网、在线精品课学习相关内容。

子任务 2　识别消化器官的一般构造

任务描述：利用新鲜脏器、标本、模型、图片等识别口腔、咽、胃、肠、肝的一般构造。

准备工作：在实训室准备消化器官的标本、模型、图片、羊猪新鲜的胃和肝、方盘、解剖刀、剪刀、镊子、碘伏、脱脂棉、一次性手套和实验服等。

实施步骤如下。

1. 在实训室利用标本、模型、图片等观察唇、颊、硬腭、软腭、舌、齿、唾液腺、咽的七个孔、扁桃体，区分小肠（十二指肠、空肠、回肠）和大肠（盲肠、结肠、直肠）。

2. 在实训室利用新鲜猪胃观察贲门、幽门、胃大弯、胃小弯、胃憩室、无腺部、有腺部（贲门腺区、幽门腺区、胃底腺区）。

3. 在实训室利用新鲜羊胃识别瘤胃前庭、瘤胃乳头、瘤胃背囊、瘤胃腹囊，网胃角质乳头、食管沟，瓣胃四级瓣叶、角质乳头、瓣胃沟，皱胃腺体和皱褶。

4. 在实训室利用新鲜猪肝和羊肝识别肝的颜色、膈面、脏面、背缘、腹缘、叶间切迹、分叶（左叶、右叶、方叶、尾叶）、肝门、胆囊等。

5. 借助互联网、在线精品课学习相关内容。

子任务 3　识别肠和肝的组织构造

任务描述：在显微镜下识别肠、肝的组织构造。

准备工作：在实训室准备肠和肝切片、生物显微镜等。

实施步骤如下。

1. 在实训室利用显微镜观察肠的黏膜层、黏膜下层、肌层、浆膜和肠绒毛。

2. 在实训室利用显微镜观察肝的肝小叶、中央静脉、肝血窦（窦状隙）、门管区（小叶间动脉、小叶间静脉、小叶间胆管）和肝细胞索。

3. 借助互联网、在线精品课学习相关内容。

任务 2	认知消化器官机能

子任务 1 牛瘤胃蠕动音和肠音的听取

任务描述：在活体牛上听取瘤胃蠕动音、小肠音和大肠音。

准备工作：在实习牧场准备牛、六柱栏、保定器械、听诊器。

实施步骤如下。

1. 在实习牧场将牛保定在六柱栏内，然后确定瘤胃听诊位置，利用听诊器听取瘤胃蠕动音。

2. 在活体牛上确定小肠和大肠的听诊位置，利用听诊器听取小肠音和大肠音。

3. 借助互联网、在线精品课学习相关内容。

子任务 2 小肠运动和吸收实验

任务描述：观看小肠运动和吸收实验视频，小组协作完成小肠运动和吸收实验，解释神经和体液因素对小肠运动的影响以及小肠对不同物质的吸收情况

准备工作：在实验室内准备小肠运动和吸收实验视频、家兔、解剖器械、生理实验多用仪、结扎线、0.01%肾上腺素、0.01%乙酰胆碱、5%氯化钠、0.9%氯化钠、蒸馏水、饱和硫酸镁、20%氨基甲酸乙酯(乌拉坦)等。

实施步骤如下。

1. 在实训室让学生观看小肠运动和吸收实验视频，教师解释操作要点，然后学生分组进行实验，教师指导。

(1)将家兔固定于手术台上，麻醉，剪去颈部和腹部被毛。注意家兔术前少喂食物，尤其不可喂得过饱。

(2)自颈中部切开皮肤，分离迷走神经穿线备用。

(3)沿腹中线剖开腹腔，暴露小肠，观察小肠运动情况。

(4)用适宜感应电刺激迷走神经，观察小肠运动情况有何变化。

(5)取 0.01%乙酰胆碱数滴滴加在小肠表面，观察小肠运动有何变化？然后用温热生理盐水冲洗肠管，待小肠运动恢复后，再向肠表面滴加 0.01%肾上腺素，观察小肠运动有何变化。

(6)将小肠分等长数段结扎，在各段肠管中分别注入等量 0.9%氯化钠、5%氯化钠、蒸馏水及饱和硫酸镁。20~30 min 后观察其吸收情况，作比较分析。

(7)结果分析。分析实验结果，并说明其原理。

2. 借助互联网、在线精品课学习相关内容。

必备知识

第一部分 消化器官构造

一、消化系统概述

(一)消化系统的组成(见图 4-1、图 4-2)

消化系统包括消化管和消化腺两部分。消化管为食物通过的管道，起于口腔，经咽、食管、胃、小肠、大肠，止于肛门。消化腺为分泌消化液的腺体，包括唾液腺、胃腺、肠

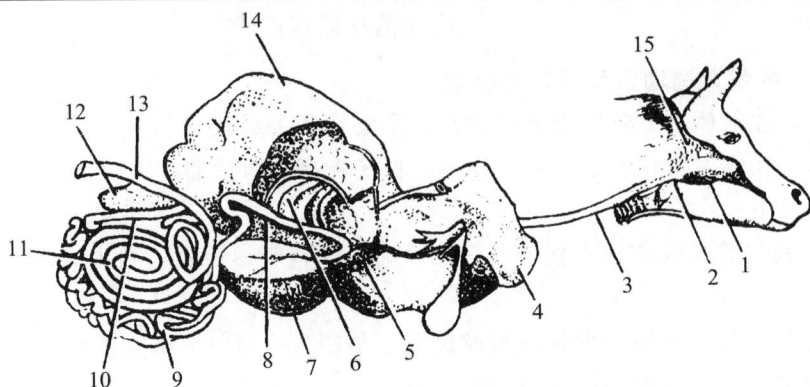

图 4-1 牛消化系统模式图

1. 口腔；2. 咽；3. 食管；4. 肝；5. 网胃；6. 瓣胃；7. 皱胃；8. 十二指肠；
9. 空肠；10. 回肠；11. 结肠；12. 盲肠；13. 直肠；14. 瘤胃；15. 腮腺

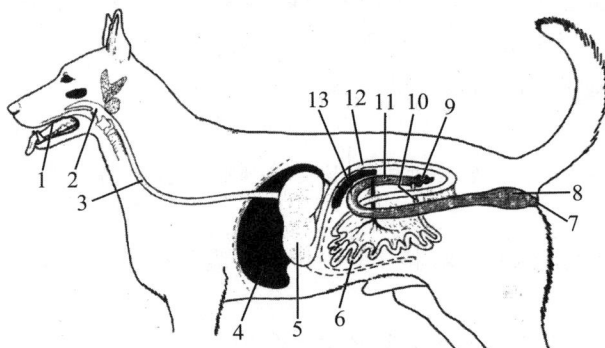

图 4-2 犬消化系统组成

1. 口腔；2. 咽；3. 食管；4. 肝；5. 胃；6. 空肠；7. 肛门；8. 直肠；
9. 盲肠；10. 回肠；11. 升结肠；12. 十二指肠；13. 胰

腺、肝和胰等。其中，小唾液腺（唇腺、颊腺、腭腺和舌腺等）、胃腺和肠腺分别位于口腔壁、胃壁和肠壁内，称壁内腺；大唾液腺（腮腺、颌下腺和舌下腺）、肝和胰则在消化管外形成独立的腺体，其分泌物经腺导管进入消化管，称为壁外腺。

（二）消化管的构造

消化管除口腔外，一般均可分为四层，由内向外依次为：黏膜层、黏膜下层、肌层和外膜（见图 4-3）。

1. 黏膜层

黏膜层是消化管的最内层，色泽淡红，富有伸展性。当管腔空虚时，常形成皱褶。黏膜层具有保护、吸收和分泌等功能。黏膜层可分为黏膜上皮、固有膜和黏膜肌层三层。

（1）黏膜上皮是执行机能活动的主要部分。口腔、咽、食管、胃的无腺部及肛门为复层扁平上皮，有保护作用；其余部分为单层柱状上皮，以利于消化、吸收。

（2）固有膜由疏松结缔组织构成，具有支持和营养上皮的作用，内含丰富的血管、神经、淋巴管、淋巴组织和腺体等。肠黏膜的固有膜内还有淋巴小结。

（3）黏膜肌层是固有膜下的薄层平滑肌。它收缩时可使黏膜形成皱褶，有利于物质吸收、血液流动和腺体分泌物的排出。

2. 黏膜下层

黏膜下层是位于黏膜层和肌层之间的一层疏松结缔组织，使黏膜具有一定的活动性。其内含较大的血管、淋巴管和神经丛。黏膜下层在食管和十二指肠处还含有腺体。

3. 肌层

口腔、咽、食管和肛门的管壁主要是横纹肌，其余各段均为平滑肌。肌层一般可分为内层的环行肌和外层的纵行肌两层。环行肌收缩可使管腔缩小，纵行肌收缩可使管道缩短而管腔变大。两层肌肉的交替收缩和舒张，可使内容物向一定方向移动。两层肌肉之间有肌间神经丛和结缔组织。

4. 外膜

外膜为富有弹性纤维的疏松结缔组织层，位于管壁的最表面，有连接周围各器官的作用。在食管颈段、直肠后部，其表面为一层疏松结缔组织，称为外膜；而在食管胸、腹段以及胃肠外膜表面还有一层间皮覆盖，则合称为浆膜。浆膜表面光滑，能分泌浆液，有润滑作用，可以减少器官间运动时的摩擦。

（三）腹腔和骨盆腔

1. 腹腔划分（见图 4-4）

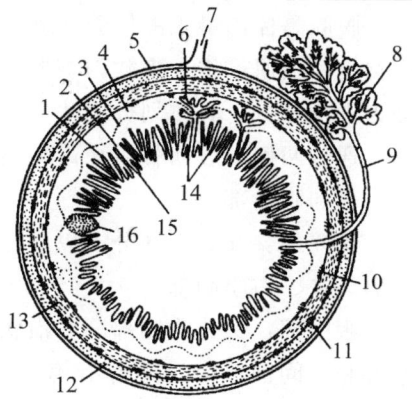

图 4-3 消化管壁构造模式图

1. 肠腺；2. 固有膜；3. 黏膜肌；4. 黏膜下层；5. 浆膜；6. 十二指肠腺；7. 肠系膜；8. 壁外腺；9. 腺导管；10. 黏膜下神经丛；11. 肌间神经丛；12. 纵行肌；13. 环行肌；14. 小肠绒毛；15. 黏膜上皮；16. 淋巴小结

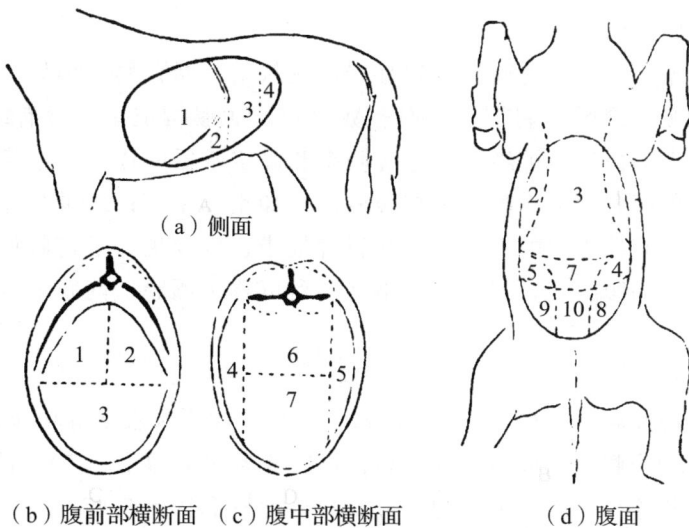

（a）侧面　（b）腹前部横断面　（c）腹中部横断面　（d）腹面

图 4-4 腹腔分区

1. 左季肋部；2. 右季肋部；3. 剑状软骨部；4. 左髂部；5. 右髂部；6. 腰部；7. 脐部；8. 左腹股沟部；9. 右腹股沟部；10. 耻骨部

腹腔是体内最大的体腔，其前壁为膈，后通骨盆腔，两侧与底壁为腹肌和腱膜，顶壁为腰椎和腰肌。绝大多数内脏器官位于腹腔内，为了便于描述各器官的位置，可将腹腔划分为十个部分，具体划分方法如下。

通过两侧最后肋骨后缘最突出点和髋结节前缘各做一个横断面，将腹腔划分为腹前部、腹中部和腹后部。

腹前部：又分三部分。以肋弓为界，肋弓以下为剑状软骨部；肋弓以上、正中矢状面两侧为左、右季肋部。

腹中部：又分为四部分。沿腰椎两侧横突顶点各做一个侧矢面，将腹中部分为左、右髂部和中间部；中间部再沿第一肋骨的中点作额面，将中间部分为背侧的腰部和腹侧的脐部。

腹后部：又分为三部分。把腹中部的两个侧矢面平行后移，将腹后部分为左、右腹股沟部和中间的耻骨部。

2. 骨盆腔

骨盆腔是腹腔向后的延续部分，其顶壁为荐骨和前 3～4 个尾椎，两侧壁为髂骨和荐坐韧带，底壁为耻骨和坐骨，呈前宽后窄的圆锥形。骨盆腔前口由荐骨岬、髂骨体和耻骨前缘围成；后口由前几个尾椎、荐坐韧带后缘及坐骨弓围成。骨盆腔内有直肠、输尿管、膀胱及母畜的尿道、子宫后部和阴道或公畜的输精管、尿生殖道骨盆部和副性腺等。

3. 腹膜和腹膜腔

腹膜是衬在腹腔、骨盆腔壁内和覆盖在腹腔、骨盆腔内脏器官表面的一层浆膜，可分为腹膜壁层和腹膜脏层。其中，紧贴于腹腔和骨盆腔前中部内壁表面的部分，称为腹膜壁层；壁层折转覆盖在腹腔和骨盆腔内脏器官外表面的部分，称为腹膜脏层，也就是内脏器官的浆膜层。腹膜壁层和脏层之间的腔隙称腹膜腔，内有少量浆液，具有润滑作用，可减少脏器运动时相互间的摩擦。

腹膜从腹腔内壁、骨盆腔内壁移行到脏器，或从某一器官移行到另一器官，形成许多皱褶，分别称为系膜、网膜和韧带。它们多数由双层腹膜构成，内含有结缔组织、脂肪、淋巴结及分布到脏器的血管、神经等，起着联系和固定脏器的作用。系膜是连于腹腔顶壁与肠管之间宽而长的腹膜褶，将肠悬吊在腹腔内，如空肠系膜；韧带是连于腹腔、骨盆腔与脏器之间或脏器与脏器之间的腹膜褶，如胃脾韧带、肝韧带、子宫阔韧带等；网膜是连于胃与其他脏器之间的腹膜褶，因其呈网格状，所以称为网膜。网膜根据其位置不同，分为大、小网膜。

二、口腔

口腔是消化管的起始部，具有采食、咀嚼、吸吮、味觉和吞咽等功能。口腔前壁为唇，两侧壁为颊，顶壁为硬腭，底壁为下颌骨和舌，后壁为软腭（见图 4-5）。前由口裂与外界相通，后以咽峡与咽相连。口腔以齿弓为界分为口腔前庭和固有口腔。齿弓与唇、颊之间的空隙为口腔前庭，齿弓以内的空隙称为固有口腔。

口腔内面衬有黏膜，富有血管，呈粉红色，常有色素沉着。黏膜上皮为复层扁平上皮，上皮细胞不断脱落、更新，脱落的上皮细胞混入唾液中。口腔黏膜潮红、苍白、黄染、湿润、干燥以及破损等可能预示着某些疾病，因此是临床检查的可视黏膜之一。

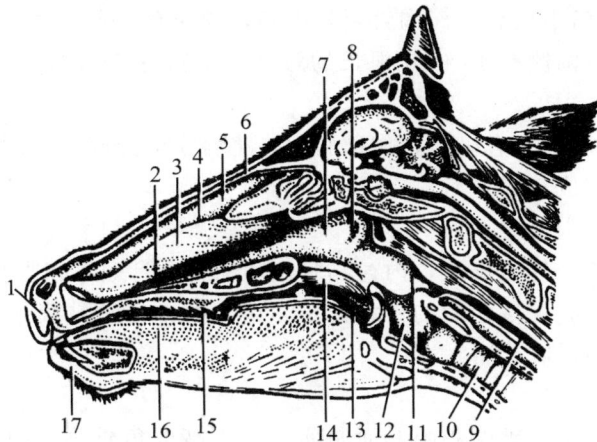

图 4-5 牛头纵剖面

1. 上唇；2. 下鼻道；3. 下鼻甲；4. 中鼻道；5. 上鼻甲；6. 上鼻道；7. 鼻咽部；
8. 咽鼓管咽口；9. 食管；10. 气管；11. 喉咽部；12. 喉；13. 口咽部；14. 软腭；
15. 硬腭；16. 舌；17. 下唇

1. 唇

唇分上唇和下唇，上、下唇的游离缘共同围成口裂。以口轮匝肌为基础，内衬黏膜，外被皮肤。唇黏膜具有唇腺，开口于唇黏膜上。

（1）牛羊唇。牛唇短厚、坚实、不灵活。上唇中部与两鼻孔之间的无毛区，称鼻唇镜。羊唇薄而灵活，可以啃食低矮的草。羊上唇中间有明显的纵沟，两鼻孔间形成无毛的鼻镜。鼻唇镜或鼻镜内含有鼻唇腺，常分泌一种水样液体，因液体蒸发，故鼻唇镜或鼻镜湿润、低温是牛、羊健康的标志。

（2）猪唇。猪唇活动性不大，口裂大，口角处唇肌中的唇腺少而小。上唇宽厚，与鼻端构成吻突，有掘地觅食作用。

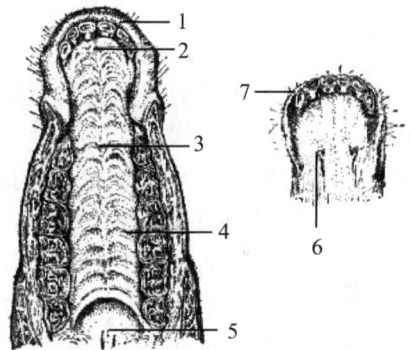

图 4-6　马口腔顶壁和底壁

1. 上唇；2. 切齿乳头；3. 腭缝；4. 腭褶；
5. 软腭；6. 舌下肉阜；7. 下唇

（3）马唇（见图 4-6）。马唇长而灵活，上唇表面正中有一纵沟，称为人中。口唇的皮肤上除有密集的被毛外，还有长而粗的触毛。

（4）禽类无唇。禽的喙是采食器官。喙分为上喙和下喙，形态因禽的种类而不同。鸡喙呈尖端向前的圆锥形，被覆有坚硬的角质，喙缘的角质硬而锐，适于摄取细小饲料和撕裂大块食物。鸭和鹅的喙长而扁，上喙内的真皮结缔组织较多，形成较柔软的蜡膜，上、下喙的角质板与口咽内的各种乳头相互咬合，形成过滤结构，便于采食时，将固体食物或颗粒留在口腔内，而水则从喙的两侧流出。

（5）犬唇。犬唇薄而灵活，口裂大，有触毛。上唇有中央沟或中央裂将上唇分为左、右两半，下唇常松弛。上唇和鼻端间形成光滑湿润的暗褐色无毛区，称鼻镜，正中有纵行浅沟称为人中。

（6）猫唇。猫的上唇中央有一深沟直至鼻中隔，沟内有一系带连着上颌，下唇中央也有一系带连着下颌。上唇两侧有 16～20 根长的触毛，是猫特有的感觉器官，用以感知事物，干扰猎物的视觉。

（7）兔唇。兔的上唇中央有纵裂，俗称唇裂，将唇完全分成左右两部，常显露门齿，裂唇与上端圆厚的鼻端构成三瓣鼻唇。

2. 颊

颊主要由颊肌构成，外覆皮肤，内衬黏膜。颊黏膜上有颊腺和腮腺管开口。

牛、羊的颊黏膜上有尖端朝后的锥状乳头，猪、犬、马颊黏膜平滑，犬的颊黏膜常有色素。鸡没有颊，被角质喙代替。

3. 硬腭

硬腭构成口腔的顶壁。硬腭黏膜厚而坚实，上皮高度角质化。硬腭正中有一纵行的腭缝，腭缝两侧为横行的腭褶，腭褶上有角质化的锯齿状乳头，利于磨碎食物。硬腭的前端有一菱形的小隆起，称为切齿乳头，切齿乳头两侧有鼻腭管的开口，鼻腭管的另一端通鼻腔。牛、羊的硬腭前端无切齿，由该处黏膜形成厚而致密的角质层，称为齿板。猪硬腭狭长。

4. 软腭

软腭由硬腭延续而来，构成口腔后壁。以横纹肌构成的腭肌为基础，黏膜内含有腺体和淋巴组织。软腭的腹侧面与口腔硬腭黏膜相连，被覆复层扁平上皮；背侧面与鼻腔黏膜相连，被覆假复层柱状纤毛上皮。软腭与舌根之间的腔隙，称为咽峡，为口腔与咽之间的通道。软腭在吞咽过程中起活性瓣的作用：即呼吸时，软腭下垂，空气经咽到喉或鼻腔；吞咽时，软腭提起，关闭鼻咽部，同时会厌软骨翻转盖住喉口，食物由口腔经咽入食管。猪软腭短厚，游离缘正中有小的悬雍垂，口腔面正中沟两侧有腭帆扁桃体，呈卵圆形，黏膜表面有许多扁桃体隐窝。马的软腭特长，咽峡很小，因此很难用口呼吸，也不易经口呕吐。禽无软腭。兔软腭相对较长。

5. 舌

舌位于口腔底，占据固有口腔的绝大部分。舌运动灵活，参与采食、吸吮、咀嚼、吞咽、发声，并有感受味觉等功能。

舌可分舌尖、舌体和舌根三部分。舌尖是舌前端游离的部分；舌体位于两侧臼齿之间，附着于口腔底的下颌骨上；舌根为舌体后部附着于舌骨上的部分。舌尖和舌体交界处的腹侧有黏膜褶与口腔底相连，称为舌系带（牛、猪两条，马、犬一条）。舌系带两侧各有一突起称为舌下肉阜（俗称卧蚕），是颌下腺的开口处，猪舌下肉阜很小，极不明显。

舌主要由横纹肌构成，表面被覆黏膜。舌背面的黏膜上有许多大小不一、形态各异的突起，称为舌乳头。牛舌宽厚有力，是采食的主要器官。舌背后部有一隆起，称舌圆枕，马、猪没有。牛的舌乳头可分为 4 种：锥状乳头、豆状乳头、菌状乳头、轮廓乳头。锥状乳头数量很多，呈较小的圆锥形，尖端向后且高度角质化，主要分布在舌圆枕前方的舌尖及舌体的背面，在舌圆枕上分布较大的锥状乳头，其上皮中无味蕾，仅起一般感觉和机械保护作用；豆状乳头数量较少，圆而扁平，角质化，分布在舌圆枕上，起一定的机械摩擦作用；菌状乳头呈大头针帽状，数量较多，散布于舌尖和舌侧缘的锥状乳头之间，其上皮中含有味蕾，为味觉感受器；轮廓乳头较大，中间圆形，四周有沟环绕，成排分布于舌圆枕后部的两侧，每侧 8～17 个，其上皮内也含有味蕾。舌根背侧和两侧的黏膜内有大量的淋巴组织，称为舌扁桃体。

猪舌背表面分布 5 种乳头：丝状乳头细而柔软；菌状乳头小，以两侧较多；圆锥状乳头长，软而尖，位于舌根部；轮廓乳头 2～3 个，位于舌体与舌根交界处；叶状乳头 1 对，卵圆形，由 5～6 个小叶组成。

马舌背表面分布 4 种乳头：丝状乳头呈丝状，密布于舌背及舌尖两侧；菌状乳头为小的圆形突起，散布于舌两侧和舌背；轮廓乳头一般只有 2 个，位于舌后部背面中线两侧；叶状乳头 1 对，位于腭舌弓附着部前方，为一 2～3 cm 的长形隆起。4 种乳头中丝状乳头无味觉作用，仅起机械保护作用。

犬舌有明显的舌背正中沟（见图 4-7）。舌尖腹侧有明显的舌下静脉，可作为静脉麻醉药的注射部位。舌表面有丝状乳头、圆锥状乳头、菌状乳头，每侧还有 2～3 个轮廓乳头。犬的味觉比较迟钝，对犬来说食物的味道远没有食物的气味重要。

禽类的舌黏膜上味蕾少，味觉较差，但对水温敏感，不喜欢饮高于体温的水，却不拒绝饮冰冷的水。鸭、鹅舌的侧缘还具有丝状角质乳头。

猫舌薄而灵活，因表面有黏膜隆起，形成独特的乳头状突起而导致粗糙，中间有一条纵向浅沟。舌表面有丝状乳头、菌状乳头和轮廓乳头。其中丝状乳头最多，且表面有角质层覆盖，尖端向后，呈挫齿状，猫可用它舔食骨头上的肉，当然这种向后倾斜的乳头也会导致进入口腔的食物只可咽下，不能逆反。猫的味觉器官是位于舌根部的味蕾以及软腭、口腔壁上的味觉小体。猫对甜味不敏感，但能品尝出水的味道，这一点是其他动物所不及的。

兔舌较大，短厚，舌体背面有明显的舌隆起。

6. 齿

齿是采食和咀嚼的器官，有切断、撕裂和磨碎食物的作用，由坚硬的骨组织构成。

齿镶嵌于颌前骨和上、下颌骨的齿槽内，排列成弓形，分成上齿弓和下齿弓。每侧齿弓由前向后，顺序排列为切齿、犬齿和臼齿（见图 4-8、图 4-9、图 4-10）。其中切齿由内向外又分别称为门齿、内中间齿、外中间齿、隅齿；臼齿可分为前臼齿和后臼齿。齿在出生后逐个长出。除后臼齿外，其余齿到一定年龄时均按一定顺序进行脱换。脱换前的齿称为乳齿，个体较小、乳白色，磨损较快；脱换后的齿称恒齿，相对较大，坚硬、颜色较白。

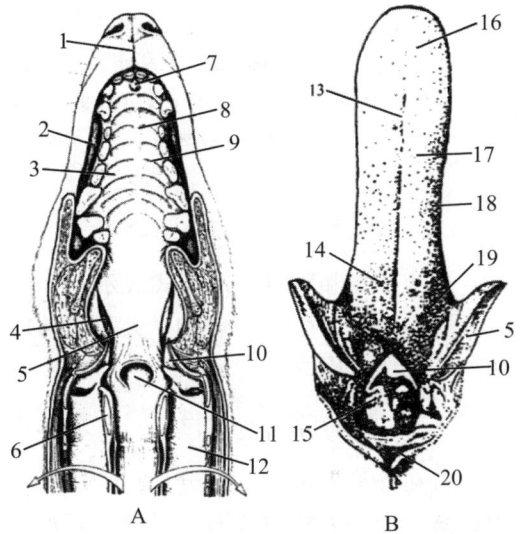

图 4-7 犬的硬腭和舌背

1. 人中；2. 口腔前庭；3. 硬腭；4. 腭扁桃体；5. 软腭；
6. 环状软骨；7. 切齿乳头；8. 腭缝；9. 腭褶；10. 会厌；
11. 咽内口；12. 气管；13. 舌正中沟；14. 轮廓乳头；
15. 勺状软骨；16. 舌尖；17. 舌体；18. 菌状乳头；
19. 舌根；20. 食管

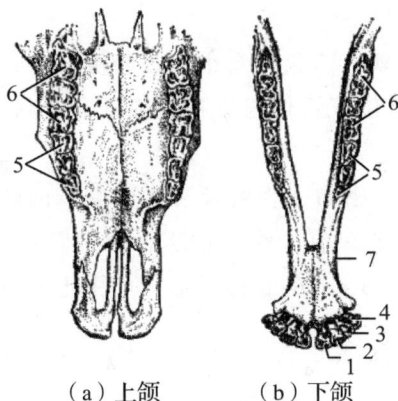

（a）上颌　　（b）下颌

图 4-8　牛的齿

1. 门齿；2. 内中间齿；3. 外中间齿；4. 隔齿；
5. 前白齿；6. 后白齿；7. 齿槽间隙

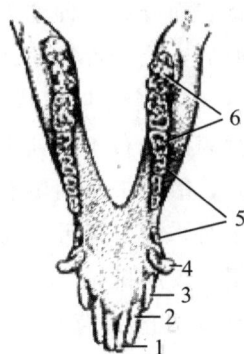

图 4-9　猪的齿（下颌）

1. 门齿；2. 中间齿；3. 隔齿；4. 犬齿；
5. 前白齿；6. 后白齿

齿的位置和数目可用齿式表示：

$$\frac{\text{上齿弓}}{\text{下齿弓}} = 2\left(\frac{\text{切齿}\quad\text{犬齿}\quad\text{前白齿}\quad\text{后白齿}}{\text{切齿}\quad\text{犬齿}\quad\text{前白齿}\quad\text{后白齿}}\right)$$

牛恒齿式：$2\left(\dfrac{0033}{4033}\right) = 32$，　　牛乳齿式：$2\left(\dfrac{0030}{4030}\right) = 20$。

齿在外形上可分三部分（见图 4-11）：埋在齿槽内的部分称齿根；露于齿龈外的称齿冠；二者之间被齿龈覆盖的部分称为齿颈。齿龈为包在齿颈外的一层黏膜，与骨膜紧密相连，呈淡红色，有固定齿的作用。齿龈发生紫色或潮红等现象，是一种病理变化。

齿由齿质、釉质（珐琅质）和齿骨质构成（见图 4-12）。齿质位于内层，呈淡黄色，构成齿的主体；齿冠部齿质的外面包以光滑、坚硬、乳白色的釉质，是体内最坚硬的组织；齿根部齿质的外面被有略呈黄色的齿骨质；齿的中心部为齿髓腔，内有富含血管、神经的齿髓，对齿有营养作用。

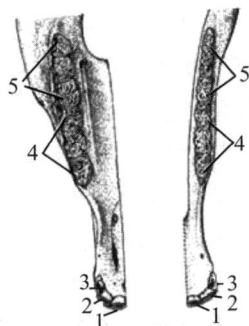

（a）上颌　　（b）下颌

图 4-10　马的齿

1. 门齿；2. 中间齿；3. 隔齿；
4. 前白齿；5. 后白齿

牛无上切齿和犬齿，代之以坚硬角质化的齿板，下切齿齿冠呈铲形。

猪犬齿发达，尖而锐利，公猪犬齿齿冠很长，可持续生长而伸出口腔之外，俗称獠牙。切齿有 3 对，门齿、中间齿和隔齿。猪出生时有 8 颗乳齿即上、下颌隔齿和犬齿，为防止新生仔猪咬伤母猪乳头，在生后数小时内将其贴近牙龈处剪断。

马切齿也有三对，齿冠呈楔形，磨面上有一个漏斗状的凹陷，称为齿坎，此部因受腐蚀而使齿骨质呈黑褐色，特称黑窝。公马有犬齿，母马一般无犬齿。

犬的第 4 上前白齿和第 1 下后白齿特别发达，称为裂齿，具有强有力撕裂食物的能力。

猫上颌第 2 和下颌第 1 前白齿齿尖较大且尖锐，能撕裂皮肉，故称为裂齿。

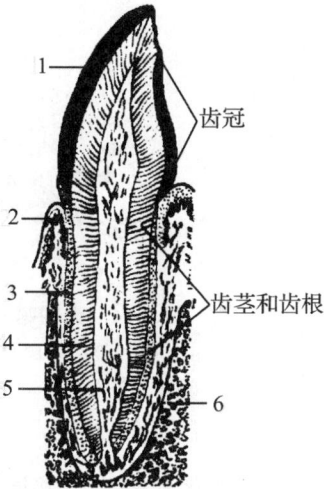

图 4-11　牛切齿(短冠齿)的构造
1. 釉质；2. 齿龈；3. 黏合质；4. 齿质；
5. 齿腔；6. 下颌骨

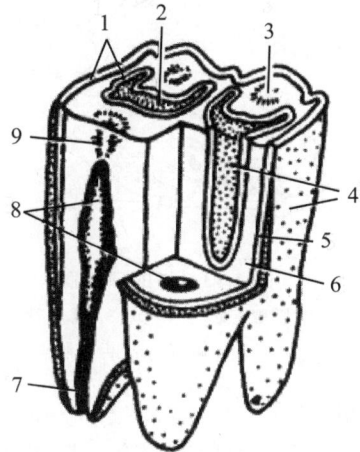

图 4-12　牛臼齿(长冠齿)的构造
1. 釉质；2. 齿坎；3. 齿星；4. 齿骨质；
5，6. 齿质；7. 齿根管；8. 齿腔；9. 齿星

禽类无牙齿，食物磨碎靠肌胃来完成。

兔有两对上门齿，其中一对大门齿在前方，另一对小门齿在大门齿后方。门齿生长较快，常有啃咬、磨牙习性。无犬齿。

在生产上，可根据切齿的出齿、换齿以及齿面磨损程度来判断牛的年龄。1.5 岁乳门齿开始脱换成永久齿，此后每年按顺序脱换 1 对乳切齿，到 5 岁时，4 对乳切齿全部换成永久齿，俗称"齐口"。5 岁以后主要依据切齿的磨面形状大致判定牛的年龄，如初呈线状或带状，进而横椭圆形、近圆形、圆形、三角形，最后呈中间凸起的纵椭圆形等。

7. 唾液腺

唾液腺分泌唾液参与消化，主要有腮腺、颌下腺和舌下腺三对大唾液腺(见图 4-13)。另外，还有一些小的壁内腺，如唇腺、颊腺等。鸡和犬的唾液腺较发达。

腮腺：位于耳根下方，下颌骨后缘，其腺管开口于颊黏膜上。牛的腮腺为淡红褐色，呈狭长的倒三角形；猪的为淡黄色，呈三角形，很发达；马的为灰黄色，呈长四边形；犬的淡红色，呈三角形。

颌下腺：位于腮腺的深层，腺管开口于舌下肉阜(牛、马)或舌系带两侧的口腔底面。牛的颌下腺淡黄色，长而弯曲；猪的淡红色，呈扁圆形；马的茶褐色，狭长而弯曲；犬的淡黄色，呈椭圆形。

舌下腺：位于舌体和下颌骨之间的黏膜下，腺管很多，分别开口于口腔底部黏膜上。

禽类唾液腺虽不大，但分布广泛，在口咽腔的黏膜内几乎连成一片。口腔顶壁上有上颌腺、腭腺、蝶翼腺；底壁有颌下腺、口角腺、舌腺和环杓腺。导管多，开口于黏膜表面，肉眼可见。

犬、猫等肉食动物还有一对眶腺(见图 4-14)，又叫颧腺，位于眼球后下方，其腺管开口于颊黏膜上。临床上唾液腺黏液囊肿病常波及颧腺，发生颧腺囊肿(眼球后囊肿)或涎石病。

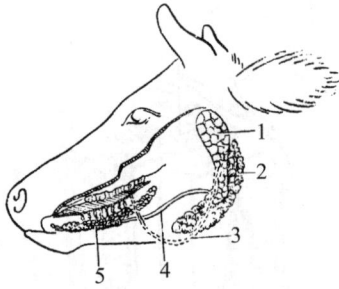

图 4-13 牛的口腔腺

1. 腮腺；2. 颌下腺；3. 腮腺管；

4. 颌下腺管；5. 舌下腺

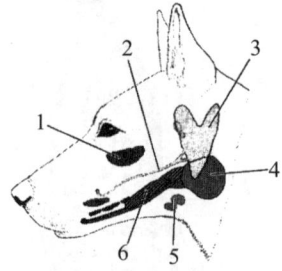

图 4-14 犬的唾液腺

1. 眶腺；2. 腮腺管；3. 腮腺；4. 颌下腺；

5. 下颌淋巴结；6. 舌下腺

三、咽

咽位于口腔、鼻腔的后方，喉和食管的前上方，是消化和呼吸的共同通道。咽可分为鼻咽部、口咽部和喉咽部：鼻咽部位于鼻腔后方，软腭背侧，是鼻腔向后的延续；口咽部位于软腭和舌根之间；喉咽部位于喉口背侧，很短。

咽有七个孔与周围邻近器官相通（见图 4-15）：前上方经两个鼻后孔通鼻腔；前下方经咽峡通口腔，咽峡是咽与口腔相通的孔道，位于软腭和舌根之间，其侧壁黏膜上有扁桃体窦，窦壁内有腭扁桃体；后背侧经食管口通食管；后腹侧经喉口通气管；两侧壁各有一耳咽管（咽鼓管）咽口通中耳。

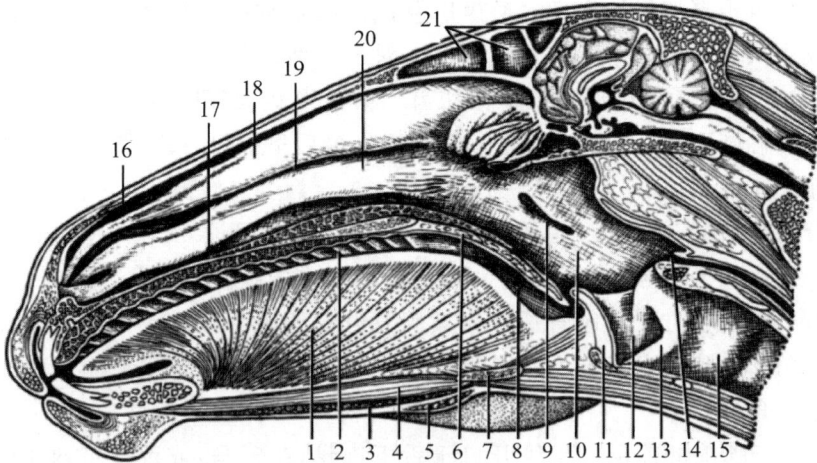

图 4-15 马头正中切面

1. 舌；2. 腭褶；3, 4. 颌舌骨肌；5. 下颌淋巴结；6. 软腭；7. 舌骨；8. 咽峡；9. 咽鼓管咽口；

10. 咽；11. 会厌；12. 喉前庭；13. 声带褶；14. 食管口；15. 气管；16. 上鼻道；17. 下鼻道；

18. 上鼻甲；19. 中鼻道；20. 下鼻甲；21. 额窦

咽鼓管是沟通咽腔与中耳鼓室的管道，马的咽鼓管在鼻咽部膨大形成喉囊（咽鼓管囊）。咽鼓管的主要作用是平衡鼓膜两侧的气压，此外还有引流作用，把鼓室内的分泌物排出。咽部感染时，细菌可经咽鼓管波及中耳，引起中耳炎。

咽壁由黏膜、肌肉和外膜三层构成。黏膜衬于咽腔内面，含有咽腺和淋巴组织；咽的肌肉为横纹肌，有缩小和开张咽腔的作用；外膜为覆盖在咽肌外面的一层纤维膜。

禽类口腔与咽没有明显的界限，直接相通，故称口咽。鸡的口咽顶壁中线有两个开口：前方一个是鼻后裂口，呈纵裂状，前狭后宽；后方一个是短的耳咽管口，通中耳。耳咽管口后方，有一排约 10 个大乳头组成的咽乳头与食管分界。

四、食管

食管是将食物由咽送入胃的一肌质管道，分为颈、胸、腹三段。颈段起始于喉和气管的背侧，至颈中部逐渐转向气管的左侧（给动物投胃管时，应从左侧观察胃管投入情况），经胸前口入胸腔，又转向气管的背侧，并继续向后延伸，经膈的食管裂孔，进入腹腔，与胃的贲门相连。猪的食管沿气管背侧向后行走时，不发生偏转。

食管分黏膜层、黏膜下层、肌层和外膜（颈段）或浆膜（胸腹段）。黏膜层上皮为复层扁平上皮。黏膜下层含有丰富的食管腺，能分泌黏液，润滑食管。肌层主要为横纹肌。黏膜表面形成许多纵行的皱襞，食团通过时，管腔扩大，皱襞展平，利于食团下行。

家禽的食管分颈段和胸段。鸡和鸽的食管在胸前口处膨大，形成嗉囊，有贮存、湿润和软化饲料的作用。鸭、鹅没有真正的嗉囊，但颈部食管粗大，也有贮存和软化食物的作用。在正常情况下，食物在嗉囊内停留 3～4 h，最久可达 6～8 h。切除嗉囊使鸡食欲不振，饲料消化率下降，致使未曾消化的饲料随粪便排出。

猫的食管可逆向蠕动，能将囫囵吞下的大块骨头和有害物呕吐出来。

五、胃

1. 胃的形态位置

胃位于腹腔内，是消化管的膨大部分，前接食管处形成贲门，后以幽门通十二指肠。

（1）反刍动物胃。牛、羊由瘤胃、网胃、瓣胃和皱胃四个胃组成，其中前 3 个胃无消化腺，主要作用是贮存食物、发酵和分解粗纤维，称为前胃；第四个胃有消化腺，能分泌胃液，可进行化学消化，又称真胃。

①瘤胃（见图 4-16、图 4-17），前后稍长、左右略扁的椭圆形，约占成年牛四个胃总容积的 80%。瘤胃位于腹腔左侧，前与第 7～8 肋相对，后到骨盆前口。其左侧（壁面）与脾、

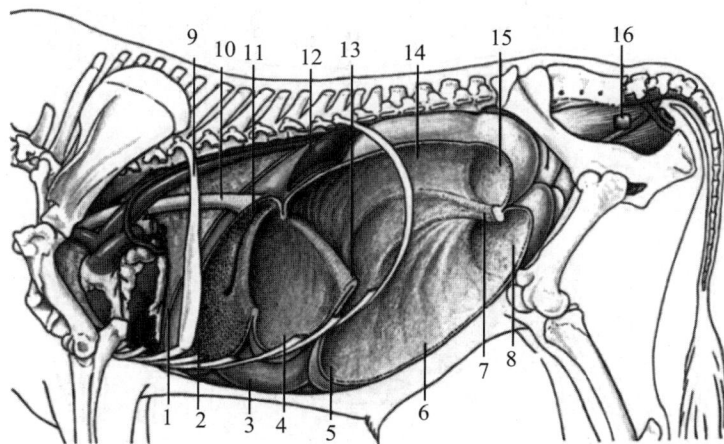

图 4-16 牛内脏（左侧）

1. 膈；2. 网胃；3. 皱胃；4. 前背盲囊；5. 前腹盲囊；6. 瘤胃腹囊；7. 瘤胃后柱；8. 后腹盲囊；9. 第 7 肋骨；
10. 食管；11. 食管沟；12. 脾；13. 瘤胃前柱；14. 瘤胃背囊；15. 后背盲囊；16. 直肠

膈及左腹壁相接触，右侧（脏面）与瓣胃、皱胃、肠、肝、胰等相邻，背侧借腹膜和结缔组织附着于膈脚和腰肌的腹侧面，腹侧缘隔着大网膜与腹腔底相接触。瘤胃手术一般在左髂部进行，瘤胃叩诊、触诊或听诊在左肷部进行。

瘤胃的前端和后端可见到较深的前沟和后沟，左、右侧面有较浅的左、右纵沟，瘤胃内壁有与上述各沟相对应的肉柱。肉柱是以环行肌和纵行肌为基础，内含有大量的弹性纤维，有加固瘤胃壁和促进瘤胃运动的作用。沟和肉柱共同围成环状，把瘤胃分成背囊和腹囊两部分。由于瘤胃前沟和后沟较深，

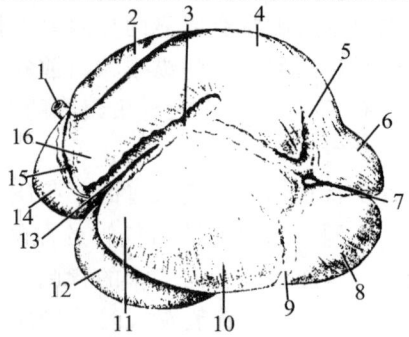

图 4-17　牛胃（左侧）

1. 食管；2. 脾；3. 左纵沟；4. 瘤胃背囊；5. 背冠状沟；
6. 后背盲囊；7. 瘤胃后沟；8. 后腹盲囊；9. 腹冠状沟；
10. 瘤胃腹囊；11. 前腹盲囊；12. 皱胃；13. 前沟；
14. 网胃；15. 瘤网沟；16. 前背盲囊

所以在瘤胃背囊和腹囊的前、后分别形成前背盲囊、后背盲囊、前腹盲囊和后腹盲囊。在后背盲囊和后腹盲囊之前，分别有后背冠状沟和后腹冠状沟。瘤胃和网胃之间有瘤网口相通，口背侧形成一个穹隆，称为瘤胃前庭，前庭顶壁有贲门，与食管相通。

②网胃（见图 4-18、图 4-19），梨状，前后稍扁，约占成年牛四个胃总容积的 5%。网胃位于季肋部正中矢状面，瘤胃背囊的前下，与第 6～8 肋相对。网胃的后面（脏面）较平，与瘤胃背囊相连，上端有较大的瘤网口与瘤胃相通，右下方有网瓣口与瓣胃相通。网胃的前面（壁面）较突出，与膈、肝相接触，而膈的前面紧邻心脏和肺。由于网胃的位置靠前靠下，牛吞入的尖锐金属异物容易留在网胃，当网胃第二次强有力收缩时，异物可穿透网胃壁，引起创伤性网胃炎，严重时还穿过膈而伤及心包和心脏，继发创伤性心包炎和心肌炎。

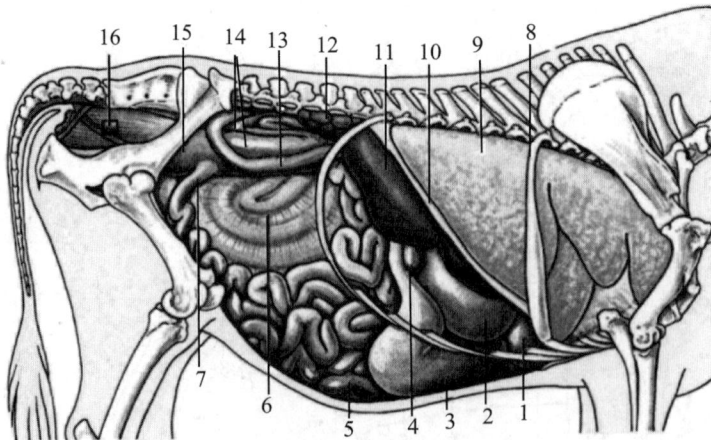

图 4-18　牛内脏（右侧）

1. 网胃；2. 瓣胃；3. 皱胃；4. 胆囊；5. 空肠；6. 结肠旋袢；7. 回肠；8. 第 7 肋骨；9. 肺；10. 膈；
11. 肝；12. 肾；13. 十二指肠；14. 结肠初袢；15. 盲肠；16. 直肠

此种状况下，可在网胃区即左腹壁下方、剑状软骨突起后方、相当于6～7肋间，强行叩诊或用拳轻击进行检查。

③瓣胃（见图4-18、图4-19），呈两侧稍扁的球形，很坚实，约占成年牛四个胃总容积的7%～8%。瓣胃位于右季肋部，与第7～11肋下半部相对，肩关节水平线通过瓣胃中线。瓣胃的壁面（右面）隔着小网膜与膈、肝等接触，脏面（左面）与瘤胃、网胃及皱胃等贴连。一般在右侧第7～9肋间，沿肩端水平线上下2～3 cm范围内，进行听诊或强触诊检查瓣胃。临床上容易发生瓣胃阻塞，一般在右侧第9肋间隙与肩关节水平线交点上下2 cm的部位进行穿刺，将药物直接注入瓣胃中，使瓣胃内容物软化。

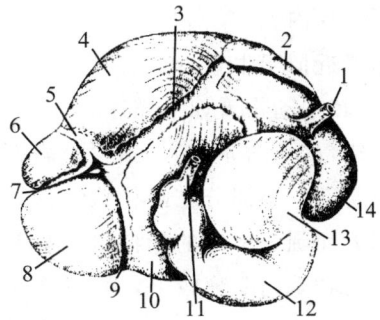

图 4-19 牛胃（右侧）

1. 食管；2. 脾；3. 右纵沟；4. 瘤胃背囊；
5. 背冠状沟；6. 后背盲囊；7. 后沟；8. 后腹盲囊；
9. 腹冠状沟；10. 瘤胃腹囊；11. 十二指肠；
12. 皱胃；13. 瓣胃；14. 网胃

④皱胃（见图4-18、图4-19），呈前端粗、后端细的弯曲长囊形。皱胃的前端粗大称胃底部，与瓣胃相连；后端狭窄称幽门部，与十二指肠相接。皱胃小弯凹向上，与瓣胃接触；大弯凸向下，与腹腔底壁贴连。皱胃占成年牛四个胃总容积的7%～8%。皱胃位于右季肋部和剑状软骨部，与第8～12肋相对，在网胃和瘤胃腹囊的右侧、瓣胃的腹侧和后方，下贴腹腔底壁。一般在右侧第9～11肋间，沿肋弓下进行视诊、触诊和听诊，检查皱胃。临床上皱胃容易发生位置改变，一般把左方变位称皱胃变位，右方变位称皱胃扭转，前者发病率高，后者病情重。一般选右侧第12、13肋骨后下缘，作为穿刺点。

牛胃容量与年龄、体格大小等有关系（见图4-20），一般中等体型牛容量为135～180 L，大型牛为180～270 L。四个胃的大小比例也与年龄、食物性质等有关。新生犊牛因吃奶，这种状况下，可在网胃区即左腹壁下方、剑状软骨突起后方、相当于6～7肋间，强行叩诊或用拳轻击进行检查。

网膜是以胃为中心，联系肝、脾和肠等器官的双层浆膜褶，分为大、小网膜。大网膜发达，覆盖在肠管右侧面的大部分和瘤胃腹囊的表面，又可分为浅、深两层。浅层起于瘤胃的左纵沟，向下绕过瘤胃腹囊到腹腔右侧，继续沿右侧腹壁向上延伸，止于十二指肠第二段和皱胃大弯。浅层由瘤胃后沟折转到右纵沟，转为深层。深层沿瘤胃腹囊的脏面向下伸达腹底壁，绕过肠管到肠管的右侧面，沿浅层深面向上延伸至十二指肠，与浅层相汇合。大网膜浅、深两层之间的腔隙，称为网膜囊后隐窝，瘤胃腹囊包在其中。大网膜的深层与瘤胃背囊的脏面围成一个兜袋，称网膜上隐窝，容纳除十二指肠第二段以外的大部分肠管及总肠系膜。小网膜比大网膜面积小，起于肝的脏面，绕过瓣胃外侧，止于皱胃小弯和十二指肠起始部，将瓣

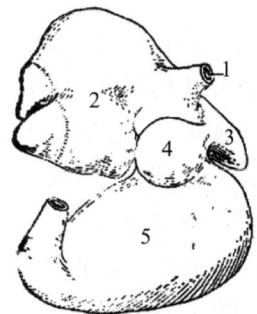

图 4-20 犊牛胃右侧

1. 食管；2. 瘤胃；3. 网胃；
4. 瓣胃；5. 皱胃

胃包罩在其内。

羊胃近似于牛胃。

（2）其他动物胃如下详述。

①猪胃（见图 4-21）。猪胃呈扁而弯曲的囊状，横卧于腹前部，膈、肝之后，大部分位于左季肋部，小部分在剑状软骨部，仅幽门部位于右季肋部。猪胃容积较大，达 5～7 L。左侧部大而圆，下方的凸曲部，称胃大弯。在近贲门处有一扁平的锥形盲囊，称胃憩室。猪胃贲门和幽门距离较近，两者之间的凹曲部，称为胃小弯。在幽门小弯处，有一纵长的鞍状隆起，称幽门圆枕，与对侧唇形隆起相对，有关闭幽门的作用。猪胃大网膜发达，浅、深两层间形成网膜囊。营养良好的个体的网膜，因含丰富的脂肪而呈网格状。

②马胃（见图 4-22）。马胃形状似猪胃，在膈、肝之后，大部分位于左季肋部。幽门部位于右季肋部，左上大结肠背侧。马胃容积 5～8 L，大的可达 12 L。胃左端向后上方膨大，形成胃盲囊；右端靠近幽门处较细，称幽门窦；中间部膨大的部分为胃体。贲门与幽门距离较近，大网膜不甚发达。

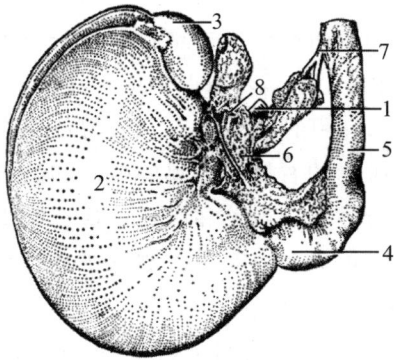

图 4-21　猪胃

1. 食管；2. 胃；3. 胃憩室；4. 幽门；
5. 十二指肠；6. 胰脏；7. 胰管；8. 门静脉

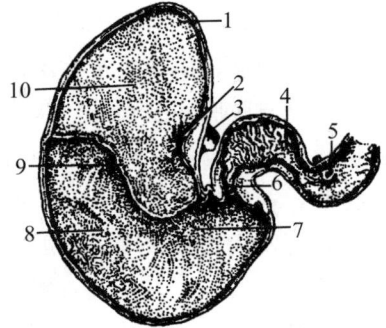

图 4-22　马胃

1. 胃盲囊；2. 贲门；3. 食管；4. 十二指肠；
5. 十二指肠憩室；6. 幽门；7. 幽门腺区；
8. 胃底腺区；9. 褶缘；10. 无腺部

③鸡胃。鸡胃一个胃分两部分。前部为腺胃，呈纺锤形，位于腹腔左侧，在肝两叶之间的背侧；后部为肌胃（俗称胗或肫），位于腺胃的后方，腹腔左侧，为双面凸的扁圆形，含有发达的平滑肌。肌胃内常有吞食的砂砾，故又称砂囊。

④犬胃（见图 4-23）。犬胃呈长而弯曲的梨形。其左侧贲门部大，为圆囊形，位于左季肋部；右侧幽门部较细，为圆管形，位于右季肋部，膈、肝之后。犬胃大网膜发达，从腹面完全覆盖肠管。

⑤猫胃。猫胃呈弯曲囊状，左端大，右端窄。猫胃位于腹前部，大部分偏向左侧，在膈和肝之后。

2. 胃的组织构造

胃壁由黏膜层、黏膜下层、肌层和浆膜构成。

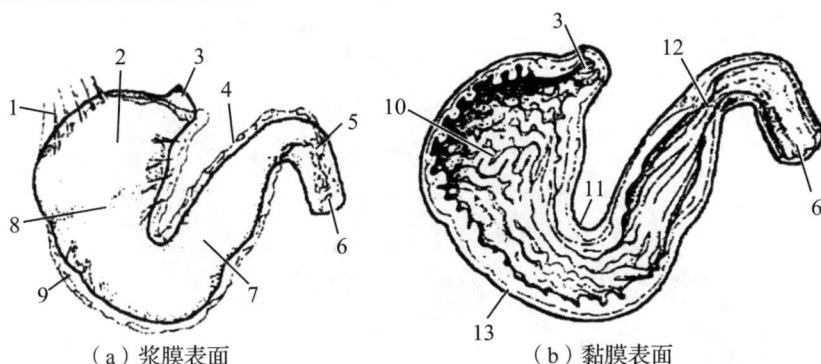

（a）浆膜表面　　　　（b）黏膜表面

图 4-23　犬胃的浆膜和黏膜表面形态

1. 胃脾韧带；2. 胃底；3. 贲门；4. 小网膜断面；5. 大小网膜结合部；6. 十二指肠；7. 幽门部；
8. 胃体；9. 大网膜断面；10. 胃底腺区；11. 角切迹；12. 幽门；13. 胃大弯

(1)黏膜层根据黏膜内有无腺体分为无腺部和有腺部。无腺部黏膜上皮为复层扁平上皮，颜色苍白，黏膜无腺体，多室胃的前胃黏膜为无腺部；有腺部黏膜为单层柱状上皮，黏膜有腺体，多室胃的皱胃黏膜为有腺部，其表面形成许多凹陷，称为胃小凹，是胃腺的开口。有腺部根据其位置、颜色和腺体的不同又分为贲门腺区、幽门腺区和胃底腺区。其中贲门腺区和幽门腺区主要有黏液细胞分泌碱性黏液，以润滑和保护胃黏膜；胃底腺区最大，位于胃底部，是分泌胃消化液的主要部位，其细胞主要有：主细胞(胃酶细胞)、壁细胞(泌酸细胞)、颈黏液细胞。主细胞，数量较多，个体较小，呈柱状或锥体形，核圆位于基底部，可分泌胃蛋白酶原和胃脂肪酶，犊牛还能分泌凝乳酶；壁细胞，数量较少，个体较大，呈圆形或钝三角形，能分泌盐酸和内因子；颈黏液细胞，分布在腺体颈部，数量少，细胞呈楔形，核扁平位于基底部，分泌黏液，保护胃黏膜。此外，胃黏膜内还含有内分泌细胞，如分泌胃泌素的 G 细胞，分泌生长抑素的 D 细胞、分泌胰多肽的 PP 细胞和分泌组胺的肥大细胞等。

(2)黏膜下层为疏松结缔组织。

(3)在各段消化管中，胃的肌层最厚。肌层可分为三层：内层为斜行肌，仅分布于无腺部，在贲门部最发达，形成贲门括约肌；中层为环行肌，很发达，在幽门部特别增厚，形成幽门括约肌；外层为不完整的纵行肌，主要分布于胃大弯和小弯处。

(4)浆膜为外层。

3. 胃黏膜的特点

(1)反刍动物胃黏膜特点如下(见图 4-24)。

①瘤胃：瘤胃黏膜呈棕黑色或棕黄色，无腺体，表面有无数密集的圆锥状或叶状乳头，乳头大小不等，以瘤胃腹囊和盲囊内的最发达，乳头内含丰富的毛细血管。但肉柱和前庭的黏膜上无乳头，颜色较淡。

②网胃：黏膜黑褐色，呈网格状，似蜂房，有细小的角质乳头，无腺体。在网胃壁内面有一条螺旋状的网胃沟，又称食管沟(见图 4-25)。食管沟起自贲门，沿瘤胃前庭和网胃右侧壁向下延伸到网瓣口。沟两侧隆起的黏膜褶，称为食管沟唇。犊牛的食管沟唇发达，

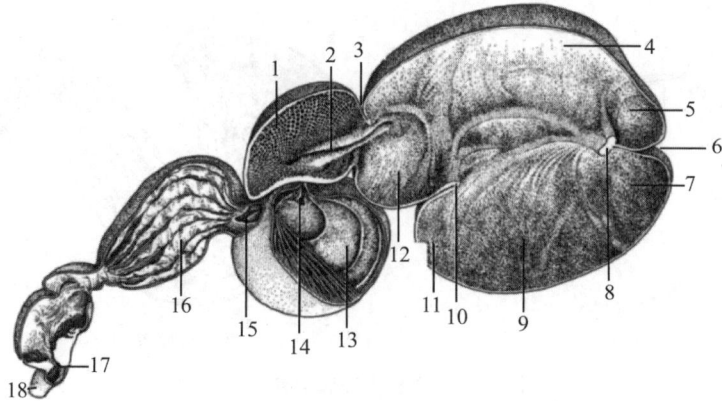

图 4-24　牛胃内部构造

1. 网胃小房；2. 食管沟；3. 瘤网沟；4. 瘤胃背囊；5. 后背盲囊；6. 瘤胃后沟；7. 后腹盲囊；
8. 瘤胃后柱；9. 瘤胃腹囊；10. 瘤胃前柱；11. 前腹盲囊；12. 前背盲囊；13. 瓣胃叶；
14. 网瓣口；15. 瓣皱口；16. 皱胃螺旋褶；17. 幽门；18. 十二指肠

机能完善，吮乳时可闭合成管，使乳汁直接沿食管沟和瓣胃沟直达皱胃；而成年牛的食管沟则闭合不严。

③瓣胃：瓣胃黏膜表面覆盖有角质化的复层扁平上皮，并形成百余片大小、宽窄不同的叶片，故又称"百叶胃"。叶片呈新月形，凸缘附着于胃壁，凹缘游离。瓣叶按宽窄分大、中、小和最小四级，有规律地相间排列。瓣叶上密布粗糙角质乳头，在消化中可将食物榨干、磨碎。在瓣皱孔两侧的黏膜，各形成一个皱褶，称瓣胃帆，有防止皱胃内容物逆流入瓣胃的作用。在瓣胃底部有一瓣胃沟，前接网瓣孔与食管沟相连，后接瓣皱孔与皱胃相通，细粒饲料和液态饲料，可经此沟直接进入皱胃。

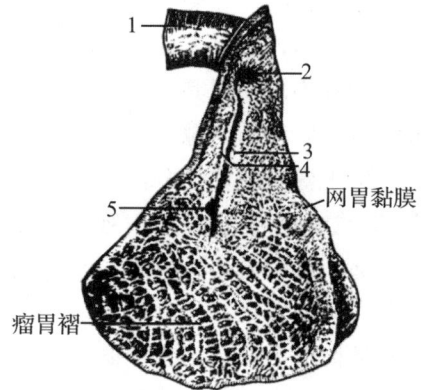

图 4-25　牛的食管沟

1. 食管；2. 贲门；3. 食管沟右唇；
4. 食管沟左唇；5. 网瓣口

④皱胃：有 12～14 条螺旋状黏膜褶。黏膜内有腺体，按其位置和颜色分为贲门腺区（靠近瓣皱孔色较淡）、胃底腺区（位于胃底部色深红）和幽门腺区（靠近幽门色黄），可分泌消化液，对食物进行初步消化。

(2)其他动物胃黏膜特点。

①猪胃：单室混合型胃，既有有腺部，又有无腺部。黏膜无腺部小，为贲门周围的四边形区域，色苍白。有腺部大，分三个腺区：贲门腺区最大，色淡红，占胃的左半部；胃底腺区次之，棕红色，位于贲门腺区的右侧；幽门腺区最小，灰红色至黄色，位于幽门部，有不规则的皱褶。

②马胃：单室混合型胃。胃黏膜由一褶缘分为无腺部和有腺部。褶缘以下为有腺部，此部也分三个腺区：贲门腺区为沿褶缘分布的窄带状区域，灰黄色；胃底腺区为位于贲门腺区下方大片棕红色区域；幽门腺区最小，灰红或灰黄色，位于幽门部。

③鸡胃（见图4-26）：腺胃黏膜上有30～40个腺胃乳头。鸡瘟时，常见腺胃乳头有出血点。肌胃黏膜表面被覆一层厚而坚硬的类角质膜，由于胆汁反流作用而成黄色，称胃角质（俗称鸡内金）。肌胃以发达的肌层、砂砾以及角质层对食物起机械性磨碎作用。

④犬胃：单室有腺胃。贲门腺区很小；胃底腺区很大，红褐色，占胃黏膜面积的2/3，黏膜厚；幽门腺区较小，灰白色。

六、肠

肠起自胃的幽门，止于肛门，分大肠和小肠两部分。小肠前接幽门，后以回盲口通盲肠，可分十二指肠、空肠和回肠三段。大肠前接回肠，后通肛门，一般也分盲肠、结肠和直肠三段。

（一）肠的形态位置

1. 牛肠（见图4-27）

（1）小肠。

①十二指肠：长约1 m，位于右季肋部和腰部，以短的十二指肠系膜，附于结肠终端的外侧，位置较固定。牛小肠分为三段三曲。第一段起自幽门，向前向上延伸，在肝的脏面形成"乙"状弯曲（十二指肠前曲）；第二段由此向后延伸，到髋结节附近，向上并向前，折转形成后（髋）曲；第三段由此向前，与结肠末端平行，到右肾腹侧与空肠相接（十二指肠空肠曲）。在十二指肠后曲的黏膜上，有胆管和胰管的开口。十二指肠后部有与结肠相连的十二指肠结肠韧带，大体解剖时，此韧带作为与空肠分界的标志。

②空肠：是小肠中最长一段，位于腹腔右侧，形成无数肠圈，由宽的空肠系膜悬挂于结肠盘周围，形似花环。空肠的右侧和腹侧，隔着大网膜与腹壁相邻，左侧与瘤胃相邻，背侧为大肠，前面为瓣胃和皱胃。后部肠圈因肠系膜较长而游离性较大，常绕过瘤胃后方而到左侧。

③回肠：较短，约50 cm，与空肠无明显分界，不形成肠圈，肠管较直，肠壁较厚。自空肠最后肠圈起，几乎呈直线向前上方，延伸至盲肠腹侧，止于回盲口，此处黏膜形成一回盲瓣。在回肠与盲肠之间有一三角形回盲韧带，常作为回肠与盲肠的分界标志。

（2）大肠。牛的大肠长6.4～10 m，位于腹腔右侧和骨盆腔。管径比小肠略粗，黏膜表

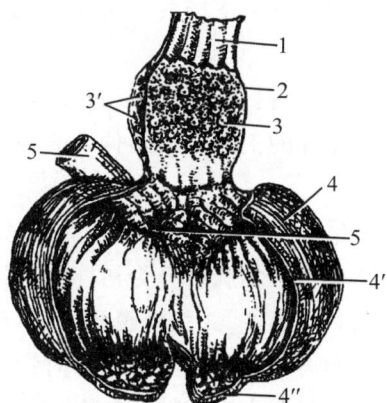

图4-26　鸡的胃（纵剖开）

1. 食管；2. 腺胃；3. 乳头及腺胃深腺开口；
3′. 深腺小叶；4. 肌胃的厚肌；4′. 胃角质层；
4″. 肌胃后囊的薄肌；5. 幽门

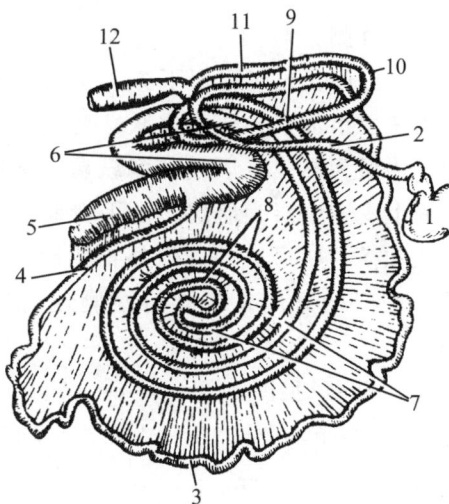

图4-27　牛的肠

1. 胃；2. 十二指肠；3. 空肠；4. 回肠；
5. 盲肠；6. 结肠初袢；7. 结肠旋袢向心回；
8. 结肠旋袢离心回；9. 结肠终袢；
10. 横结肠；11. 降结肠；12. 直肠

面平滑，肠壁不形成纵肌带和肠袋。大肠可分为盲肠、结肠和直肠三段，前接回肠，后通肛门。

①盲肠：长 50～70 cm，管径较大，呈长圆筒状，位于右髂部。盲肠起自于回盲口，沿右髂部的上部向后延伸，盲端可达骨盆腔入口处，其前端移行为结肠，两者以回盲口为界。

②结肠：长 6～9 m，借总肠系膜附着于腹腔顶壁。其起始部的管径与盲肠相似，以后逐渐变细。结肠可分为初袢、旋袢和终袢三部分。初袢起自回盲口，整个初袢形成"乙"状弯曲，达第 2、3 腰椎腹侧，移行为旋袢；旋袢位于瘤胃右侧，呈一扁平的圆盘状，分为向心回和离心回，向心回以顺时针方向向内旋转约 2 圈（羊约三圈）至中心曲，离心回自中心曲起按相反方向旋转约 2 圈（羊约 3 圈），移行为终袢；终袢离开旋袢后，向后延伸到骨盆腔入口处，再折转向前延伸，至最后胸椎的腹侧和肝附近（从初袢开始一直到此处即所谓的升结肠），接着从右侧绕过肠系膜前动脉根部向左急转（此段较短的肠管即所谓的横结肠），再折转向后延伸至骨盆腔入口处（此段较直的肠管即所谓的降结肠），此段肠管附于较长的降结肠系膜下，故其活动性较大。降结肠后部形成"S"形弯曲，此曲又称乙状结肠。

③直肠：短而直，长 40 cm，粗细较均匀，不形成直肠壶腹。直肠位于骨盆腔内，前连接乙状结肠，后端以肛门与外界相通。直肠以直肠系膜连于骨盆腔顶壁，脊柱下方，生殖器官背侧。

④肛门：位于尾根下方，是消化管的末段。肛门由三层组成：外层为皮肤，薄而富有汗腺和皮脂腺；内层为黏膜，形成许多纵褶，黏膜上皮为复层扁平上皮；中层为肌层，由平滑肌形成的肛门内括约肌和横纹肌形成的肛门外括约肌构成，其作用是控制肛门的开闭。在肛门两侧还有肛提肌和肛悬韧带。

2. 猪肠（见图 4-28）

（1）小肠，全长 15～21 m，平均为体长的 11～12 倍，直径为 4 cm。

①十二指肠：长 40～90 cm，位于右季肋部和腰部，起始部在肝脏面形成"乙"状弯曲，然后沿右季肋部向上向后，延伸至右肾后端，转而向左再向前延伸，移行为空肠。在距离幽门 2～5 cm 处，胆总管开口于十二指肠大乳头突，在距离幽门 10～12 cm 处，胰管开口于十二指肠小乳头突。

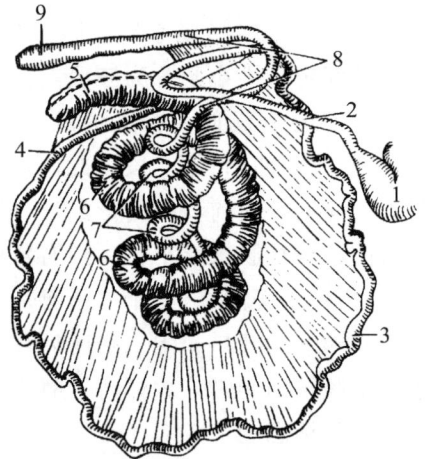

图 4-28 猪肠

1. 胃；2. 十二指肠；3. 空肠 ；4. 回肠；5. 盲肠；
6. 结肠圆锥向心回；7. 结肠圆锥离心回；
8. 结肠终袢；9. 直肠

②空肠：长 14～19 m，形成无数肠袢，借较宽的空肠系膜悬吊于胃的后方。空肠大部分位于腹腔右半部、结肠圆锥的右侧，小部分位于腹腔左侧后部。

③回肠：长 0.7～1 m，短而直，管壁较厚，末端斜向突入盲肠和结肠交界处的肠腔内，形成发达的回肠乳头（回盲瓣）。猪回肠固有层和黏膜下层内的淋巴集结特别明显，呈

长带状，分布于肠系膜附着缘对侧的肠壁内。

（2）大肠，长 3.5～6 m，约为体长的 3 倍，直径为 5 cm，比小肠粗。

①盲肠：呈圆筒状，短而粗，长 20～30 cm，位于左髂部，盲端达骨盆前口，肠壁有 3 条纵肌带和 3 列肠袋。

②结肠：长 3～4 m，位于胃后方，腹腔左侧，盘曲成圆锥状，锥底朝向背侧，锥尖朝向脐部，由向心回（顺时针方向向下旋）和离心回（逆时针方向向上旋）组成。向心回位于结肠圆锥的外围，肠管较粗，由背侧向腹侧旋转 3 周，有 2 条纵肌带和 2 列肠袋；离心回位于结肠圆锥的里面，肠管较细，由腹侧向背侧旋转，无肠袋和纵肌带。

③直肠：位于骨盆腔内，沿脊柱下方和生殖器官背侧，向后延伸至肛门，周围有大量脂肪。在肛门前方形成明显增粗的为直肠壶腹，肛门周围有肛门内括约肌、肛门外括约肌、直肠尾骨肌和肛提肌。

3. 马肠

（1）小肠。

①十二指肠：长约 1 m，位于右季肋部和腰部，以短的十二指肠系膜连于肝、右上大结肠、盲肠底、小结肠起始部、右肾和腰肌，位置较固定。其靠近幽门处形成"乙"状弯曲，然后向上向后延伸，在右肾后方绕过肠系膜向左转，在左肾下面移行为空肠。

②空肠：长约 22 m，借空肠系膜悬吊在 1～2 腰椎的腹侧，形成很多肠圈，常与小结肠混在一起，移动范围较大。空肠位于左髂部、左腹股沟部和耻骨部。

③回肠：长约 1 m，与空肠无明显界限，肠管较直，管壁较厚（内含大量淋巴组织），以短的回肠系膜连于盲肠。从左髂部伸到右后上方，到第 3、4 腰椎下方，以回盲口开口于盲肠底内侧。在回肠与盲肠之间有三角形的回盲韧带相连。

（2）大肠（见图 4-29）。

①盲肠：很发达，逗点状，长约 1 m，容积为 25～30 L，比胃大 1 倍。盲肠位于腹腔右侧，自右髂部的上部，向前下沿腹壁延伸，至剑状软骨部。盲肠可分为盲肠底、盲肠体和盲肠尖三部分。盲肠底位于右髂部，是盲肠后上方弯曲的部分，其背缘凸出称盲肠大弯，腹缘凹称盲肠小弯，小弯处有回盲口和盲结口，盲肠底是盲肠听诊、穿刺最适宜的部位；盲肠体向后腹侧弯曲，再折转向前，占据右腹外侧区、右腹股沟区、耻骨区和脐区；盲肠尖是盲肠体前端逐渐缩细的部分，为一盲端，在剑状软骨后方。盲肠外面有 4 条纵肌带（肠带）和 4 列肠袋（囊袋状隆起）。此处距离剑状软骨 10～15 cm 是腹腔穿刺的适宜部位。

②结肠：分为大结肠（升结肠）和小结肠（降结肠）。大结肠特别发达，长 3～3.7 m，容

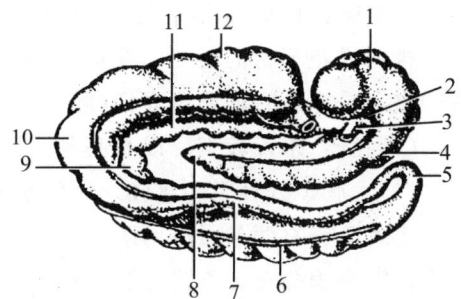

图 4-29　马的大肠
1. 盲肠底；2. 盲结口；3. 回盲口；4. 盲肠体；
5. 骨盆曲；6. 左下大结肠；7. 左上大结肠；
8. 盲肠尖；9. 胸骨曲；10. 膈曲；
11. 右下大结肠；12. 右上大结肠

积 50～60 L，占据腹腔的大部分，主要在腹腔下半部，排列成双层马蹄铁形，可分为四段三曲。从盲结口开始，顺次为右下大结肠→胸骨曲→左下大结肠→骨盆曲→左上大结肠→膈曲→右上大结肠。下大结肠和胸骨曲有 4 条纵肌带和 4 列肠袋，上大结肠和膈曲有 3 列纵肌带。大结肠肠管管径差别较大，盲结口为 5～5.7 cm，下大结肠为20～25 cm，骨盆曲为 5～6 cm，左上大结肠约20 cm，右上大结肠末端膨大（胃状膨大部或结肠壶腹），管径为 30～50 cm。小结肠长约 3.5 m，管径较细，主要位于左髂部上部，与空肠混杂，移动性大，在骨盆前口管径变细移行为直肠。小结肠具有 2 条纵肌带和 2 列肠袋。

③直肠：长约 30 cm，位于骨盆腔内，其前段管径小，称狭部，后段膨大，称直肠壶腹。

4. 鸡肠（见图 4-30）

肠管短，小肠和大肠壁上均有肠腺和肠绒毛，但无十二指肠腺。

（1）小肠。

①十二指肠：长 22～35 cm，直径 0.8～1.2 cm，位于腹腔右侧，形成"U"字形肠祥。胰位于十二指肠祥内。

②空肠：以肠系膜悬挂于腹腔右侧，大部分空肠排列成花环状的肠祥。在空肠中部有一长约 1 cm、直径约 0.5 cm 的小突起，称卵黄囊憩室，是胚胎时期卵黄囊柄（胚胎通过卵黄囊柄附着于蛋壳）的遗迹，幼年时较发达。

③回肠：末段较直，以系膜与两侧盲肠相联系。

（2）大肠，分盲肠和直肠，无明显的结肠。

①盲肠：有两条，沿回肠两侧向前延伸，分盲肠基、盲肠体和盲肠尖。盲肠基部黏膜内有淋巴组织分布，称为盲肠扁桃体。某些疾病时，此部可显著肿胀。鸽的盲肠很不发达，小如芽状。

②直肠：以系膜悬挂于骨盆腔背侧，前接回肠，后接泄殖腔。

（3）泄殖腔（见图 4-31），是消化、泌尿、生殖三个系统的共同通道，由直肠末端膨大形成的腔道，位于骨盆腔后部。其内有两个不完整的环形黏膜褶把泄殖腔分为粪道、泄殖道和肛道三部分。

①粪道：是直肠的末端，较膨大，黏膜上有较短的绒毛。

②泄殖道：前以环行褶与粪道为界，后以半月褶与肛道为界，较短。背侧面有一对输尿管开口，在输尿管开口的背侧略后方，雄禽有一对输精管乳头，雌禽在左侧有一输卵管

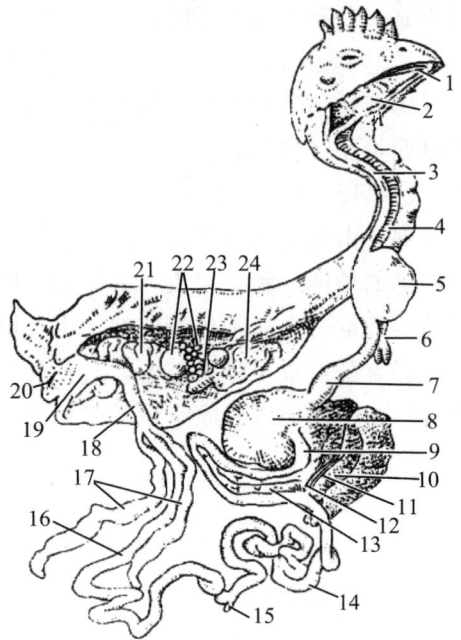

图 4-30　鸡的消化器官

1. 口腔；2. 咽；3. 食管；4. 气管；5. 嗉囊；6. 鸣管；7. 腺胃；8. 肌胃；9. 十二指肠；10. 胆囊；11. 肝肠管和胆囊肠管；12. 胰管；13. 胰腺；14. 空肠；15. 卵黄囊憩室；16. 回肠；17. 盲肠；18. 直肠；19. 泄殖腔；20. 肛门；21. 输卵管；22. 卵巢；23. 心；24. 肺

开口。

③肛道：通过泄殖孔与外界相通，在肛道背侧有腔上囊（法氏囊）的开口。肛门腹侧唇的内侧，有三个并列的小突起，称阴茎体，刚孵出的小鸡明显，可以以此来鉴别雌雄。

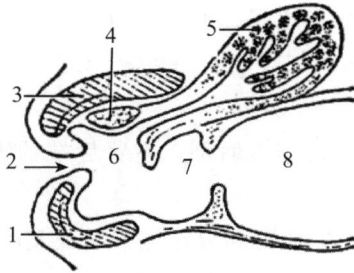

图 4-31 幼禽泄殖腔正中切面示意图

1. 括约肌；2. 肛门；3. 括约肌；4. 肛腺；
5. 腔上囊；6. 肛道；7. 泄殖道；8. 粪道

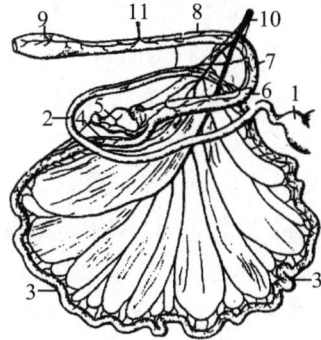

图 4-32 犬肠

1. 胃；2. 十二指肠；3. 空肠；4. 回肠；
5. 盲肠；6. 升结肠；7. 横结肠；8. 降结肠；
9. 直肠；10. 肠系膜前动脉；11. 肠系膜后动脉

5. 犬肠（见图 4-32、图 4-33）

肠管较短，大、小肠管径近似。

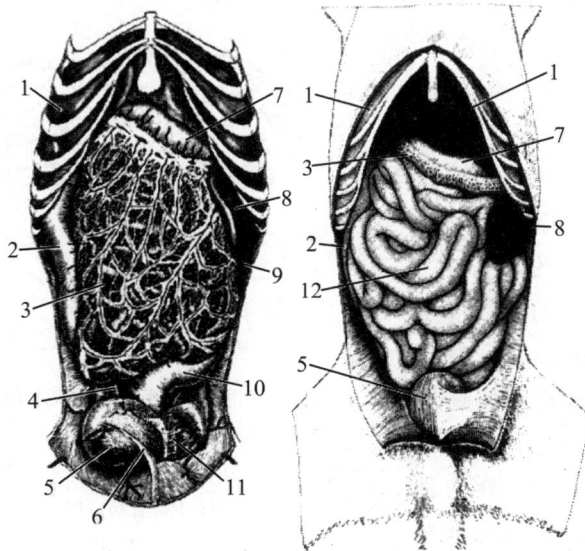

（a）切除膈肌保留网膜　　　（b）切除网膜保留膈肌

图 4-33 犬肠和网膜的形态位置

1. 肝；2. 十二指肠；3. 大网膜；4. 输尿管；5. 膀胱；6. 膀胱正中韧带；
7. 胃；8. 脾尾；9. 左肾；10. 结肠；11. 膀胱圆韧带；12. 空肠

(1)小肠，为体长的 3～4 倍，约 4 m。

①十二指肠：位于右季肋部和腰部，可分为前曲、降部、后曲和升部。其前曲短，起于幽门，沿肝的脏面下行，在右侧第 9 肋间隙处转为降部；降部游离于大网膜外，在右肾后端，第 5～6 腰椎间左转，移行为后曲；升部行于右侧的盲肠、升结肠和左侧的降结肠、左肾之间，在腹腔右侧前行，在肠系膜前动脉根部，左转移行为空肠。

②空肠：由 6～8 个肠袢组成，位于肝、胃和骨盆前口之间。

③回肠：短而直，由腹腔的左后部伸向右前方，末端有较小的回盲瓣。

(2)大肠。长 60～75 cm，无肠带和肠袋。

①盲肠：退化，呈"S"形或螺旋状弯曲，盲尖向后，位于右髂部，右肾后端的腹侧，小肠袢的背侧，第 2～3 腰椎横切面上。

②结肠：呈"U"形袢，位于腹腔背侧，分升结肠、横结肠和降结肠。升结肠位于右髂部，从盲结口沿十二指肠降部和胰右叶，向前行至胃幽门部；横结肠接近幽门部，位于肠系膜根的前方，自右侧幽门至左肾腹侧；降结肠位于左髂部和左腹股沟部，起于肠系膜根的左侧，然后斜向正中矢面，至骨盆入口处与直肠相接。

③直肠：位于骨盆腔内，直肠壶腹宽大，后端变细形成肛管，肛管两侧各有一小口通入肛旁窦。肛旁窦通常为榛子大小，内有肛门囊腺，分泌灰褐色、难闻的脂肪分泌物。

6. 猫肠

猫的小肠短，约 100 cm，为体长的 3 倍。盲肠不发达，长 1.5～1.8 cm，结肠长 13 cm 左右。猫肠短、宽、厚的特点符合肉食动物特征。

7. 兔肠（见图 4-34）

兔肠较长，为体长的 10 倍以上，容积较大，具有较强的消化吸收机能。

(1)小肠，长达 3 m 以上。十二指肠长约 50 cm，空肠长约 2 m，由较长的肠系膜悬吊于腹腔的左侧前半部，回肠较短，约 40 cm，以回盲褶连于盲肠。回肠与盲肠相接处肠壁增厚膨大，称圆小囊，为兔特有的淋巴器官，长约 3 cm，宽 2 cm，囊壁色较浅，呈灰白色，黏膜上皮下充满淋巴组织。

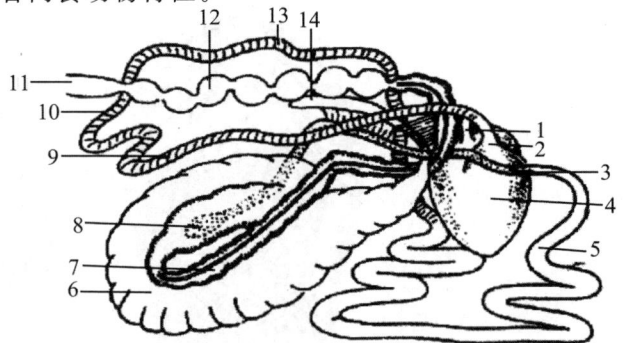

图 4-34　兔肠管走向模式图

1. 食管；2. 幽门；3. 回肠；4. 胃；5. 空肠；6. 盲肠；
7. 结肠；8. 圆小囊；9. 十二指肠降支；10. 十二指肠横支；
11. 肛门；12. 直肠；13. 十二指肠升支；14. 蚓突

(2)大肠，长约 1.9 m。盲肠特别发达，为卷曲的锥形体，可分为基部、体部和尖部。基部粗大，壁薄，黏膜表面有螺旋瓣，黏膜中有盲肠扁桃体；盲肠尖部，有狭窄的、灰白色的蚓突，长约 10 cm，表面光滑，壁内有丰富的淋巴滤泡。结肠管径由粗变细，表面有 3 条纵肌带和 3 列肠袋，盲肠和结肠间形成"S"弯曲。直肠末端的侧壁有直肠腺，分泌物带有特殊的臭味，属于皮肤腺。直肠末端为肛门。

(二)肠的组织构造

1. 小肠的组织构造(见图 4-35)

小肠壁分为黏膜层、黏膜下层、肌层、浆膜四层,突出的特征是黏膜层具有肠绒毛。

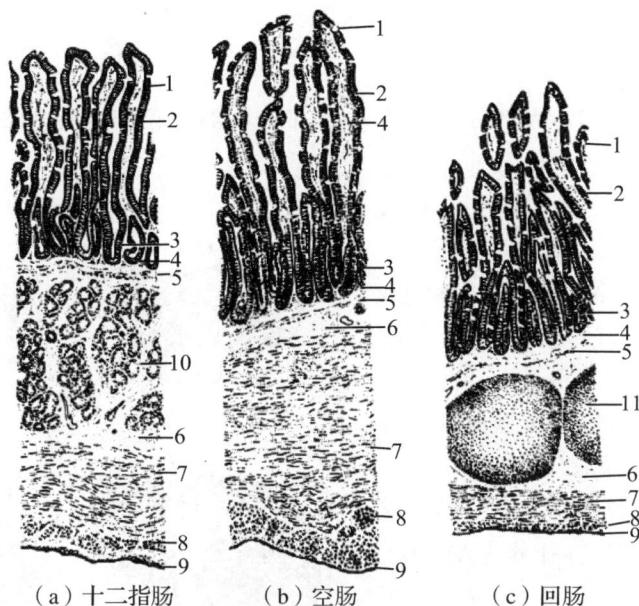

（a）十二指肠　　　（b）空肠　　　（c）回肠

图 4-35　小肠的组织构造

1. 肠上皮；2. 肠绒毛；3. 肠腺；4. 固有层；5. 黏膜肌层；6. 黏膜下层；7. 内环行肌；
8. 外纵行肌；9. 浆膜；10. 十二指肠腺；11. 集合淋巴小结

(1)黏膜层:小肠黏膜形成许多环形的皱褶,表面有许多指状突起,称为肠绒毛。绒毛由上皮和固有膜组成。上皮覆盖在绒毛表面,为单层柱状上皮,由柱状细胞、杯状细胞等组成。每个柱状细胞顶端有 2000～3000 个微绒毛,使细胞表面积增加 20 倍以上,有利于消化和吸收;杯状细胞位于柱状细胞之间,细胞体膨大如杯形,分泌黏液,可润滑和保护上皮。固有膜存在于绒毛中轴,内有大量肠腺、血管、淋巴管、神经和各种细胞成分。此外,固有膜尚有淋巴小结,有的单独存在,称为淋巴孤节(分布在空肠和十二指肠);有的集合成群,称为淋巴集结(主要分布于回肠)。固有膜中央有一条贯穿绒毛全长的毛细淋巴管,称中央乳糜管,其周围有毛细血管网。固有膜内还有分散的平滑肌,与绒毛长轴平行,收缩时绒毛缩短,使绒毛毛细血管和中央乳糜管中所吸收来的营养物质,随血液和淋巴进入较深层的血管和淋巴管中,绒毛的这种不断伸展与收缩,促进营养物质吸收和运输。

(2)黏膜下层:由疏松结缔组织构成。十二指肠黏膜下层有十二指肠腺,其分泌物可在十二指肠黏膜表面形成屏障,以对抗胃酸对十二指肠黏膜的侵蚀。

(3)肌层:由内层环行和外层纵行的两层平滑肌构成。

(4)浆膜:由薄层结缔组织和间皮构成。

　　2. 大肠的组织构造

　　大肠与小肠相似，主要有以下特点：黏膜没有环形皱襞，黏膜表面没有绒毛；黏膜上皮中杯状细胞多，无纹状缘；大肠腺比较发达，直而长；孤立淋巴小结较多，集合淋巴小结很少；肌层发达。

七、肝

（一）肝的形态位置

　　肝位于膈后，腹前部，大部分位于右季肋部，小部分位于左季肋部，棕红色、质脆，呈不规则的扁圆形。

　　肝有两面和两缘：前面稍隆突，与膈相贴，为膈面（壁面），有后腔静脉通过；后面凹陷，与胃、十二指肠和胰等接触，为脏面。脏面中央有肝门，门静脉、肝动脉、肝神经、肝管、淋巴管由此出入肝。肝背缘较钝，有食管切迹；腹缘薄锐，有较深的切迹将肝分叶（见图 4-36）。

　　肝的分叶：一般以胆囊和圆韧带（成年牛退化）切迹为标志，将肝分为左、中、右三叶。其中，中叶又以肝门为界，分为背侧的尾叶和腹侧的方叶，尾叶向右突出的部分，称为尾状突。

　　牛肝：位于右季肋部，略呈长方形。牛肝无叶间切迹，故分叶不明显，但也可分为左叶、右叶、方叶和尾叶，尾叶有突向肝门的乳头突和盖于右叶脏面的尾状突。肝的实质较厚实，有胆囊，以胆总管

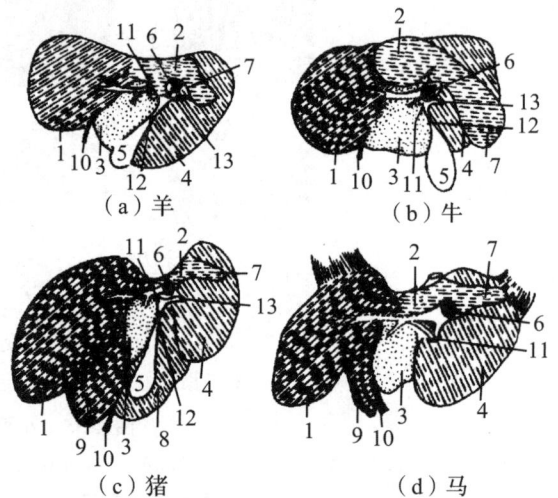

图 4-36　部分动物肝的形态构造模式图

（a）羊　　（b）牛　　（c）猪　　（d）马

1. 左叶；2. 尾状叶；3. 方叶；4. 右叶；5. 胆囊；6. 门静脉；7. 尾状突；8. 右内叶；9. 左内叶；10. 圆韧带；11. 胆管；12. 胆囊管；13. 输胆管

（胆囊管与肝管在肝门处汇合形成）开口于十二指肠的"乙"状弯曲，距幽门 50～70 cm。

　　猪肝：较大，质量为 1.0～2.5 kg，位于季肋部和剑状软骨部，略偏右侧，中央厚而边缘薄锐。猪肝分叶明显，可分左外、左内、右外、右内、方叶和尾叶六叶，左外叶最大；有胆囊，胆总管开口于距幽门 2～5 cm 处的十二指肠憩室。猪肝的小叶间结缔组织发达，肝小叶界限清楚，在肝的表面，肉眼可见呈暗色小粒，肝也不易破裂。

　　马肝：大部分位于右季肋部，小部分位于左季肋部。马肝被较深的叶间切迹分成明显的四叶，其中左叶又包括左外叶、左内叶两部分，右叶背缘有明显的肾压迹。无胆囊，胆汁沿肝管出肝门后，由肝管直接注入十二指肠。马肝借很短的左、右冠状韧带、三角韧带、镰状韧带、肝圆韧带连于膈上，并借助肝肾韧带连于右肾和盲肠底。

　　禽肝：较大，分为左、右两叶，位于腹腔前下部，胸骨背侧，两叶肝之间夹有心脏、腺胃、肌胃，两叶肝各有肝门。成年禽肝为暗褐色，质地脆弱。肉用禽，因肝内含有脂肪而为黄褐色或土黄色。鸽和鸵鸟无胆囊。

犬肝（见图 4-37）：大部分位于右季肋部，小部分位于左季肋部。犬肝分叶明显，可分左外、左内、右外、右内、方叶和尾叶，尾叶除尾状突外，有明显的乳头突。

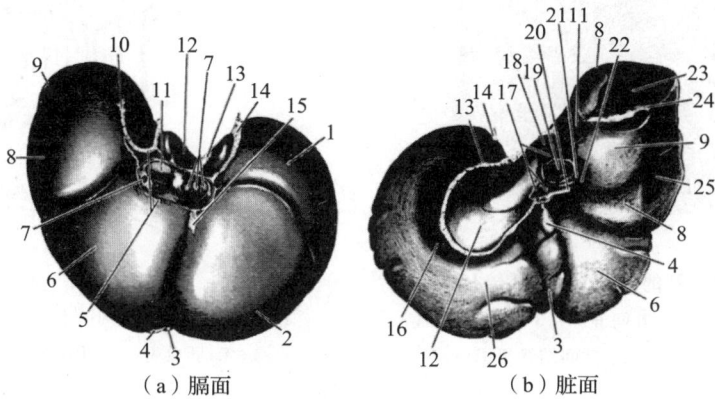

图 4-37　犬肝的膈面和脏面

1. 左外叶；2. 左内叶；3. 方形叶；4. 胆囊；5. 冠状韧带；6. 右内叶；7. 肝静脉；8. 右外叶；
9. 尾状叶尾状突；10. 右三角韧带；11. 后腔静脉；12. 尾叶叶乳头突；13. 网膜；14. 左三角韧带；
15. 镰状韧带；16. 胃压迹；17. 肝支；18. 肝动脉；19. 门静脉；20. 胆管；21. 胃右动脉；
22. 胃动脉；23. 肾压迹；24. 肝肾韧带；25. 十二指肠压迹；26. 左内叶

猫肝：很发达，位于腹腔前部、膈的后方，伸展至胃的腹面，遮盖除幽门部外的整个胃壁面。猫肝也分左外、左内、右外、右内、方叶和尾叶。胆囊比较发达。

兔肝：位于腹前部偏右，暗紫色。兔肝分 6 叶，即左外、左内、右外、右内、方叶和尾叶。尾叶发达，方叶最小。

（二）肝的组织构造（见图 4-38）

肝的表面被覆一层浆膜，浆膜下有一层富含弹性纤维的结缔组织，结缔组织随血管、神经、淋巴管等进入肝的实质，构成肝的支架，并将肝分成许多肝小叶。

1. 肝小叶（见图 4-39）

肝小叶是肝的基本结构单位，呈不规则的多边棱柱状。其中轴贯穿一条静脉，称中央静脉。在肝小叶的横断面上，可见到肝细胞呈索状排列组合在一起，称为肝细胞索，并以中央静脉为中心，向周围呈放射状排列。肝细胞索有分支，彼此吻合成网，网眼间形成窦状隙，又称肝血窦，实际上是不规则膨大的毛细血管。窦壁由内皮细胞构成，窦腔内有枯否氏细胞，可吞噬细菌、异物。肝从立体结构上看，肝细胞排列并不呈索状，而是呈不规则的、互相连接的板状，称为肝板。细胞之间有胆小管，以盲端起始于中央静脉周围的肝板内，也呈放射状，并彼此交织成网。

2. 肝的血液循环

肝脏的血液供应有两个来源，一是门静脉，二是肝动脉。

（1）门静脉汇集胃、脾、肠、胰的血液，经肝门入肝，在肝小叶间分支形成小叶间静脉，再分支进入肝小叶内，开口于窦状隙，然后血液流向小叶中心的中央静脉，再汇合成小叶下静脉（在小叶间结缔组织内单独行走），最后汇集成数支肝静脉，入后腔静脉。门静

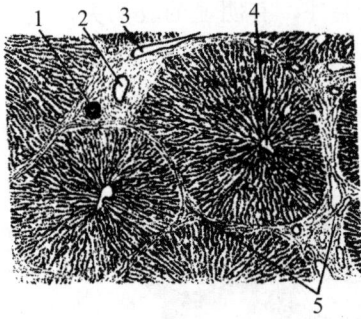

图 4-38　肝的组织切片(低倍)

1. 小叶间动脉；2. 小叶间静脉；3. 小叶间胆管；

4. 中央静脉；5. 小叶间结缔组织

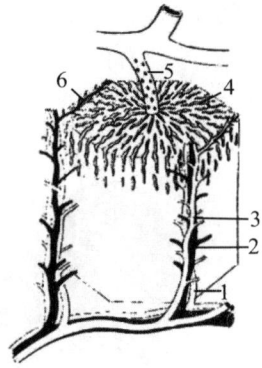

图 4-39　肝小叶模式图

1. 小叶间动脉；2. 小叶间静脉；3. 小叶间胆管；

4. 肝血窦；5. 中央静脉；6. 终末支

脉血由于主要来自胃肠，既含有经消化吸收来的营养物质，又含有消化吸收过程中产生的毒素、代谢产物及细菌、异物等有害物质。其中，营养物质在窦状隙处可被吸收、贮存或经加工、改造后再排入血液中，运到机体供利用；而代谢产物、细菌、异物等有毒、有害物质，则可被肝细胞结合或转化为无毒、无害物质，细菌、异物可被枯否氏细胞吞噬。因此，门静脉属于肝的功能血管。

（2）肝动脉是来自腹主动脉的分支，经肝门入肝后，在肝小叶间分支形成小叶间动脉，并伴随小叶间静脉分支后，进入窦状隙和门静脉血混合。部分分支还可到被膜和小叶间结缔组织等处。这支血管由于是来自主动脉，含有丰富的氧气和营养物质，可供肝本身物质代谢使用，所以是肝的营养血管。

3. 门管区

由肝门进出肝的三个主要管道（门静脉、肝动脉和肝管），以结缔组织包裹，总称为肝门管。三个管道在肝内分支，并在小叶间结缔组织内相伴而行，分别称为小叶间静脉、小叶间动脉和小叶间胆管。其中，小叶间静脉管径最大，管腔不规则，管壁薄，仅由一层内皮和一薄层结缔组织构成；小叶间动脉管径最小，管壁厚，由内皮和数层环行平滑肌纤维构成；小叶间胆管管径亦小，管壁由单层立方上皮组成。在门管区内还有淋巴管、神经伴行。

4. 肝的排泄管

肝细胞分泌的胆汁排入胆小管内。胆汁是从小叶中央向周边运送，在肝小叶边缘，胆小管汇合成短小的小叶内胆管。小叶内胆管出肝小叶，汇入小叶间胆管。小叶间胆管向肝门汇集，最后形成肝管出肝，再经胆囊管储存于胆囊，经胆总管排至十二指肠。马属动物和鸽子没胆囊，其左、右肝管汇成肝总管，开口于十二指肠。

肝的血液循环和胆汁排出途径：

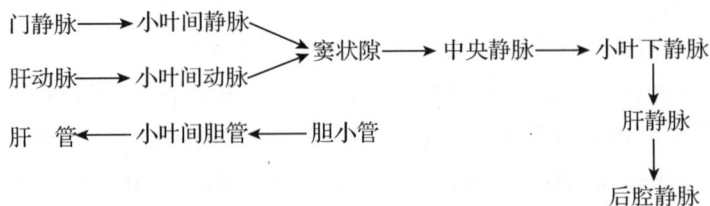

门静脉——→小叶间静脉
　　　　　　　　　　　＼
　　　　　　　　　　　　窦状隙——→中央静脉——→小叶下静脉
　　　　　　　　　　　／　　　　　　　　　　　　　　　│
肝动脉——→小叶间动脉　　　　　　　　　　　　　　　　↓
　　　　　　　　　　　　　　　　　　　　　　　　　　肝静脉
肝　管←——小叶间胆管←——胆小管　　　　　　　　　　　│
　　　　　　　　　　　　　　　　　　　　　　　　　　↓
　　　　　　　　　　　　　　　　　　　　　　　　　后腔静脉

（三）肝的功能

肝是体内的一个重要器官，不仅能分泌胆汁参与消化，而且又是体内代谢中心，体内很多代谢都在肝内完成。此外，肝还具有造血、解毒、排泄、防御等功能。

（1）分泌：肝是体内最大的腺体，肝细胞分泌的胆汁可促进脂肪消化、脂肪酸和脂溶性维生素的吸收等作用。

（2）代谢：肝是体内的代谢中心。肝细胞内可进行蛋白质、脂肪和糖的分解、合成、转化和贮存，很多代谢过程都离不开肝脏，且能贮存维生素 A、维生素 D、维生素 E、维生素 K 以及大部分 B 族维生素。

（3）解毒：从肠道吸收来的毒物或代谢过程中产生的有毒有害物质，或经其他途径进入机体的毒物或药物，在肝内通过转化和结合作用，变成无毒或毒性小的物质，排出体外。如将氨基酸代谢中脱出的氨（对机体有毒），转化成无毒的尿素，通过肾脏排出。

（4）防御：窦状隙内的枯否氏细胞，具有强大的吞噬作用，能吞噬侵入窦状隙的细菌、异物和衰老的红细胞。

（5）造血：肝是胚胎时期的造血器官，可制造血细胞。成年动物的肝只形成血浆中的一些重要成分，如清蛋白、球蛋白、纤维蛋白原、凝血酶原、肝素等。

八、胰

（一）形态位置

牛的胰呈淡红黄色，呈不正四边形（见图 4-40）。位于腹腔背侧，靠近十二指肠。胰分三叶，靠近十二指肠的部位叫中叶（或胰头），左侧的部分为左叶，右侧的部分叫右叶。

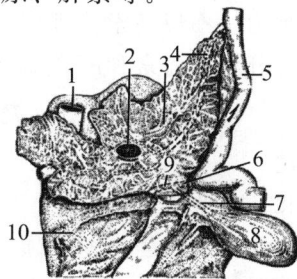

图 4-40　牛的胰（腹侧面）

1. 后腔静脉；2. 门静脉；3. 胰；4. 胰管；5. 十二指肠；6. 胆总管；7. 胆囊管；8. 胆囊；9. 肝总管；10. 肝

猪的胰呈三角形，灰黄色，位于最后两个胸椎和前两个腰椎的腹侧。胰可分三叶：胰体（中叶）居中，位于胃小弯和十二指肠前部附近；左叶从胰体向左延伸；右叶较小，沿十二指肠降部向后延伸。

马的胰呈三角形片状，柔软而呈淡红色，位于第 16～18 胸椎腹侧，大部分在体正中线的右侧。胰可分三叶：胰体（中叶）位于胰的右前部；左叶伸入胃盲囊和左肾之间；右叶较钝，位于右肾和右肾上腺的腹侧。

鸡胰呈长条分叶状，淡黄或红色，位于十二指肠"U"形肠袢内，分为背叶、腹叶和中间叶。

犬胰位于十二指肠、胃和横结肠之间，呈"V"字形，粉红色。

胰的输出管有一条（牛、猪）或两条（马、狗、部分猫），其中一条叫胰管，另一条叫副胰管，均开口于十二指肠（见图 4-41）。鸡有 3 条胰管，鸭、鹅有 2 条，与胆管一同开口于十二指肠末端。

（二）胰的组织构造（见图 4-42）

胰的外面包有一薄层结缔组织被膜，结缔组织伸入腺体实质，将腺体分成许多小叶。胰的实质可分为外分泌部和内分泌部。

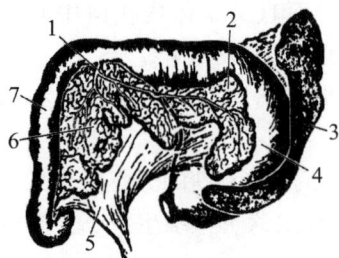

图 4-41　猫胰和脾

1. 胰管；2. 胰的胃部；3. 脾；4. 胃；
5. 十二指肠网膜；6. 胰的十二指肠部；
7. 十二指肠

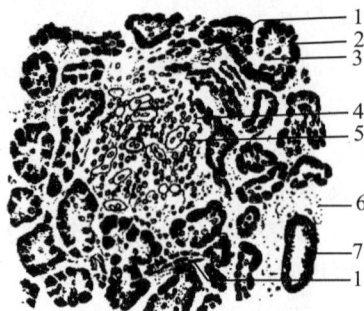

图 4-42　胰腺切面示意图

1. 润管；2. 腺泡；3. 泡心细胞；
4. 胰岛；5. 血窦；6. 小叶间结缔组织；
7. 小叶间导管

（1）外分泌部：属消化腺，由许多腺泡和导管组成，占腺体的绝大部分。腺泡分泌胰液，经胰管注入十二指肠。

（2）内分泌部：位于外分泌部的腺泡之间，由大小不等的细胞群组成，形似小岛，故名胰岛。胰岛细胞呈不规则索状排列，且互相吻合成网状，网眼内有丰富的毛细血管和血窦。胰岛细胞主要分泌胰岛素和胰高血糖素，经毛细血管进入血液，有调节血糖代谢的作用。

第二部分　消化生理

一、概述

（一）消化和吸收的含义

动物在生命活动过程中，必须不断地从环境中摄取营养物质，以满足机体各种生命活动的需要。营养物质存在于食物中，如蛋白质、糖、脂类、无机盐、维生素、水等。其中，水、无机盐、维生素一般可直接被机体吸收利用，而蛋白质、糖、脂肪都是高分子化合物，必须在消化管内经过物理、化学和生物作用，转变成结构简单的可溶性小分子物质，如氨基酸、甘油、脂肪酸、葡萄糖、挥发性脂肪酸、小肽等，才能被机体吸收利用。

食物在消化道内被分解成可吸收的小分子物质的过程，称为消化。被消化的物质以及进入体内的水、无机盐、维生素等通过消化道黏膜上皮细胞，进入血液和淋巴的过程，称为吸收。

（二）消化方式

食物在消化管内完成消化的方式主要有三种。

1. 机械性消化

机械性消化通过咀嚼、反刍、胃肠运动等，使大块饲料变成小块饲料，并沿消化管向后移动的一种消化方式。其作用主要是磨碎、压迫饲料，使其更好地与消化液混合，以利于化学消化和生物学消化；使食糜更好地与消化管壁贴近，有利于养分的吸收；促进内容物后移，有利于消化残余物的运送与排出。

2. 化学性消化

化学性消化是指消化腺所分泌的酶和植物性饲料本身的酶对食物的消化。其作用是将结构复杂的食物分解为简单物质，以便吸收，如将蛋白质分解为氨基酸，多糖分解为单糖，脂肪分解为脂肪酸和甘油等。

　　酶是体内细胞产生的一种具有催化作用的特殊蛋白质，通常称为生物催化剂。具有消化作用的酶称为消化酶，由消化腺产生，多数存在于消化液中，少数存在于肠黏膜脱落细胞或肠黏膜内。消化酶多为水解酶，具有高度特异性，即一种酶只能影响某一种营养物质的分解过程，对其他物质无作用。如淀粉酶只能加快淀粉分解，对蛋白质、脂肪及双糖都无作用。根据作用对象不同，酶可分为三种类型：蛋白分解酶、脂肪分解酶和糖分解酶。

　　酶的活性受各种因素影响，如温度、酸碱度、激动剂、抑制剂等。温度对酶的活性影响最大，通常 37～40 ℃ 是消化酶的最适宜温度，此时酶促反应速度最快，但当温度达到 60 ℃ 时，酶的活性即受到破坏；酶对环境 pH 非常敏感，每一种酶各有其特殊适合的环境，有的在酸性环境中最佳（如胃蛋白酶），有的则在碱性环境中最好（如胰蛋白酶），有的则在中性环境中最活跃（如唾液淀粉酶）；有些物质能增强酶的活性，称为激动剂，如氯离子是淀粉酶的激动剂；有些物质能使酶的活性降低甚至完全消失，称为抑制剂，如重金属（Ag、Cu、Hg、Zn 等）离子。

　　有些消化酶在腺细胞内产生后的贮存期间，或刚从细胞分泌出来时，是没有活性的，称为酶原。酶原必须在一定条件下，才能转化为有活性的酶，这一转化过程，称酶致活。完成这一致活过程的物质，称致活剂。如胃蛋白酶刚产生时，没有消化能力，称为胃蛋白酶原，经胃液中盐酸的作用，变成胃蛋白酶后，才能发挥其消化蛋白质的作用，盐酸即是胃蛋白酶原的致活剂。

　　3. 生物学消化

　　生物学消化是指消化管内的微生物所参与的消化过程。其作用是撕碎饲料，并使饲料发酵分解。这种消化在草食动物消化中特别重要，因为畜禽本身的消化液中不含纤维素酶，可是饲料却含大量的纤维素、半纤维素等，而微生物可产生纤维素酶，对纤维素类的消化起关键性作用。

　　在消化过程中，以上三种消化是同时进行并相互协调，使食物与消化液完全混合，达到完全消化和吸收。

　　（三）消化管平滑肌的特性

　　机械消化的基础是依靠肌肉的收缩。整个消化道多数部分（胃、肠）是由平滑肌组成。平滑肌具有下列生理特性。

　　1. 兴奋性低，收缩缓慢

　　消化管平滑肌启动收缩需要较长时间，收缩后要恢复原有长度也较慢。

　　2. 富有展长性

　　消化管平滑肌能适应实际需要而伸展。因此，胃肠等器官可以容纳比自身体积大好几倍的食物，而胃内压和胃壁紧张性却没有多大改变。

　　3. 紧张性

　　平滑肌经常保持在一种微弱的持续收缩状态，具有一定的紧张性。因此，使胃肠等保持一定的形状、位置和基础压力。

　　4. 自律性收缩

　　平滑肌离体后，保持在适宜的环境溶液内，仍能做自律性收缩，但不如心肌那样有规律，而且收缩非常缓慢。

　　5. 对化学、温度和机械牵张刺激较为敏感

　　微量的生物活性物质常能显著地引起平滑肌兴奋。如乙酰胆碱稀释一亿倍，还能使兔的离体小肠收缩加强；肾上腺素在千万分之一浓度时，就能降低其紧张性，而停止收缩。

二、口腔消化

食物在动物口腔内的消化包括采食、饮水、咀嚼和吞咽过程。

(一)采食和饮水

动物依靠视觉和嗅觉去寻找、鉴别和摄取食物。食物入口腔后,又借味觉和触觉加以评定,并把其中不适宜的物质吐出。

唇、舌、齿是采食的主要器官,但不同动物有自己的采食特点。牛主要依靠既长且灵活有力的舌,将饲料卷入口内,因此舌是牛主要的采食器官。绵羊和山羊主要靠舌和切齿采食,绵羊上唇有裂隙,能啃咬短的牧草。猪喜欢用吻突掘取食物,舍饲时靠齿、舌和头部的特殊运动采食。马主要靠上唇和门齿采食,马的上唇尤其灵活,便于收集草茎、谷粒,并依靠头部牵拉动作,将不易咬断的草茎扯断。犬、猫等肉食动物,常以门齿和犬齿咬扯食物,且借头、颈运动,甚至靠前肢协助采食。积极采食是食欲旺盛、动物健康的重要临床指征。

动物饮水时,先把上、下唇合拢,中间留一小缝,伸入水中,然后下颌下降,舌向咽后部移,使口腔内形成负压,水便被吸入口腔。仔畜吮乳也是靠下颌和舌的节律性运动来完成。

(二)咀嚼

摄入口腔内的饲料,被送到上下颌臼齿间,在咀嚼肌收缩和舌、颊部的配合运动下,食物被压磨粉碎,并混合唾液。牛采食时未经充分咀嚼(咀嚼 15~30 次),待反刍时再咀嚼。马在饲料咽下前,咀嚼较充分(咀嚼 30~50 次)。

(1)咀嚼的意义:碎裂粗大食物,增加消化液作用的表面积,尤其是可破坏植物细胞的纤维壁,暴露其内容物,有利于消化;使粉碎后的饲料与唾液混合,形成食团便于吞咽;反射性引起消化腺分泌和胃肠运动,为随后的消化做准备。

(2)咀嚼的次数、时间与饲料状态有关:一般湿的饲料比干的饲料咀嚼次数少,咀嚼时间短。据统计,乳牛一天内咀嚼的总次数约为 42 000 次,因此对饲料进行适当的加工,如切短(秸秆 2~3 cm、青草 4~5 cm)、磨碎等,可减少咀嚼次数,节省能量,提高饲料利用效率。

(三)吞咽

吞咽是由多种肌肉参与的复杂反射动作,是在舌、咽、喉、食管及贲门的共同作用下,使食团从口腔进入胃的过程。吞咽时,呼吸暂时停止,以防止食物误入气管。咽部疾病可影响吞咽过程。

(四)唾液

唾液是由唾液腺分泌的一种无色、略带黏性的液体,比重 1.001~1.009。唾液一般都是碱性,平均 pH:牛(羊)8.2、猪 7.32、马 7.56。一昼夜的唾液分泌量为:牛 100~200 L、绵羊 8~13 L、猪 15 L、马 40 L。唾液的成分主要为水(98.5 %~99.4 %)、少量有机物和无机物。有机物主要为黏蛋白和其他蛋白质,此外,猪和禽类的唾液中还含有少量淀粉酶,以乳为食的犊牛等幼畜唾液中还有舌脂酶,能分解乳脂的游离脂肪酸;无机物主要有钾、钠、钙的氯化物、磷酸盐和碳酸氢盐等。唾液的主要作用如下。

(1)湿润软化饲料,便于咀嚼和吞咽。唾液中的黏液能使嚼碎的饲料形成食团,并增加光滑度,便于吞咽。

（2）溶解饲料中的可溶性物质，刺激舌味觉感受器，引起食欲。

（3）帮助清除一些饲料残渣和异物，清洁口腔。

（4）反刍动物的唾液含有大量缓冲物质，如碳酸氢盐和磷酸盐，可中和瘤胃微生物发酵产生的有机酸，以维持瘤胃内适宜的酸碱度。

（5）水牛、犬、鸡等动物汗腺不发达，可借助唾液中水分蒸发，来调节体温。

（6）反刍动物唾液中的尿素，进入瘤胃，可参与机体的尿素再循环，以减少氮的损失。

（7）唾液中含溶菌酶，具有一定的杀菌作用。

（8）猪等动物的唾液中有淀粉酶，能将淀粉分解为糊精和麦芽糖。

三、胃消化

（一）单胃消化

单胃消化以化学消化为主，机械消化为辅。

1. 单胃的化学消化

单胃的化学消化主要靠胃液来完成。胃液是胃黏膜各腺体所分泌的混合液，为无色透明、常含黏丝的酸性液体。胃液除水分外，主要由盐酸、消化酶、黏蛋白、内因子和电解质组成。

（1）盐酸：主要由壁细胞分泌，对胃的消化有重要作用。首先盐酸是胃蛋白酶原的致活剂，并为胃蛋白酶提供酸性环境；使蛋白质膨胀变性，有利于酶的消化；杀死随食物进入胃内的细菌，维持胃和小肠的无菌环境；可促进胰液、胆汁的分泌和胆囊收缩；造成酸性环境有助于铁、钙的吸收。幼畜胃液中含盐酸很少或完全缺乏，消化蛋白质和杀灭细菌能力很弱，这是幼畜易患某些消化道疾病的一个重要原因。

（2）消化酶：胃消化酶由胃底腺的主细胞分泌，主要有胃蛋白酶、凝乳酶、胃脂肪酶等。胃蛋白酶原刚分泌出来时无活性，在胃酸或已激活的胃蛋白酶作用下，转变为有活性的胃蛋白酶，可使蛋白质初步分解为脲、胨及少量多肽。胃蛋白酶作用的适宜环境 pH 为 1.6～2.4，在 pH 低于 6 的酸性环境中也有活性，pH 大于 6 时，酶活性消失。凝乳酶的主要作用是使乳汁凝固，延长乳在胃内停留时间，以加强胃液对乳的消化，这种酶哺乳期幼畜胃液内含量较高，哺乳期结束，则逐渐减少，甚至消失。胃脂肪酶主要存在于肉食动物胃液中，含有少量丁酸甘油酯酶，能帮助脂肪及其产物的分解。

（3）胃黏液：主要成分是黏蛋白，由颈黏液细胞（可溶性黏液）和胃表面上皮细胞（不溶性黏液）分泌出来后，在胃内壁上形成厚 1.0～1.5 mm 的中性或弱碱性黏液层，覆盖在胃黏膜表面。胃黏液的作用很大，一方面使胃壁免受饲料的机械损伤，另一方面中和胃酸，防止胃蛋白酶对胃壁的消化，可以保护胃黏膜。

（4）内因子：能与食物中维生素 B_{12} 结合使其免遭破坏；能促进维生素 B_{12} 在回肠内吸收。当胃液中缺乏内因子时，机体就会因维生素 B_{12}（促红细胞成熟因子）缺乏而影响红细胞成熟，从而引起巨幼红细胞贫血。

胃腺机能对饲料的特征有惊人的适应性，长期利用一定的营养制度来饲养动物，能使胃腺分泌活动定型。如果改变营养制度，则必须经过一段时间后，才能建立起新的胃腺分泌定型。所以，改变饲养管理制度，必须缓慢进行，骤然改变，超过胃腺的适应能力，往往造成消化机能紊乱，畜牧生产中需引起注意。

2. 单胃的运动

胃壁有纵行、环行、斜行三层平滑肌，这些肌肉的收缩和舒张产生胃运动。胃运动的主要机能：使胃容纳一次进食的大量食物；将食物分裂成较小颗粒，与胃液混合形成食糜，并开始消化；推送胃内容物排入十二指肠。

(1)容纳性舒张：当咀嚼和吞咽食物时，刺激咽、食管等处的感受器，反射性地通过迷走神经引起胃底部和体部的肌肉舒张，使胃容量增大，而胃内压力却很少增加，称容纳性舒张。食物进入胃后逐层重叠，先进入的在周围，后进入的在中央。这种分层排列，使胃液不易迅速浸透饲料，使混有唾液的饲料在胃的中心和无腺部，保持较长时间的中性、弱碱性环境，来进行淀粉的消化。

(2)紧张性收缩：进食后不久，胃开始紧张性收缩，胃内压逐渐增高，使胃液渗入食物，并协助推动食物向幽门方向移动。

(3)蠕动：从胃底部开始，向幽门方向呈波浪式推进，并不断增强。蠕动一方面使胃内食物和胃液充分混合，另一方面使胃内食物向幽门移行，并通过幽门进入十二指肠。

(4)排空：随着胃的蠕动，食物分批地由胃排入十二指肠的过程，称为胃排空。排空取决于许多因素，其中最主要的是幽门两侧的压力差和酸度差。当胃内压或酸度高于十二指肠，并达到一定数值时，可反射性地引起幽门括约肌舒张，食糜即由胃内进入十二指肠(治疗急性胃扩张，灌服乳酸或酸菜汤就是利用此原理)。反之，胃内容物的排空则受到抑制。胃的排空速度取决于食物的性质和动物的状况。流体和粥状食物，一般在食后几分钟就很快离开胃；粗糙和较硬食物，在胃内滞留时间较长。动物处于惊慌不安、疲劳等情况下，会引起胃的排空抑制，因此饲养管理时应加以注意。犬在食后 4～6 h，胃内容物已经排空。马胃排空速度较慢，通常喂食后 24 h，胃内还残留食物，因此胃液分泌是连续的，但饲喂时分泌加强。

(二)复胃消化

瘤胃主要进行生物学消化，饲料中 70％～85％ 的可消化干物质和约 50％ 的粗纤维都在瘤胃内消化。网胃相当于一个"中转站"，一方面将粗硬的饲料返送回瘤胃，另一方面将稀软的饲料送入瓣胃。瓣胃相当于一个"过滤器"，收缩时把饲料中较稀软的部分送入皱胃，而把粗糙部分留在叶片间揉搓研磨，以利于下一步继续消化。皱胃(真胃)消化同单胃。复胃中瘤胃消化在动物整个消化过程中占有特别重要的地位。

1. 瘤胃微生物消化

(1)瘤胃内环境。瘤胃内的食物和水分，提供微生物繁殖所需的营养物质；瘤胃内通常 39～41 ℃，为微生物生存繁殖提供适宜的温度；瘤胃内容物的含水量相对稳定，渗透压维持于接近血液的水平；饲料发酵产生大量的酸类，被唾液中大量的碳酸氢盐和磷酸盐所缓冲，使 pH 变动在 5.5～7.5；瘤胃上部气体通常含 CO_2、CH_4 及少量 N_2、H_2、O_2 等气体，H_2、O_2 主要随食物进入胃内，O_2 迅速地被微生物繁殖所利用，导致瘤胃内容物高度乏氧。瘤胃内所有这些条件，都特别适于微生物的生长和繁殖，因此瘤胃可以看作是一个供厌氧微生物高效繁殖的活体发酵罐。

(2)瘤胃内微生物。瘤胃内微生物主要是厌氧性纤毛虫、细菌和真菌，种类甚为复杂，并随饲料种类、饲喂制度及动物年龄等因素而变化。据测定，1 g 瘤胃内容物中，约含细菌 150 亿～250 亿，纤毛虫 60 万～180 万，总体积约占瘤胃液的 3.6％，其中细菌和纤毛虫体积各占一半。

①纤毛虫。瘤胃的纤毛虫有全毛和贫毛两大类，都严格厌氧，依靠体内的酶，发酵糖类产生乙酸、丁酸、乳酸、CO_2、H_2 和少量丙酸，水解脂类，氢化不饱和脂肪酸，降解蛋白质。此外，纤毛虫还能吞噬细菌。

瘤胃内纤毛虫的数量和种类，明显地受瘤胃内 pH 影响。当因饲喂高水平淀粉（或糖类）的日粮，pH 降至 5.5 或更低时，纤毛虫的活力降低，数量较少或完全消失。此外，纤毛虫的数量也受饲喂次数的影响，饲喂次数多，纤毛虫数量亦多。

反刍动物在瘤胃内没有纤毛虫的情况下，个体也能良好生长。不过在营养水平较低的情况下，纤毛虫能提高饲料的消化率和利用率，动物体储氮和挥发性脂肪酸产生都大幅增加。

纤毛虫蛋白质的生物价与细菌相同（约为 80%），但消化率超过细菌蛋白（纤毛虫 91%，细菌 74%），同时纤毛虫的蛋白质含丰富的赖氨酸等必需氨基酸，品质超过细菌。

②细菌。瘤胃中最主要的微生物是细菌，数量大，种类多，极为复杂，随饲料种类、采食后时间和动物状态而变化。瘤胃内的细菌，大多数是不形成芽孢的厌氧菌，偶有可形成芽孢的厌氧菌。牛链球菌和某些乳酸杆菌等非严格厌氧的细菌，有时也很多。

此外，还有分解蛋白质和氨基酸或脂类的细菌，合成蛋白质和维生素的菌群，其中有些菌群既能分解纤维素又能利用尿素。

总之，瘤胃饲料中的碳水化合物，在多种不同细菌的重叠或相继作用下，通过相应酶系统的作用，产生挥发性脂肪酸、二氧化碳和甲烷等，并合成蛋白质和 B 族维生素，供畜体利用。

③真菌。瘤胃内存在的厌氧性真菌，含有纤维素酶，能分解纤维素。

瘤胃内微生物之间存在彼此制约、互相共生的关系。纤毛虫能吞噬和消化细菌作为自身的营养，或利用菌体酶类来消化营养物质。瘤胃存在的多种菌类，能协同纤维素分解菌分解纤维素。纤维素分解菌所需的氮，在不少情况下，是靠其他微生物的代谢来提供。饲养时更换饲料不宜太快，以便使微生物逐渐适应改变的饲料，避免动物发生急性消化不良。

（3）瘤胃微生物的消化代谢过程。饲料在瘤胃内微生物的作用下，可发生下列复杂的消化过程。

①纤维素的分解和利用。纤维素是反刍动物饲料中的主要糖类物质，其中大部分可在瘤胃内细菌和纤毛虫体内纤维素分解酶的协同或相继作用下逐级分解，最后形成挥发性脂肪酸、二氧化碳和甲烷等。

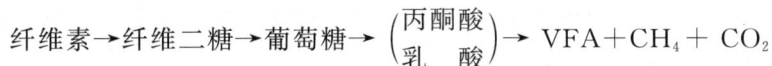

$$\text{纤维素} \rightarrow \text{纤维二糖} \rightarrow \text{葡萄糖} \rightarrow \left(\begin{array}{c}\text{丙酮酸}\\\text{乳酸}\end{array}\right) \rightarrow \text{VFA} + CH_4 + CO_2$$

挥发性脂肪酸主要是乙酸、丙酸和丁酸，其比例大体为 70：20：10，但随饲料种类不同而发生显著的变化。日粮的营养水平较低时，乙酸/丙酸的比例升高，丁酸比例降低，以及总挥发性脂肪酸水平较低；日粮含丰富的蛋白质时，乙酸比例下降，丁酸上升，总挥发性脂肪酸水平升高；日粮中含有大量淀粉时，丙酸比例升高；含可溶性糖很高时，丁酸比例增高。挥发性脂肪酸中的乙酸和丁酸，是泌乳期反刍动物生成乳脂的主要原料，被乳牛瘤胃吸收的乙酸约有 40% 为乳腺所利用；丙酸是反刍动物血液葡萄糖的主要来源，占血糖的 50%～60%。乙酸也能提供动物的代谢能量。因此挥发性脂肪酸是合成乳脂和体脂的主要原料，而且提供机体所需 60%～70% 的能量，所以反刍动物以粗饲料为主、精饲料为辅进行饲养。

②其他糖的分解和合成。饲料中的淀粉、葡萄糖和其他糖类，在瘤胃微生物作用下分解，可产生低级脂肪酸、二氧化碳和甲烷等。同时，瘤胃微生物还能利用饲料分解所产生的单糖和双糖合成糖原，贮存于微生物体内，待进入小肠后，被消化分解为葡萄糖，成为反刍动物体内葡萄糖的重要来源之一。泌乳牛吸收入血的葡萄糖约有 60% 被用来合成牛乳。

③蛋白质的分解和合成。瘤胃微生物主要是利用饲料蛋白质和非蛋白氮，合成微生物蛋白，当经过皱胃和小肠时，又被分解为氨基酸，供动物机体吸收利用。

a. 瘤胃内蛋白质分解和氨的产生。进入瘤胃内的饲料蛋白质，一般有 30%～50% 未被分解而排入后段消化道，其余 50%～70% 在瘤胃内，被微生物蛋白酶分解为肽和氨基酸。大部分氨基酸又在微生物脱氨基酶的作用下，脱去氨基生成氨、二氧化碳和有机酸，从而降低饲料蛋白的利用率。为此，饲料处理上提出过瘤胃蛋白技术，即经过技术处理（物理法、化学法和包埋法）将饲料蛋白质保护起来，避免在瘤胃内被发酵、降解，直接进入小肠被消化吸收，从而提高饲料蛋白质的利用率。近年来，有人试用甲醛溶液或鞣酸预处理饲料蛋白后，再喂牛、羊，可显著降低蛋白质被瘤胃微生物的分解量，提高日粮中蛋白质的利用率。对高品质饲料蛋白质的过瘤胃保护十分必要，但对劣质饲料蛋白质的保护，没有实际意义。

饲料中的非蛋白质含氮物（NPN），如尿素、铵盐、酰胺等被微生物分解也产生氨。除了一部分氨被微生物利用外，一部分则被瘤胃壁代谢和吸收，其余则进入瓣胃。

b. 瘤胃内微生物对氨的利用。瘤胃微生物能直接利用氨基酸合成蛋白质，或先利用氨合成氨基酸后，再转变为微生物蛋白，这些微生物蛋白进入小肠后被消化吸收，成为体内蛋白质的重要来源。微生物利用氨合成氨基酸，还需要碳链和能量。挥发性脂肪酸、二氧化碳和糖类都是碳链的来源。

c. 瘤胃的尿素再循环作用。瘤胃内的氨除了被微生物利用外，其余的被瘤胃壁迅速吸收入血，经血液运送到肝，在肝内经鸟氨酸循环变成尿素。尿素经血液循环一部分随唾液进入瘤胃，一部分随尿排出。在低蛋白日粮情况下，反刍动物就依靠这种内源性的尿素再循环作用，节约氮的消耗，维持瘤胃内适宜的氨浓度，以利微生物蛋白的合成。

在畜牧生产中，可用尿素来代替日粮中约 30% 的蛋白质，降低饲养成本。但因尿素在瘤胃内脲酶作用下迅速分解，产生氨的速度为微生物利用氨速度的 4 倍，容易使瘤胃内储积氨过多，而发生氨中毒。故必须通过抑制脲酶活性、制成胶凝淀粉或尿素衍生物，使其释放氨的速度延缓，并在日粮中供给易消化糖类，使微生物合成蛋白质时，能获得充分能量，才能提高它的利用率和安全性。

④维生素的合成。瘤胃微生物能合成某些 B 族维生素（硫胺素、核黄素、生物素、吡多醇、泛酸、维生素 B_{12}）、维生素 K 及维生素 C，供动物机体利用。因此，一般日粮中少量缺乏这些维生素，不致影响成年反刍动物的健康。但突然饲喂大量淀粉日粮时，瘤胃内的硫胺素浓度显著降低。

幼龄犊牛和羔羊，由于瘤胃还没有发育完全，微生物区系没有充分建立，有可能患 B 族维生素缺乏症。在成年反刍家畜，当日粮中钴含量不足时，由于缺钴瘤胃微生物不能完全合成维生素 B_{12}，于是动物出现食欲抑制，幼畜生长不良。

⑤脂类的消化。饲料中的甘油三酯和磷脂，能被瘤胃微生物水解，生成甘油和脂肪酸等物质。其中，甘油多半转变成为丙酸，而脂肪酸的最大变化是不饱和脂肪酸加水氢化，变成饱和脂肪酸。因此，反刍动物体脂和乳脂与非反刍动物相比，具有较大量的饱和脂肪酸，硬度大、熔点高。

2. 前胃运动

前胃的运动是互相密切配合的，先是网胃，然后是瘤胃，瓣胃运动与网胃协同进行。

(1)网胃运动。网胃最先收缩，接连收缩两次。第一次只收缩网胃容积的一半即行舒张，收缩力量较弱，可将漂浮在网胃上部的粗饲料压回瘤胃；接着进行第二次强有力的收缩，胃腔几乎全部消失，收缩的结果使胃内容物一部分返回瘤胃，一部分进入瓣胃。这种收缩一般30～60 s重复一次。第二次收缩时，如网胃内有异物(如铁钉)，可发生创伤性网胃炎或心包炎。反刍时，在网胃第一次收缩之前，还增加一次收缩，使胃内食物逆呕回口腔。

(2)瘤胃运动。在网胃第二次收缩后，紧接着瘤胃收缩。瘤胃收缩有两种波形。第一种为A波，先由瘤胃前庭开始，沿背囊由前向后，然后转为腹囊，接着又沿腹囊由后向前，同时食物在瘤胃内也顺着收缩的次序和方向移动和混合，并把一部分内容物推向瘤胃前庭和网胃。在收缩之后，有时瘤胃还可发生一次单独的附加收缩，称为B波，B波由瘤胃本身产生，起始于后腹盲囊，行进到后背囊及前背囊，最后到达主腹囊，此次收缩与反刍及嗳气有关，而与网胃收缩没有直接联系。瘤胃的收缩可以从左髂部看到、听到或摸到。正常的瘤胃运动次数，休息时平均每分钟1.8次，进食时2.8次，反刍时2.3次。每次瘤胃运动持续的时间15～25 s。瘤胃每次蠕动可出现逐渐增强又逐渐减弱的沙沙声，似吹风样或远雷声。当牛患前胃积食或弛缓时，瘤胃收缩的次数减少或停止，声音也随之减弱或消失。所以，听诊和触诊瘤胃是判定牛胃消化活动是否正常的重要标志。

(3)瓣胃运动。瓣胃收缩缓慢而有力，它与网胃收缩相配合。当网胃第二次收缩时，瓣胃舒张，网瓣孔开放，压力降低，于是一部分食糜由网胃移入瓣胃，其中液体部分可通过瓣胃沟直接进入皱胃，较粗糙的部分则进入瓣叶之间，进行研磨后，再送入皱胃。瓣胃蠕动时发出细弱的捻发音，于采食后较为明显。

前胃运动受反射性调节。刺激口腔感受器以及前胃的机械和压力感受器，都能引起前胃运动增强；刺激网胃感受器，除引起收缩加速，还出现反刍和逆呕。前胃各部还受其后段负反馈性抑制调节。例如，当皱胃充满时，瓣胃的运动变慢；瓣胃充满时，瘤胃和网胃的收缩减弱；刺激十二指肠的化学或机械感受器，引起前胃运动的抑制。

3. 反刍

反刍动物在摄食时，饲料往往不经充分咀嚼即吞入瘤胃，在瘤胃内浸泡和软化。当休息时，较粗糙的饲料(秸秆不能切得过短)刺激网胃、瘤胃前庭和食管沟黏膜的感受器，能将这些未充分咀嚼的饲料逆呕回口腔，再进行仔细咀嚼、混合唾液后，再吞咽入胃，这个过程称反刍。反刍可分为四个阶段，即逆呕、再咀嚼、再混唾液和再吞咽。

反刍是与动物摄食粗饲料相联系的。犊牛在出生后3～4周出现反刍，此时犊牛开始选食草料，瘤胃内有微生物滋生，如训练犊牛及早采食粗料，则反刍可提前出现。实验证实，喂以成年牛逆呕出来的食团，犊牛的反刍可提前8～10天出现。成年动物一般在饲喂后0.5～1 h出现反刍，每次反刍平均为40～50 min，然后间隔一段时间，再开始第二次反刍。这样一昼夜约进行 6～8 次（幼畜可达 16 次），每天用在反刍上的时间为 7～8 h。

反刍是反刍动物最重要的生理机能，其生理意义是：充分咀嚼，帮助消化；混入唾液，中和瘤胃内容物发酵时产生的有机酸；排出瘤胃内发酵产生的气体；促进食糜向后部消化道的推进。动物有病和过度疲劳，都可能引起反刍减少或停止，因此反刍是反刍动物健康的标志。

4. 嗳气

由于微生物的强烈发酵，瘤胃内不断产生大量的气体，牛一昼夜产生气体为 600～1300 L，主要是 CO_2 和 CH_4，间有少量的 H_2、O_2、N_2、H_2S 等，其中 CO_2 占 50%～70%，CH_4 占 30%～50%。瘤胃发酵的产气量、速度以及气体的组成，随饲料的种类、饲喂后的时间而有显著差异。健康动物瘤胃内 CO_2 比 CH_4 多，但饥饿或气胀时，则 CH_4 量大大超过 CO_2 量。

瘤胃内的气体一部分被胃壁吸收入血经肺排出，一部分被瘤胃微生物利用，一小部分随同饲料残渣经胃肠道排出，其余大部分气体则通过食管排出。我们把通过食管排出气体的过程，称为嗳气。嗳气是一种反射动作，当瘤胃气体增多，胃壁张力增加时，就兴奋瘤胃背盲囊和贲门括约肌处的牵张感受器，经迷走神经传到延髓嗳气中枢，中枢兴奋就引起背盲囊收缩，开始瘤胃第二次收缩，由后向前推进，压迫气体移向瘤胃前庭，同时前肉柱与瘤胃、网胃肉褶收缩，阻挡液状食糜前涌，贲门区的液面下降，贲门口舒张，于是气体即被驱入食管。牛嗳气平均 17～20 次/h。如嗳气停止，则会引起瘤胃鼓气。

牛、羊初春放牧，常因啃食大量幼嫩青草而发生瘤胃鼓气。其机理是幼嫩青草迅速由前胃转入皱胃及肠内，刺激这些部位的感受器，反射性抑制前胃运动。同时，由于瘤胃内饲料急剧发酵产生大量气体，不能及时排出，于是形成急性鼓气。

5. 食管沟反射

食管沟位于网胃右侧壁内，起自贲门，止于网瓣口。犊牛和羔羊在吸吮乳汁或饮水时，能反射性地引起食管沟唇闭合成管状，使乳汁或水由食管经食管沟和瓣胃沟直接进入皱胃，不在前胃内停留。若用桶给犊牛喂乳，由于缺乏吸吮刺激，食管沟闭合不完全，部分乳汁会溢入瘤胃和网胃，引起异常发酵，导致腹泻。

食管沟闭合反射，随着动物年龄增长而减弱。某些化合物质，尤其是 NaCl 和 $NaHCO_3$ 溶液，可使两岁牛的食管沟闭合。$CuSO_4$ 溶液能引起绵羊的食管沟闭合反射，但不能引起牛的食管沟闭合。在临床实践中，利用这些化学药品闭合食管沟的特点，可将药物直接输送到皱胃，以达到治疗的目的。

四、肠消化

（一）小肠的消化

小肠是消化的重要部位，大部分营养物质在此被消化分解。而且以化学消化为主，同时伴有小肠的运动。

1. 化学消化

化学消化主要通过胆汁、胰液和小肠液的作用来完成。

（1）胆汁。胆汁是由肝细胞分泌的黏稠、具有强烈苦味的碱性液体。草食动物的呈暗绿色，肉食动物的呈红褐色，猪的呈橙黄色。胆汁由水、胆酸盐、胆色素、胆固醇、卵磷脂和无机盐等组成，其中胆酸盐和碱性无机盐与消化有关，其他大都是排泄物。

①胆酸盐的作用：增强脂肪酶的活性；降低脂肪的表面张力，使脂肪乳化成微小颗粒，有利于脂肪的消化吸收；与脂肪酸结合成水溶性复合物，促进脂肪酸的吸收；促进脂溶性维生素(维生素 A、维生素 D、维生素 E、维生素 K)的吸收；刺激小肠的运动。因此，胆汁对脂肪消化具有极其重要的意义。

②胆汁中的碱性无机盐主要是碳酸氢钠，可中和一部分由胃入肠的酸性食糜，维持肠内适宜的 pH，有利于小肠的消化。

胆盐排到小肠后，绝大部分(90%以上)在回肠末端被主动吸收入血，经门静脉返回肝脏，然后再分泌到胆汁中，这一过程称为胆盐的肠—肝循环。胆盐在小肠被吸收后，还成为促进胆汁自身分泌的一个体液因素。

正常情况下，胆汁中的胆盐、胆固醇和卵磷脂的适当比例是维持胆固醇呈溶解状态的必要条件。如果饲料中的蛋白质和脂肪含量超标，引起胆固醇含量过高，或病态时胆盐的肠—肝循环吸收下降、卵磷脂合成不足，胆固醇就可以从胆汁中析出，形成微晶，导致胆结石。结石堵塞胆管，胆色素被机体吸收引起黄疸，出现黄染现象。

(2)胰液。胰液是胰腺腺泡分泌的无色、无臭、透明的碱性液体，pH 为 7.8～8.4。由水、消化酶和少量无机盐组成。胰液中的消化酶包括胰蛋白分解酶、胰淀粉酶、胰脂肪酶、胰核酸酶以及双糖酶等。无机盐中除了含有 Cl^-、Na^+、K^+、Ca^{2+} 等外，还有含量最高的碳酸氢盐。

①胰蛋白分解酶：主要包括胰蛋白酶、糜蛋白酶和羧肽酶，刚分泌出来时均为无活性的酶原，其中胰蛋白酶原可自动催化或经肠激酶激活转变为胰蛋白酶，糜蛋白酶和羧肽酶可被胰蛋白酶激活。胰蛋白酶和糜蛋白酶共同作用，水解蛋白质为多肽，而羧肽酶则分解多肽为氨基酸。

②胰淀粉酶：以活性状态分泌，在氯离子和其他无机离子存在下，可将淀粉和糖原分解为麦芽糖和糊精。猫缺乏淀粉酶，因此不能大量消化淀粉类食物。

③胰脂肪酶：胰脂肪酶原在胆酸盐的作用下被激活，将脂肪分解为甘油和脂肪酸，是胃肠道内消化脂肪的主要酶。

④胰核酸酶：包括核糖核酸酶和脱氧核糖核酸酶，使相应的核酸部分水解为单核苷酸。胰液中还有麦芽糖酶、蔗糖酶、乳糖酶等双糖酶，可将双糖分解为单糖。

⑤碳酸氢盐：胰液中的碳酸氢盐主要是中和由胃进入十二指肠的酸性食糜，使肠黏膜免受强酸的侵蚀，同时也为小肠内多种消化酶的活动提供适宜的 pH 环境。

(3)小肠液。小肠内有两种腺体：十二指肠腺又称勃氏腺，分布在十二指肠的黏膜下层中，分泌黏稠的碱性液体，保护十二指肠黏膜上皮不受胃酸的侵蚀；肠腺又称李氏腺，分布于全部小肠的黏膜层内，其分泌液构成小肠液的主要成分。纯净的小肠液是无色或灰黄色的混浊液，呈弱碱性(pH8.2～8.7)。小肠液内含有肠激酶、双糖酶(蔗糖酶、麦芽糖酶、乳糖酶)、淀粉酶、肠肽酶及肠脂肪酶等消化酶，主要是对前部消化器初步分解过的营养物质进行彻底的消化。如肠肽酶将多肽分解成氨基酸，肠脂肪酶将脂肪分解成脂肪酸和甘油，肠双糖酶将双糖分解成单糖，肠激酶可激活胰蛋白酶原。

2. 小肠的运动

食糜进入小肠后，刺激肠壁上的感受器引起小肠的运动。小肠运动是靠肠壁平滑肌的舒缩来实现，其生理作用是：使食糜与消化液充分混合，有利于消化；使食糜紧贴肠壁黏膜，有利于吸收；蠕动还有利于食糜向后推移。小肠运动形式有蠕动、分节运动和钟摆运动三种。为防止食糜过快进入大肠，小肠有时还出现逆蠕动。

（1）蠕动是一种速度缓慢、使食糜向大肠方向波状推进的运动。蠕动是由肠壁相邻环行肌依次收缩、舒张的运动。小肠某一部分的环行肌收缩，邻近部位的环行肌舒张，接着原来舒张的环行肌又收缩，这样连续进行好像蠕虫的运动。蠕动的速度一般每分钟数厘米。此外，还有一种进行速度很快（每秒 5～25 cm）和推进距离较长的蠕动，称为蠕动冲。它由进食时吞咽动作或食糜进入十二指肠所引起，可将食糜从小肠始端一直推送到末端。在十二指肠和回肠末段，有时还出现逆蠕动，与蠕动比较，除了方向相反外，收缩力量较弱，传播范围也较小。逆蠕动与蠕动相配合，使食糜在肠管内来回移动，以便有足够的时间进行消化和吸收。

（2）分节运动是以环行肌自律性收缩与舒张为主的运动。当食糜进入肠管的某段后，该段肠管许多点同时出现收缩，将食糜分成许多节段。随后原来收缩的环行肌舒张，原来舒张的环行肌收缩，使原来的小节分为两半，后一半与后段的前一半合并成新小节。如此继续几十分钟后，由蠕动把食糜推到下一段肠管，又在一个新肠段进行同样的运动。空腹时几乎不出现分节运动，进食后才逐渐加强。小肠各段分节运动的强度及频率，以十二指肠最高，其次是空肠，回肠最低。分节运动在反刍动物的小肠中最常见。分节运动使食糜切断、合拢、翻转与肠壁黏膜充分接触，有利于营养物质的消化和吸收。

（3）钟摆运动是以纵行肌自律性舒缩为主的运动。当食糜进入一段小肠后，该段肠的一侧纵行肌发生节律性的舒张或收缩，对侧相应的纵行肌收缩或舒张，使肠管时而向左、时而向右摆动，食糜随之充分混合，并与肠壁充分接触，有利于营养物质的消化和吸收。这种节律性运动的次数和强度，由前向后逐渐减弱。

（二）大肠的消化

食糜经小肠消化和吸收后，剩余部分进入大肠。由于大肠腺只能分泌少量碱性黏稠的消化液，含消化酶甚少或不含，所以大肠的消化除依靠随食糜而来的小肠消化酶继续作用外，主要进行生物学消化，尤其是马属动物和兔等单胃草食动物。杂食动物（如猪）大肠以及家禽尤其鸭和鹅的盲肠内，具备与草食动物相似的微生物繁殖条件，在饲喂植物性饲料条件下，大肠内微生物的作用就占主要地位。

1. 生物学消化

草食动物大肠容积大，运动缓慢，食物停留时间长，pH、湿度、温度均适宜微生物的生存繁殖。因此，大肠可以进行强烈的生物学消化。纤维素和糖可被微生物发酵产生低级脂肪酸，并被吸收利用。在小肠内未被消化吸收的蛋白质，在大肠内可被腐败菌分解，产生有毒的胺和酚等物质，这些物质一部分随粪便排出，另一部分由肠黏膜吸收入血，经肝解毒后，随尿排出。如果毒物吸收过多，超过肝脏的解毒能力，即可引起自体中毒。但正常情况下，由于肠内发酵过程占优势，抑制了腐败菌的活动，故毒物产生较少。另外，大肠内的细菌也能合成 B 族维生素和维生素 K。兔发达的盲肠和结肠内有大量的微生物，有较强的消化粗纤维能力，仅次于牛、羊。

2. 大肠运动

大肠蠕动速度较慢，强度也弱，还存在有逆蠕动，这样就能使粗饲料停留时间更长，便于脂肪酸和水的吸收。

由于大肠和小肠的运动，内容物在肠腔移位会产生声音，称肠音。小肠音如流水音或含漱音；大肠音因肠腔宽大，牛似鸠鸣音，呈断断续续的"咕——咕"声，马似雷鸣音或远炮音。通过对肠音的听诊(在相应动物的肠区)，可了解肠的运动状况，对临床诊断有重要意义。

（三）粪便的形成和排出

食糜经消化吸收后，其中的残余部分进入大肠后段，由于水分被大量吸收而逐渐浓缩，形成粪便。随大肠后段的运动，被强烈搅和，并压缩成团块。

排粪是一种复杂的反射动作。粪便停留在直肠内，量小时肛门括约肌处于收缩状态，当粪便聚积到一定量时，刺激肠壁的压力感受器，通过盆神经(传入神经)传至荐部脊髓(低级排粪中枢)，再传至延髓和大脑皮层(高级中枢)，由高级中枢发出冲动传至大肠后段，引起肛门括约肌舒张和后段肠壁收缩，且在腹肌收缩配合下，增加腹压进行排粪。因此，腰荐部脊髓和脑部损伤，会导致排粪失禁。

兔有摄食粪便的习性。兔排软、硬两种不同的粪便。软粪中含较多的优质粗蛋白和水溶性维生素。正常情况下，兔排出软粪时，会自然地弓腰，用嘴从肛门摄取，稍加咀嚼，便吞咽至胃，与其他饲料混合后重入小肠消化。

五、营养物质的吸收

食物经过复杂的消化过程，被分解为简单的物质。这些简单物质以及矿物质和水分，经过消化道上皮进入血液和淋巴的过程，称为吸收。

（一）吸收的部位

消化道的不同部位，对物质的吸收程度不同。这主要取决于该部消化管的组织构造、食物的消化程度以及食物在该部停留的时间。口腔和食管基本上不吸收，前胃可吸收大量挥发性脂肪酸和氨，真胃只吸收少量水分和醇类，小肠可吸收大量的营养物质和水，大肠主要吸收水分、挥发性脂肪酸和其他少量营养物质。

小肠是吸收的主要部位。小肠具有适于吸收各种物质的结构，如小肠长，盘曲多，黏膜具有环状皱褶，并拥有大量指状的肠绒毛，肠绒毛表面又有微绒毛，具有很大的吸收面积；食物在小肠内已被充分消化，适于吸收；食物在小肠内停留时间也长。小肠不仅吸收经采食摄入的营养物质，也吸收每日分泌到消化道的各种消化液的营养。

（二）吸收的机理

营养物质在消化道的吸收，大致可分为被动转运和主动转运。

1. 被动转运

被动转运主要包括滤过、弥散、渗透等作用。肠黏膜上皮是一层薄的通透膜，允许小分子物质通过。当肠腔内压超过毛细血管和毛细淋巴管内压时，水和其他一些物质，可以滤入血液和淋巴液，这一过程称滤过作用；当肠黏膜两侧的液体压力大致相等但浓度不同时，溶质分子可从高浓度侧向低浓度侧扩散，这一过程称弥散作用；当黏膜两侧的渗透压不同时，水则从低渗透压一侧进入高渗透压一侧，直至两侧溶液渗透压相等，这一过程称渗透作用。

2. 主动转运

主动转运是指某些物质在肠黏膜上皮细胞膜上载体的帮助下，由低浓度一侧向高浓度一侧转运的过程。所谓载体，是一种运载营养物质进出上皮细胞膜的膜蛋白。营养物质转运时，在上皮细胞的肠腔侧，载体与营养物质结合成复合物，复合物穿过上皮细胞膜进入细胞内，营养物质与载体分离被释放入细胞中，进而进入血液中，而载体则又返回到细胞膜肠腔侧。这样循环往复主动吸收各种营养物质，如单糖、氨基酸、钠离子、钾离子等。

（三）营养物质的吸收过程

1. 糖的吸收

可溶性糖（主要是淀粉）在淀粉酶和双糖酶的作用下分解为单糖（葡萄糖、果糖、半乳糖等），在小肠被吸收后，经门静脉送到肝脏，一些单糖也能经淋巴液转运。单糖的吸收是耗能的主动转运过程，而且载体蛋白在转运葡萄糖时，必须携带 Na^+，否则糖分子不能黏附于载体上。饲料中的纤维素在瘤胃和大肠中微生物的作用下，分解成低级脂肪酸，在瘤胃和大肠被吸收入血，经门静脉入肝。

2. 蛋白质的吸收

蛋白质在胃蛋白酶、胰蛋白酶、羧肽酶和肠肽酶的作用下，被分解为各种氨基酸，氨基酸被小肠黏膜吸收入血，经门静脉入肝。氨基酸的吸收是主动转运，需要提供能量，同时也需要与 Na^+ 的吸收偶联进行，如钠泵的活动被阻断，氨基酸的转运便不能进行。未经消化的天然蛋白质及蛋白质的不完全分解产物，只能被微量吸收进入血液。

3. 脂肪的吸收

摄入的脂肪大约有 95％ 被吸收。脂肪在胆酸盐和胰脂肪酶、肠脂肪酶的作用下，分解为甘油和脂肪酸。甘油和脂肪酸少部分直接进入血液，经门静脉入肝，大部分在细胞内重新合成中性脂肪，经中央乳糜管进入淋巴液。

4. 水分的吸收

小肠主要借助渗透、滤过被动作用吸收水分。在十二指肠和空肠上部，水分由肠腔进入血液的量和水分由血液进入肠腔的量都很大，交流很快，因此肠腔内液体量减少并不多。在回肠离开肠腔比进入肠腔的多，从而使肠内容物大大减少。

5. 无机盐的吸收

无机盐主要在小肠中以水溶液状态被吸收。不同的盐类，吸收的难易不一样，单价盐类如氯化钠和氯化钾等较易吸收，二价及多价盐类如氯化钙和氯化镁等则吸收很慢，能与钙结合而沉淀的盐类如磷酸盐、硫酸盐、草酸盐等则不易被吸收。

钠由钠泵主动转运进行吸收。铁的吸收主要在小肠上段，是以亚铁离子的形式通过主动转运的方式进行吸收。钙盐只能在水溶液状态，且不能被肠腔内任何物质沉淀的情况下，才能被吸收。钙的吸收也是主动转运，需要充分的维生素 D，肠内容物偏酸以及脂肪食物都会影响钙的吸收。由钠泵所产生的电位使负离子 Cl^-、HCO_3^- 向细胞内转移，负离子也可独立地转移。

6. 维生素的吸收

脂溶性维生素（A，D，E，K）沿全部小肠吸收，而以十二指肠和空肠吸收为主。水溶性维生素除维生素 B_{12} 外，主要在小肠前段被吸收。而维生素 B_{12} 需要与来源于胃黏膜的内因子结合成复合物后，才能被空肠及回肠前段大量吸收，并在吸收细胞内停留 $1\sim4$ h 后，再转入血液中。

六、胃肠道机能的调节

胃肠的分泌、运动和吸收机能受神经和体液调节。

（一）神经调节

胃肠机能受植物性神经和胃肠壁内神经丛控制。胃肠平滑肌受交感神经和副交感神经的双重支配。副交感神经（如迷走神经）兴奋时，胃肠运动增加，腺体分泌增加；刺激交感神经使它们的活动受到抑制。正常情况下，副交感神经的作用比较重要。胃肠壁内神经丛包括肌间神经丛和黏膜下神经丛。这些神经丛有来自肠壁或黏膜上的化学、机械或压力感受器的传入纤维，构成一个局部神经反应系统。

（二）体液调节

除了全身性作用的激素（如生长激素促进消化系统的生长发育、甲状腺素促进消化液分泌等）以外，调节胃肠功能活动的体液因素主要是胃肠激素，是胃肠道黏膜内大量内分泌细胞所分泌的，其生理作用主要是调节消化管运动和消化腺分泌、调节其他激素释放和营养作用（如胆囊收缩素能促进胰腺外分泌部的生长）（见表 4-1）。

表 4-1　胃肠主要内分泌细胞的名称、分泌产物和分布

细胞名称	分泌产物	分布
A 细胞	胰高血糖素	胰岛
B 细胞	胰岛素	胰岛
D 细胞	生长抑素	胰岛、胃、小肠、结肠
G 细胞	胃泌素	胃窦、十二指肠
I 细胞	胆囊收缩素	小肠上部
K 细胞	抑胃素	小肠上部
Mo 细胞	胃动素	小肠
N 细胞	神经降压素	回肠
PP 细胞	胰多肽	小肠、大肠
S 细胞	促胰液素	小肠上部

拓展阅读

吴孟超

吴孟超，著名肝胆外科专家，中国科学院院士，中国肝脏外科开拓者和主要创始人之一，被誉为"中国肝胆外科之父"。他是我国肝脏外科事业的重要推动者，成功完成我国第一例肝脏外科手术，还研究出符合中国人体质的肝脏外科手术技术体系，使我国肝癌手术成功率从不到 50% 提高到 90% 以上。从医 70 余年，吴孟超院士先后完成 16 000 多台手术，成功救治 20 000 多名患者，先后获得国家最高科学技术奖等奖励近 40 项和各种荣誉 30 多项。吴孟超常说："我这一生有三条路走对了：回国、参军、入党。如果不是在自己的祖国，我也许会很有钱，但不会有我的事业；如果不在人民军队，我可能是个医生，但不会有我的今天；如果不是加入党组织，我可能会做个好人，但不会成为无产阶级先锋队的一分子；而从医，让我的追求有了奋斗的平台。"

●●●●● 材料设备清单

项目4			消化系统		学时		20
项目	序号	名称	作用	数量	型号	使用前	使用后
所用设备	1	投影仪	观看视频图片。	1个			
	2	显微镜	肠肝组织构造观察。	40台			
	3	生物信号采集系统	消化生理实验。	4套			
所用工具	4	手术器械	解剖构造观察和生理实验。	4套			
所用药品（动物）	5	牛	食管、胃肠体表投影位置确定，瘤胃蠕动音和肠音听诊。	2头			
	6	兔	消化生理实验。	4只			
所用材料	7	肠肝切片	观察组织构造。	40张			
	8	消化器官模型、标本、新鲜脏器	大体解剖观察。	各4套			

●●●●● 作业单

项目4	消化系统
作业完成方式	课余时间独立完成。
作业题1	在下图中标出与咽相通的孔：鼻后孔、咽峡、喉孔、食管孔、耳咽管咽孔。
作业解答	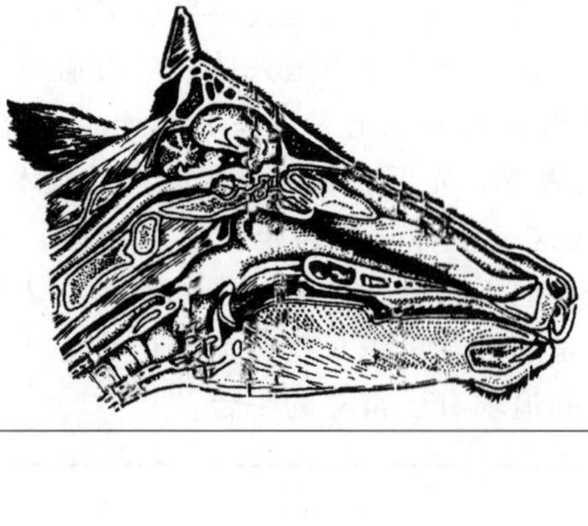

作业题 2	在下图中标出猪的肝、胃、盲肠、结肠、空肠的位置。
作业解答	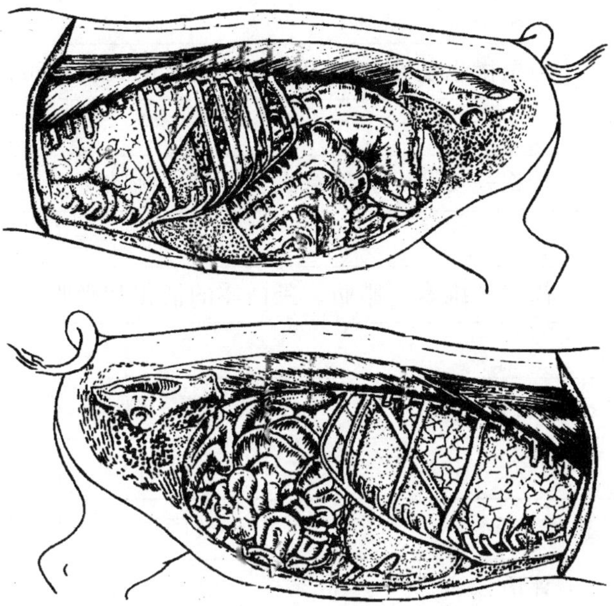
作业题 3	在下图中标出犬、马、猪、牛的十二指肠、空肠、回肠、盲肠、结肠和直肠。
作业解答	
作业题 4	绘出小肠的组织构造图并标名称。
作业解答	
作业题 5	绘出肝的组织构造图并标名称。
作业解答	

作业题 6	胃酸有何作用？为何新生仔猪容易出现下痢？				
作业解答					
作业题 7	瘤胃微生物有何作用？为何奶牛的饲料中可添加少量的尿素？				
作业解答					
作业题 8	什么是反刍？有何意义？尽早训练犊牛吃草有何好处？				
作业解答					
作业题 9	简述纤维素、脂肪、蛋白质的消化和吸收过程。				
作业解答					
作业评价	班级		第　组		组长签字	
	学号		姓名			
	教师签字		教师评分		日期	
	评语：					

●●●●● 学习反馈单

项目 4	消化系统				
评价内容	评价方式及标准				
知识目标达成度	作业评量及规准				
	A（90 分以上）	B（80~89 分）	C（70~79 分）	D（60~69 分）	E（60 分以下）
	内容完整，阐述具体，答案正确，书写清晰。	内容较完整，阐述较具体，答案基本正确，书写较清晰。	内容欠完整，阐述欠具体，答案大部分正确，书写不清晰。	内容不太完整，阐述不太具体，答案部分正确，书写较凌乱。	内容不完整，阐述不具体，答案基本不太正确，书写凌乱。

	实作评量及规准				
	A （90 分以上）	B （80～89 分）	C （70～79 分）	D （60～69 分）	E （60 分以下）
技能目标 达成度	能准确识别消化器官一般构造和肠、肝组织构造，食管、胃、肠体表投影位置确定完全正确。操作规范，速度快。	能准确识别绝大部分消化器官一般构造和肠、肝组织构造，食管、胃、肠体表投影位置确定基本正确。操作规范，速度较快。	能准确识别部分消化器官一般构造和肠、肝组织构造，食管、胃、肠体表投影位置确定大部分正确。操作较规范，速度一般。	能准确识别个别消化器官一般构造和肠、肝组织构造，食管、胃、肠体表投影位置确定小部分正确。操作欠规范，速度较慢。	消化器官一般构造和肠、肝组织构造基本上识别不太正确，食管、胃、肠体表投影位置确定不太正确。操作不规范，速度很慢。
	表现评量及规准				
	A （90 分以上）	B （80～89 分）	C （70～79 分）	D （60～69 分）	E （60 分以下）
素养目标 达成度	积极参与线上、线下各项活动，态度认真。处理问题及时正确，生物安全意识强，不怕脏不怕异味。	积极参与线上、线下各项活动，态度较认真。有较强处理问题能力和生物安全意识，不怕脏不怕异味。	能参与线上、线下各项活动，态度一般。处理问题能力和生物安全意识一般。不太怕脏怕异味。	能参与线上、线下部分活动，态度一般。处理问题能力和生物安全意识较差。有些怕脏怕异味。	线上、线下各项活动参与度低，态度较差。处理问题能力和生物安全意识较差，怕脏怕异味。
反馈及改进					

项目 5

呼吸系统

●●●●● 学习任务单

项目 5	呼吸系统	学时	10
布置任务			
学习目标	1. 知识目标 (1)知晓呼吸道和肺的位置、形态、颜色、质地和构造; (2)理解呼吸运动、气体交换、气体运输以及呼吸运动调节。 2. 技能目标 (1)能在图片、标本、模型或新鲜脏器上识别鼻、咽、喉、气管、支气管以及肺的位置、形态、颜色、质地和构造; (2)能在标本、模型或活体动物上确定肺的体表投影位置; (3)能在显微镜下识别肺的组织构造; (4)能解释胸内负压含义及生理意义; (5)能在活体动物上正确听取呼吸音、判定呼吸式和测定呼吸数; (6)能解释影响肺换气和组织换气的因素; (7)能解析神经和体液因素对呼吸运动的影响。 3. 素养目标 (1)培养学生发现、分析、解决问题的能力; (2)能从辩证思维角度理解形态、构造与机能的关系; (3)培养学生爱岗敬业、精益求精、珍爱生命的工匠精神和人文素养。		
任务描述	在实习牧场和实训室对主要呼吸器官进行体表投影位置确定,识别正常状态下呼吸道和肺的位置、形态、颜色、质地和构造,并认知其机能。 具体任务如下。 1. 在实习牧场活体动物上确定肺的体表投影位置。 2. 在动物解剖实训室观察喉、气管、支气管以及肺的形态、大小、颜色、质地和构造。 3. 在动物组织实训室识别肺的组织构造。 4. 在动物生理实训室结合实验和视频,解释呼吸运动的神经和体液调节。		

提供资料	1. 白彩霞．动物解剖生理．北京：北京师范大学出版社，2021 　　2. 周其虎．动物解剖生理．第三版．北京：中国农业出版社，2019 　　3. 张平，白彩霞，杨惠超．动物解剖生理．北京：中国轻工业出版社，2017 　　4. 丁玉玲，李术．畜禽解剖与生理．哈尔滨：黑龙江人民出版社，2005 　　5. 南京农业大学．家畜生理学．第三版．北京：中国农业出版社，2009 　　6. 范作良．家畜解剖．北京：中国农业出版社，2001 　　7. 范作良．家畜生理．北京：中国农业出版社，2001 　　8. 动物解剖生理在线精品课：
对学生 要求	1. 根据学习任务单、资讯引导，查阅相关资料，在课前以小组合作方式完成任务资讯问题。 　　2. 以小组为单位完成任务，体现团队合作精神。 　　3. 严格遵守实训室和实习牧场规章制度，避免安全隐患。 　　4. 对各种动物的解剖特点进行对比学习。 　　5. 严格遵守操作规程，做好自身防护，防止疾病传播。

●●●●● **任务资讯单**

项目 5	呼吸系统
资讯方式	通过资讯引导、观看视频，到本课程及相关课程精品课网站、解剖实训室、标本室、组织实训室、生理实训室、实习牧场、图书馆查询，向指导教师咨询。
资讯问题	1. 呼吸系统组成，上、下呼吸道包括哪些？ 　　2. 喉构造如何？会厌软骨在吞咽中有何作用？ 　　3. 气管构造如何？痰是如何形成的？ 　　4. 临床上进行肺部听诊或叩诊时，如何确定肺区？ 　　5. 肺的颜色、质地、形态、构造和分叶情况如何？ 　　6. 肺的组织构造如何？什么是肺小叶？ 　　7. 什么是胸膜和胸膜腔？胸膜腔和胸腔如何区分？ 　　8. 呼吸包括哪几个环节？氧如何进入体内？二氧化碳如何排出体外？ 　　9. 参与呼吸的肌肉主要有哪些？它们如何参与吸气和呼气动作？ 　　10. 胸内负压含义和生理意义如何？什么是"气胸"，它有何危害？ 　　11. 呼吸方式有哪几种？正常动物以哪种呼吸方式为主？患有胸膜炎和腹膜炎的动物以哪种呼吸方式为主？

	12. 各种动物的呼吸数是多少？如何测定？
	13. 呼吸音有哪几种？分别在哪儿听取？
	14. 影响肺换气和组织换气的因素有哪些？
	15. 氧气和二氧化碳在血液中如何运输？一氧化碳中毒和亚硝酸盐中毒各是什么原理？
	16. 血液中的氧、二氧化碳和酸碱度对呼吸运动有何影响？
资讯引导	所有资讯问题可以到以下资源中查询。 1. 白彩霞主编的《动物解剖生理》项目五。 2. 周其虎主编的《动物解剖生理》第三版项目二中任务七。 3. 张平、白彩霞、杨惠超主编的《动物解剖生理》模块二中项目四。 4. 动物解剖生理在线精品课： 5. 本项目工作任务单中的必备知识。

●●●●● 案例单

项目 5	呼吸系统	学时	10

序号	案例内容	关联教材内容
1.1	某牛场成年牛突然发病，症见高热，呼吸困难，听诊有明显的啰音，叩诊有大面积浊音区，X 射线检查可见肺部呈现大面积的渗出性阴影。死后剖检可见肺肿大，暗红色，质地坚实如肝脏，病变肺组织切块可沉入水底。最后确诊为大叶性肺炎。 　　10 日龄鸡群发病，发病率达 100%，病鸡张口呼吸、咳嗽、出现呼吸啰音等症状，死亡率约 5%。主要病变为喉头和气管黏膜充血，气管和支气管内有黄白色黏稠的干酪样分泌物。初步确诊为鸡传染性喉气管炎。	两个案例涉及与本项目内容相关的解剖生理知识点和技能点为：喉、气管、支气管黏膜正常的颜色和状态；肺体表投影位置；肺正常颜色、质地、比重；肺小叶。
1.2	某一农户，其奶牛出现呼吸困难，呼出的气体带有异味，呼吸频率 82 次/min，体温 40.2 ℃，心率 84 次/min。鼻镜周围有少量、带黏性的鼻漏。肺部叩诊区后移。肺部听诊时，下部的肺泡呼吸音减弱，有捻发音；上部的肺泡呼吸音亢盛，有湿性啰音。瘤胃音减弱，反刍减少。初步确诊为小叶性肺炎。	此案例涉及与本项目内容相关的解剖生理知识点和技能点为：呼吸数测定；活体牛上肺区听诊或叩诊位置确定；正常肺泡呼吸音；肺小叶。

●●●●● 工作任务单

项目 5	呼吸系统
任务 1	识别呼吸器官构造

子任务 1　确定肺区体表投影位置

任务描述：在活体牛上确定肺区的体表投影位置。

准备工作：在实习牧场准备牛、六柱栏、保定器械等；在实训室准备整体牛的模型、标本和图片等。

实施步骤如下。

1. 在实训室利用整体牛的标本、模型和图片，划定肺区的背缘线、后缘线、前界线，从而确定肺区的体表投影位置。

2. 在实习牧场先将牛保定在六柱栏内，然后在牛体上确定肺区的背缘线、后缘线和前界线。

3. 借助互联网、在线精品课学习相关内容。

子任务 2　识别呼吸道和肺的一般构造

任务描述：利用新鲜呼吸器官、图片、模型、标本等，识别鼻、喉、气管、支气管和肺的颜色、质地和一般构造。

准备工作：在实训室准备呼吸器官的标本、模型、新鲜呼吸器官、挂图、方盘、解剖刀、剪刀、镊子、碘伏、脱脂棉、一次性手套和实验服等。

实施步骤如下。

1. 在实训室利用标本、模型、图片等观察鼻孔、鼻前庭、固有鼻腔、上鼻道、中鼻道、下鼻道、总鼻道、鼻黏膜、副鼻窦。

2. 在实训室利用新鲜喉、气管、支气管和肺脏等新鲜呼吸器官，观察喉黏膜、喉软骨、喉肌、声带、声门裂，气管和支气管的黏膜和软骨，肺门、肋面、膈面、纵隔面、背缘、后缘、腹缘、尖叶、心叶、膈叶、副叶、心压迹、心切迹、肺小叶、肺内各级支气管以及肺的颜色和质地等。

3. 借助互联网、在线精品课学习相关内容。

子任务 3　识别肺的组织构造

任务描述：在显微镜下识别肺的组织构造。

准备工作：在实训室准备肺切片、生物显微镜等。

实施步骤如下。

1. 在实训室利用显微镜观察肺组织切片，识别小支气管、细支气管、终末细支气管、呼吸性细支气管、肺泡管、肺泡囊、肺泡、透明软骨和肺内血管等。

2. 借助互联网、在线精品课学习相关内容。

任务 2	认知呼吸器官机能

子任务 1　呼吸式判断、呼吸音听取及呼吸数测定

任务描述：在活体牛上判断呼吸式、听取呼吸音和测定呼吸数。

准备工作：在实习牧场准备牛、六柱栏、保定器械、听诊器、计时器等。

实施步骤如下。

1. 在实习牧场将牛保定好,确定肺区体表投影位置后,利用听诊器听取肺泡呼吸音,在喉头气管两侧听取支气管呼吸音。

2. 在实习牧场观察牛胸腹部起伏情况,判定呼吸方式。

3. 在实习牧场观察牛 1 min 内胸腹部起伏次数,获得呼吸频率;也可通过鼻孔感知气流来测定呼吸数。

4. 借助互联网、在线精品课学习相关内容。

子任务 2　呼吸运动调节和胸内负压测定实验

任务描述:观看呼吸运动调节视频,完成呼吸运动调节和胸内负压测定实验,解释神经和体液因素对呼吸运动的影响以及胸内负压存在的生理意义。

准备工作:在实验室内准备呼吸运动调节视频、家兔、生物信号采集系统、结扎线、手术台、手术器械、粗注射针头、气管套管、橡皮管、橡皮球、水检压计、20%氨基甲酸乙酯溶液、脱脂棉、纱布、玻璃分针等。

实施步骤如下。

1. 在实训室让学生观看呼吸运动调节实验视频,教师解释操作要点,然后学生分组进行实验,教师指导。

(1)将兔麻醉,仰卧固定于手术台上,剖开颈部皮肤,分离出气管和两侧迷走神经,穿线备用。

(2)切开气管,插入气管套管,用棉线结扎固定。

(3)将生物信号采集系统的换能器固定于胸壁上,开动生物信号采集系统,描记一段正常呼吸曲线,并观察呼吸运动与曲线的关系。

(4)用止血钳夹闭气管套管上的橡皮管约 20 s,呼吸运动有何变化?

(5)用橡皮球套在气管套管上,让其在橡皮球内呼吸,观察呼吸运动的变化?

(6)切断一侧迷走神经,呼吸运动有何变化?切断另一侧迷走神经,观察呼吸运动有何变化?分别刺激迷走神经的向中枢端、离中枢端,观察呼吸运动有何变化?

(7)于兔右侧胸壁第四肋间隙剪毛,切开皮肤约 1 cm,然后插入以橡皮管连接水检压计的注射针头,观察水检压计的液面波动情况。

(8)结果讨论。分析迷走神经对呼吸运动的调节;缺氧和二氧化碳增多对呼吸运动的影响;胸内负压对维持动物正常呼吸运动的作用。

注意事项:每项实验做完后,待呼吸恢复后再做下一项实验。

2. 借助互联网、在线精品课学习相关内容。

必备知识

第一部分　呼吸器官构造

呼吸系统由鼻、咽、喉、气管、支气管和肺等器官(见图 5-1),以及胸膜和胸膜腔等辅助器官组成。鼻、咽、喉、气管和支气管是气体进出肺的通道,称为呼吸道,它们由骨或软骨作为支架,围成开放性的管腔,以保证气体自由通过。此外,鼻有嗅觉功能,喉与发音有关。肺是气体交换的器官,主要由许多薄壁的肺泡构成,总面积非常大,有利于进行气体交换。呼吸道和肺在辅助器官的协助下共同完成呼吸机能。

一、呼吸道

（一）鼻

鼻是呼吸道的起始部，前端经鼻孔与外界相通，后端经鼻后孔与咽相通，腹侧由硬腭与口腔隔开，正中由鼻中隔将鼻腔分成左、右不相通的两部分（黄牛两侧鼻腔后 1/3 是相通的）。每侧鼻腔可分为鼻孔、鼻前庭和固有鼻腔三部分。

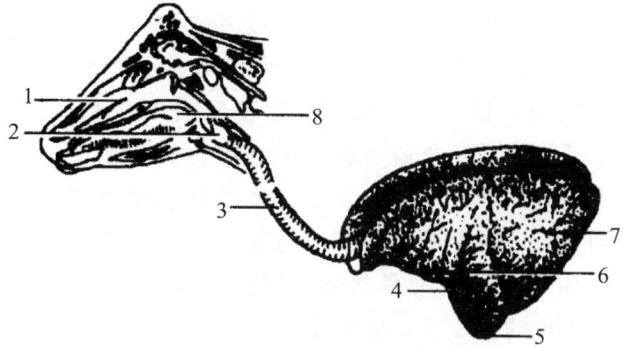

图 5-1　牛呼吸系统组成模式图

1. 鼻腔；2. 喉；3. 气管；4. 心切迹；5. 左肺中叶；
6. 左肺前叶前部；7. 左肺后叶；8. 咽

1. 鼻孔

鼻孔是鼻腔的入口，由内外侧鼻翼围成。鼻翼为包有软骨和肌肉的皮肤褶，有一定的弹性和活动性。牛的鼻孔小，呈不规则的椭圆形，鼻翼厚而不灵活，两鼻孔间与上唇中部形成鼻唇镜。羊的两鼻翼间形成鼻镜。犬的鼻孔逗点形，鼻镜部无腺体，其分泌物来自鼻腔内的鼻外侧腺。马的鼻孔大，也呈逗点状。

2. 鼻前庭

鼻前庭为鼻腔前部衬有皮肤的部分，相当于鼻翼所围成的空腔。鼻前庭的皮肤是由面部皮肤折转而来，着生鼻毛，可过滤空气。鼻泪管开口于鼻前庭。马鼻前庭背侧的皮下有一鼻盲囊（鼻憩室），向后伸达鼻切齿骨切迹，称鼻盲囊或鼻憩室，为马属动物特有。

3. 固有鼻腔

固有鼻腔位于鼻前庭之后，由骨性鼻腔覆以黏膜构成。鼻腔侧壁上有上、下两个纵行的鼻甲骨，将每侧鼻腔分成上、中、下三个鼻道（见图 5-2）。上鼻道较窄，位于鼻腔顶壁与上鼻甲之间，通鼻黏膜的嗅区；中鼻道位于上、下鼻甲之间，通副鼻窦；下鼻道最宽大，位于下鼻甲和鼻腔底壁之间，经鼻后孔与咽相通。鼻中隔两侧面与鼻甲骨之间为总鼻道，与上、中、下三个鼻道相通。

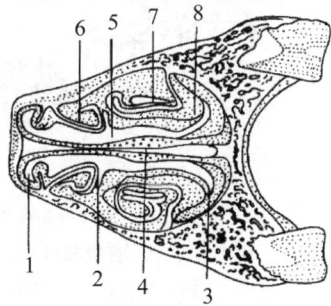

图 5-2　鼻腔横断面

1. 上鼻道；2. 中鼻道；3. 下鼻道；4. 鼻中隔；
5. 总鼻道；6. 上鼻甲骨；7. 下鼻甲骨；
8. 鼻静脉丛

固有鼻腔内表面衬有鼻黏膜，因其结构与机能不同，可分为呼吸区和嗅区（见图 5-3）。呼吸区在鼻腔的中部，呈粉红色，上皮为假复层柱状纤毛上皮，杯状细胞较多，上皮纤毛的摆动，有助于排出黏液和吸入的灰尘。固有膜由结缔组织构成，含有丰富的血管和腺体，能温暖、湿润、清洁吸入的空气。嗅区位于鼻腔的后上部，上皮细胞间有大量的嗅觉细胞，具有嗅觉作用。犬的嗅觉灵敏。猫嗅区上有 2 亿多嗅细胞，嗅觉特别灵敏，可辨别食物，判断猎物，辨别主人、同类和住处等。

猪的鼻尖与上唇一起形成特殊的吻突，是掘地觅食的器官。

　　家禽的鼻腔较窄，鼻孔位于上喙的基部。鸡的鼻孔有膜质性鼻瓣，其周围有小羽毛，防止小虫、灰尘等异物进入。鸭、鹅的鼻孔有柔软的蜡膜。鸽的两鼻孔与上喙的基部形成发达的蜡膜。在眼球的前下方有一个三角形眶下窦，鸡的较小，鸭、鹅的较大。眶下窦有两个口，一个通鼻腔，一个通后鼻甲腔。家禽在患呼吸道疾病时，眶下窦往往发炎。在眼眶顶壁和鼻腔侧壁有一特殊的腺体，有分泌氯化钠调节渗透压的作用，称为鼻盐腺。鸡的不发达，鸭、鹅等水禽的较发达，呈半月形。

图 5-3　牛头纵剖面

1. 前庭区；2. 呼吸区；3. 嗅区；4. 上鼻道；
5. 中鼻道；6. 下鼻道；7. 咽；8. 喉；9. 气管；
10. 食管；11. 额窦；12. 筛骨；13. 口腔

　　副鼻窦见"运动器官"。

　　（二）咽

　　见"消化器官"。

　　（三）喉

　　喉既是呼吸通道，又是发声的器官。喉位于下颌间隙的后方，在头颈交界处的腹侧，其前方与咽相通，后端与气管相接。喉主要由喉软骨、喉黏膜和喉肌构成。

　　1. 喉软骨（见图 5-4、图 5-5）

　　喉软骨构成喉的支架，包括不成对的环状软骨、甲状软骨、会厌软骨和成对的杓状软骨。各喉软骨借韧带彼此相连，共同构成喉的软骨基础。

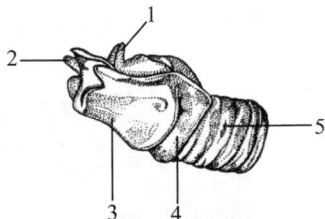

图 5-4　牛的喉软骨

1. 杓状软骨；2. 会厌软骨；3. 甲状软骨；
4. 环状软骨；5. 气管软骨环

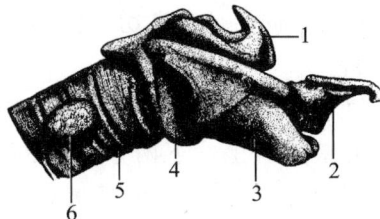

图 5-5　马的喉软骨

1. 杓状软骨；2. 会厌软骨；3. 甲状软骨；
4. 环状软骨；5. 气管软骨环；6. 甲状腺

　　（1）环状软骨：由透明软骨构成，外形呈指环状。其前缘以弹性纤维与甲状软骨相连，后缘借弹性纤维与气管相连。

　　（2）甲状软骨：是最大的喉软骨，位于会厌软骨和环状软骨之间，构成喉腔的侧壁和底壁。甲状软骨腹侧面的后部有一隆凸，称为喉结。

　　（3）会厌软骨和杓状软骨：位于喉前部，二者共同围成喉口，并与咽相通。喉口与背侧的食管口相邻。会厌软骨表面被覆黏膜，合称会厌。会厌具有弹性和韧性，其前端游离并向舌根翻转，吞咽时可盖住喉口，防止食物误入喉和气管。杓状软骨，一对，位于环状软骨的前缘、甲状软骨板的内侧，构成喉腔背侧壁的前部。

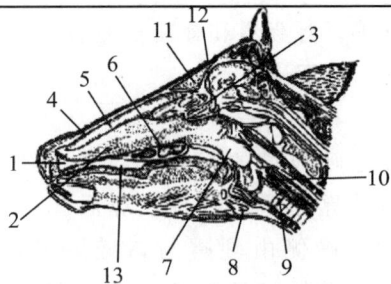

2. 喉黏膜

喉的内腔称喉腔，是由软骨围成的管状腔。在喉腔中部的侧壁上有一对明显的黏膜褶，称声带，内含声韧带和声带肌。两侧声带之间的狭窄裂隙，称为声门裂，气流通过时振动声带便可发声。喉腔在声门裂以前的部分，称为喉前庭，以后的部分，称为喉后腔（或声门下腔）。牛声带较短，声门裂宽大。

喉腔内表面衬以黏膜，喉黏膜由上皮和固有膜构成。被覆于喉前庭和声带的上皮为复层扁平上皮，喉后腔的黏膜上皮为假复层柱状纤毛上皮。固有膜由结缔组织构成，内含少量的淋巴小结和管泡状喉腺，可分泌黏液和浆液，有润滑声带等作用。喉黏膜有丰富的感觉神经末梢，受到刺激会引起咳嗽，从而将异物排出。

3. 喉肌

喉肌属于横纹肌，附着于喉软骨的外侧，收缩时可改变喉的形状，引起吞咽、呼吸及发声等活动。

鸡的喉由环状软骨和杓状软骨构成，没有会厌软骨和甲状软骨。喉腔内无声带，因此鸡的发声部位不在喉部，而在气管分叉处的鸣管。喉软骨上有扩张和闭合喉口的肌性瓣膜，此瓣膜平时开放，仰头时关闭，故鸡吞食、饮水时常仰头下咽。

犬的喉较短，喉口较大，声带大而隆凸。甲状软骨骨板短而高，喉结发达。环状软骨宽广。杓状软骨小，在左、右杓状软骨之间有一杓间软骨。会厌软骨呈四边形，下部狭窄。

猫的喉由甲状软骨、环状软骨和会厌软骨组成。喉腔被假声带和真声带分成三部分：假声带上部是喉前庭；真、假声带之间是喉腔第二部分；真声带和软骨环之间是喉腔第三部分，很狭窄。空气进出时振动假声带，发出低沉的"呼噜呼噜"的声音，俗称"猫念佛"。当猫与人亲昵时，后一对真声带发出轻柔、动听的声音。

兔的声带不发达，发音单调。

（四）气管和支气管

气管和支气管是连接喉与肺之间的通道，支气管是气管的分支，二者形态和结构基本相似。气管为一圆筒状长管，位于颈椎和胸椎腹侧，前端接喉，后端进入胸腔。气管在心基上方分为右尖叶支气管（右上支气管），随后又分出左、右两条主支气管，分别进入左、右肺，并继续分支形成支气管树。气管和支气管组织构造基本相似，均由黏膜层、黏膜下层、外膜组成（见图 5-6）。

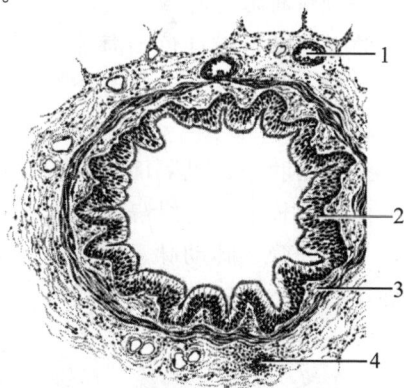

图 5-6　气管构造模式图
1. 血管；2. 黏膜；3. 黏膜下层；4. 气管腺

1. 黏膜层

黏膜层包括黏膜上皮、固有膜。黏膜上皮为假复层柱状纤毛上皮，上皮细胞间夹杂着大量的杯状细胞。杯状细胞可以分泌黏液，黏附气流中的尘粒和细菌。纤毛则向喉部摆动，将黏液排向喉腔，经咳嗽排出。固有膜由疏松结缔组织构成，其中弹性纤维较多，深部纤维大都呈纵行排列，在固有膜内还有弥散的淋巴组织，有局部免疫功能。

2. 黏膜下层

黏膜下层由疏松结缔组织构成，与固有膜之间无明显的界限。其中含有丰富的血管、神经、脂肪细胞和气管腺。气管腺为混合腺，腺体分泌物排入管腔，与杯状细胞分泌的黏液共同在黏膜表面形成黏液层，可黏附异物和细菌，并可溶解吸入的有害气体。

3. 外膜

外膜是气管的支架，由透明软骨和结缔组织构成。"U"形软骨环的缺口朝向背侧，缺口之间有弹性纤维膜连接，膜内有平滑肌束，可使气管适度舒缩。相邻软骨环借韧带相连，使气管适度延长。在气管软骨外面包有结缔组织，内有血管、神经和脂肪组织。

禽类的气管很长，由"O"形软骨环构成，相邻软骨环互相套叠，可以伸缩，适应颈部灵活运动。气管伴随食管后行，到颈后半部偏至右侧，入胸腔前又转到颈的腹侧，进入胸腔后，在心基上方分叉，形成鸣管的两个支气管。气管黏膜下层富含血管，可借蒸发散热调节体温，是重要的调节体温部位。

家禽的支气管经心基背侧入肺，以"C"形软骨环为支架，缺口面向内侧。

（五）鸣管（见图5-7）

鸣管又称后喉，是禽类特有的发音器官。鸣管以气管为支架，由几块支气管软骨和一块鸣骨构成。鸣骨呈楔形，位于气管分叉的顶部、鸣腔分叉处。在鸣管的内侧壁和外侧壁，覆以两对弹性薄膜，分别为内、外鸣膜。两鸣膜形成一对狭缝，当禽呼吸时，空气振动鸣膜而发声。

鸭的鸣管主要由支气管构成，公鸭的鸣管在左侧形成一膨大的骨质性鸣管，称鸣泡。鸣泡无鸣膜，故公鸭发出的声音嘶哑。

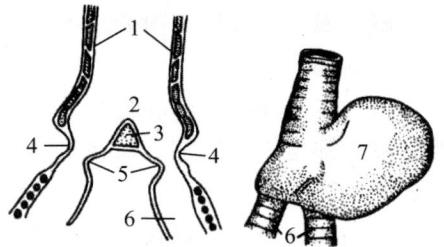

图5-7　禽鸣管（纵剖面）
1. 气管；2. 鸣腔；3. 鸣骨；4. 外鸣膜；
5. 内鸣膜；6. 支气管；7. 鸣泡

二、肺

（一）肺的形态特点

健康的肺呈粉红色，海绵状，质地柔软而富有弹性。左、右肺一起类似圆锥形，锥底朝向后方。肺有三个面和三个缘。

1. 三个面

三个面肋面、纵隔面和膈面。肋面在外侧，略凸，与胸腔侧壁接触，有肋压迹；纵隔面在内侧，较平，与纵隔接触，有心压迹、食管压迹和主动脉压迹，在心压迹的后方有肺门，是支气管、肺动脉、肺静脉、支气管动脉、支气管静脉、淋巴管和神经出入肺的门户；膈面在后下方，较凹，与膈接触。

2. 三个缘

三个缘为背缘、腹缘、后缘。背缘钝而圆，位于肋椎沟中；腹缘薄而锐，位于胸外侧壁与纵隔间的沟内，有豁口状的心切迹和叶间切迹，是肺分叶的依据，动物左肺心切迹略大于右肺心切迹，使心脏左壁在此处外露，兽医临床常将左肺心切迹作为心脏听诊部位；后缘薄而锐，位于胸外侧壁与膈之间。

3. 肺的分叶（见图5-8）

左肺分为3叶，由前向后顺次为前叶（尖叶）、中叶（心叶）和后叶（膈叶）。右肺分为4叶：前叶（尖叶）、中叶（心叶）、后叶（膈叶）和纵隔面上的副叶。牛、猪右尖叶分为第一尖叶和第二尖叶。马肺分叶不明显，左、右肺分尖叶和心膈叶，右肺内侧还有一个副叶。犬肺左肺分前叶前部、前叶后部和后叶；右肺分前叶、中叶、后叶和副叶（见图5-9）。兔左肺分前叶和后叶，右肺分前叶、后叶和副叶。鸡的肺不分叶。

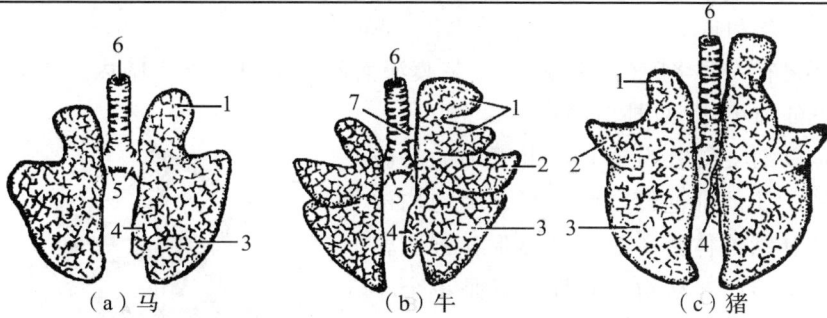

图 5-8　动物肺分叶模式图

1. 前叶(尖叶)；2. 中叶(心叶)；3. 后叶(膈叶)；4. 副叶；5. 支气管；
6. 气管；7. 右尖叶支气管

(二)肺的位置

肺位于胸腔内，纵隔两侧，左、右各一，通常右肺略大于左肺，两肺占据胸腔的大部分。临床肺的听诊或叩诊一般可根据背缘线和后缘线来确定其体表投影位置。

1. 牛肺区

背缘线是第 1 肋的 1/2 和第 12 肋上端的连线，或距脊柱背线 10 cm；后缘线由四点连成的弧线来定，分别是第 12 肋上端、髋结节水平线与第 11 肋交点、肩关节水平线与第 8 肋的交点和第四肋间隙下缘。前界为自肩胛骨后角，沿肘肌群后缘向下划出的一条近似 S 形的曲线，止于第 4 肋间。

2. 猪肺区

背缘线是第 1 肋的 1/2 和第 11 肋上端的连线，或距脊柱背线 4～5 cm；后缘线由四点连成的弧线来定，分别是第 11 肋上端、坐骨结节水平线与第 9 肋交点、肩关节水平线与第 7 肋交点和第 4 肋间隙下缘。

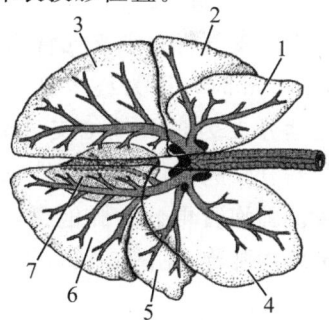

图 5-9　犬肺的分叶

1. 左肺前叶前部；2. 左肺前叶后部；
3. 左肺后叶；4. 右肺前叶；5. 右肺中叶；6. 右肺后叶；7. 副叶

3. 马肺区

背缘线是第 1 肋的 1/2 和第 17 肋上端的连线，或距脊柱背线 10 cm；后缘线由五点连成的弧线来定，分别是第 17 肋上端、髋结节水平线与第 16 肋交点、坐骨结节水平线与第 14 肋交点、肩关节水平线与第 10 肋交点和第 5 肋间隙下缘。前界为自肩胛骨后角向下引一垂线，其下端终于肘头后方。

4. 犬肺区

背缘线是肩胛后角至 12 肋上端或距脊柱背线 2～3 指宽；后缘线由五点连成的弧线来定，分别是 12 肋上端、髋结节水平线与 11 肋交点、坐骨结节水平线与 10 肋交点、肩关节水平线与第 8 肋交点和第 6 肋间隙下缘。前界为自肩胛骨后角并沿其后缘所引垂线，下止于第 6 肋间的下部。

5. 禽肺

禽的肺较小，位于 1～6 肋之间，背侧面嵌入肋骨间，形成肋沟。在腹侧面有肺门，是肺血管出入的门户。在肺的稍后方，有膜质的膈。

（三）肺的组织构造

肺的表面覆有一层浆膜（胸膜脏层），浆膜深面的结缔组织伸入肺内，将肺实质分隔成众多肉眼可见的肺小叶（见图5-10）。

肺小叶是以细支气管为轴心，由更细的呼吸性细支气管和所属的肺泡管、肺泡囊、肺泡构成的相对独立的肺结构体，一般呈锥体形，锥底朝肺表面，锥尖朝肺门。动物小叶性肺炎是单个小叶或一群小叶的炎症，而大叶性肺炎常侵犯一个肺叶、一侧肺叶或全肺。猪肺间质发达，肺小叶明显。

肺的实质由肺内各级支气管和无数肺泡组成。支气管由肺门进入肺内，反复分支，形成树枝状，称为支气管树（见图5-11）。支气管再分支，统称小支气管。小支气管分支到管径为1 mm以下时，称为细支气管。细支气管再分支，管径为0.35～0.5 mm时，称为终末细支气管。终末细支气管继续分支为呼吸性细支气管。管壁上出现肺泡，开始有呼吸功能，呼吸性细支气管再分支为肺泡管。肺泡管再分为肺泡囊，肺泡管和肺泡囊上有更多的肺泡（见图5-12）。

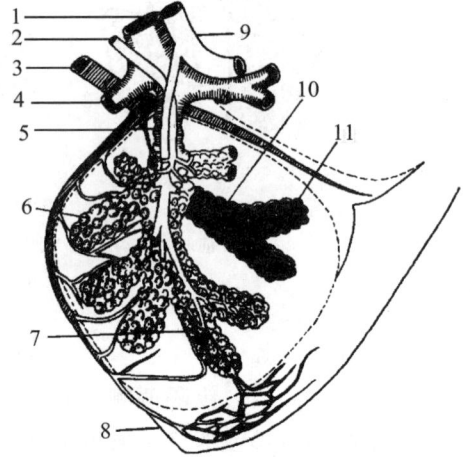

图5-10　肺小叶模式图

1. 细支气管；2. 支气管动脉；3. 肺静脉；
4. 终末细支气管；5. 呼吸性支气管；6. 肺泡；
7. 毛细血管网；8. 肺胸膜；9. 肺动脉；
10. 肺泡管；11. 肺泡囊

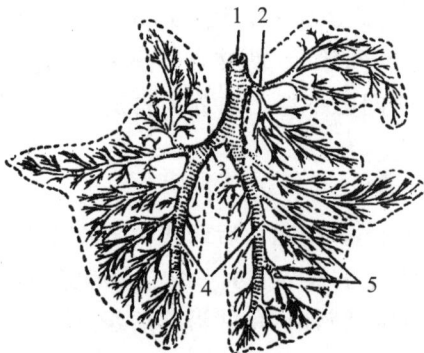

图5-11　牛的支气管树

1. 气管；2. 右尖叶支气管；3. 支气管；
4. 主支气管；5. 小支气管

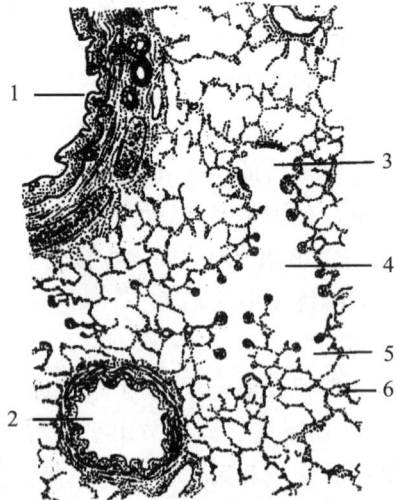

图5-12　肺的微细结构

1. 支气管；2. 细支气管；3. 呼吸性支气管；
4. 肺泡管；5. 肺泡囊；6. 肺泡

终末细支气管以上的各级支气管是空气进出的通道，称为导气部（或通气部）；呼吸性细支气管以下有肺泡存在，能进行气体交换，称为呼吸部（或换气部）。

1. 肺的导气部

肺的导气部是气体出入肺的通道，包括各级小支气管、细支气管、终末细支气管。组织结构与气管、支气管基本相似，也由黏膜、黏膜下层和外膜构成，只是管径逐渐变小，管壁逐渐变薄，组织结构逐渐简化。

（1）各级小支气管。管壁仍可分为黏膜、黏膜下层和外膜。黏膜上皮为假复层柱状纤毛上皮，但逐渐变薄，杯状细胞减少。固有层的平滑肌逐渐增多，故黏膜逐渐出现皱褶。黏膜下层的气管腺逐渐减少。外膜的软骨呈片状，且逐渐减少。

（2）细支气管。黏膜上皮由假复层柱状纤毛上皮逐渐过渡为单层柱状上皮。杯状细胞、腺体、软骨片逐渐减少几乎消失，环行平滑肌相对增多，黏膜呈明显的皱襞。由于细支气管无软骨片支撑，当某些病因引起管壁平滑肌痉挛时，管腔发生闭塞，便发生呼吸困难。

（3）终末细支气管。管壁变得更薄，上皮为单层柱状上皮，杯状细胞、腺体、软骨片均消失，环行平滑肌由多变少，皱襞消失。

2. 肺的呼吸部

（1）呼吸性细支气管。管壁上有肺泡开口，开始具有气体交换作用，其上段管壁仍为单层柱状纤毛上皮，以后逐渐移行为单层立方上皮，纤毛消失，接近肺泡开口处变为单层扁平上皮。上皮下有薄层固有膜，内有弹性纤维和分散的平滑肌纤维。

（2）肺泡管。管壁有许多肺泡的开口，末端与肺泡囊相通。管壁不完整，在相邻肺泡开口之间，固有层内有少量平滑肌束，上皮为单层立方上皮或扁平上皮。

（3）肺泡囊。肺泡囊是由数个肺泡围成的公共腔体，呈梅花状，囊壁为肺泡壁。

（4）肺泡。肺泡是气体交换的场所，呈半球状，开口于肺泡囊、肺泡管或呼吸性细支气管。肺泡内表面的上皮由 I 型和 II 型肺泡细胞构成。

I 型细胞：占肺泡内表面的 95%，细胞扁平很薄，核椭圆形，稍突入肺泡腔内。I 型细胞为气体交换提供了一个广而薄的面，使气体易于通过。在 I 型细胞和邻近毛细血管内皮细胞之间各有一层基膜。因此，肺泡和血液间的气体交换，必须经过肺泡上皮、上皮基膜、血管内皮基膜和血管内皮等四层结构，这些结构所构成的气血屏障（或呼吸膜），是气体交换必须通过的薄层结构。

II 型细胞：较少，呈圆形或立方形，胞核圆形，染色较浅，位于 I 型细胞之间。II 型细胞可分泌表面活性物质（主要成分是二棕榈酰卵磷脂），在肺泡腔内表面形成脂蛋白物质层，可降低肺泡表面气—液接触的表面张力，维持肺泡的形状，使肺泡呼气之末不致因表面张力而完全塌陷。而且 II 型细胞又是 I 型细胞的后备细胞，当 I 型细胞受损伤时，II 型细胞可变为 I 型细胞，以保持呼吸膜的完整性。

相邻肺泡的肺泡壁之间形成肺泡隔，隔内有丰富的毛细血管网、弹性纤维、成纤维细胞和肺的巨噬细胞。肺泡隔中的毛细血管网紧贴肺泡上皮，这样的结构有利于肺泡和血液之间发生气体交换。肺泡隔内的大量弹性纤维使肺泡具有良好的弹性，吸气时能扩张，呼气时能回缩。肺巨噬细胞能吞噬吸入的灰尘、细菌、异物和渗出的红细胞等。肺泡腔内吞噬尘粒后的巨噬细胞又称尘细胞，可随呼吸道分泌物排出。

相邻肺泡之间有小孔相通，称肺泡孔，是肺泡间气体通路，有沟通和平衡相邻肺泡内气体的作用。当细支气管阻塞时，肺泡孔与邻近肺泡建立侧支通气，有利气体交换。肺部感染时，病原菌亦可经此孔扩散、蔓延。

禽类的支气管入肺后，纵贯全肺，称为初级支气管，后端出肺接于腹气囊。从初级支气管上分出背内侧、腹内侧、背外侧、腹外侧四群次级支气管，末端出肺连于气囊。次级支气管再分出许多袢状的三级支气管，连于两群支气管之间。从三级支气管分出辐射状的肺房。肺房是不规则的囊腔，上皮为单层扁平上皮，相当于家畜的肺泡囊。肺房的底部又分出若干个漏斗，漏斗的后部形成丰富的肺毛细管，相当于家畜的肺泡，是气体交换的场所。一条三级支气管及其所分出的肺房、漏斗、肺毛细管，构成一个肺小叶。禽肺内的支气管分支形成互相通连的管道，而不像哺乳动物那样呈树枝状。

（四）肺的血管

肺的血管可分功能性血管和营养性血管。功能性血管是肺动脉和肺静脉，营养性血管是支气管动脉和支气管静脉。

1. 肺动脉和肺静脉

肺动脉是大动脉，内含静脉血，从右心室出发，经肺门入肺，与支气管伴行，并随支气管分支而分支，最后形成包围肺泡周围的毛细血管网，与肺泡内的气体进行交换，使静脉血变成动脉血（含氧较多的血液）。由毛细血管网汇成小静脉，再逐渐汇合成肺静脉。肺静脉在肺内并不与肺动脉伴行，直至形成较大的肺静脉时，才与肺动脉和支气管伴行，最后经肺门出肺，进入左心房。

2. 支气管动脉和支气管静脉

支气管动脉是胸主动脉的分支，经肺门进入肺内，也与支气管伴行，沿途形成毛细血管网，营养各级支气管、肺动脉、肺静脉、小叶间结缔组织和肺胸膜。支气管静脉汇注于奇静脉，进入右心房。

三、气囊

气囊是禽类特有的器官，容积比肺大 5～7 倍，是初级支气管或次级支气管出肺后形成的黏膜囊，外覆浆膜。气囊大部分与含气骨相通。多数禽类有 9 个气囊（见图 5-13），可分为前、后两群。前群包括 5 个气囊：一对颈气囊（鸡是 1 个），位于胸腔前部背侧；一个锁骨间气囊，位于胸腔前部腹侧；一对前胸气囊，位于两肺腹侧。后群有 4 个气囊：一对后胸气囊，最小，位于肺腹侧后部；一对腹气囊，最大，位于腹腔内脏两旁。气囊所形成的憩室可伸入到许多骨内和器官之间。除颈气囊外，所有气囊与三级支气管相通，称为返支气管。

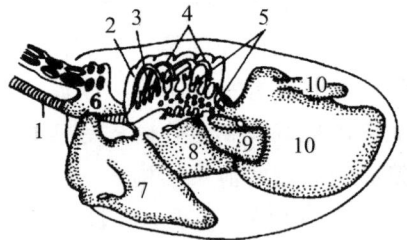

图 5-13　肺和气囊模式图
1. 气管；2. 肺；3. 初级支气管；4. 三级支气管；
5. 次级支气管；6. 颈气囊；7. 锁骨间气囊；
8. 前胸气囊；9. 后胸气囊；10. 腹气囊

气囊具有贮存空气、参与呼吸、加强气体交换、减轻体重、平衡体位、散发体热、调节体温、加强发音等作用。公禽的腹气囊紧贴睾丸，使睾丸能维持较低的温度，保证精子正常生成。禽的某些呼吸系统疾病或某些传染病常在气囊发生病变。

四、胸腔、胸膜和胸膜腔

(一)胸腔

胸腔是以胸廓为框架、并附着胸壁肌和皮肤的截顶圆锥状体腔。顶壁是胸椎，两侧壁是肋和肋间肌，底壁是胸骨，后壁是膈肌。前口呈竖长的卵圆形，由第一胸椎、第一对肋和胸骨柄围成；后口呈倾斜的卵圆形，较大，由最后胸椎、最后一对肋、肋弓和剑状软骨围成。胸腔在胸壁肌群的帮助下可扩大和缩小。胸腔内容纳心、肺、胸腺、大血管、淋巴管、食管和气管等器官。

(二)胸膜

胸膜是覆盖在肺表面和衬贴于胸腔壁内面的一层光滑的浆膜，分壁层和脏层。覆盖在肺表面的称为胸膜脏层，又称肺胸膜；衬贴于胸腔壁内表面和纵隔表面的称为壁层，壁层又按所在部位分为肋胸膜、膈胸膜和纵隔胸膜。肋胸膜衬贴在肋及肋间肌内面；膈胸膜贴在膈肌上；纵隔胸膜贴在纵隔两侧。

胸膜腔是胸膜壁层与脏层之间的密闭腔隙，胸膜腔左、右各一，互不相通，胸膜腔内压力比大气压低，并有少量浆液，有润滑和使两层胸膜贴附在一起的作用。胸膜炎时，胸膜腔出现大量渗出液(胸膜腔积水)，或者胸膜壁层与脏层间发生粘连，影响动物的呼吸运动。

(三)纵隔(见图 5-14)

纵隔是两侧纵隔胸膜及其之间器官和组织的总称。纵隔内夹有胸腺、心包、心脏、气管、食管和大血管等。纵隔位于胸腔正中，将胸腔分为左右两个互不相通的腔。

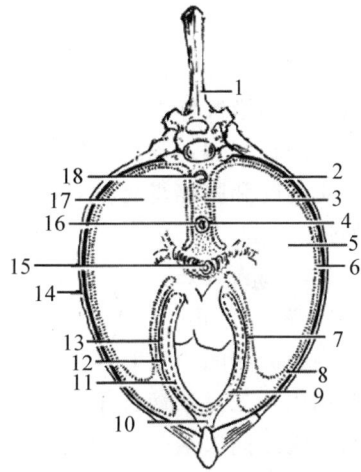

图 5-14 胸腔横断面模式图

1. 胸椎；2. 肋胸膜；3. 纵隔；4. 纵隔胸膜；5. 左肺；6. 肺胸膜；7. 心包胸膜；8. 胸膜壁层；9. 心包腔；10. 胸骨心包韧带；11. 心包浆膜脏层；12. 心包浆膜壁层；13. 心包纤维层；14. 肋骨；15. 气管；16. 食管；17. 右肺；18. 主动脉

第二部分 呼吸生理

呼吸是家畜生命活动的重要特征。呼吸过程包括外呼吸、气体运输和内呼吸三个环节。外呼吸又称肺呼吸，包括肺通气和肺换气，肺通气是外界空气与肺泡间的气体交换，肺换气是肺泡与肺泡周围毛细血管血液间的气体交换。气体运输是指机体通过血液循环把肺摄取的 O_2 运送到组织细胞，又把组织细胞产生的 CO_2 运送到肺的过程。内呼吸是血液与组织液间的气体交换，因是在组织内进行，又称组织呼吸。

一、呼吸运动

呼吸肌群的交替收缩和舒张(呼吸的原动力)，引起胸腔和肺有节律的扩大和缩小，称为呼吸运动，包括吸气运动和呼气运动。其中，胸腔和肺一同扩大，使外界空气进入肺泡的过程称吸气；胸腔和肺一同缩小，将肺泡内气体排出体外的过程称呼气。气体进出肺的直接动力是肺内压与大气压之间的压差，当肺内压低于大气压时，产生吸气，反之呼气。参与呼吸运动的吸气肌主要是肋间外肌和膈肌，呼气肌主要是肋间内肌和腹肌。胸肌、背侧锯肌、斜方肌、胸锁乳突肌等辅助吸气肌在用力呼吸时也参与呼吸运动。

（一）吸气和呼气动作

1. 吸气过程

吸气过程是一个主动过程。平静呼吸时，吸气运动由肋间外肌和膈肌收缩来完成。肋间外肌收缩，引起胸腔两侧壁的肋骨开张，胸骨稍下降，结果使胸腔的左、右径和上、下径增大；膈肌收缩，膈顶后移，使胸腔前、后径增大。胸腔扩大，肺也随之扩张，肺泡内压会迅速降低。当外界气压相对高于肺内压时，空气便经呼吸道进入肺泡，完成吸气。

2. 呼气过程

动物平静呼吸时，呼气运动不是由呼气肌收缩引起的，而是由肋间外肌和膈肌舒张所致。呼气过程是一个被动过程，吸气过程一停止，肋间外肌和膈肌立即舒张，肋、膈顶和胸骨"宽息回位"，使胸腔和肺得以收缩，肺泡内气压会迅速上升，当外界气压相对低于肺内压时，肺泡气体经呼吸道呼出体外。

当动物剧烈运动或不安时，不仅肋间外肌和膈肌舒张，肋间内肌和腹壁肌群也参与呼气，使胸腔和肺缩得更小，肺内压升得更高，于是呼气比平时更快更多，此时吸气也会相应加强。

（二）胸内负压

1. 胸内负压

胸膜腔密闭，没有气体，仅有少量浆液。浆液有两方面作用：一是在两层胸膜之间起润滑作用；二是浆液分子有内聚力，可使两层胸膜贴在一起，不易分开。胸膜腔的密闭性和两层胸膜间浆液分子的内聚力，对于维持肺的扩张状态和肺通气具有重要的生理意义。

家畜吸气时，肺能随胸腔一同扩张的根本原因在于胸内负压。胸内负压是指胸膜腔内的压力总是低于外界大气压，低于大气压的压力一般称为负压，因此胸膜腔内压也称为胸内负压。胸内负压可用连有检压计的针头，刺入胸膜腔内直接测定。测定结果表明，无论吸气还是呼气过程，胸膜腔内压力始终低于大气压。

胸内负压是动物出生后发展起来的。胎儿时期胸腔容积极小，肺内无空气，是实体组织。胎儿出生后胸廓随着新生仔畜躯体伸展而扩大，肺被动牵拉而扩张，扩张状态的肺具有一定的弹性回缩力，使胸膜的脏层能抵消一部分大气压后，与胸膜壁层分离，不含气体的胸膜腔便出现了负压现象。胸内负压的形成与作用于胸膜腔的两种力量有关：一是肺内压，使肺泡扩张；二是肺的回缩力，使肺泡缩小。胸膜腔内的压力就是这两种作用相反力的代数和。可用下列公式表示：

$$胸膜腔内压＝肺内压－肺的回缩力$$

在吸气末和呼气末，肺内压等于大气压。故胸膜腔内压＝大气压－肺的回缩力。若以大气压作为生理上的零单位，则胸膜腔内压＝－肺回缩力。

可见，胸膜腔负压实际上是由肺的回缩力造成的。动物吸气时，肺回缩力增大，胸膜腔负压增大，吸气末最大；呼气时，肺回缩力减少，胸膜腔的负压也相应减小，呼气末最小。

2. 胸内负压的生理意义

首先，胸内负压使肺处于持续扩张状态，不致因回缩力而完全塌陷，从而能持续地与周围血液进行气体交换。其次，胸内负压使胸腔内大的腔静脉血管、淋巴管处于扩张状态，有助于静脉血和淋巴液的回流及右心充盈，尤其是在做深吸气时，胸内压降得更低，进一步促进血液回心。再次，胸内负压还可使胸部食管处于扩张状态，有利于动物的呕吐和反刍动物的逆呕。

如果胸膜腔因某种原因，密闭性被破坏，外界气体或肺泡内气体立即进入胸膜腔，即形成气胸。比如，动物因胸膜壁穿透或肺结核穿孔，造成胸膜腔破裂，胸内负压便随着胸膜腔进气而消失，两层胸膜彼此分开，肺将因其本身回缩力而塌陷，发生呼吸功能障碍。此时，即使胸廓运动仍在发生，肺却减小或失去了随胸廓运动而运动的能力，其程度视气胸的程度和类型而异。显然，气胸时，肺的通气功能受到明显影响，胸腔内大静脉和淋巴液回流也将受阻，甚至因呼吸、循环功能严重障碍而危及生命。

（三）呼吸式、呼吸频率和呼吸音

1. 呼吸式

在呼吸过程中，根据呼吸肌活动的强度和胸腹部起伏变化的程度，可将呼吸式分为胸式呼吸、腹式呼吸和胸腹式呼吸三种类型（方式）。呼吸时以肋间外肌活动为主，胸壁起伏明显者，称为胸式呼吸；以膈肌活动为主，腹壁起伏明显者，称为腹式呼吸；肋间肌和膈肌同等程度地参与呼吸运动，胸壁和腹壁一起起伏的呼吸运动方式，称为胸腹式呼吸（混合式呼吸）。

健康家畜除狗（胸式呼吸为主）外均为胸腹式呼吸。只有在胸部或腹部活动受到限制时，才可能单独出现胸式或腹式呼吸。比如，家畜妊娠后期或胃扩张、腹膜炎等腹部脏器发生病变时，腹部运动受到限制，呼吸时主要靠肋间外肌的活动来完成，因而以胸式呼吸为主；肋骨骨折或胸膜炎等胸部脏器发生病变时，胸部运动受到限制，呼吸时主要靠膈肌的活动来完成，因而以腹式呼吸为主。因此，观察家畜的呼吸式对临床疾病诊断具有重要的实际意义。

2. 呼吸频率

健康家畜安静状态下每分钟呼吸的次数，称为呼吸频率（见表5-1），可以通过观察呼吸式或感知鼻孔处气流等方法测定。

表 5-1　常见动物的呼吸数（次/分钟）

动物	呼吸数	动物	呼吸数
乳牛	18～28	鸡	15～30
猪	10～24	犬	10～30
绵羊	12～24	兔	50～60
山羊	12～20	马	8～16

呼吸频率因动物种类不同而异，同时还受年龄、外界温度、生理状况、海拔高度、使役以及疾病等因素的影响。如幼年家畜呼吸频率比成年的略高；在气温高、寒冷、高海拔、使役等条件下，呼吸频率也会增高；乳牛泌乳高峰期，呼吸频率会高于平时；家畜患某些疾病如肺水肿等时，呼吸频率高于健康家畜的4～5倍。因此诊断中应综合考虑并加以区别。

3. 呼吸音

家畜呼吸时，气体通过呼吸道及出入肺泡时产生的声音，叫呼吸音。在胸廓表面和颈部气管附近，可以听到三种呼吸音。

（1）肺泡呼吸音，类似"f"的延长音，是由于空气进入肺泡，引起肺泡壁紧张所产生。正常肺泡呼吸音在吸气时能较清楚地在肺区听到。肺泡音的强弱，决定于呼吸运动的深浅、肺组织的弹性及胸壁的厚度。当动物剧烈呼吸时，如用力、兴奋、疼痛等，则肺泡呼吸音加剧。当肺部气体含量减少时，如肺炎初期或肺泡受到液体压力时，则肺泡呼吸音减弱。

（2）支气管呼吸音，类似"ch"的延长音，是由于气流通过声门裂时，产生气流旋涡所引起的喉呼吸音，沿着气管回传到支气管。正常情况下，在喉头和气管可听到（在呼气时能听到较清楚的支气管呼吸音），小动物和很瘦的大动物也可在肺的前部听到。

（3）支气管肺泡呼吸音，由肺泡呼吸音和支气管呼吸音混合在一起而形成。任何疾患引起肺泡呼吸音或支气管呼吸音减弱时，均可产生这种不定性呼吸音。

临床上当喉、气管和肺部发生病变时，如炎症、肿胀、管道狭窄以及肺泡破裂等，会出现各种病理性的呼吸音。如啰音表明支气管中存有分泌物（渗出液、漏出液、血液和吸入物）而发出的声音；摩擦音表明胸膜脏层和壁层之间膜面粗糙，伴随着呼吸而产生。

二、气体交换

实验证实，在家畜吸入的气体和呼出的气体中，氧和二氧化碳含量有显著的变化，即吸入气体中氧的含量较呼出多，而呼出气体中二氧化碳的含量比吸入气多。这说明家畜在呼吸过程中进行了气体交换。气体交换发生在肺和全身组织，交换动力是气体分压差，交换的先决条件是气体通透膜的通透性。

气体分压是指混合气体中某种气体在总混合气体中所占的压力份额。在混合气体中某气体的浓度越高，其气体分压也越高，反之则越低。根据气体分子扩散原理，在通透膜两侧，若某种气体的分压值不相等（即有气体分压差），则该气体分子可通过通透膜，由分压高的一侧扩散到分压低的一侧。

（一）肺换气

肺泡与肺毛细血管之间的交换称为肺换气，是外呼吸环节中的中心环节。

1. 肺换气的过程

气体在肺泡与血液间的交换，通过呼吸膜进行。呼吸膜是肺泡和毛细血管之间的薄膜，由肺泡上皮、肺泡上皮基膜、毛细血管基膜和毛细血管内皮构成，又叫气血屏障，呼吸膜很薄，气体分子可自由通过。呼吸膜两侧的氧和二氧化碳分压差是换气的主要动力。由于肺泡内的氧分压（13.83 kPa）高于毛细血管内的氧分压（5.32 kPa）；而二氧化碳分压刚好相反，毛细血管内的二氧化碳分压（6.12 kPa）高于肺泡内的二氧化碳分压（5.32 kPa），因此肺换气的结果是肺泡中的氧气进入血液，血液中的二氧化碳进入肺泡，血液由静脉血变成动脉血。

2. 影响肺换气的因素

（1）呼吸膜的厚度。呼吸膜总厚度约 0.5 μm，个别仅为 0.2 μm，O_2 和 CO_2 分子极易通过。家畜患有肺炎和肺水肿时，呼吸膜厚度增加，造成气体分子扩散速率降低，影响肺换气。

（2）呼吸膜的面积。呼吸膜为 O_2 和 CO_2 在肺部气体交换提供了巨大的表面积。呼吸膜面积增大，扩散的气体量一般会增多。在家畜运动或使役时，呼吸膜面积会增大；在肺不扩张和毛细血管栓塞等疾病时，呼吸膜面积会减少，从而影响肺换气。

(3)肺血流量。体内的 O_2 和 CO_2 靠血液循环运输，所以单位时间内，肺血流量增多会影响呼吸膜两侧的氧和二氧化碳的分压，从而影响肺换气。

（二）组织换气

体毛细血管网与网间分布的细胞之间的气体交换称为组织换气，是机体呼吸生理中的核心环节。

1. 组织换气的过程

气体在血液与组织细胞间的交换，通过气体分子通透膜进行。气体分子通透膜是由组织细胞膜、组织毛细血管壁以及两者之间的组织液构成，具有良好的气体通透性，O_2 和 CO_2 也极易通过。换气动力是通透膜两侧存在氧和二氧化碳分压差。由于组织细胞在代谢过程中不断消耗氧气、产生二氧化碳，因此组织细胞内氧分压(5.32 kPa)低于周围动脉血中氧分压(13.3 kPa)，而组织细胞内二氧化碳分压(6.12 kPa)高于动脉血中的二氧化碳分压(5.32 kPa)，所以氧气进入组织细胞中，二氧化碳进入血液，血液由动脉血变回静脉血。组织换气使组织细胞得到氧，二氧化碳得以排出，因此组织换气(内呼吸)是整个呼吸的核心，若其发生障碍，必将导致窒息，引起动物体死亡。

2. 影响组织换气的因素

(1)通透性。在正常情况下，气体分子通透膜具有很强的通透性。但在组织水肿等病理情况，通透性会降低，影响组织换气。

(2)全身血液循环障碍。在心力衰竭、局部贫血、淤血等病理情况下，会出现全身血液循环障碍，组织换气会受到影响，严重时会引起局部缺氧。

（三）家禽气体交换特点

禽的呼吸属于双重呼吸。当吸气时，新鲜空气一部分到达肺毛细管，与其周围的毛细血管直接进行气体交换，另一部分进入气囊。在呼气时，气囊中的气体经回返支气管入肺，到达肺毛细管，再一次与毛细血管进行气体交换。因此，家禽每呼吸一次，在肺内进行两次气体交换，使肺换气效率提高，以适应禽体新陈代谢需要。

三、气体运输

在呼吸过程中，血液担任气体运输的任务。血液以物理溶解和化学结合两种方式，不断地将氧从肺运到组织，同时将二氧化碳从组织细胞运到肺部。其中，化学结合占绝大部分。O_2 和 CO_2 在血液中的物理溶解量虽然很少，但也很重要。物理溶解是化学结合前的必要过程，不论肺换气还是组织换气，进入血液的 O_2 和 CO_2 都是先溶解，提高其气体分压，再出现化学结合。反之，O_2 和 CO_2 从血液中释放时，也是以溶解的形式先逸出，使气体分压降低，引起化合结合的 O_2 分离出来，补充失去的溶解氧气。物理溶解和化学结合两者之间保持动态平衡。

（一）氧的运输

氧进入血液后，以两种方式运输。

一是少量氧直接溶解在血液中，随血液运输到各组织细胞利用，此种方式运输的氧仅占 0.8%～1.5%。

二是大多数氧主要是与红细胞内的血红蛋白(Hb)结合，以氧合血红蛋白的形式运输，此种方式运输的氧占 98.5%～99.2%。

$$O_2 + Hb \xrightarrow[\text{氧分压低}]{\text{氧分压高}} HbO_2$$

红细胞内的血红蛋白是一种结合蛋白，由一分子珠蛋白和四分子亚铁血红素结合而成。Hb 的机能主要是运输血液中的氧和二氧化碳。Hb 在运输氧和二氧化碳之前先与它们结合，在运输末发生化学解离，使氧和二氧化碳分别又转变为溶解状态。

血红蛋白与 O_2 结合有下列特征。

(1)反应快、可逆、不需酶的催化，受氧分压影响。当血液流经氧分压较高的肺毛细血管时，血红蛋白与 O_2 结合，形成氧合血红蛋白(HbO_2)；当血液流经氧分压较低的体毛细血管和组织时，氧合血红蛋白迅速解离，释放 O_2，成为去氧血红蛋白。

氧合血红蛋白呈鲜红色，动脉血中含量较多；去氧血红蛋白呈暗红色，静脉血中含量大。因此，动脉血较静脉血鲜红。当皮肤或黏膜表层毛细血管中的去氧血红蛋白含量增加到较高水平时，皮肤或黏膜会出现青紫色，称为发绀，是缺氧的表现。

(2)血红蛋白与 O_2 结合，其中铁仍为二价，所以不是氧化而是氧合。

(3)该反应只有 Hb 存在于红细胞中才能发生，只有在血红素的 Fe^{2+} 和珠蛋白结合的情况下，才具有运输 O_2 的功能，单独的血红素不具有运氧的功能。血红蛋白中血红素的 Fe^{2+} 若转为 Fe^{3+}，血红蛋白也会失去运输 O_2 的能力。

(4)1 分子血红蛋白可与 4 分子氧结合。

从氧的运输形式可以看出，血红蛋白在运输过程中起着重要作用，当血红蛋白因中毒而丧失运输氧的功能时，就会引起机体缺氧。

一氧化碳中毒是由于一氧化碳与血红蛋白亲和力，比氧与血红蛋白亲和力大 210 多倍，而碳氧血红蛋白($HbCO$)解离速度却是氧合血红蛋白(HbO_2)的 1/2100。因此，一氧化碳既妨碍血红蛋白与氧结合，又妨碍氧的解离，从而造成严重的缺氧。由于碳氧血红蛋白呈樱桃红色，因此一氧化碳中毒时，表现为皮肤、可视黏膜(口腔黏膜、睑结膜等)呈樱桃红色，严重时，因毛细血管收缩，可视黏膜呈苍白。

亚硝酸盐中毒时，血红蛋白中的二价铁在氧化剂作用下氧化成三价铁，形成高铁血红蛋白。一方面 $Hb(Fe^{3+})$ 丧失携带氧的能力；另一方面提高剩余 $Hb(Fe^{2+})$ 与 O_2 的亲和力，造成缺氧。表现为皮肤、可视黏膜呈咖啡色(或酱油色)。

(二)二氧化碳的运输

二氧化碳在血液中的运输形式有三种。

(1)约 5% 的二氧化碳直接溶解于血液中，随血液运输。

(2)7% 多的二氧化碳与血红蛋白结合成氨基甲酸血红蛋白($HbNHCOOH$)，这种方式运输的二氧化碳，比例虽小，但效率很高，占肺排出二氧化碳的 20%~30%。

二氧化碳与 Hb 的结合是可逆的，不需要酶的催化。在组织毛细血管处，二氧化碳与 Hb 结合成 $HbNHCOOH$；在肺毛细血管处，二氧化碳与 Hb 分离，释放出的二氧化碳扩散到肺泡中，随着呼气排出体外。

(3)88% 左右的二氧化碳以碳酸氢盐的形式运输。经组织换气，二氧化碳扩散进入血液，先部分溶解于血浆，并与水结合成碳酸。由于血浆中缺乏碳酸酐酶，此反应只以缓慢速度进行。随着进入血浆的二氧化碳增多，二氧化碳分压随之增高，于是二氧化碳扩散进入红细胞内。由于红细胞内含碳酸酐酶，进入红细胞内的二氧化碳，在碳酸酐酶的作用下，与水反应生成碳酸，碳酸又迅速解离成碳酸氢根和氢离子。

$$CO_2 + H_2O \rightleftharpoons H_2CO_3 \rightleftharpoons H^+ + HCO_3^-$$

当红细胞内的碳酸氢根浓度大于血浆中的碳酸氢根浓度时，碳酸氢根由红细胞扩散入血浆中。在红细胞内，碳酸氢根与 K^+ 结合成碳酸氢钾；在血浆中，碳酸氢根与 Na^+ 结合成碳酸氢钠。以上各反应均是可逆的，当碳酸氢盐随血液运到肺部毛细血管时，因二氧化碳分压较低，以上反应向相反方向进行，二氧化碳解离出来，经扩散进入肺泡，随呼气排出体外。

$$Na^+（或 K^+）+ HCO_3^- \rightleftharpoons NaHCO_3（或 KHCO_3）$$

四、呼吸运动调节

呼吸运动是一种节律性活动，有机体通过神经和体液调节来实现呼吸的节律性，并控制呼吸的深度和频率。

（一）神经调节

1. 呼吸中枢

在中枢神经系统内，有许多调节呼吸运动的神经细胞群，统称为呼吸中枢。它们分布于大脑皮层、间脑、脑桥、延髓和脊髓等处。

脊髓是调节呼吸运动的初级中枢，它发出的肋间神经和膈神经，支配肋间肌和膈的活动。如果在延髓和脊髓之间横切，则动物自主节律性呼吸立即停止，并不能恢复，这表明脊髓不能产生节律性呼吸。

如果在脑桥和延髓之间横切，动物仍有节律性呼吸，但呼吸节律不规则，呈喘息样呼吸。这表明延髓呼吸中枢是产生节律性呼吸的基本中枢。延髓呼吸中枢分为吸气中枢和呼气中枢，两者之间存在交互抑制关系，即吸气中枢兴奋时，呼气中枢抑制，引起吸气运动；呼气中枢兴奋时，吸气中枢则抑制，引起呼气运动。此外，正常呼吸节律的形成，还有赖于脑桥的调节作用，脑桥中有抑制吸气过长过深的调节中枢。

如果在中脑和脑桥之间横切，动物呼吸无明显变化，呼吸节律保持正常。这表明正常的呼吸节律是脑桥和延髓呼吸中枢共同形成的。

大脑皮层可以随意控制呼吸运动，使之变慢、加快或暂时停止。

总之，动物正常的节律性呼吸，是延髓呼吸中枢调节的结果，而延髓呼吸中枢的兴奋性又受肺部传来的迷走神经传入纤维和脑桥呼吸调整中枢的影响，呼吸调整中枢又受脑的高级部位乃至大脑皮层的控制。

2. 呼吸的反射性调节

呼吸的反射性调节主要是肺牵张反射、喷嚏和咳嗽等防御性反射。

（1）肺牵张反射。这是由肺扩张或肺缩小引起的吸气抑制或兴奋的反射，又称为称黑-伯二氏反射，其传入神经是迷走神经。肺牵张反射的生理意义是参与维持呼吸的深度和频率，防止吸气过长过深，及时转入呼气。当吸气时，肺扩张牵拉呼吸道，使之扩张，位于气管到细支气管的呼吸道平滑肌牵张感受器受到刺激而产生兴奋，冲动沿迷走神经传入延髓的呼吸中枢，使吸气切断机制兴奋，切断吸气，促进吸气转入呼气，使呼吸频率增加。所以切断迷走神经后，吸气延长、加深，呼吸变得深而慢。

（2）咳嗽反射。喉、气管和支气管的黏膜上有对机械或化学刺激敏感的感受器。大支气管以上部位的感受器对机械刺激敏感，二级支气管以下部位的感受器对化学刺激敏感。机械或化学刺激感受器时，感受器兴奋，产生冲动，沿迷走神经传入延髓，触发一系列协调的反射反应，引起咳嗽反射。咳嗽反射对呼吸道有清洁作用，将呼吸道内异物或分泌物排出，以维持呼吸道畅通。

（3）喷嚏反射。鼻黏膜上也有敏感的感受器，刺激物作用于鼻黏膜时而产生兴奋，冲动沿三叉神经传入延髓，触发一系列反射，称为喷嚏反射，其作用在于清除鼻腔内的异物。

（二）体液调节

参与呼吸调节的化学感受器因其所在部位不同，分为外周化学感受器和中枢化学感受器。外周化学感受器位于颈动脉窦和主动脉弓附近的颈动脉体和主动脉体上，它们有丰富的血液供应，对血液中缺 O_2 和 H^+ 增高特别敏感，其作用主要是在机体低 O_2 时，维持对呼吸的驱动。中枢化学感受器位于延髓腹外侧，生理刺激是脑脊液和局部细胞外液的 H^+，它对缺氧不敏感，但对 CO_2 的敏感性比外周高，其主要作用是调节脑脊液的 H^+ 浓度，使中枢神经系统有一稳定的 pH 环境。

调节呼吸运动的体液因素主要是血液中的二氧化碳、氧浓度和酸碱度。血液中的氧和二氧化碳的浓度是调节呼吸中枢活动的重要因素，它使呼吸过程能更精确地适应机体活动的需要。

1. 二氧化碳浓度对呼吸运动的影响

血液中保持一定浓度的二氧化碳，是维持呼吸中枢的正常兴奋性所必需的。呼吸中枢对二氧化碳浓度的改变十分敏感，实验证实，血液中二氧化碳含量稍微升高，即可引起呼吸加深加快，增大肺的通气量，从而排出过多的二氧化碳。反之，血液中二氧化碳含量稍微降低时，可以出现呼吸暂停，直至血液中二氧化碳逐渐积蓄到一定浓度后，呼吸才逐渐恢复。但二氧化碳过度增加也会使呼吸麻痹。

一般认为，二氧化碳对呼吸运动的影响，主要是通过作用于中枢化学感受器而引起（血液中二氧化碳较易通过血脑屏障进入脑脊液，二氧化碳和水生成 H_2CO_3，解离出 H^+，刺激延髓的中枢化学感受器）。只有当中枢化学感受器敏感性降低（如深度麻醉），外周化学感受器才起主要作用。

2. 缺氧对呼吸运动的影响

血液中缺氧往往与血液中二氧化碳过量同时存在，因此缺氧引起呼吸增强，加大肺的通气量，以增加氧的摄取。如缺氧严重，将严重抑制呼吸中枢，使呼吸减弱，甚至停止呼吸。

血液缺氧对延髓呼吸中枢无直接的兴奋作用，它主要是通过外周化学感受器的刺激而引起呼吸变化的。

实验证实，二氧化碳和缺氧对呼吸的影响有着交互作用。肺泡内氧分压越低，机体对二氧化碳的敏感性越大。相反，肺泡内二氧化碳浓度增高，机体对缺氧的反应越强。

3. 血液中氢离子浓度对呼吸运动的影响

血液中氢离子浓度升高，可以兴奋呼吸中枢，使呼吸加深加快。反之，血液中氢离子浓度降低，可以抑制呼吸中枢，使呼吸减弱。因此，在家畜发生酸中毒时，有呼吸增强的症状。

由于血液中 H^+ 通过血脑屏障进入脑脊液的速度很慢，因而血液中氢离子浓度的改变主要作用于外周化学感受器，对于中枢化学感受器的刺激，不如二氧化碳明显，这是因为二氧化碳较易进入脑脊液的缘故。

总之，以上三种因素对呼吸运动的调节是相互影响的。如缺氧可以加大二氧化碳对呼吸的刺激效应，氢离子浓度升高可使呼吸中枢对二氧化碳分压的兴奋效应提高等。可见，在正常生理条件下，常常不是单一因素在起作用，而是多种因素的共同调节。

拓展阅读

吸烟有害健康

经常吸烟会造成较多有害气体进入肺内，导致肺功能降低，影响肺通气和肺换气。肺功能下降后，可造成小气道发生炎性改变，诱发肺气肿。此外，经常吸烟还可导致肺泡腔内的压力升高，引起肺泡壁破裂，造成肺组织内形成含气的囊腔，诱发肺大泡。当肺大泡体积逐渐增大时，可产生胸闷、气短、呼吸困难等症状。

●●●●● 材料设备清单

项目 5			呼吸系统		学时		10
项目	序号	名称	作用	数量	型号	使用前	使用后
所用设备	1	投影仪	观看视频图片。	1 个			
	2	显微镜	肺组织构造观察。	40 台			
	3	生物信号采集系统	呼吸生理实验。	4 套			
所用工具	4	手术器械	解剖构造观察和生理实验。	4 套			
所用药品（动物）	5	牛	肺区体表投影位置确定、呼吸数测定、呼吸式判定。	2 头			
	6	兔	呼吸生理实验。	4 只			
所用材料	7	肺切片	观察组织构造。	40 张			
	8	呼吸器官模型、标本、新鲜脏器	大体解剖观察。	各 4 套			

●●●●● 作业单

项目 5	呼吸系统
作业完成方式	课余时间独立完成。
作业题 1	牛肺区体表投影位置如何确定？
作业解答	
作业题 2	肺内的通气部和换气部各包括哪些结构？
作业解答	
作业题 3	胸内负压的含义、产生原因及生理意义如何？何谓"气胸"？有什么危害？
作业解答	
作业题 4	呼吸方式有哪几种？正常动物以哪种呼吸方式为主？患有胸膜炎和腹膜炎的动物以哪种呼吸方式为主？
作业解答	
作业题 5	各种动物的呼吸数及如何测定？呼吸音有哪几种？分别在哪儿听取？
作业解答	
作业题 6	影响肺通气和肺换气的因素有哪些？
作业解答	
作业题 7	血液中的氧、二氧化碳和酸碱度对呼吸运动有何影响？
作业解答	

作业评价	班级		第　　组		组长签字		
	学号		姓名				
	教师签字		教师评分			日期	
	评语：						

●●●● 学习反馈单

项目 5	呼吸系统				
评价内容	评价方式及标准				
知识目标达成度	作业评量及规准				
	A （90 分以上）	B （80～89 分）	C （70～79 分）	D （60～69 分）	E （60 分以下）
	内容完整，阐述具体，答案正确，书写清晰。	内容较完整，阐述较具体，答案基本正确，书写较清晰。	内容欠完整，阐述欠具体，答案大部分正确，书写不清晰。	内容不太完整，阐述不太具体，答案部分正确，书写较凌乱。	内容不完整，阐述不具体，答案基本不太正确，书写凌乱。
技能目标达成度	实作评量及规准				
	A （90 分以上）	B （80～89 分）	C （70～79 分）	D （60～69 分）	E （60 分以下）
	能准确识别呼吸器官一般构造和肺组织构造，肺区体表投影位置确定完全正确.操作规范，速度快。	能准确识别绝大部分呼吸器官一般构造和肺组织构造，肺区体表投影位置确定基本正确。操作规范，速度较快。	能准确识别部分呼吸器官一般构造和肺部分组织构造，肺区体表投影位置确定大部分正确。操作较规范，速度一般。	个别呼吸器官一般构造和肺组织构造能识别出来，肺区体表投影位置确定小部分正确。操作欠规范，速度较慢。	呼吸器官一般构造和肺组织构造基本上识别不太正确，肺区体表投影位置确定不太正确。操作不规范，速度很慢。
素养目标达成度	表现评量及规准				
	A （90 分以上）	B （80～89 分）	C （70～79 分）	D （60～69 分）	E （60 分以下）
	积极参与线上、线下各项活动，态度认真。处理问题及时正确，生物安全意识强，不怕脏不怕异味。	积极参与线上、线下各项活动，态度较认真。有较强处理问题能力和生物安全意识，不怕脏不怕异味。	能参与线上、线下各项活动，态度一般。处理问题能力和生物安全意识一般。不太怕脏怕异味。	能参与线上、线下部分活动，态度一般。处理问题能力和生物安全意识较差。有些怕脏怕异味。	线上、线下各项活动参与度低，态度较差。处理问题能力和生物安全意识较差，怕脏怕异味。
反馈及改进					

项目 6

泌尿系统

●●●● 学习任务单

项目 6	泌尿系统	学时	6
布置任务			
学习目标	1. 知识目标 (1)知晓泌尿器官的位置、形态、颜色、质地和构造； (2)理解尿的生成过程及影响尿生成的因素。 2. 技能目标 (1)能在图片、标本、模型或新鲜脏器上识别肾、输尿管、膀胱及尿道的位置、形态、颜色、质地和构造； (2)能在标本、模型或活体动物上确定肾的体表投影位置； (3)能在显微镜下识别肾脏的组织构造； (4)能解释尿的生成过程； (5)能解析影响尿生成的因素； (6)能解释尿的排放过程。 3. 素养目标 (1)培养学生发现、分析、解决问题的能力； (2)能从辩证思维角度理解形态、构造与机能的关系； (3)培养学生爱岗敬业、精益求精的工匠精神和珍爱生命的人文素养。		
任务描述	在实习牧场和实训室内对肾脏进行体表投影位置确定，识别正常状态下泌尿器官的位置、形态、颜色、质地和构造，并认知其机能。 具体任务如下。 1. 在实习牧场活体动物上确定肾的体表投影位置。 2. 在动物解剖实训室观察肾、输尿管、膀胱和尿道的形态、大小、颜色、质地和构造。 3. 在动物组织实训室识别肾的组织构造。 4. 在动物生理实训室结合实验和视频，解释某些因素对尿生成的影响。		
提供资料	1. 白彩霞. 动物解剖生理. 北京：北京师范大学出版社，2021 2. 周其虎. 动物解剖生理. 第三版. 北京：中国农业出版社，2019 3. 张平，白彩霞，杨惠超. 动物解剖生理. 北京：中国轻工业出版社，2017 4. 丁玉玲，李术. 畜禽解剖与生理. 哈尔滨：黑龙江人民出版社，2005		

	5. 南京农业大学．家畜生理学．第三版．北京：中国农业出版社，2009 6. 范作良．家畜解剖．北京：中国农业出版社，2001 7. 范作良．家畜生理．北京：中国农业出版社，2001 8. 动物解剖生理在线精品课： （二维码）
对学生 要求	1. 根据学习任务单、资讯引导，查阅相关资料，在课前以小组合作方式完成任务资讯问题。 　　2. 以小组为单位完成任务，体现团队合作精神。 　　3. 严格遵守实训室和实习牧场规章制度，避免安全隐患。 　　4. 对各种动物的解剖特点进行对比学习。 　　5. 严格遵守操作规程，做好自身防护，防止疾病传播。

●●●●● 任务资讯单

项目 6	泌尿系统
资讯方式	通过资讯引导、观看视频，到本课程及相关课程精品课网站、解剖实训室、标本室、组织实训室、生理实训室、实习牧场、图书馆查询，向指导教师咨询。
资讯问题	1. 泌尿系统的组成。 　　2. 肾的一般构造如何？ 　　3. 牛、羊、猪、马肾的位置、形态和构造特点如何？ 　　4. 肾的组织学构造如何？什么是肾单位？ 　　5. 为什么说肾的血液循环特点和组织构造特别适于泌尿？ 　　6. 膀胱的位置和构造如何？ 　　7. 尿的生成过程如何？ 　　8. 血液、原尿和终尿有何区别？ 　　9. 结合影响尿生成因素，说明临床少尿、多尿、血尿、蛋白尿和糖尿发生的原因和机理。什么是肾糖阈？ 　　10. 抗利尿激素的作用如何？什么因素引起抗利尿激素分泌和释放？ 　　11. 支配排尿反射的神经有哪些？排尿反射过程如何？ 　　12. 腰荐部脊髓受到损伤对排尿有何影响？
资讯引导	所有资讯问题可以到以下资源中查询。 　　1. 白彩霞主编的《动物解剖生理》项目六。 　　2. 周其虎主编的《动物解剖生理》第三版项目二中任务九、任务十。

3. 张平、白彩霞、杨惠超主编的《动物解剖生理》模块二中项目六。

4. 动物解剖生理在线精品课：

5. 本项目工作任务单中的必备知识。

●●●●● 案例单

项目 6	泌尿系统	学时	6
序号	案例内容		关联教材内容
1.1	德国牧羊犬，雄性，触诊肾区有避让反应，少尿。尿液检查：蛋白质阳性，比重降低。B 超检查显示双肾肿大。初步诊断该犬患急性肾衰竭。 　　一只 6 岁公犬，突然发病，频做排尿姿势，强力努责，但仅有少量尿液滴出。腹部触诊膀胱充盈、敏感，初步诊断为尿道结石。		两个案例涉及与本项目内容相关的解剖生理知识点和技能点为：尿液的正常成分，肾、膀胱的位置、结构及体表投影位置确定。
1.2	博美犬，5 岁，雌性，多年来一直饲喂自制犬食，以肉为主，近日虽然食欲正常，但饮欲大增，排尿频繁，每次排尿量减少，偶见血尿，腹部 B 超探查可见膀胱内有绿豆大的强回声斑及其远场声影。该犬确诊患有膀胱结石。 　　一犬因腹泻脱水，某兽医门诊实习生误给病犬静脉输入过量注射用水（纯水），引起其尿量增多。该犬尿量增多的生理机制是血浆晶体渗透压下降。		此案例涉及与本项目内容相关的解剖生理知识点和技能点为：尿的生成过程以及影响尿生成的因素。

●●●●● 工作任务单

项目 6	泌尿系统
任务 1	识别泌尿器官构造

子任务 1　确定肾脏体表投影位置

任务描述：在活体牛上确定肾的体表投影位置。

准备工作：在实习牧场准备牛、六柱栏、保定器械等；在实训室准备整体牛的模型、标本和图片等。

实施步骤如下。

1. 在实训室利用整体牛的标本、模型和图片，确定肾的体表投影位置。

2. 在实习牧场先将牛保定在六柱栏内，然后在牛体上确定肾的体表投影位置。

3. 借助互联网、在线精品课学习相关内容。

子任务 2 识别肾、膀胱的一般构造

任务描述：借助新鲜泌尿器官、标本、模型、图片、切片等，识别肾和膀胱的形态、颜色、位置和一般构造。

准备工作：在实训室准备泌尿器官的标本、模型、新鲜泌尿器官、图片、方盘、解剖刀、剪刀、镊子、碘伏、脱脂棉、一次性手套和实验服等。

实施步骤如下。

1. 在实训室利用标本、模型、图片等观察肾形态、肾门、肾窦、肾皮质、肾髓质，输尿管走向，膀胱顶、膀胱体、膀胱颈以及膀胱黏膜。

2. 在实训室利用新鲜猪肾和牛肾观察肾的颜色、形态、肾周脂肪、纤维膜、肾门、肾窦(肾小盏、肾大盏、肾盂)、肾锥体、肾乳头、肾皮质等。

3. 借助互联网、在线精品课学习相关内容。

子任务 3 识别肾的组织构造

任务描述：在显微镜下识别肾的组织构造。

准备工作：在实训室准备肾切片、生物显微镜等。

实施步骤如下。

1. 在实训室利用显微镜观察肾的组织切片，分别在低倍镜和高倍镜下识别皮质、髓质、肾小体(肾小球、肾小囊)、近曲小管、远曲小管和致密斑等。

2. 借助互联网、在线精品课学习相关内容。

任务 2	认知泌尿器官机能

子任务 1 影响尿生成因素实验

任务描述：完成影响尿生成因素实验，解释临床上少尿、多尿、血尿、蛋白尿和糖尿发生的原因和机理。

准备工作：(1)实验室准备影响尿生成因素实验视频。(2)在实验室内准备家兔、手术器械、膀胱套管、生理多用仪、记滴器、保护电极、20%氨基甲酸乙酯、20%葡萄糖溶液、肾上腺素、抗利尿素、生理盐水、烧杯等。

实施步骤如下。

1. 在实训室学生观看影响尿生成因素实验视频，教师解释操作要点，然后学生分组进行实验，教师指导。

(1)家兔在实验前给予足够的饮水。用20%的氨基甲酸乙酯溶液沿耳静脉注射麻醉后，将其仰卧固定四肢和头部于手术台上。

(2)尿液的收集可选用膀胱套管法。切开腹腔，在耻骨联合前找到膀胱，在其腹面正中做一荷包缝合，再在中心剪一小口，插入膀胱套管，收紧缝线，固定膀胱套管，并在膀胱套管及所连橡皮管和直套管内充满生理盐水，将直套管下端连于记滴装置。

（3）记录正常情况下每分钟尿分泌的滴数。可连续记录 5～10 min，求其平均数并观察动态变化。

（4）耳静脉注射 38 ℃生理盐水 20 ml，记录每分钟尿分泌的滴数。

（5）耳静脉注射 38 ℃的葡萄糖溶液 10 ml，记录每分钟尿分泌的滴数。

（6）耳静脉注射 0.1％肾上腺素 0.5～1 ml，记录每分钟尿分泌的滴数。

（7）耳静脉注射抗利尿素 1～2 单位，记录每分钟尿分泌的滴数。

结果分析：对每项实验结果进行正确分析。

注意事项：在进行每一项步骤时，必须保持尿量基本恢复或者相对稳定后才开始，而且在每项实验前后，都要有对照记录。

2. 借助互联网、在线精品课学习相关内容。

必备知识

第一部分　泌尿器官构造

泌尿系统由肾、输尿管、膀胱和尿道构成（见图 6-1、图 6-2），分别与尿的生成、运输、存储和排放有关。禽类无膀胱和尿道，被泄殖腔代替。肾除了有排泄功能外，在维持代谢、渗透压和酸碱平衡等方面也起重要作用。此外，肾还有内分泌功能，能产生多种生物活性物质，如肾素、前列腺素，对机体的某些功能起调节作用。如泌尿系统功能发生障碍，代谢产物则蓄积于体液中，破坏机体内环境的相对稳定，影响新陈代谢的正常进行，严重时可危及生命。

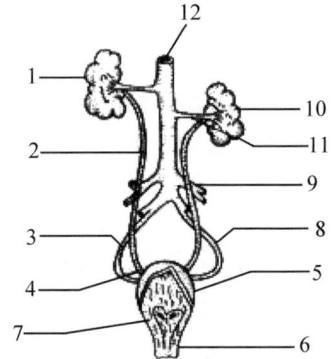

图 6-1　牛泌尿系统模式图

1. 右肾；2. 右输尿管；3. 右脐动脉；4. 膀胱顶；5. 膀胱体；6. 膀胱颈；7. 输尿管开口；8. 左脐动脉；9. 左输尿管；10. 左肾；11. 左肾动脉；12. 腹主动脉

一、肾

（一）肾的位置

肾位于腹腔上部的腰区，末肋与腰椎腹侧面，在腹主动脉和后腔静脉的两侧。

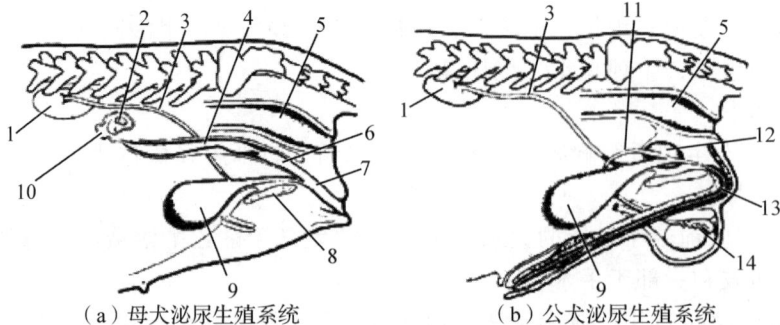

（a）母犬泌尿生殖系统　　（b）公犬泌尿生殖系统

图 6-2　母犬和公犬泌尿生殖系统

1. 肾；2. 卵巢；3. 输尿管；4. 子宫；5. 直肠；6. 阴道；7. 泌尿生殖前庭；8. 耻骨联合；9. 膀胱；10. 输卵管；11. 输精管；12. 前列腺；13. 泌尿生殖道；14. 睾丸和附睾

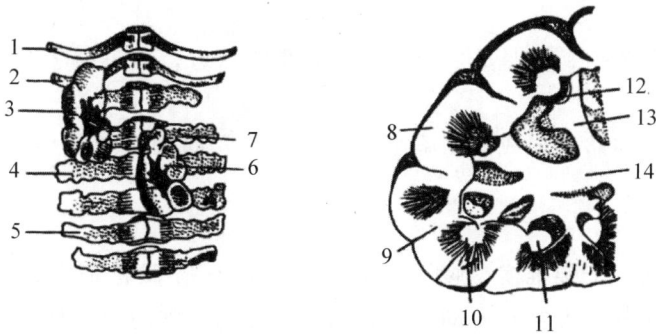

图 6-3 牛肾位置和肾纵切面

1，2. 第 12、13 肋；3. 右肾；4. 第 3 腰椎；5. 第 5 腰椎；6. 左肾；

7. 第 2 腰椎；8. 皮质；9. 叶间沟；10. 髓质；11. 肾乳头；12. 肾小盏；

13. 肾大盏；14. 集收管

1. 牛肾（见图 6-3）

牛的右肾位于第 12 肋间隙至第 2、3 腰椎横突腹侧，左肾位于第 2～5 腰椎横突腹侧，靠近体正中线的地方，夹在瘤胃背囊与结肠圆盘之间。当瘤胃充满时，左肾会移至右肾的后下方。初生牛犊由于瘤胃不发达，左、右肾位置近于对称。

2. 猪肾（见图 6-4）

猪的两肾位置对称，位于前四个腰椎横突腹侧。

3. 马肾（见图 6-5）

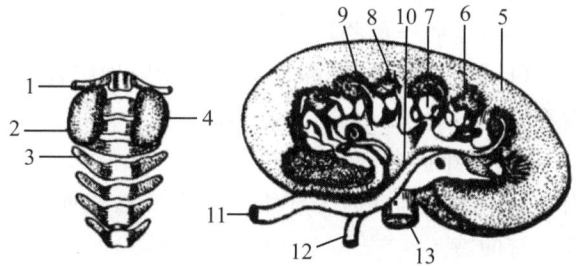

图 6-4 猪肾位置和肾纵切面

1. 末肋；2. 右肾；3. 第 4 腰椎；4. 左肾；5. 皮质；

6. 髓质；7. 肾乳头；8. 肾小盏；9. 肾大盏；10. 肾盂；

11. 输尿管；12. 肾动脉；13. 肾静脉

马的右肾位于第 16（17）肋上端至第 1 腰椎横突腹侧，左肾位于第 17（18）肋上端至前 2（3）腰椎横突腹侧。

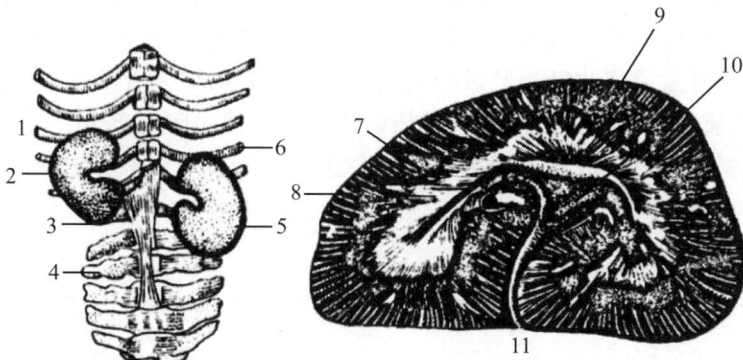

图 6-5 马肾位置和肾纵切面

1. 第 16 肋；2. 右肾；3. 第 1 腰椎；4. 第 3 腰椎 5. 左肾；6. 第 17 肋；

7. 皮质；8. 髓质；9. 肾总乳头；10. 肾盂；11. 输尿管

4. 羊肾

羊肾位置与牛肾相似，只是羊右肾比牛右肾稍靠后方，位于前3个腰椎横突腹侧。

5. 鸡肾

鸡肾位于腰荐骨与髂骨形成的凹陷中，从肺及第六肋骨后方的主动脉两侧后行，一直延伸到腰荐骨的后端。

6. 犬肾

犬的右肾位于前3个腰椎横突腹侧，左肾位于第2～4腰椎横突腹侧，由于系膜松弛，受胃充满程度的影响其位置常有变动；当胃内食物充满，则约向后移一个椎体的距离。

7. 猫肾

猫肾位于第3～5腰椎腹侧，右肾靠前，左肾靠后。

8. 兔肾

兔肾位于胸腰椎交界处的腹侧，右肾在前，左肾在后。

（二）肾的一般构造

（1）肾脂肪囊：营养良好的动物肾周围包有脂肪，具有保护、固定肾的作用。兔肾脂肪囊不明显。

（2）纤维膜（肾包膜或被膜）：位于肾的表面，白色、薄而坚韧，正常情况下容易剥离，当肾发生某些病变时，纤维膜与实质黏连而剥离困难。猫被膜上有丰富的被膜静脉，是猫肾独有的特点。

（3）肾门：位于肾的内侧缘中部凹陷处，是肾动脉、肾静脉、输尿管、淋巴管和神经出入的地方。

（4）肾窦：是肾门向肾深部扩大形成的腔隙，窦内含有肾盏、肾盂、血管和脂肪，还有输尿管的起始端。

（5）皮质：位于浅层，因富有血管，新鲜标本呈红褐色，可见许多放射状淡色条纹和小点状的肾小体。

（6）髓质：位于深层，色较淡，含有多个肾锥体，锥底朝外，与皮质相接，锥尖圆钝为肾乳头。肾乳头和相应的肾小盏相连，数个肾小盏的基部集成肾大盏，数个肾大盏又在肾窦中汇成漏斗状的肾盂或集收管，肾盂和集收管在肾门处与输尿管的肾端连接。

（7）皮质和髓质互有穿插。皮质伸入髓质内两个肾锥体之间的部分，称肾柱，髓质伸入皮质的部分，称髓放线。髓放线之间的皮质，称为皮质迷路，是构成皮质的主要部分，内有许多颗粒状小点，为肾小体。每个肾锥体与其相连的皮质共同构成一个肾叶。

（三）肾的形态特点

肾为实质性器官，一般呈豆形、红褐色，猪肾棕红色，左右各一。

（1）牛肾：右肾呈上下稍压扁的长椭圆形，左肾呈厚三棱形，前端较小，后端大而钝圆。牛肾为表面有沟的多乳头肾。肾门位于肾腹侧面的前面，接近内侧缘。有肾盏，无肾盂，肾大盏汇合成两条集收管（见图6-6），后接输尿管。

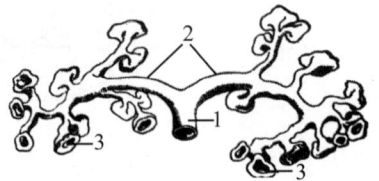

图6-6　牛输尿管起始部和肾小盏铸型
1. 输尿管；2. 集收管；3. 肾小盏

（2）猪肾：两肾均呈蚕豆形，背腹压扁，两端略尖，为表面光滑的多乳头肾。肾门位于肾内侧缘正中部。每个肾乳头对应一个肾小盏，肾小盏汇成两个肾大盏，肾大盏汇成肾盂，肾盂延续为输尿管。

（3）马肾：右肾略大，呈钝角三角形，左肾呈扁的蚕豆形，为表面光滑的单乳头肾。肾门位于肾内侧缘中部。肾乳头合成嵴状的肾总乳头，突入肾盂中，马无肾盏。

（4）羊肾：两肾均呈豆形，其构造与马相似，为平滑单乳头肾。肾门在内侧缘中部，具有肾总乳头，突入肾盂内。

（5）鸡肾（见图 6-7）：长条豆荚状，质软易碎。每侧肾分为前、中、后三部。肾门不明显，肾的血管、神经和输尿管直接从肾表面不同部位进出。具有肾门静脉系统。髓质不发达，缺乏肾盏、肾盂，肾内的收集管收集尿液后直接注入输尿管。鸡无肾脂肪囊。由腹气囊形成的肾周憩室，将肾与其背侧的骨骼隔开，有保护作用。

（6）犬肾：两肾均呈豆形，为平滑单乳头肾。

（7）猫肾：蚕豆形，不分叶，为平滑单乳头肾。

（8）兔肾：卵圆形，为平滑单乳头肾。

（四）肾的组织构造

肾的组织构造是由被膜和实质构成。

被膜是包在肾外面的结缔组织膜，分内、外两层。外层为含有胶原纤维和弹性纤维的致密层。内层由疏松结缔组织构成，其中含有网状纤维和数量不同的平滑肌纤维。

肾的实质可分为外周的皮质部和深部的髓质部。肾的实质由肾叶组成，肾叶由肾单位和集合管系构成。

1. 肾单位（见图 6-8）

肾单位是肾的结构和功能的基本单位。肾单位按其所在部位不同，可分为皮质肾单位和髓旁肾单位。皮质肾单位主要分布在皮质浅层和中部，数量较多，占肾单位总数的绝大多数；髓旁肾单位分布于靠近髓质的皮质深层。每个肾单位都由肾小体和肾小管构成。

（1）肾小体（见图 6-9）。肾小体是肾单位的起始部，分布于皮质内，呈球形，由肾小球和肾小囊组成。每个肾小体的一侧，都有血管极，是肾小球血管出入处，血管极的对侧为尿极，是肾小囊延接近曲小管处。

①肾小球（血管球）：是一团盘曲的毛细血管，位于肾小囊中。由入球小动脉进入肾小囊后，反复分支盘曲成分叶状毛细血管袢。这些毛细血管袢又逐步汇合成一支出球小动脉，从血管极离开肾小体。入球小动脉粗，出球小动脉细，从而使血管球内保持较高的血压。肾小球毛细血管属有孔型，孔上无隔膜封闭，易于水和小分子物质通过而滤出到肾小囊，形成原尿。禽肾单位的肾小球不发达，仅有 2～3 条血管袢。

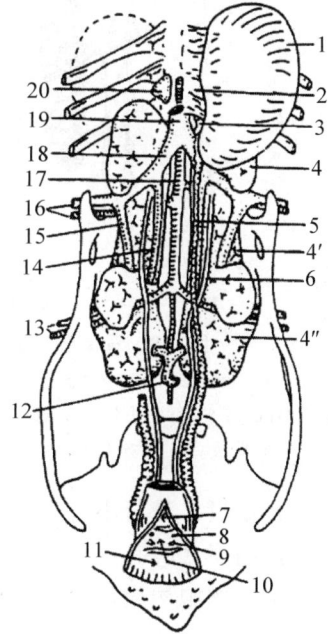

图 6-7　公鸡泌尿生殖器官（腹侧观，右睾丸和部分输精管已切除）

1.（左）睾丸；2. 睾丸系膜；3. 附睾；4，4′，4″. 左肾前部、中部和后部；5. 输精管；6. 输尿管；7. 泄殖腔粪道；8. 输尿管口；9. 输精管乳头；10. 泄殖道；11. 肛道；12. 肠系膜后静脉；13. 坐骨血管；14. 肾后静脉；15. 肾门静脉；16. 髂外血管；17. 主动脉；18. 髂总静脉；19. 后腔静脉；20.（右）肾上腺

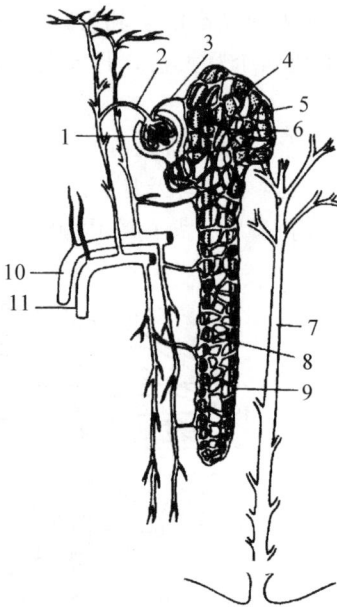

图 6-8　肾单位模式图

1. 肾小囊；2. 入球小动脉；3. 出球小动脉；
4. 毛细血管；5. 远曲小管；6. 近曲小管；7. 集合管；
8. 髓袢降支；9. 髓袢升支；10. 静脉；11. 动脉

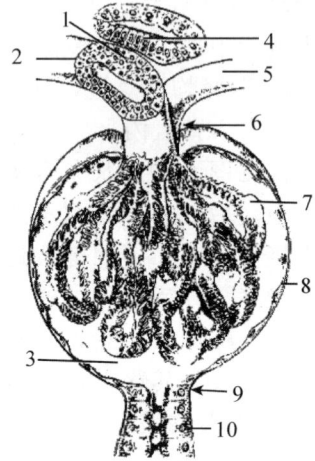

图 6-9　肾小体半模式图

1. 球旁细胞；2. 入球微动脉；3. 肾小囊腔；
4. 致密斑；5. 出球微动脉；6. 血管极；7. 足细胞；
8. 肾小囊壁层；9. 尿极；10. 近曲小管

②肾小囊：是肾小管起始端膨大凹陷形成的双层杯状囊，囊内有血管球。囊壁分壁层和脏层，两层之间有一狭窄的腔隙为肾小囊腔，内含肾小球滤出的原尿。囊壁外层为壁层，由单层扁平细胞构成，在血管极处折转为囊腔内层脏层。脏层由一层多突起的扁平细胞即足细胞构成，与肾小球毛细血管壁构成滤过膜，具有良好的通透性。

（2）肾小管。肾小管是由单层上皮围成的细长弯曲的小管，起始于肾小囊，顺次为近曲小管、髓袢和远曲小管，主要起重吸收和排泄作用。

①近曲小管：位于皮质，长而弯曲，在肾小体附近弯曲盘绕，管壁的上皮细胞呈锥形，游离缘上有刷状缘，可增加重吸收的面积。当原尿流经近曲小管时，几乎所有葡萄糖、氨基酸、蛋白质和85％以上的水、无机盐等均在此处被重吸收，近曲小管的重吸收能力很强大。

②髓袢：是从皮质进入髓质，又从髓质返回皮质的"U"形小管，连接近曲小管和远曲小管，可分为升支和降支。降支是近曲小管的延续，沿髓放线走向髓质，为直行的上皮管，管径较细，管壁由单层扁平上皮组成，刷状缘消失；升支自髓放线返回皮质，到肾小体附近延续为远曲小管。升支较降支管径粗，由立方上皮构成。髓袢主要重吸收水，使尿液浓缩。

③远曲小管：位于皮质，比近曲小管短且弯曲少，在皮质部弯曲盘绕于肾小体附近，管径较近曲小管细，但管腔大而明显，上皮为低柱状或立方上皮。远曲小管只能重吸收水分和钠，还可以排钾。

2. 集合管系

由集合小管（弓形集合小管、直集合小管）和乳头管构成。

（1）集合小管：由数条远曲小管汇合而成，自皮质直行入髓质。弓形集合小管起始端与远曲小管末端相连，呈弓形，进入髓放线，汇入直集合小管，直集合小管由皮质向髓质下行，与其他直集合小管汇合，在肾乳头处移行为较大的乳头管。管壁上皮为单层立方上皮，较大的集合小管管壁上皮为单层柱状上皮。集合小管有浓缩尿液的作用，可重吸收水分和钠。

（2）乳头管：是位于肾乳头部较粗的排尿管，由直集合小管汇合而成。管壁上皮由单层柱状过渡为复层柱状，靠近肾乳头的开口处，上皮转为变移上皮。

3. 肾小球旁器

肾小球旁器也称球旁复合体，是肾内具有内分泌功能的结构，由球旁细胞、致密斑和球外系膜细胞构成，位于肾小体血管极一侧三角区周围。

（1）球旁细胞：是入球小动脉进入肾小囊处，其管壁的平滑肌细胞特化成上皮样细胞，细胞呈立方形或多角形，核为球形，胞质内有分泌颗粒，颗粒内含有肾素。

（2）致密斑（见图 6-10）：远曲小管在靠近入球小动脉和出球小动脉交叉处的内侧面，管壁上皮细胞由立方形变为高柱状细胞，呈现斑状隆起，排列紧密，故称致密斑。它可感受小管液中钠离子的浓度，并将信息传递至球旁细胞，调节肾素的分泌。当小管液中 Na^+ 降低时（提示血液 Na^+ 浓度降低），肾素分泌增加，刺激肾上腺皮质球状带分泌醛固酮，促进肾小管对 Na^+ 的重吸收和 K^+ 的排泄，维持血液中 Na^+ 和 K^+ 浓度的平衡。

（3）球外系膜细胞：位于血管极三角区内，细胞较小，在肾小球旁器中起传递信息的作用。

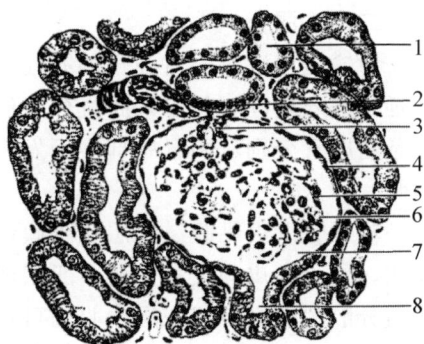

图 6-10　肾皮质切面

1. 远曲小管；2. 致密斑；3. 血管极；
4. 肾小囊壁层；5. 足细胞；6. 毛细血管；
7. 肾小囊腔；8. 近曲小管

（五）肾的血液循环

1. 肾的血液循环途径

由腹主动脉发出的肾动脉，入肾门后依次分支为叶间动脉（肾锥体之间）、弓形动脉（皮质和髓质交界）、小叶间动脉（皮质内）、入球小动脉（皮质内）、球内毛细血管网（肾小球内）、出球小动脉（皮质内）、球后毛细血管网（肾小管周围），再汇合成与同名动脉伴行的小叶间静脉、弓形静脉、叶间静脉，最后汇成肾静脉出肾门，进入后腔静脉。

2. 肾的血液循环特点

（1）肾的血流量大。肾动脉直接来自腹主动脉的分支，口径大，行程短，因此肾的血液供应极为丰富，约占心输出量的 1/5。

（2）肾内毛细血管血压高。肾小球的入球小动脉粗，出球小动脉细长，血液流经肾小球时阻力大，使肾小球毛细血管内形成较高的血压，是原尿生成的主要动力。

（3）再次形成毛细血管网。出球小动脉离开肾小体后，在肾小管和集合管周围再一次形成毛细血管网，血压降得更低，有利于肾小管和集合管中原尿的有用成分迅速被重吸收。

3. 肾血流量的调节

（1）自身调节。当动脉血压在一定范围内波动时，肾血流量保持相对恒定。肌源学说认为，肾小球入球小动脉平滑肌的紧张性能随肾动脉血压变化而发生相应舒缩反应：当血压升高时血管收缩，阻力增大，血流量不增加；相反，血压降低时血管舒张，血流量不减。当血压变动过大时，超过自身调节的范围，肾血流量也会随全身血压的变化而变化。通过肾血流量自身调节，使肾小球滤过率不会因一定范围内血压波动而改变，维持肾小球滤过率相对稳定。

（2）神经—体液调节。肾血流量的神经、体液调节使肾血流量与全身血液循环调节相配合。肾交感神经兴奋时，肾血管收缩，肾血流量减少；肾交感神经活动减弱时，肾血管舒张，肾血流量增加。肾上腺素、去甲肾上腺素、血管紧张素Ⅱ、血管升压素也能引起血管收缩，前列腺素、乙酰胆碱等则可舒张血管。

总之，在通常情况下，在一般的血压变化范围内，肾脏主要依靠自身调节来保持血液量的相对稳定，以维持正常的泌尿功能。在紧急情况下，全身血液将重新分配，通过交感神经及肾上腺素的作用来减少肾血流量，使血液分配到脑、心脏等重要器官，这对维持脑和心脏的血液供应有重要作用。

二、输尿管

为输送尿液的一对细长的肌性管道，起于肾盂或集收管（牛），出肾门后沿腹腔顶壁向后延伸进入盆腔，斜穿入膀胱颈背侧壁，并在膀胱内延伸约数厘米，阻止尿液倒流。禽的两条输尿管分别从两肾中部表面发出，沿肾的腹侧面向后延伸，直接开口于泄殖道顶壁的两侧。

输尿管壁由黏膜、肌层和外膜（或浆膜）三层构成。黏膜有纵行皱褶，使管腔横断面呈星状，黏膜上皮为变移上皮。肌层较发达，由平滑肌构成，可分为内纵行肌、中环行肌和薄而分散的外纵行肌三层，收缩可产生蠕动，使尿液流向膀胱。外膜大部分为浆膜，靠近肾的一段是由疏松结缔组织构成的外膜。

三、膀胱（见图 6-11）

膀胱为暂时贮存尿液的囊状器官，略呈梨形。前端钝圆，为膀胱顶，突向腹腔；后端细小，为膀胱颈，以尿道内口与尿道相通；膀胱顶和膀胱颈之间的部分为膀胱体。

膀胱的形状、大小和位置随贮存尿液量多少而不同。空虚时，位于骨盆腔前部；充满尿液时，伸入腹腔。公畜膀胱的背侧是直肠、输精管末端、精囊腺和前列腺，母畜膀胱的背侧是子宫及阴道。

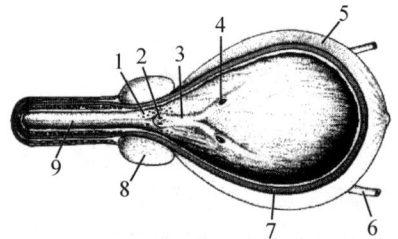

图 6-11 犬膀胱结构模式图
1. 前列腺口；2. 精阜和输精管口；3. 输尿管脊；4. 输尿管口；5. 浆膜；6. 输尿管；7. 黏膜和肌层；8. 前列腺；9. 泌尿生殖道

膀胱壁由黏膜、肌层和浆膜（或外膜）构成。膀胱黏膜厚而柔软，收缩时集拢成许多黏膜襞，扩张时消失。肌层由内纵行肌、中环行肌和外纵行肌三层构成，中环行肌最厚，在膀胱颈部形成膀胱颈内括约肌。膀胱外膜随部位不同而异，在膀胱顶和体部为浆膜，膀胱颈部为结缔组织的外膜。

膀胱位置由三个浆膜褶来固定：膀胱中韧带，位于腹面正中，是连于骨盆腔底壁和膀胱腹侧之间的腹膜褶；膀胱侧韧带，连于膀胱两侧与骨盆腔侧壁之间，其游离缘（前部）各有一膀胱圆韧带，为胎儿脐动脉的遗迹；膀胱后部，由疏松结缔组织与周围器官联系，结缔组织内常有多量脂肪。

四、尿道

尿道是尿液排出的通道，以尿道内口接膀胱颈，尿道外口通体外（公畜）或阴道前庭前部的腹侧壁（母畜）。公畜的尿道既有排尿还有排精的作用，又称为尿生殖道。尿生殖道一部分位于骨盆腔内，称为骨盆部；另一部分经坐骨弓转到阴茎的腹侧，称为阴茎部。尿生殖道骨盆部和阴茎部交界处管腔变窄，称为尿道峡，尿道峡前方有半月形黏膜褶，易给公牛导尿带来困难。母牛尿道短宽，起自尿道内口，开口于阴道前庭腹侧壁的前部，阴瓣的后方，在开口处的腹侧面有一凹陷，称尿道憩室（见图 6-12），导尿时切忌将导尿管插入尿道憩室。

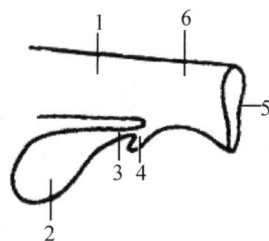

图 6-12　母牛尿道下憩室位置模式图

1. 阴道；2. 膀胱；3. 尿道；
4. 尿道下憩室；5. 阴门；
6. 尿生殖道前庭

第二部分　泌尿生理

机体在新陈代谢过程中所产生的废物必须及时排除，否则可引起机体中毒，甚至死亡。其排泄途径是通过肾脏、肺、皮肤及胃肠道来实现。肾脏以尿的形式排出尿素、肌酐、水以及进入体内的药物；通过呼气排出二氧化碳以及少量的水分和挥发性物质；由皮肤汗腺分泌物排出部分水分及少量尿素和氯化物等；此外，胃肠道以粪的形式排出部分代谢终产物。

一、尿的成分和理化特性

尿的成分主要来自血液，尿的理化性质和化学组成的改变，不仅反映泌尿系统的机能状态，而且在一定程度上也代表体内物质代谢和全身机能活动状态。因此，检测尿液是改善饲养管理和诊断某些疾病的依据和手段。

（一）尿的成分

尿中水占 $96\% \sim 97\%$，固体物占 $3\% \sim 4\%$。固体物包括有机物和无机物。有机物大部分是蛋白质和核酸的代谢终产物，如尿素、尿酸、肌酐、马尿酸、嘌呤碱等，此外，还有少量的尿胆素、尿色素、某些激素、维生素和酶等；无机物主要是钾、钠、钙、镁的氯化物、硫酸盐、磷酸盐和碳酸氢盐。在使用药物时，尿液成分中还会出现残余排泄物。禽尿成分与哺乳动物比较，主要区别在于家禽尿液中，尿酸含量大于尿素，肌酸含量大于肌酐。

（二）尿的理化性质

1. 颜色

尿的颜色因畜种、饲料种类、饮水量多少和使役程度等不同而有很大变化。一般草食动物的尿多呈淡黄色，猪尿呈透明水样。

2. 透明度

尿的透明度常因动物种类不同而异。马属动物的尿因含有大量碳酸钙、不溶磷酸盐及黏蛋白而呈混浊不透明，有时带有黏浆样细长的丝缕，当静置时，尿的表面可形成一层明亮的碳酸钙薄膜，其底层出现黄色沉淀。其他动物尿多呈透明，不混浊也无沉淀。

3. 酸碱度

草食动物的尿一般呈碱性；肉食动物的则为酸性；杂食动物的有时呈酸性，有时呈碱性。这与它们采食饲料种类有关。

二、尿的生成过程

尿的生成包括肾小球的滤过作用形成原尿，以及肾小管、集合管的重吸收、分泌和排泄作用形成终尿两个阶段。

（一）肾小球的滤过作用形成原尿

当血液流经肾小球时，血液中的成分除血细胞和大分子蛋白质外，其余物质都能透过肾小球的滤过膜而进入肾小囊腔，这种滤过液称为原尿。原尿是一种基本上不含蛋白质的血浆滤过液。

肾小球的滤过作用取决于两个因素：一是肾小球滤过膜的通透性；二是肾小球的有效滤过压。前者是原尿产生的前提条件，后者是原尿滤过的必要动力。当肾小球的滤过机能降低时，会导致水、钠在体内潴留而引起水肿。

1. 肾小球滤过膜的通透性

肾小球的滤过膜由肾小球毛细血管内皮、紧贴的基膜和肾小囊脏层构成。经电镜观察（见图 6-13），肾小球毛细血管内皮极薄，内皮细胞之间有许多直径 50～100 nm 的小孔，可防止血细胞通过，但对血浆蛋白的滤过不起阻留作用；内皮的基底面有极薄的基膜，是滤过膜的主要屏障，是水合凝胶构成的微

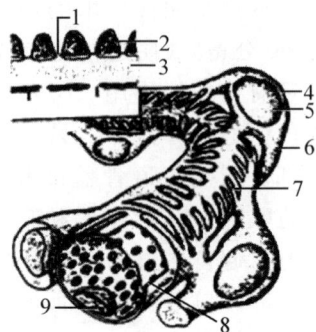

图 6-13　血尿屏障示意图
（左上为切面）

1. 裂孔膜；2. 足细胞突起；
3. 基膜；4. 足细胞；5. 足细胞核；
6. 足细胞的初级突起；7. 足细胞的
次级突起；8. 基膜；9. 内皮细胞核

纤维网状结构，网上有 4～8 nm 的多角形网孔，网孔的大小决定着有选择地让一部分溶质通过，而让另一部分不能通过；肾小囊脏层的上皮细胞具有足突，相互交错的足突之间形成裂隙，裂隙上有一层滤过裂隙膜，膜上有 4～14 nm 的孔。这些结构导致滤过膜的通透性比体内其他毛细血管的通透性要大 25 倍。一般认为，基膜的孔隙较小，对大分子物质的滤过起到机械屏障作用。

另外，在滤过膜各层都有带负电荷的物质，主要是糖蛋白，能阻止带负电荷的物质通过，起到电学屏障作用。血浆中的溶质通过滤过膜的能力既与其分子大小（有效半径）有关，又与其所带的电荷性质及多少有关。带正电的小分子较易通过，带负电的大分子（如大分子血浆蛋白）则不易通过。肾在病理情况下，滤过膜上带负电荷的糖蛋白减少或消失，就会导致带负电荷的血浆蛋白滤过量比正常时明显增加，从而出现蛋白尿。

2. 有效滤过压（见图 6-14）

肾小球滤过作用的主要动力是滤过膜两侧的压力差，称为有效滤过压。有效滤过压是滤过膜两侧促进和阻止滤过两种力量相互作用的结果。促进血浆由肾小球滤出的力量是肾小球毛细血管血压，阻止肾小球滤出的力量是肾小囊内压和血浆胶体渗透压。有效滤过压可用下列公式表示：

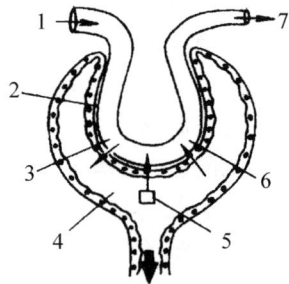

图 6-14　有效滤过压示意图

1. 入球小动脉；2. 滤过膜；
3. 肾小球毛细血管血压；4. 肾
小囊腔；5. 囊内压；6. 血浆胶
体渗透压；7. 出球小动脉

有效滤过压＝肾小球毛细血管血压－（肾小囊内压＋血浆胶体渗透压）

在正常情况下，肾小球与入球小动脉相接端的有效滤过压为 2.0 kPa，肾小球与出球小动脉相接端的有效滤过压为 0。因此原尿的生成是在肾小球毛细血管与入球小动脉相接的那一部分。

由于有效滤过压的存在和肾小球滤过膜有较大的通透性，因而血浆中一部分水和各种

溶质不断透出滤过膜而进入肾小囊。故原尿的生成速度快，量也大(占流经肾小球的血浆量的 1/5)。

家禽的肾小球不发达，滤过面积小，有效滤过压较低，为 1～2 kPa，原尿生成量较少。

(二)肾小管和集合管的重吸收、分泌和排泄作用

肾小管和集合管的重吸收、分泌和排泄作用形成终尿。

1. 重吸收作用

重吸收作用是指原尿流经肾小管和集合管时，其中绝大部分水和某些有用物质，全部或部分被管壁上皮细胞重新吸收回血液。

(1)葡萄糖的重吸收。葡萄糖重吸收的部位主要在近曲小管前半段。原尿中葡萄糖的浓度与血糖的浓度相同，但正常尿液中几乎不含葡萄糖，说明葡萄糖全部被肾小管重吸收回血液。肾小管重吸收葡萄糖有一个浓度限制，超过这一限度，就不能被完全重吸收而出现糖尿，这一浓度限度称为肾糖阈。

(2)氨基酸的重吸收。氨基酸主要重吸收部位在近曲小管，几乎可被完全重吸收。

(3)Na^+、Cl^-、HCO_3^-的重吸收。Na^+的重吸收主要在近球小管。Na^+的主动转运形成小管内外两侧的电位差，使 Cl^- 和 HCO_3^- 顺电位差被动重吸收。在 Na^+ 重吸收同时，还伴有负离子、葡萄糖、氨基酸等的协同转运，并促进 Na^+－H^+ 的交换，这有利于 H^+ 的排出。

(4)K^+、PO_4^{3-}的重吸收。K^+、PO_4^{3-}的重吸收主要在近球小管处被重吸收，是主动转运过程。甲状旁腺素能抑制 PO_4^{3-} 的吸收，促进排出。

(5)水的重吸收。原尿中 65%～70%的水在近球小管处被重吸收。Na^+、Cl^-、HCO_3^-、葡萄糖、氨基酸等被重吸收，降低了小管液的渗透压，因此水通过渗透作用被重吸收。

肾小管和集合管的重吸收作用具有一定的选择性。凡是对机体有用的物质几乎全部被重吸收(如葡萄糖、氨基酸、K^+、无机盐)或大部分被重吸收(如水、Na^+、Cl^- 等)；对机体无用的物质(如尿素、尿酸、硫酸根、碳酸根等)则少量被重吸收或完全不被重吸收(如肌酐)。近曲小管的重吸收作用最强，髓袢、远曲小管和集合管可不同程度地重吸收水、钠和氯。当肾小管的重吸收机能增强时，也会导致水、钠在体内潴留而引起水肿。

2. 分泌作用

分泌作用是指肾小管和集合管将血浆或肾小管上皮细胞自身的代谢物(H^+、K^+、NH_4^+等)分泌到肾小管腔的过程。

(1)H^+的分泌。肾小管细胞内 CO_2 和 H_2O 在碳酸酐酶的催化下生成 H_2CO_3，并解离出 H^+ 和 HCO_3^-，H^+ 与小管液中的 Na^+ 进行 Na^+－H^+ 的交换，H^+ 分泌到管腔。

(2)NH_3的分泌。远球小管和集合管上皮细胞在谷氨酰胺酶的作用下，谷氨酰胺经脱氨基作用生成氨，并通过膜分泌到小管液中，再与分泌出的 H^+ 生成 NH_4^+，NH_4^+ 与负离子结合成铵盐随尿排出。

（3）K^+ 的分泌。终尿中的 K^+ 是由远曲小管和集合管分泌。K^+ 的分泌与 Na^+ 主动重吸收密切相关。Na^+ 主动重吸收建立起来的管内为负、管外为正的电位差是 K^+ 分泌的动力，此电位差可促进 K^+ 从组织液被动扩散进入小管液。这种 K^+ 的分泌与 Na^+ 的重吸收相偶联的过程，称为 $K^+ - Na^+$ 交换。

3. 排泄作用

排泄作用是指血液中的某些物质如青霉素、胆色素、肌酐、有机酸等排入肾小管腔的过程。

禽类肾小管的分泌和排泄作用在尿生成过程中较为重要。90% 左右的尿酸是由肾小管分泌和排泄的。禽类肾小管还能分泌马尿酸、鸟便酸、对乙氨基苯甲酸等代谢终产物。

因此，重吸收、分泌和排泄作用将大幅度地改变原尿的质和量。就数量而言，终尿只有原尿的 1/100～1/150；从组成看，终尿中几乎不含葡萄糖。

三、影响尿生成因素

（一）滤过膜通透性的改变

在正常情况下，肾小球滤过膜虽有一定的通透性，但由于机械屏障和电学屏障的存在，导致血细胞和大分子蛋白质不能通过，所以尿中不含这些物质。但在机体缺氧或中毒的情况下，肾小球的滤过膜通透性增大，滤过率增加，原来不能通过的物质，如血细胞和蛋白质可以通过滤过膜，因而尿量增加，并形成血尿和蛋白尿。在急性肾小球肾炎时，由于肾小球内皮细胞肿胀，基底膜增厚，这不但减少有效滤过面积外，还使肾小球滤过膜的通透性降低，致使平时能正常滤过的水和溶质减少甚至不能滤过，因而出现少尿或无尿。

（二）有效滤过压的改变

肾小球有效滤过压取决于肾小球毛细血管血压、血浆胶体渗透压和囊内压三种力量的对比，也间接受肾血流量的影响。

1. 肾小球毛细血管血压

当动物因创伤、失血、烧伤等原因引起全身血压下降，肾小球毛细血管血压随之降低，使有效滤过压减小，原尿生成减少。反之全身血压上升，肾小球毛细血管血压随之增大，有效滤过压增加，尿量增多。

2. 血浆胶体渗透压

当静脉输入大量生理盐水后，一方面升高血压，另一方面又降低了血浆胶体渗透压，使肾小球有效滤过压升高，尿量增加。

3. 囊内压

当输尿管结石或肿瘤压迫肾小管时，尿液流出受阻，可造成囊内压升高，有效滤过压下降，尿量减少。

4. 肾血流量

肾血流量几乎占心输出量的 1/5，它的变化对肾小球滤过作用有很大影响。一般来说，肾血流量增加，滤过率增大，原尿生成增多；反之，原尿生成减少。

（三）原尿溶质浓度过高

当原尿中溶质浓度超过肾小管重吸收限度时，原尿的渗透压升高，妨碍肾小管对水的重吸收，使尿量增加。如静脉注入高渗葡萄糖后，原尿中糖的浓度超过了肾小管重吸收限度，有一部分糖因不能被重吸收而使原尿的渗透压升高，影响肾小管上皮细胞对水的重吸收，使尿量增加，并且尿中有糖。据此在临床上有时给病畜服用不被肾小管重吸收的物质，利用它来提高小管内溶质的浓度，从而妨碍水的重吸收，以此达到利尿和消肿的目的。

（四）激素的影响

1. 抗利尿素

抗利尿素能促进远曲小管和集合管对水的重吸收，从而使尿量减少。在反刍动物，它还能增加 K^+ 分泌和排出。血浆晶体渗透压升高和循环血量减少，均可引起抗利尿激素的释放，创伤和一些药物也能引起抗利尿激素的分泌，减少排尿量，同时小管液被浓缩形成高渗尿；相反，抗利尿激素的释放受到抑制，增加排尿量。例如，当动物大量饮清水后，会使血浆晶体渗透压下降，抗利尿激素释放减少，尿量增加，此现象为水利尿，同时小管液也被稀释形成低渗尿。

2. 醛固酮

醛固酮能促进远曲小管和集合管对 Na^+ 的重吸收，同时促进对 K^+ 的排出，即"保 Na^+排 K^+"。

3. 甲状旁腺素

甲状旁腺素能促进远曲小管和集合管对 Ca^{2+} 的重吸收，抑制近曲小管对磷酸盐的重吸收，因而使尿中 Ca^{2+} 含量减少，磷酸盐含量增加。

4. 降钙素

降钙素能增加 Ca^{2+} 和磷酸盐从尿中排出，还能抑制 Na^+ 和 Cl^- 在近曲小管的吸收，使尿量和尿中 Na^+ 排出增加。

四、排尿反射

终尿生成后，从肾乳头处滴出，经肾盏和肾盂流进输尿管，再借助于输尿管的蠕动，连续不断地流入膀胱暂时积存。当膀胱中尿液贮存达一定量时，就会反射性地引起排尿动作，使尿液经尿道排出体外。

（一）膀胱和尿道的神经支配

支配膀胱和尿道的神经有盆神经、腹下神经和阴部神经，三者都含有感觉纤维和运动纤维。

1. 盆神经

盆神经起自荐部脊髓，属于副交感神经。它的感觉纤维能传导膀胱的膨胀和疼痛感觉；运动神经兴奋时，可引起膀胱逼尿肌收缩和内括约肌舒张，使尿液从膀胱排出。如这一对神经损伤，则影响逼尿肌的活动，从而使正常的排尿活动不能进行。

2. 腹下神经

腹下神经来自腰部脊髓，属于交感神经。其感觉纤维也传导膀胱的膨胀和疼痛感觉；运动神经兴奋时，引起膀胱逼尿肌舒张和内括约肌收缩，有利于尿液在膀胱内贮存。如这一对神经损伤，对膀胱的正常排尿活动影响较小。

3. 阴部神经

阴部神经来自荐神经丛，属于躯体神经。其感觉纤维主要传导尿道的感觉冲动；运动神经兴奋时，可使尿道括约肌收缩，以阻止膀胱内尿液的排出。如这对神经损伤，则于排尿开始后，不能立即随意中断尿流。

由于调节膀胱和尿道活动的神经都来自腰荐部脊髓，所以常把该段脊髓视为低级排尿中枢所在的部位。在机体内，脊髓低级排尿中枢经常受到延髓、脑桥、中脑、下丘脑以及大脑皮层的调节。大脑皮层是支配低级排尿中枢的最高级部位。

（二）排尿反射

当膀胱贮尿达一定量时，膀胱内压升高，于是刺激膀胱壁压力感受器使其兴奋，冲动先沿盆神经和腹下神经中的感觉纤维传到腰荐部脊髓，再由脊髓前行经延髓、脑桥、中脑直至大脑皮层。在脊髓以上直至大脑皮层的各级神经部位，存在有排尿活动的易化区和抑制区。如果易化区兴奋，则产生排尿感觉，在条件许可的情况下，大脑皮层发出冲动，下行传至脊髓，引起低级排尿中枢兴奋，并产生两种效应：一是兴奋盆神经；二是抑制腹下神经和阴部神经。在这两种效应协同作用下，膀胱逼尿肌收缩，内、外括约肌舒张，尿由膀胱经尿道排出体外。如条件不许可，大脑皮层抑制区继续起作用，排尿暂时被抑制。

在排尿过程中，当尿液流经尿道时，可刺激尿道壁的感受器，冲动不断沿阴部神经的感觉纤维传到脊髓低级排尿中枢，使其保持兴奋状态，直到尿液排完，兴奋才消失。排尿时，还反射性地发生声门关闭和腹肌强烈收缩，使腹内压升高，以压迫膀胱，促使尿液排尽。

由于排尿反射直接受大脑皮层控制，容易形成各种条件反射。因此，在动物饲养管理中，可以训练动物在一定地点和一定时间排尿，以利畜舍卫生。

拓展阅读

尿毒症

尿毒症通常是指肾功能衰竭的最后阶段。尿毒症可以是肾脏本身的疾病发展到最后阶段引起，也有部分是其他系统疾病引发的肾损害发展到最后引起，慢性肾小球肾炎是引起尿毒症的主要原因。尿毒症患者的肾脏无法发挥正常功能，导致出现水、电解质、酸碱平衡紊乱和内分泌功能失调，还会出现代谢终产物和毒性物质在体内大量潴留，引起一系列的症状和体征，从而导致生活质量严重下降。不当饮食或不良的生活习惯，均会导致尿毒症的发生。肾移植与透析疗法相结合是治疗尿毒症的有效措施。

●●●●● 材料设备清单

项目6			泌尿系统			学时		6
项目	序号	名称	作用	数量	型号	使用前		使用后
所用设备	1	投影仪	观看视频图片。	1个				
	2	显微镜	肾组织构造观察。	40台				
	3	生物信号采集系统	泌尿生理实验。	4套				
所用工具	4	手术器械	解剖构造观察和生理实验。	4套				

项目 6			泌尿系统		学时		6	
所用药品（动物）	5	活体牛	肾、膀胱体表投影位置确定。	2 头				
	6	兔	泌尿生理实验。	4 只				
所用材料	7	肾切片	观察组织构造。	40 张				
	8	泌尿器官模型、标本、新鲜脏器	大体解剖观察。	各 4 套				

●●●●● 作业单

项目 6	泌尿系统
作业完成方式	课余时间独立完成。
作业题 1	牛、羊、猪、马肾的位置、形态和构造特点如何？
作业解答	
作业题 2	什么是肾单位？标出肾小球、肾小囊、进曲小管、髓祥、远曲小管、集合管的位置。
作业解答	
作业题 3	为什么说肾的血液循环特点和组织构造有利于尿的生成？
作业解答	
作业题 4	尿的生成过程如何？血液、原尿和终尿有何区别？

作业解答	
作业题 5	给家兔分别注射生理盐水 20 ml、25％葡萄糖，尿量各有何变化？为什么？
作业解答	
作业题 6	腰荐部脊髓受到损伤对排尿有何影响？为什么？
作业解答	

作业评价	班级		第　组	组长签字		
	学号		姓名			
	教师签字		教师评分		日期	
	评语：					

●●●●● 学习反馈单

项目 6	泌尿系统				
评价内容	评价方式及标准				
	作业评量及规准				
	A （90 分以上）	B （80～89 分）	C （70～79 分）	D （60～69 分）	E （60 分以下）
知识目标 达成度	内容完整，阐述具体，答案正确，书写清晰。	内容较完整，阐述较具体，答案基本正确，书写较清晰。	内容欠完整，阐述欠具体，答案大部分正确，书写不清晰。	内容不太完整，阐述不太具体，答案部分正确，书写较凌乱。	内容不完整，阐述不具体，答案基本不太正确，书写凌乱。
	实作评量及规准				
	A （90 分以上）	B （80～89 分）	C （70～79 分）	D （60～69 分）	E （60 分以下）
技能目标 达成度	能准确识别泌尿器官一般构造和肾组织构造。操作规范，速度快。	能准确识别绝大部分泌尿器官一般构造和肾绝大部分组织构造。操作规范，速度较快。	能准确识别部分泌尿器官一般构造和肾部分组织构造。操作较规范，速度一般。	个别泌尿器官一般构造和肾个别组织构造能识别出来。操作欠规范，速度较慢。	泌尿器官一般构造和肾组织构造基本上识别不太正确。操作不规范，速度很慢。

	表现评量及规准				
	A （90 分以上）	B （80～89 分）	C （70～79 分）	D （60～69 分）	E （60 分以下）
素养目标 达成度	积极参与线上、线下各项活动,态度认真。处理问题及时正确,生物安全意识强,不怕脏不怕异味。	积极参与线上、线下各项活动,态度较认真。有较强处理问题能力和生物安全意识,不怕脏不怕异味。	能参与线上、线下各项活动,态度一般。处理问题能力和生物安全意识一般。不太怕脏怕异味。	能参与线上、线下部分活动,态度一般。处理问题能力和生物安全意识较差。有些怕脏怕异味。	线上、线下各项活动参与度低,态度较差。处理问题能力和生物安全意识较差,怕脏怕异味。
反馈及改进					

项目 7

生殖系统

●●●●● **学习任务单**

项目 7	生殖系统	学时	8
布置任务			
学习目标	1. 知识目标 (1)知晓雄性和雌性生殖器官的位置、形态、颜色、质地和构造; (2)知晓雄性和雌性生殖器官的机能; (3)理解性成熟、体成熟、发情周期、排卵、受精、妊娠、分娩和泌乳。 2. 技能目标 (1)能在图片、标本、模型或新鲜脏器上识别阴囊、睾丸、附睾、输精管、精索、副性腺、尿生殖道及阴茎的位置、形态、颜色、质地和构造; (2)能在图片、标本、模型或新鲜脏器上识别卵巢、输卵管、子宫、阴道及尿生殖前庭的位置、形态、颜色、质地和构造; (3)能在标本、模型或活体动物上确定睾丸、阴囊、卵巢、子宫的体表投影位置; (4)能在显微镜下识别睾丸、卵巢的组织构造; (5)能解析隐睾的发生机理; (6)能解析公畜去势时需切断的结构; (7)能根据动物发情表现判断适宜的配种时间; (8)能解析妊娠后母体的变化。 3. 素养目标 (1)培养学生发现、分析、解决问题的能力; (2)能从辩证思维角度理解形态、构造与机能的关系; (3)培养学生爱岗敬业、精益求精的工匠精神和珍爱生命的人文素养。		
任务描述	在实习牧场和实训室内对主要生殖器官进行体表投影位置确定,识别正常状态下雄性生殖器官和雌性生殖器官的位置、形态、颜色、质地和构造,并认知其机能。 具体任务如下。 1. 在实习牧场活体动物上确定睾丸、阴囊、卵巢和子宫的体表投影位置。 2. 在动物解剖实训室观察阴囊、睾丸、附睾、输精管、精索、副性腺、尿生殖道及阴茎的形态、大小、颜色、质地和构造。		

	3. 在动物解剖实训室观察卵巢、输卵管、子宫、阴道及尿生殖前庭的形态、大小、颜色、质地和构造。 4. 在动物组织实训室识别睾丸和卵巢的组织构造。
提供资料	1. 白彩霞. 动物解剖生理. 北京：北京师范大学出版社，2021 2. 周其虎. 动物解剖生理. 第三版. 北京：中国农业出版社，2019 3. 张平，白彩霞，杨惠超. 动物解剖生理. 北京：中国轻工业出版社，2017 4. 丁玉玲，李术. 畜禽解剖与生理. 哈尔滨：黑龙江人民出版社，2005 5. 南京农业大学. 家畜生理学. 第三版. 北京：中国农业出版社，2009 6. 范作良. 家畜解剖. 北京：中国农业出版社，2001 7. 范作良. 家畜生理. 北京：中国农业出版社，2001 8. 动物解剖生理在线精品课：
对学生要求	1. 根据学习任务单、资讯引导，查阅相关资料，在课前以小组合作方式完成任务资讯问题。 2. 以小组为单位完成任务，体现团队合作精神。 3. 严格遵守实训室和实习牧场规章制度，避免安全隐患。 4. 对各种动物的解剖特点进行对比学习。 5. 严格遵守操作规程，做好自身防护，防止疾病传播。

●●●●● 任务资讯单

项目 7	生殖系统
资讯方式	通过资讯引导、观看视频，到本课程及相关课程精品课网站、解剖实训室、标本室、组织实训室、生理实训室、实习牧场、图书馆查询，向指导教师咨询。
资讯问题	1. 雌、雄性生殖系统的组成及主要器官的作用有哪些？ 2. 睾丸为何出生前后要从腹股沟管下降到阴囊内？什么是隐睾？隐睾的动物为何不宜留作种用？ 3. 阴囊壁由哪几部分构成？公畜去势时在阴囊的哪个部位做切口？切开阴囊后需切断哪些结构？ 4. 母牛卵巢的位置在哪儿？为什么直肠检查可以触及到成熟卵泡？ 5. 仔猪卵巢的位置和形态特征如何？

	6. 受精的部位在哪里？为何仅限于此部位？
	7. 牛子宫有何构造特点？为什么牛容易发生胎衣不下？
	8. 什么是性成熟和体成熟？为何性成熟时可以配种但又不提倡？
	9. 列举几种终年多次发情和季节性发情的常见动物。
	10. 什么是发情周期？生产中如何通过发情表现确定适宜配种时间？
	11. 什么是附植？各种动物附植时间是多少？为何妊娠母畜早期饲养管理上要防流产？
	12. 妊娠母畜有何生理变化？牛、羊和猪的妊娠期是多少天？
	13. 分娩的预兆有哪些？分娩的过程可分为哪几个时期？
	14. 什么是初乳？新生仔畜为何要及时吃上初乳，越早越好？
资讯引导	所有资讯问题可以到以下资源中查询。 1. 白彩霞主编的《动物解剖生理》项目七。 2. 周其虎主编的《动物解剖生理》第三版项目二中任务十一、十二。 3. 张平、白彩霞、杨惠超主编的《动物解剖生理》模块二中项目七。 4. 动物解剖生理在线精品课： 5. 本项目工作任务单中的必备知识。

●●●●● **案例单**

项目 7	生殖系统	学时	8
序号	案例内容	关联教材内容	
1.1	成年种公畜突然步态强拘、拒绝爬跨，不能配种，见阴囊增大，皮肤发红，触摸睾丸变硬、发热、疼痛，阴囊无液体波动，体温升高、食欲减退。初步诊断为睾丸炎。 奶牛体况中等，3 个月未发情，产奶量下降，阴道内经常排出黄白色浑浊液体，并在尾根处形成结痂，直肠检查发现子宫增大，壁变厚，温度偏高，触之有波动感，未触及子宫子叶和妊娠脉搏，间隔一段时间检查变化不明显。初步诊断为子宫积脓。	两个案例涉及与本项目内容相关的解剖生理知识点和技能点为：阴囊、睾丸等雄性生殖器官正常的位置、颜色和状态；阴道、子宫等雌性生殖器官的正常位置、结构和状态。	

1.2	母牛 1～2 天内表现兴奋不安、大声嗷叫、追逐或趴跨其他牛，阴唇略有充血水肿，阴道有透明黏性很强的黏液排出，直肠检查卵巢上有 1～2 个表面光滑、壁紧张、有波动感、1～2 cm 的小泡状物，略突出于卵巢表面，这是正常发情卵泡，表明此牛处于发情期。 金毛犬，雌性，3 岁。1 岁时开始发情，每半年一次。但每次发情时出血时间可达 20 多天，外阴潮红，肿胀明显，阴户外翻。自出血一周后见公犬激动，愿接受公犬爬跨，直至 15 天后阴户肿胀逐渐消退，出血量减少。B 超检查，两侧卵巢上有多个直径 1 cm 以上的液性暗区。该病初步诊断为排卵迟缓。	此案例涉及与本项目内容相关的解剖生理知识点和技能点为：卵巢的组织结构；阴道、阴唇和卵巢正常状态；发情周期及发情表现。

● ● ● ● ● 工作任务单

项目 7	生殖系统
任务 1	识别生殖器官构造

子任务 1 识别雄性生殖器官一般构造

任务描述：在标本、图片上识别睾丸、附睾、输精管、精索、副性腺、阴囊的形态、位置和一般构造。

准备工作：在实训室准备雄性生殖器官的标本、模型、尸体、挂图、方盘、解剖刀、剪刀、镊子、碘伏、脱脂棉、一次性手套和实验服等。

实施步骤如下。

1. 在实训室利用标本、图片等识别睾丸和附睾的头、体和尾，睾丸被膜和实质。

2. 在实训室利用标本、图片等识别输精管和精索的位置及构造。

3. 在实训室利用标本、图片等识别阴囊的皮肤、阴囊缝、肉膜、阴囊中隔、阴囊筋膜、睾外提肌、总鞘膜、固有鞘膜和鞘膜腔。

4. 在实训室利用标本、图片等是识别精囊腺、前列腺、尿道球腺的位置。

5. 借助互联网、在线精品课学习相关内容。

子任务 2 识别雌性生殖器官一般构造

任务描述：在新鲜雌性生殖器官、标本、模型、图片上识别卵巢、输卵管和子宫的形态、位置和一般构造。

准备工作：在实训室准备雌性生殖器官的新鲜器官、标本、模型、尸体、挂图、方盘、解剖刀、剪刀、镊子、碘伏、脱脂棉、一次性手套和实验服等。

实施步骤如下。

1. 在实训室利用标本、模型、图片等识别卵巢的被膜、卵巢门、髓质和皮质等构造。

2. 在实训室利用标本、模型、图片等识别输卵管的漏斗部、壶腹部和峡部。

3. 在实训室利用标本、模型、图片等识别子宫角、子宫体、子宫颈，牛羊的子宫肉阜和伪子宫体。

4. 在实训室利用新鲜雌性生殖器官观察卵巢、输卵管、子宫、阴道的颜色、形态、结构及位置关系。

5. 借助互联网、在线精品课学习相关内容。

子任务 3　识别睾丸和卵巢的组织构造

任务描述：在显微镜下识别睾丸和卵巢的组织构造。

准备工作：在实训室准备睾丸和卵巢切片、生物显微镜等。

实施步骤如下。

1. 在实训室利用显微镜观察睾丸的组织切片，分别在低倍镜和高倍镜下识别曲细精管、精原细胞、初级精母细胞、次级精母细胞、精细胞、精子、支持细胞以及睾丸间质细胞。

2. 在实训室利用显微镜观察卵巢的组织切片，分别在低倍镜和高倍镜下识别被膜、卵巢门、皮质、髓质、原始卵泡、初级卵泡、次级卵泡、成熟卵泡、闭锁卵泡和黄体。

3. 借助互联网、在线精品课学习相关内容。

任务 2	认知生殖器官机能

子任务 1　识别精液

任务描述：在实训室利用肉眼和显微镜识别精液颜色、气味、射精量、混浊度、pH、精子的形态、活力(率)和密度。

准备工作：在实验室准备 pH 试纸、电子秤、恒温显微镜、恒温水浴锅、玻璃搅拌棒、载玻片、盖玻片、95％酒精、龙胆紫(蓝墨水)、2％甲醛的柠檬酸盐、姬姆萨缓冲液、鲜精液等。

实施步骤如下。

1. 直观观察

(1)颜色。正常精液为淡乳白或浅灰白色，精液乳白程度越浓，精子数越多。绵羊和山羊的精子密度大，呈浓稠而黏厚奶油样；牛的精液一般乳白色和灰白色；马精液乳白色半透明，黏性强；猪精液白色或灰白色半透明。

(2)气味。一般为无味或略带腥味。

(3)精液量。不同动物射精量相差很大，牛、羊、鸡等动物射精量小，而猪、马等动物射精量多。

(4)混浊度(云雾状)。由于精子运动翻腾滚滚如云雾状，精液混浊越大，云雾状越显著，精子密度和活率越高。因此，据精液混浊度可估测精子密度和活率高低。

(5)pH。决定精液 pH 的主要是副性腺分泌液，生存的最低 pH 为 5.5，最高为 10。绵羊精液的 pH 在 6.8 左右时受胎率高，猪精液 pH 为 7.2～7.5。pH 偏低的精液品质较好，精液 pH 用试纸比色测定。

2. 微观检查

(1)精子形态。与受精率密切相关，精液中含有大量畸形精子和顶体异常精子，其受精力会大大降低。

①精子畸形率。正常精液中畸形精子率不超过 18%，对受精力影响不大。

检查方法：将精液滴制成抹片，用红（蓝）墨水染色 3 min，水洗干燥后，在 400 倍显微镜下观察。检查总精子数不少于 200 个，计算出畸形精子百分率。

②精子顶体异常率。在正常情况下，猪精液中精子顶体异常率为 2.3%，如顶体异常率超过 4.3%，将影响受精率。

检查方法：将精液滴制成抹片，放在含 2% 甲醛的柠檬酸盐中固定片刻，再在 37 ℃下干燥，水洗后，用姬姆萨缓冲液染色 1.5～2.0 h，水洗干燥后，用树脂封装，置于 1000 倍以上显微镜或相差显微镜下，观察 200 个以上精子中顶体异常数，计算出顶体异常率。

（2）精子活率（力），是精液中做直线运动精子的百分数。可用平板法测量，操作步骤为：取一滴原精液或稀释后的保存精液在载玻片上，加上盖片，溢满但不外流为准。放在 37～38 ℃ 显微镜恒温台或保温箱内，400 倍下观察。观察直线运动精子的百分率、精子运动速度和形态。

（3）精子密度，是指每毫升精液中所含精子总数，可用目测法测定。目测法是根据显微镜下视野中精子的稠密程度，粗略分为密、中、稀三个等级。

3. 借助互联网、在线精品课学习相关内容。

子任务 2　观察母畜发情表现

任务描述：观察发情母畜的外阴和行为变化等表现。

准备工作：在实习牧场准备发情母畜，在实训室准备母畜发情视频。

实施步骤如下。

1. 在实训室观看母畜发情视频。

2. 在实习牧场观察发情母畜表现。

（1）外部表现。发情后轻度不安、不断在栏内走动、咬栏，爱爬跨、竖耳、翘尾，常有鸣叫、跳圈、食欲减退或停止采食、喜欢爬跨其他母畜或被母畜爬跨、频频排尿、神情呆滞等外部表现。

（2）外阴检查。发情初期阴户轻度肿胀、阴唇松弛，随后明显，阴道湿润、黏膜充血，逐步由浅红变桃红直到暗红，阴道内黏液流出由多到少、由淡变浓，阴户肿胀，阴唇颜色变深。

（3）静立反应检查。双手用力压母畜的背部，其不走动并用力支撑，神情"呆滞"（静立反射），说明母畜正在发情。

（4）公畜试情。把公畜赶到母畜圈内，如主动接近公畜，接受公畜爬跨，证明母畜正在发情。

3. 借助互联网、在线精品课学习相关内容。

子任务 3　认知分娩过程

任务描述：观察母畜分娩时各期的表现。

准备工作：小牧场准备分娩母畜，实训室准备母畜分娩视频。

实施步骤如下。

1. 在实训室观看母畜分娩视频。

2. 在实习牧场观看母畜分娩全过程。

（1）开口期。从子宫颈开始收缩直至子宫颈外口完全开张，与阴道之间的界限消失，此期主要动力是子宫肌阵缩。母畜表现不安，食欲减退，回头顾腹，有腹痛感，常有排尿姿势。

(2)胎儿产出期。从子宫颈口完全开张、破水，到胎儿全部产出为止。母畜表现经几次起卧，最后卧下破水，呈侧卧姿势，四肢伸展，此时胎儿进入软产道，压迫刺激盆神经感受器，除了子宫阵缩外，腹肌和膈肌强烈收缩，共同促使胎儿排出。

(3)胎衣排出期。从胎儿产出到胎衣完全排出时间。胎儿产出后，经短暂的间歇，子宫又出现阵缩，此时阵缩特点是收缩期短，间歇期长，收缩力弱，使胎膜与子宫壁分离，宫缩从子宫角尖端开始，胎衣常呈内翻排出。

3. 借助互联网、在线精品课学习相关内容。

必备知识

第一部分　生殖器官构造

生殖系统的功能是产生生殖细胞(精子或卵子)，繁殖新个体，延续后代，分泌性激素，维持第二性征。动物生殖系统有明显的性别差异，可分为雄性生殖系统和雌性生殖系统。

一、雄性生殖器官

雄性生殖系统包括睾丸、附睾、输精管、尿生殖道、副性腺、阴囊、阴茎和包皮(见图7-1至图7-5)。睾丸是生殖腺；附睾、输精管、尿生殖道是生殖管道；精囊腺、前列腺和尿道球腺是副性腺；阴茎和包皮是交配器官。雄禽的生殖器官包括睾丸、附睾、输精管和阴茎。

(一)睾丸

1. 位置

睾丸位于阴囊内，左、右各一。公猪的睾丸位于会阴部。禽类睾丸位于腹腔内，被较短的系膜悬挂于肾前叶腹面，其体表投影在最后两肋骨的上端。

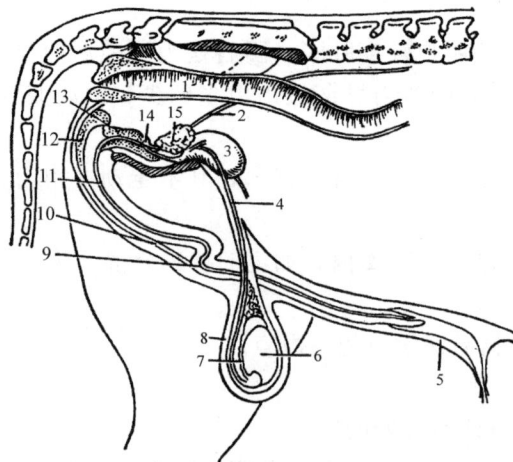

图 7-1　公牛生殖器模式图

1.直肠；2.输尿管；3.膀胱；4.输精管；5.包皮；6.睾丸；7.附睾；8.阴囊；
9.阴茎"乙状弯曲"；10.阴茎缩肌；11.雄性尿道；12.坐骨海绵体肌；
13.尿道球腺；14.前列腺；15.精囊腺

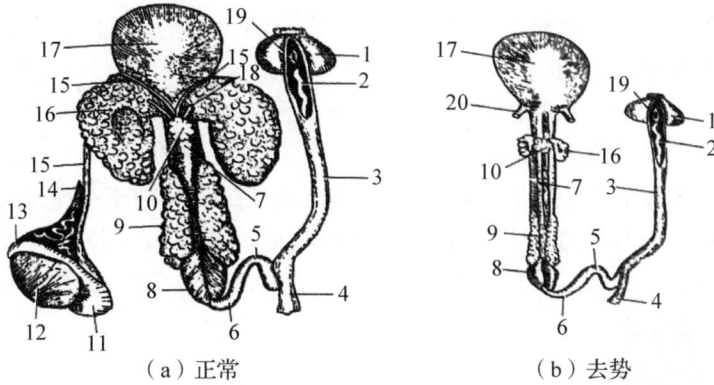

（a）正常　　　　　　　　　　　（b）去势

图 7-2　公猪的生殖器官

1. 包皮盲囊；2. 阴茎头；3. 阴茎；4. 阴茎缩肌；5. 阴茎乙状弯曲；6. 阴茎根；

7. 尿生殖道骨盆部；8. 球海绵体肌；9. 尿道球腺；10. 前列腺；11. 附睾尾；

12. 睾丸；13. 附睾头；14. 精索的血管；15. 输精管；16. 精囊腺；17. 膀胱；

18. 精囊腺的排出管；19. 包皮盲囊入口；20. 输尿管

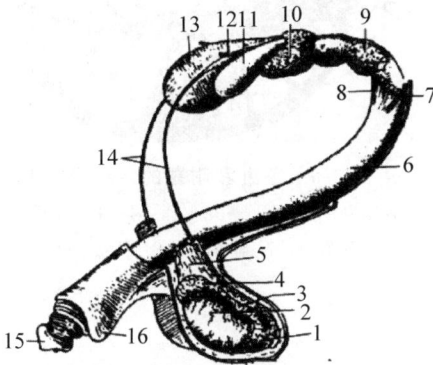

图 7-3　公马生殖器官模式图

1. 附睾尾；2. 睾丸；3. 附睾体；4. 附睾头；

5. 精索；6. 阴茎；7. 阴茎缩肌；8. 坐骨海绵体肌；

9. 尿道球腺；10. 前列腺；11. 精囊腺；

12. 输精管壶腹；13. 膀胱；14. 输精管；

15. 龟头；16. 包皮

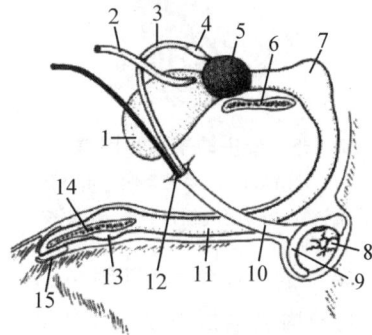

图 7-4　公犬的生殖系统

1. 膀胱；2. 输尿管；3. 输精管；4. 壶腹；

5. 前列腺；6. 骨盆联合；7. 阴茎球；

8. 睾丸；9. 附睾；10. 精索；11. 阴茎；

12. 腹股沟管内环；13. 龟头球；

14. 阴茎骨；15. 包皮

　　睾丸在胚胎时期位于腹腔内肾脏附近。出生前后，睾丸和附睾经腹股沟管下降至阴囊内（阴囊内温度比腹腔低 3～4 ℃，适于精子产生和存活），这一过程称为睾丸下降。动物出生后，如果有一侧或两侧睾丸仍留在腹腔中，称为单睾或隐睾，这种家畜生殖能力弱或没有生殖能力，不宜作种畜用。

　　兔睾丸胚胎时期在腹腔内，出生后 1～2 个月移行到腹股沟管，性成熟后，在生殖期间睾丸临时下降到阴囊。因兔腹股沟管短宽，加之鞘膜与腹腔保持联系及腹股沟管口终生不封闭，故睾丸可自由地下降到阴囊或回缩腹腔。

　　2. 形态

　　睾丸是成对的实质性器官，一般呈白色椭圆形。禽类睾丸的大小和颜色随年龄和性活动期而有很大变化。雏禽睾丸有米粒大，呈黄色，乌骨鸡(绒毛鸡)的睾丸部分或全部呈黑色。性成熟后，特别是在配种时节，睾丸发育很大，颜色转为乳白色。据测定，性活动期的睾丸体积比静止期可增大 20～50 倍。

睾丸一侧与附睾相连，称为附睾缘；另一侧为游离缘。睾丸分头、体、尾三部分，有血管、神经出入的一端为睾丸头。公牛、公羊的睾丸呈长椭圆形，上下垂直位，其长轴与体躯长轴垂直，睾丸头朝上、尾朝下。公猪的睾丸呈椭圆形，前下后上斜位，睾丸纵轴斜向后上方，睾丸头位于前下方。公马的睾丸呈卵圆形，前后水平位，其长轴近于水平位，睾丸头朝前、尾朝后。公犬、公猫的睾丸卵圆形，斜向前下，睾丸头位于前下方。

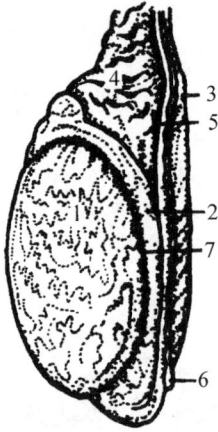

图 7-5　公牛的睾丸和附睾

1. 睾丸；2. 附睾；3. 睾丸系膜；4. 精索；
5. 输精管；6. 阴囊韧带；7. 附睾窦

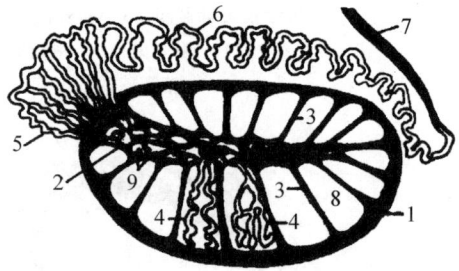

图 7-6　睾丸和附睾的结构模式图

1. 白膜；2. 睾丸纵隔；3. 睾丸小隔；4. 曲细精管；5. 睾丸输出
小管；6. 附睾管；7. 输精管；8. 睾丸小叶；9. 睾丸网

3. 睾丸的组织结构(见图 7-6)

睾丸的构造包括被膜、实质和间质。

(1)被膜由浆膜和白膜构成。浆膜被覆在睾丸表面，为鞘膜的脏层，又称固有鞘膜。浆膜深面为由致密结缔组织构成的白膜。白膜在睾丸头处伸入到睾丸实质内，沿睾丸长轴向睾丸尾延伸，形成睾丸纵隔。自睾丸纵隔上分出许多呈放射状排列的结缔组织隔，称为睾丸小隔，将睾丸实质分成 100～300 个锥形的睾丸小叶。禽类睾丸内无纵隔，小梁也很少，也未形成睾丸小叶。犬的睾丸纵隔发达。

(2)实质由曲细精管、直细精管和睾丸网构成。在每个睾丸小叶内，有 2～3 条弯曲的曲细精管，曲细精管在接近纵隔处变直，称为直细精管。直细精管进入睾丸纵隔内相互吻合呈网状，称为睾丸网。睾丸网汇成 6～12 条睾丸输出管，穿出睾丸头，进入附睾头。曲细精管是产生精子的地方，外层是一薄层基膜，内层是生殖上皮。生殖上皮中有两类细胞(见图 7-7)：一类是处于不同发育阶段的生精细胞，包括精原细胞、初级精母细胞、次级精母细胞、精细胞和精子；另一类叫支持细胞，起支持、营养和分泌等作用。各级生精细胞散布在支持细胞之间，镶嵌在其侧面。精原细胞经过分裂、生长、成熟和变形等阶段，最后形成精子需 45～60 天的时间。

①精原细胞：是生成精子的干细胞，紧靠基膜分布，胞体较小，呈圆形或椭圆形，胞质清亮，核大而圆，染色深。

②初级精母细胞：由精原细胞分裂发育形成，位于精原细胞内侧，为 1～2 层大而圆的细胞。胞核大而圆，多处于分裂时期，有明显的分裂象。

③次级精母细胞：初级精母细胞经过第一次减数分裂，产生两个较小的次级精母细胞。细胞较小，呈圆形，胞核大而圆，染色较浅，不见核仁。次级精母细胞存在时间很短，很快进行第二次减数分裂，生成两个精细胞。

④精细胞：位置靠近曲细精管管腔，常排成数层。细胞更小，呈圆形，胞核圆而小，染色深，有清晰的核仁。精细胞不再分裂。

⑤精子：精细胞经过一系列复杂的形态变化，变成高度分化的精子，形似蝌蚪。刚形成的精子，常成群地附着在支持细胞的游离端，尾部朝向管腔。精子成熟后，即脱离支持细胞进入管腔。

⑥支持细胞：呈高柱状或锥形，游离端朝向管腔，常有多个精子的头部嵌附着，供给精子营养。

图 7-7　睾丸曲细精管切面
1. 毛细血管；2. 间质组织；3. 初级精母细胞；4. 支持细胞；5. 精细胞；
6. 次级精母细胞；7. 精子；8. 基膜；9. 间质细胞；10. 精原细胞

（3）间质为曲细精管之间的结缔组织，内含有血管、淋巴管、神经和间质细胞。间质细胞在性成熟后，能分泌雄性激素，主要是睾酮，可增进正常的性欲活动，促进副性腺的发育，并与第二性征的出现有关。间质细胞的数量与家畜种类及年龄有关，马、猪的间质细胞数量较多，牛的较少。

（二）附睾

附睾附着在睾丸一侧，外被固有鞘膜和薄的白膜，分附睾头（与睾丸头相对应）、附睾体和附睾尾（与睾丸尾相对应）。附睾由睾丸输出管和附睾管构成。睾丸输出管形成附睾头，输出管汇合成一条粗长的附睾管，盘曲成附睾体和附睾尾，在附睾尾处管径增大，最后延续为输精管。附睾尾借附睾韧带与睾丸尾相连。附睾韧带由附睾尾延续至阴囊的部分，称为阴囊韧带。去势时，切开阴囊后，必须切断精索、阴囊韧带和睾丸系膜，方能摘除睾丸和附睾。睾丸和附睾与较大的血管相邻，在去势时，要特别注意。犬的睾丸体积小，附睾较大。

家禽缺少哺乳动物那样明显的头、体、尾之分的附睾，而是由位于睾丸背内侧缘、紧密与睾丸连接的呈纺锤形的膨大物，即睾丸旁导管系统组成的附睾区。附睾区有贮存、浓缩、运输精子、分泌精清等功能。

（三）输精管和精索

1. 输精管

输精管为运送精子的管道，起始于附睾尾，经腹股沟管入腹腔，再向后进入盆腔，末端开口于尿生殖道起始部背侧壁的精阜两侧。输精管在膀胱背侧的尿生殖褶内膨大，形成输精管膨大部，称为输精管壶腹。其黏膜内有腺体（壶腹腺），分泌物有稀释、营养精子的作用。猪输精管末端不形成壶腹。马的输精管壶腹发达。

禽的一对输精管呈极端旋卷状的导管。前端接附睾管，沿着肾脏内侧腹面，与同侧的输尿管在同一结缔组织鞘内后行，在骨盆部伸直一段距离后，形成一略微膨大的圆锥形体，最后形成输精管乳头，突出于泄殖道腹外侧壁的输尿管开口的腹内侧。

2. 精索

精索为上窄下宽的扁圆锥形索状物，基部附着于睾丸和附睾上，较宽，向上逐渐变细，出腹股沟管内环，沿腹腔后部底壁进入骨盆腔内。精索内含有睾丸动脉、静脉、神经、淋巴管、睾内提肌和输精管等，外包固有鞘膜。精索内动脉长而盘曲，伴行静脉细而密，形成所谓蔓状丛，可延缓血流和降低血液温度，使阴囊内温度低于体温。去势时要结扎和截断精索。

（四）阴囊

阴囊位于两股部之间，呈袋状，借助腹股沟管与腹腔相通，容纳睾丸、附睾和大部分精索。阴囊壁由皮肤、肉膜、阴囊筋膜、睾外提肌和总鞘膜构成（见图7-8）。

1. 阴囊皮肤

阴囊皮肤薄而柔软，富有弹性，表面有少量短而细的毛，内含丰富的皮脂腺和汗腺。阴囊表面的腹侧正中有阴囊缝，将阴囊从外表分为左、右两部分，是去势时的定位标志。犬的阴囊缝不明显。

2. 肉膜

肉膜紧贴阴囊皮肤的内面，富含弹性纤维和平滑肌。肉膜在阴囊正中，形成阴囊中隔，将阴囊分为左、右互不相通的两个腔。肉膜具有调节温度的作用，冷时肉膜收缩，使阴囊起皱，面积减小；天热时肉膜松弛，阴囊松弛下垂。

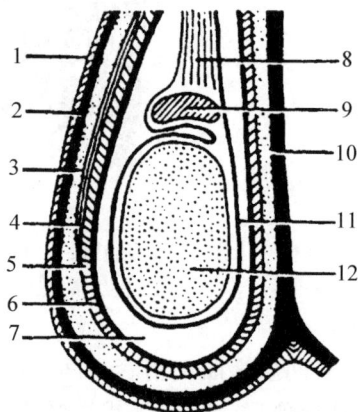

图 7-8　阴囊结构模式图

1. 阴囊皮肤；2. 肉膜；3. 精索外筋膜；
4. 提睾肌；5, 6. 总鞘膜；7. 鞘膜腔；
8. 精索；9. 附睾；10. 阴囊中隔；
11. 固有鞘膜；12. 睾丸

3. 阴囊筋膜

阴囊筋膜位于肉膜深面，由腹壁深筋膜和腹外斜肌腱膜延伸而来，将肉膜与总鞘膜较疏松地连接起来。

4. 睾外提肌

睾外提肌位于阴囊筋膜深面，来自腹内斜肌，包在总鞘膜的外侧面和后缘，与肉膜一同调节阴囊内的温度。

5. 总鞘膜

总鞘膜为阴囊最内层，由腹膜壁层延续而来。总鞘膜在靠近阴囊中隔处，折转而覆盖于精索、睾丸和附睾上，称为固有鞘膜。折转处所形成的浆膜褶，称为睾丸系膜。固有鞘膜和总鞘膜之间的空隙，叫鞘膜腔，内有少量浆液。鞘膜腔上段细窄，形成管状，称为鞘膜管，精索包于其中。鞘膜管通过腹股沟管，以鞘膜管口或鞘膜环与腹膜腔相通。当鞘膜管口较大时，小肠可脱入鞘膜管或鞘膜腔内，形成腹股沟疝或阴囊疝，须手术进行恢复。

（五）副性腺

副性腺的分泌物是精清。不同动物副性腺发达程度不同，分泌精清量不同，因此射精量和精子密度不同。副性腺包括精囊腺、前列腺和尿道球腺。凡是幼龄去势的家畜，副性腺不能正常发育。

（1）精囊腺：一对，位于膀胱颈背侧的尿生殖褶中。每侧精囊腺的导管，与同侧输精管共同开口于精阜。牛、羊的精囊腺较发达，呈分叶状腺体，左、右侧腺体常不对称（见图7-9）；猪的精囊腺最发达，呈三棱椎体形；马的精囊腺呈梨形囊状，有宽阔的囊腔，表面光滑（见图7-10）。

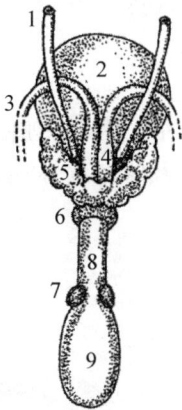

图 7-9　牛的副性腺

1. 输尿管；2. 膀胱；3. 输精管；4. 壶腹部；
5. 精囊腺；6. 前列腺；7. 尿道球腺；
8. 尿生殖道骨盆部；9. 阴茎球

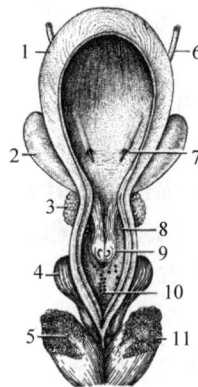

图 7-10　马的副性腺（腹面）

1. 膀胱；2. 精囊腺；3. 前列腺；4. 尿道球腺；
5. 阴茎海绵体；6. 输尿管；7. 输尿管口；
8. 前列腺管口；9. 精阜；10. 尿道球腺管口；
11. 坐骨海绵体肌

（2）前列腺：位于尿生殖道起始部背侧，以多数小孔开口于尿生殖道中。前列腺因年龄而有变化，幼龄时较小，到性成熟期增长较大，老龄时又逐渐退化。牛的前列腺分为腺体部和扩散部，体部很小，横位于尿生殖道壁起始部的背侧；羊的前列腺只有扩散部；猪的前列腺与牛的相似；马的前列腺发达；犬、狐无精囊腺和尿道球腺（见图7-11），只有发达的前列腺，环绕在膀胱颈和尿生殖道起始部，呈黄色的坚实球状。

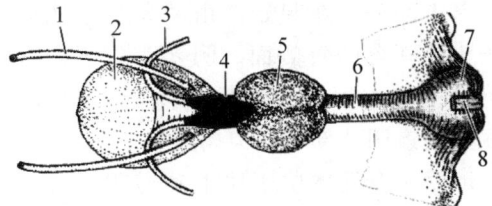

图 7-11　公犬骨盆部生殖器官（背侧）

1. 输尿管；2. 膀胱；3. 输精管；4. 壶腹部；
5. 前列腺；6. 尿生殖道；7. 尿道球；8. 阴茎缩肌

（3）尿道球腺：成对，位于尿道骨盆部末端，坐骨弓附近。牛尿道球腺为胡桃状；猪尿道球腺很发达，呈圆柱形，位于尿道骨盆部后 2/3 部分；马的尿道球腺呈卵圆形。

（六）尿生殖道

雄性尿生殖道兼有排尿和排精作用。其前端接膀胱，沿骨盆腔底壁向后延伸，绕过坐骨弓，再沿阴茎腹侧尿道沟，向前延伸至阴茎头末端，以尿道外口开口于外界。

尿生殖道管壁包括黏膜层、海绵体层、肌层和外膜。黏膜层有许多皱褶；海绵体层主要是由毛细血管膨大而形成的海绵腔；肌层由深层的平滑肌和浅层的横纹肌组成，横纹肌的收缩对射精起重要作用，还可帮助排除余尿。

尿生殖道分为骨盆部和阴茎部，两者间以坐骨弓为界。在两部交界处，尿生殖道的管腔稍变窄，称为尿道峡。在峡部后方，尿生殖道壁上的海绵体层稍变厚，形成尿道球或称尿生殖道球。

1. 尿生殖道骨盆部

尿生殖道骨盆部是指自膀胱颈到骨盆腔后口的一段，位于骨盆腔底壁与直肠之间。在起始部背侧壁的中央有一圆形隆起，称为精阜。精阜上有一对小孔，为输精管及精囊腺排泄管的共同开口。此外，在骨盆部黏膜的表面，还有其他副性腺的开口。骨盆部的外面有环形的横纹肌，称尿道肌。

2. 尿生殖道阴茎部

尿生殖道阴茎部是骨盆部的直接延续，自坐骨弓起，经左、右阴茎脚之间进入阴茎的尿道沟。此部的海绵体层比骨盆部稍发达，内层的横纹肌称为球海绵体肌，外层称为坐骨海绵体肌，有助于阴茎的勃起，又称为阴茎勃起肌。

（七）阴茎和包皮

阴茎和包皮是交配器官。

1. 阴茎（见图 7-12）

阴茎位于腹壁之下，起自坐骨弓，经两股之间，沿中线向前延伸至脐部。分为阴茎头、阴茎体和阴茎根三部分。阴茎根以两个阴茎脚附着于坐骨弓的两侧，其外侧面覆盖着发达的坐骨海绵体肌，两阴茎脚向前合并成阴茎体。阴茎体圆柱状，位于阴茎脚和阴茎头之间，占阴茎大部分，在起始部由两条扁平的阴茎悬韧带，固着于坐骨联合的腹侧面。阴茎头位于阴茎的前端，其形状因家畜种类不同而有较大差异。阴茎由白膜、海绵体、尿生殖道阴茎部和肌肉构成。

阴茎海绵体位于尿生殖道阴茎部背侧，占据阴茎横断面的大部分。阴茎海绵体外面包有很厚的致密结缔组织（白膜）向内伸入，形成小梁，并分支互相连接成网，构成海绵组织的支架。小梁内有血管、神经分布，并含有平滑肌。在小梁及其分支之间的许多腔隙，称为海绵腔。腔壁衬以内皮，并与血管相通。海绵腔实际是扩大的毛细血管。当充血时，阴茎膨大变硬而发生勃起现象，故海绵体为勃起组织。

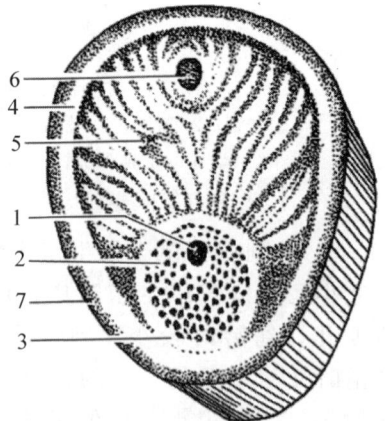

图 7-12　公牛阴茎横断面模式图

1. 尿生殖道；2. 尿道海绵体；3. 尿道白膜；4. 阴茎白膜；5. 阴茎海绵体；6. 阴茎海绵体血管；7. 阴茎筋膜

尿生殖道阴茎部周围包有尿道海绵体，位于阴茎海绵体腹侧的尿道沟内。尿道海绵体和阴茎海绵体构造相似。尿道海绵体的外面被有球海绵体肌。

阴茎的肌肉包括球海绵体肌、坐骨海绵体肌和阴茎缩肌。球海绵体肌起于坐骨弓，伸至阴茎根背侧，覆盖尿道球腺，肌纤维呈横向。坐骨海绵体肌较发达，为一对纺锤形肌，起于坐骨结节，止于阴茎根和阴茎体交界处，收缩使海绵腔充血阴茎勃起，又称阴茎勃起肌。阴茎缩肌，为两条细长的带状平滑肌，起于尾椎或荐椎，经直肠或肛门两侧，于肛门腹侧相遇后，沿阴茎腹侧向前延伸，止于阴茎头的后方，该肌收缩可使阴茎退缩，将阴茎藏于包皮腔内。

牛的阴茎：呈圆柱状，细而长，阴茎体在阴囊后方，形成"乙"状弯曲，勃起时伸直；阴茎头，长而尖，自左向右扭转，游离端形成阴茎头帽。尿生殖道外口位于阴茎头前端的尿道突上。

羊的阴茎：头伸出长 3～4 cm 的尿道突，突出于阴茎头之前。

猪的阴茎：与牛相似，阴茎体也有"乙"状弯曲，但位于阴囊的前方；阴茎头尖细呈螺旋状扭转。尿生殖道外口呈裂隙状，位于阴茎头前端的腹外侧。

马的阴茎：头端膨大形成龟头，其上有龟头窝，尿道外口开口于此。马的阴茎粗大、平直，腹侧有阴茎退缩肌。

禽的阴茎：是禽类的交配器官。鸡交配器官不发达，是 3 个并列的小突起，称阴茎体，位于肛门腹侧唇的内侧，刚孵出的雏鸡较明显，可用来鉴别雌雄。鸭、鹅阴茎发达，长 6～9 cm。

犬的阴茎：犬的阴茎有两个特殊的结构，即阴茎骨和龟头球。在阴茎后部有一对海绵体，正中由阴茎中隔隔开，中隔前方有棒状的阴茎骨，骨的长度大型犬在 10 cm 以上。阴茎骨相当于海绵体一部分骨化而成。腹侧部有容纳尿道的沟状压迹，背侧圆隆，前端变小。犬的阴茎龟头后端，有一扩张呈球形部分，称龟头球或阴茎头球，在交配时可被狭窄的阴道末端和膨胀的前庭球锁紧，延长阴茎在母犬阴道中的停留时间，从而完成第三阶段射精。

猫的阴茎：阴茎尖端指向后方，其末端有 100～200 个角化小乳突，发育到 6～7 月龄时，小乳突发育到最大，对母猫发情时的刺激排卵有一定作用。

兔的阴茎：呈圆柱状，前端游离部稍弯曲，无膨大的龟头，静息状态时向后伸至肛门附近。阴茎脚表面被以坐骨海绵体肌，该肌收缩时，牵引阴茎游离端伸向前方。

畜牧生产中常根据动物阴茎类型不同，采用不同的人工采精方式，猪、狗多用徒手采精法，牛、羊、马等多用假阴道法。

2. 包皮

包皮是由皮肤折转形成的管状鞘，具有容纳、保护阴茎头和配合交配等作用。

二、雌性生殖器官

雌性生殖器官包括卵巢、输卵管、子宫、阴道和尿生殖前庭等（见图 7-13、图 7-14、图 7-15）。禽类的雌性生殖器官仅包括左侧的卵巢和输卵管。

（一）卵巢

卵巢是成对的实质性器官，由卵巢系膜悬吊在腰椎下面。后端以卵巢固有韧带与子宫角相连，前端接输卵管伞。卵巢系膜附着部称为卵巢门。

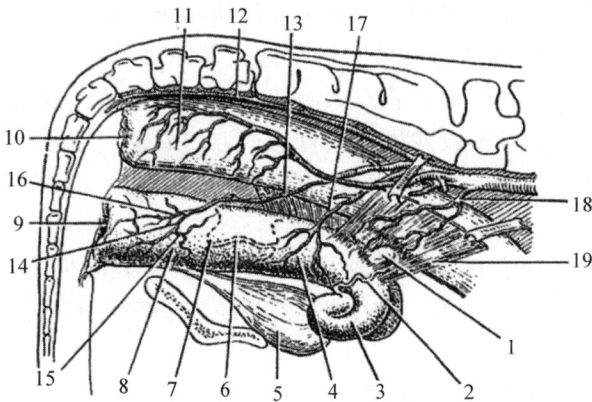

图 7-13　母牛生殖器官位置关系(右侧观)

1. 卵巢；2. 输卵管；3. 子宫角；4. 子宫体；5. 膀胱；

6. 子宫颈管；7. 子宫颈阴道部；8. 阴道；9. 阴门；

10. 肛门；11. 直肠；12. 荐中动脉；13. 髂内动脉；

14. 尿生殖道动脉；15. 子宫后动脉；16. 阴部内动脉；

17. 子宫中动脉；18. 子宫卵巢动脉；19. 子宫阔韧带

图 7-14　母马生殖器官位置关系(右侧观)

1. 卵巢；2. 输卵管伞；3. 输卵管；4. 子宫角；

5. 子宫体；6. 子宫颈阴道部；7. 子宫颈外口；

8. 膀胱；9. 阴道；10. 阴瓣；11. 尿道外口；

12. 尿生殖前庭；13. 前庭大腺开口；14. 阴蒂；

15. 阴蒂窝；16. 子宫后动脉；17. 子宫阔韧带；

18. 子宫中动脉；19. 子宫卵巢动脉

1. 形态位置

(1)牛的卵巢，呈稍扁的椭圆形，长约 3.7 cm，宽约 2.5 cm，成年牛右侧卵巢比左侧的稍大。随着性周期的变化，有成熟卵泡和黄体突出于卵巢表面，直肠检查时可以触及。卵巢一般位于骨盆腔前口两侧附近，子宫角起始部的上方。没有怀孕的母牛，卵巢多位于骨盆腔内，耻骨前缘两侧稍后；经产的母牛位于腹腔内，耻骨前缘的前下方。羊的卵巢呈卵圆形或圆形，长约 1.5 cm。

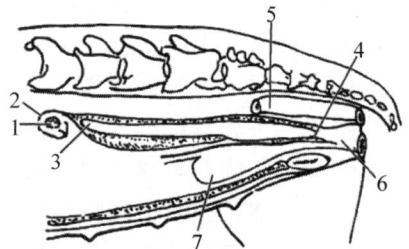

图 7-15　母猫生殖系统

1. 卵巢；2. 输卵管；3. 子宫角；

4. 子宫颈；5. 直肠；6. 阴道；7. 膀胱

(2)猪的卵巢，呈淡红色，卵巢随年龄的变化，其形态、大小及位置也发生变化。

①4 月龄内的小母猪：卵巢呈椭圆形，表面光滑，大小约为 0.5 cm×0.4 cm。位于荐骨岬两侧稍后，膀胱的前上方，位置比较固定。去势时切口体表投影部位，一般在腹下左侧倒数第 2 个乳头外侧 1 cm 左右，并根据猪只大小，以肥向前，瘦往后，饱向内，饥向外的原则，力求术部准确。

②5~6 月龄母猪：卵巢呈桑葚状，表面有大小不等的突出卵泡，大小约为 2 cm×1.5 cm，位置前移下垂，在髋结节前缘的横断面上。

③性成熟后及经产母猪：卵巢呈葡萄状，长约 5 cm，位于髋结节前缘约 4 cm 的横断面上或髋结节与膝关节连线中点的水平面上。

(3)马的卵巢，呈豆形，平均长 7~8 cm，表面平滑，腹缘有一凹陷，叫排卵窝。中等

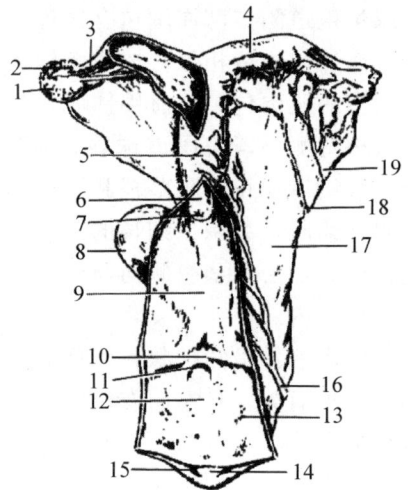

大的马，卵巢大小为 4 cm×3 cm×2 cm。左侧卵巢位于第四、五腰椎横突下面，位置较低；右侧卵巢比左侧的稍向前，且位置较高。

（4）禽的卵巢，仅有左侧的卵巢，右侧在个体发育过程中逐渐退化。卵巢位于左肾前部下方，以卵巢系膜悬挂在腹腔背侧壁左侧。幼禽卵巢为扁平的椭圆形，灰白或白色，表面有许多细小的卵泡；成禽卵巢的卵泡连续性生长，形成一群大小不等的葡萄状。母禽的就巢性（俗称抱窝）受激素控制，是由催乳素引起的，注射雌激素可使其停止就巢，就巢期间母禽产蛋停止。

（5）犬的卵巢，呈扁平的椭圆形，位于肾的后方，在第 3～4 腰椎横突下方。在发情期，卵巢表面有突出卵泡；在非发情期，卵巢隐藏于发达的卵巢囊中，不易观察。

（6）猫的卵巢，长 6～9 cm，位于第 3～4 腰椎横突的下方。发情期卵巢上有 3～7 个卵泡发育，卵泡直径可达 2～3mm。

（7）兔的卵巢，卵圆形，色淡红，位于肾的后方，以短的系膜悬于第 5 腰椎横突附近的体壁上。幼兔卵巢表面光滑，成年兔卵巢表面有突出的透明小圆形卵泡。

2. 卵巢的组织结构

卵巢由被膜和实质构成（见图 7-16）。

（1）被膜由生殖上皮和白膜构成。生殖上皮被覆于卵巢表面，是卵细胞发生的最初部位。在生殖上皮深部，有一层由致密结缔组织构成的白膜。马的卵巢仅在排卵窝处有生殖上皮分布，其他部分由浆膜覆盖。而牛、羊、猪的卵巢表面无浆膜覆盖，因而卵巢表面各处均可排卵。

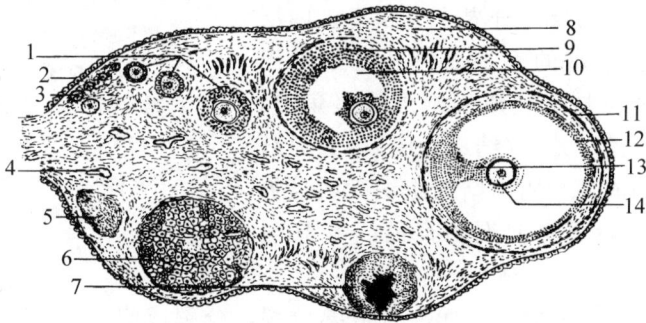

图 7-16　卵巢结构模式图

1. 初级卵泡；2. 生殖上皮；3. 原始卵泡；4. 血管；5. 白体；6. 黄体；7. 血体；8. 基质；
9. 次级卵泡；10. 卵泡腔；11. 成熟卵泡；12. 颗粒层；13. 卵丘；14. 卵母细胞

（2）实质包括皮质（卵泡区）和髓质（血管区），两者之间没有明显的界限。皮质在外，内含许多不同发育阶段的卵泡（见图 7-17）。髓质在内，由结缔组织构成，含有丰富的血管、神经、淋巴管和平滑肌等。马属动物卵巢皮质和髓质的位置正好相反，皮质在中央，靠近排卵窝处。

卵泡是由中央的卵母细胞和周围的卵泡细胞构成。根据发育程度不同，可分为原始卵泡、生长卵泡（包括初级卵泡和次级卵泡）和成熟卵泡。

①原始卵泡：由初级卵母细胞及周围单层扁平的卵泡细胞组成，体积小，数量多，位于皮质浅层。雌性动物在出生前，卵巢内就存在大量原始卵泡，出生后则随着年龄增长，

数量不断减少。原始卵泡内卵母细胞一般为 1 个，但在多胎动物，如猪和肉食动物，有时可见 2～6 个。到动物性成熟时，原始卵泡才开始陆续成长发育，在发育过程中只有少数原始卵泡能发育成熟，大多数原始卵泡中途闭锁而死亡。

②初级卵泡（早期生长卵泡）：卵泡细胞为立方、柱状，进而增殖为多层，称为颗粒细胞。

卵母细胞表面出现一层嗜酸性、折光强的膜状结构，称为透明带。透明带主要成分是由卵泡细胞和卵母细胞分泌的黏多糖蛋白和透明质酸。

③次级卵泡（晚期生长卵泡）：卵泡细胞之间开始出现一些充有卵泡液的间隙，并逐渐汇合成一个新月形的腔，称为卵泡腔，内有透明的含蛋白质和雌激素的浅黄色液体，称为卵泡液。卵母细胞及周围的卵泡细胞，被卵泡液挤到卵泡腔一侧，形成卵丘。紧靠透明带表面的颗粒细胞，增大变成柱状，呈放射状排列，称为放射冠。

④成熟卵泡：又名格拉夫氏卵泡，体积增大，并突出于卵巢表面，卵泡壁变薄，卵泡腔增大。成熟卵泡的卵泡膜内、外两层，分界十分明显。内层（细胞性膜）较厚，有丰富的毛细血管和毛细淋巴管，细胞体积增大，由梭形变成椭圆形或多角形，内膜细胞可分泌雌激素。外层（结缔性膜）由胶原纤维束和成纤维细胞构成，与周围结缔组织无明显界限，血管也较少。一般成熟卵泡的直径：牛 10～15 mm，羊、猪 8～10 mm，马 30～50 mm。

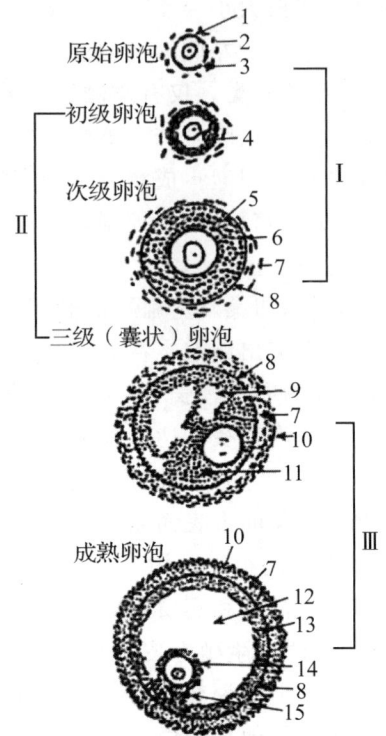

图 7-17　各级卵泡结构模式图

Ⅰ. 无腔卵泡（腔前卵泡）

Ⅱ. 生长卵泡；Ⅲ. 有腔卵泡

1. 卵子；2. 基质细胞；3. 卵泡细胞；
4. 透明带形成；5. 透明带；6. 颗粒层；
7. 内膜；8. 基膜；9. 窦；10. 外膜；
11. 颗粒；12 卵泡液；13. 颗粒膜；
14. 放射冠；15. 卵丘

排卵前初级卵母细胞必须完成第一次成熟分裂，分裂成胞质不均等的两个大小不等的细胞。大的称次级卵母细胞，小的胞质极少，附着在次级卵母细胞旁，称第一极体。第二次成熟分裂则在排卵受精后完成。

排卵时，由于成熟卵泡破裂，同时会伴随出血，血液进入原来卵泡腔内，称红体。周围血管伸入卵泡，逐渐将血液吸收，卵泡颜色变黄，称为黄体。此时卵泡中的颗粒细胞发育成粒性黄体细胞，分泌孕激素（孕酮）。一般成熟黄体直径：牛 20～25 mm，猪、羊 9～15 mm，马 25～30 mm。如果卵细胞受精，黄体继续增大，称为妊娠黄体（真黄体）。牛、羊、猪等动物的妊娠黄体一直维持到妊娠结束时才退化成结缔组织白体。马在妊娠 40 天后，子宫内膜产生的孕马血清促性腺激素，能够使卵巢卵泡发育、排卵并形成副黄体，原有黄体和副黄体一般在 160 天左右退化，以后的妊娠阶段则靠胎盘分泌的孕酮来维持。如卵细胞没有受精，则称为周期性黄体（假黄体），可存在 2 周左右，然后被结缔组织代替变为白体。禽的卵泡没有卵泡腔和卵泡液，排卵后不形成黄体。动物在妊娠期间，如孕激素水平下降往往发生流产。

闭锁卵泡：一般情况下，卵巢内绝大多数卵泡不能发育成熟，而在各发育阶段中逐渐退化，称为闭锁卵泡。其中以原始卵泡退化的最多，而且退化后不留痕迹。

一般当奶牛产后 45 天左右没有发情表现，可进行直检，即隔着直肠壁检查卵巢，看卵巢表面是否有突出的成熟卵泡或黄体存在。二者区分主要在于大小和质地：成熟卵泡壁薄，卵泡腔大，卵泡液多，质地柔软，有一触即破的感觉；而成熟黄体比成熟卵泡大，且质地比较硬。如直检发现有成熟卵泡存在，说明已发情，如果症状不明显，属于安静发情；如果是黄体，自然不发情，必须用药物将黄体溶解掉。

（二）输卵管（见图 7-18）

输卵管是位于每侧卵巢和子宫角之间的一条细管，是输送卵细胞、受精和卵裂的场所。

输卵管可分为漏斗部、壶腹部和峡部。输卵管前端为漏斗部，漏斗边缘为不规则的皱褶，称输卵管伞，漏斗中央有一口通腹腔，为输卵管腹腔口；壶腹部较长，前端较宽，是精卵受精处，否则卵子继续下移时活力下降，并且包上一层输卵管分泌物，阻碍精子进入，从而失去受精能力；峡部较短，细而直，以输卵管子宫口，开口于子宫腔。输卵管与子宫角的分界有的家畜较明显，如马；有的则逐渐移行而无明显的界限，如反刍动物和猪。

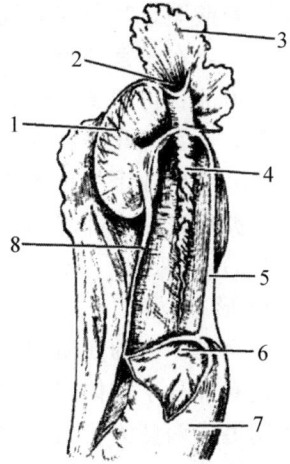

图 7-18　输卵管结构模式图

1. 卵巢；2. 输卵管腹腔口；
3. 输卵管伞；4. 输卵管；
5. 输卵管系膜；6. 输卵管
子宫口；7. 子宫角；
8. 卵巢固有韧带

输卵管的管壁从内至外由黏膜、肌层和浆膜构成。黏膜上皮为单层柱状上皮，部分具有纤毛；肌层分为内层环行肌或螺旋形，外层为纵行肌；浆膜包裹在输卵管的外面，并形成输卵管系膜。

输卵管包于输卵管系膜内，输卵管系膜和卵巢系膜之间形成卵巢囊，开口朝向腹侧，将卵巢藏于其内，囊的大小和深浅因家畜不同种类而异。

家禽仅有左侧的输卵管发达（右侧的退化）（见图 7-19），是一条长而弯曲的管道，由输卵管系膜悬挂在腹腔左侧顶壁。输卵管起于卵巢正后方，沿腹腔的左背侧体壁后行，止于泄殖腔。输卵管背侧与左肾腹面相邻，并经常达到右肾腹面，左外侧接左腹壁，右侧接肠管，腹侧与肌胃和脾相毗邻。输卵管根据形态结构和功能特点，由前向后分为以下几部分。

漏斗部：位于卵巢后方，有摄取卵子的功能，也是受精部位。

蛋白分泌部（膨大部）：是输卵管中最长且最弯曲的部分，可分泌蛋白。卵子在膨大部停留约 3 h。

峡部：位于蛋白分泌部之后，短而窄，管壁薄，黏膜内有分泌角蛋白的腺体，主要形成内、外壳膜。

子宫部（壳腺部）：是峡部之后的膨大部，常呈扩张

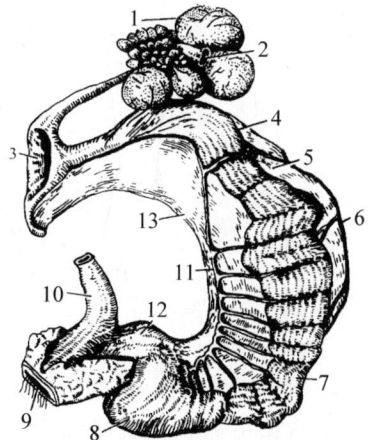

图 7-19　禽的输卵管

1. 卵巢；2. 卵泡膜；3. 漏斗部；
4. 蛋白分泌部；5. 腹韧带；
6. 输卵管腹缘动脉；7. 峡部；
8. 子宫部；9. 泄殖孔；10. 直肠；
11. 输卵管中动脉；12. 阴道部；
13. 背韧带

状态，管壁厚，灰色或灰红色。黏膜内的腺体可分泌钙质、角质和色素，形成蛋壳和蛋壳的颜色。卵在子宫部停留时间最长，18～20 h。

阴道部：位于子宫部后上方，末端从左侧开口于泄殖道，呈特有的"S"状弯曲，其长度与峡部、子宫部几乎相等，是雌禽的交配器官。阴道部黏膜内有腺体，其分泌物在蛋壳表面形成一薄层致密的角质膜，有防止蛋内水分蒸发、阻止蛋外微生物侵入和润滑阴道部等作用。卵经过阴道部时间极短，仅几秒钟至 1 min。

(三)子宫

1. 形态位置

子宫是中空的肌质器官，富有伸展性，借子宫阔韧带悬于腰下。子宫大部分位于腹腔内，仅有部分子宫体和子宫颈位于骨盆腔内。子宫背侧为直肠，腹侧为膀胱，前接输卵管，后接阴道，两侧为骨盆腔侧壁。子宫是胎儿发育的场所（宫外孕多指在输卵管内受孕），并参与分娩等。

子宫可分为子宫角、子宫体和子宫颈。两子宫角前接输卵管，向后汇合为子宫体。子宫颈为子宫体后段缩细部，壁厚腔窄，形成子宫颈管，后端突入阴道内（猪除外），称为子宫颈阴道部，其开口为子宫颈外口。

2. 子宫类型(见图 7-20)

单子宫：无明显的子宫角部，子宫体直接与输卵管相连，如人、灵长类。

双子宫：子宫体有两个，每个子宫体有一个子宫角。两个子宫有两个子宫颈外口，开口于阴道，如兔。

对分子宫：子宫体里面角间沟的纵隔延续很长，将子宫体里面大部分空间分成左、右两部分，但只有一个子宫颈开口于阴道，如牛、羊、梅花鹿的子宫。

双角子宫：子宫体内纵隔不明显，如猪、马、驴、狗、狐狸、水貂、大熊猫的子宫等。

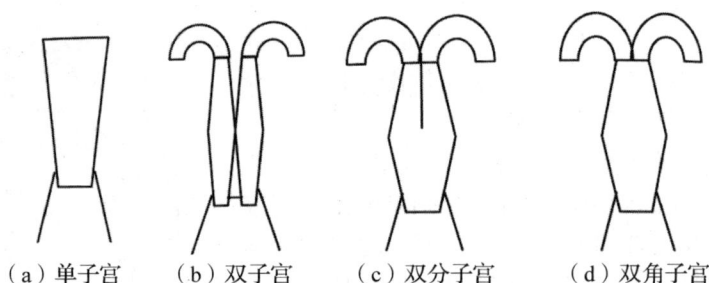

(a)单子宫　　(b)双子宫　　(c)双分子宫　　(d)双角子宫

图 7-20　子宫类型

3. 子宫壁构造

子宫壁由黏膜、肌层和浆膜构成。

(1)黏膜。黏膜又称为子宫内膜，被覆单层柱状上皮，粉红色。黏膜固有层内分布大量子宫腺，其分泌物经腺管排至子宫内膜表面，称为子宫乳，对早期胚胎有营养作用。子宫颈黏膜上皮分布有许多黏液细胞，有的家畜还具有分泌黏液的子宫颈腺，妊娠时黏液可封闭子宫颈管，形成浓稠的黏液栓。

(2)肌层。肌层又称为子宫肌，由厚的内环行肌和薄的外纵行肌二层构成，两层肌肉之间还有一血管层，含丰富的血管和神经。肌层在怀孕时增生，在分娩过程中其收缩起着主要动力作用。子宫颈的环行肌特别发达，形成子宫颈括约肌，平时关闭，分娩时张开。

（3）浆膜。浆膜是由腹膜延伸而来，被覆于子宫表面，又叫子宫外膜。浆膜在子宫角背侧和子宫体两侧形成浆膜褶，称为子宫系膜和子宫阔韧带。怀孕时子宫阔韧带也随着子宫增大而加长变厚。子宫阔韧带内有卵巢和子宫的血管通过，其中动脉由前向后包括子宫卵巢动脉、子宫中动脉和子宫后动脉。这些动脉在怀孕时增粗，其粗细和脉搏性质的变化，可通过直肠检查感觉到，常用于妊娠诊断。

子宫阔韧带是将子宫、输卵管和卵巢悬挂于腰下和盆腔前部的宽阔腹膜褶。子宫阔韧带由两层浆膜构成，其厚薄和长宽，因家畜种类不同而有所不同，卵巢和子宫的血管、淋巴管和神经行于其间，并含有平滑肌组织。子宫阔韧带特别是子宫系膜以及其中的血管，妊娠时也发生显著变化，分娩后则复原。其中的平滑肌在分娩过程中，可协助将下坠的子宫提升，以利胎儿产出。

4. 各种动物子宫特点

（1）牛（羊）的子宫（母牛生殖器见图7-21）。由于瘤胃的影响，成年母牛的子宫大部分位于腹腔的右侧后部，小部分位于骨盆腔内。子宫角呈绵羊角状，较长，牛的为35～40 cm，羊的为10～20 cm。子宫角后部以结缔组织（子宫角间韧带）和肌肉组织相连，外包浆膜，从外表看很像子宫体，称为子宫体。子宫角间（背侧和腹侧）韧带，也是牛直肠检查时常用于确定子宫位置的结构。子宫体短，牛的为3～4 cm，羊的约为2 cm。子宫角和子宫体的黏膜上，牛有4排100多个圆形隆起的子宫肉阜（或子宫子叶），羊的子宫肉阜（约60多个）呈纽扣状，中央凹陷。子宫肉阜未妊娠时较小（牛约15 mm），妊娠时逐渐增大，最大的有紧握拳头大小，是胎膜与子宫壁结合的部位。牛的子宫颈较长约为10 cm（羊约为4 cm），壁厚而坚实。子宫颈管黏膜突起嵌合成螺旋状，子宫颈外口呈菊花瓣状。子宫颈管平时闭合，发情时稍松弛，分娩时扩大。生产中进行人工授精时，根据牛的子宫颈特点，常采用直肠把握法输精，操作者能较易将精液输送到合适的部位。

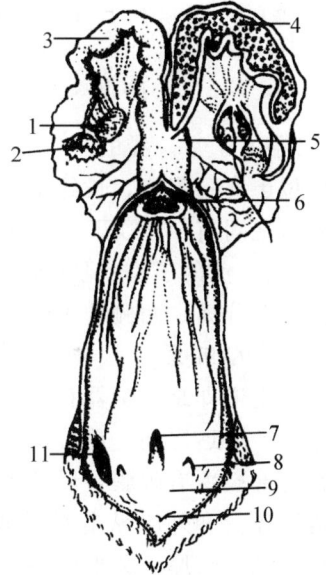

图7-21　母牛生殖器模式图

1. 卵巢；2. 输卵管伞；3. 子宫角；
4. 子宫阜；5. 子宫体；6. 子宫颈；
7. 尿道外口；8. 前庭大腺开口；
9. 阴道前庭；10. 阴蒂；
11. 前庭大腺

（2）马的子宫。马的子宫呈"Y"形，子宫角稍弯曲呈弓形。子宫体与子宫角等长。子宫颈黏膜形成许多纵褶，子宫颈阴道部的黏膜褶形似花冠状，子宫颈外口位于中央。

（3）猪的子宫（见图7-22）。猪的子宫角特别长（为0.9～1.4 m），外形弯曲似小肠，壁较厚。子宫体极短（为3～5 cm）。子宫颈较长（为15～25 cm），为子宫体的3倍以上。其黏膜褶在两旁集拢，形成两行半球形隆起，交错相嵌，称为子宫颈枕，不形成子宫颈阴道部。

（4）犬的子宫（见图7-23）。犬的子宫角细长，中等体型犬的子宫角全长约12 cm，左、右子宫角呈"V"字形，后端的结合部形成中隔。子宫体短，仅有2～3 cm。子宫颈壁厚，长仅1 cm左右，其后端突入阴道内，形成子宫颈阴道部。

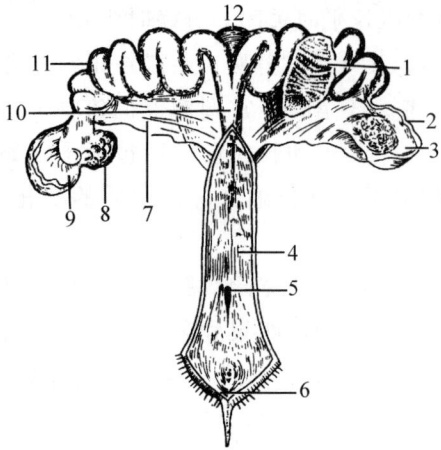

图 7-22　母猪生殖器官（背侧部分切除）

1. 子宫黏膜；2. 输卵管；3. 卵巢囊；4. 阴道黏膜；
5. 尿道外口；6. 阴蒂；7. 子宫阔韧带；8. 卵巢；
9. 输卵管腹腔口；10. 子宫体；11. 子宫角；
12. 膀胱

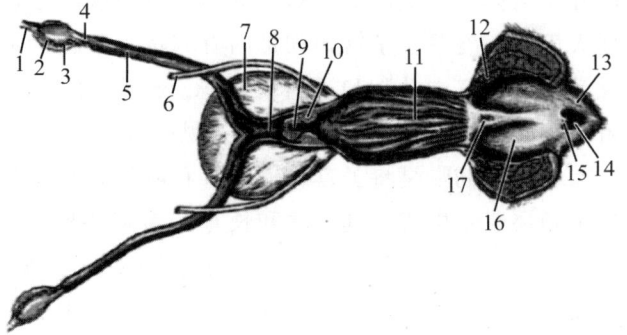

图 7-23　母犬的生殖系统

1. 卵巢悬韧带；2. 输卵管；3. 输卵管系膜；4. 卵巢固有韧带；
5. 子宫角；6. 输尿管；7. 膀胱；8. 子宫体；9. 子宫颈管；
10. 子宫颈；11. 阴道；12. 前庭球；13. 阴唇；14. 阴蒂窝；
15. 阴蒂；16. 阴道前庭；17. 尿道外口

（5）猫的子宫。猫的子宫呈"Y"形。子宫角长 9～10 cm；子宫体位于直肠腹侧，长约 4 cm；子宫颈后端突入阴道，子宫颈与阴道之间有"V"形开口，口向后下方，顶尖朝前下方。

（6）兔的子宫（见图 7-24）。兔的子宫属双子宫，左、右子宫完全分离。两侧的子宫各以单独的外口开口于阴道。

（四）阴道

阴道即是交配器官，也是产道，位于骨盆腔内，在直肠和膀胱、尿道之间，前接子宫，后连尿生殖前庭。阴道壁的外层在前部被覆有腹膜，后部为结缔组织的外膜；中层为肌层，由内层环行和外层纵走的平滑肌及弹性纤维构成；内层为黏膜，粉红色，较厚，并形成许多纵褶，没有腺体，衬以复层扁平上皮，发情时上皮增生加厚，浅层细胞可角化，发情后脱落。

（五）尿生殖前庭

尿生殖前庭是交配器官和产道，也是尿液排出的必经之路，是阴道和阴门之间的部分。其前端腹侧有一横行的黏膜褶，称阴瓣。阴瓣后方有尿道外口。尿道外口后方两侧有前庭小腺开口，背侧有前庭大腺开口。前庭腺分泌黏液，交配和分娩时增多，有润滑作用，黏液中还含有吸引异性的气味物质。母牛尿道外口腹侧有一盲囊，称尿道憩室，给母牛导尿时，勿使导尿管误入尿道憩室。

（六）阴门（外阴）

阴门是尿生殖前庭的外口，为雌性的外生殖器，位于肛门腹侧，以会阴部与肛门隔开。阴门由左、右两侧的阴唇构成，在背侧和腹侧互相联合，形成阴唇背侧联合和腹侧联合。

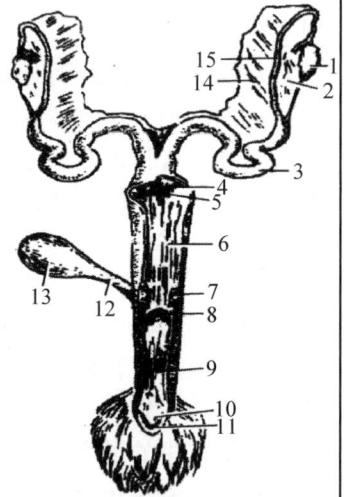

图 7-24　母兔的生殖器官

1. 卵巢；2. 卵巢囊；3. 子宫；
4. 子宫颈；5. 子宫颈间膜；6. 阴道；
7. 阴瓣；8. 尿道外口；9. 前庭；
10. 阴蒂；11. 外阴；12. 尿道；
13. 膀胱；14. 子宫阔韧带；
15. 输卵管

背侧联合较钝圆，与肛门之间以短的会阴分开。腹侧联合较尖，向下突起。阴唇为皮肤褶，外部皮肤具有丰富的汗腺和皮脂腺，分布有细而软的短毛；内面皮肤薄，无毛和腺体，似黏膜，逐渐移行于阴道前庭。阴唇内有脂肪组织、平滑肌及横纹肌束，后者构成阴门缩肌。阴唇分布有非常丰富的血管和淋巴管，发情时可充血。

两阴唇之间的裂隙为阴门裂。在阴门裂的腹侧联合内，有一小的突起，称阴蒂（相当于公畜的阴茎），由阴蒂海绵体构成，可分为阴蒂脚、阴蒂体和阴蒂头三部分。阴蒂脚附着于坐骨弓，外面包有坐骨海绵体肌，收缩时可使阴蒂充血。阴蒂体位于阴道前庭的底壁下。阴蒂头突出于阴门底壁上的阴蒂窝内。阴蒂窝是阴蒂包皮脏层与壁层之间形成的凹窝。

第二部分　生殖生理

一、性成熟、体成熟和性季节

（一）性成熟

哺乳动物生长发育到一定时期，生殖器官已基本发育完全，能够产生精子和卵子，具备繁殖后代能力，称为性成熟。性成熟标志是性腺能产生成熟的生殖细胞和分泌性激素，出现各种性反射，能完成交配、受精、妊娠和胚胎发育等生殖过程。

性成熟是个过程，开始阶段称为初情期。公畜初情期不易判断，一般以动物开始出现各种性行为（如阴茎勃起、爬跨母畜、交配等）为标志。母畜初情主要表现是第一次发情。从初情期到性成熟，通常需要几个月（猪、羊等）或 1～2 年（马、牛、骆驼等）。

动物性成熟的年龄，随着种类、品种、性别、气候、营养和管理等情况不同而不同（见表 7-1）。一般小动物比大动物性成熟早，雄性比雌性的性成熟早，早熟品种、气温较高和良好的饲养管理等，都能使性成熟提前。群体因素也常影响性成熟和初情期，有异性个体存在时，可使初情期提前，同性群体则初情期延迟。

（二）体成熟

动物达到性成熟时，身体仍在发育，直到具有成年动物固有的形态结构和生理特点，生长发育基本完成时，称为体成熟。动物性成熟时，虽然具备生殖能力，但身体还未发育完全，不提倡配种和繁殖，只有在体成熟时，动物各器官系统的功能才发育完善，才允许用于繁殖。过早的繁殖，不但影响自身的生长发育，而且影响胎儿的生长发育，对后代产生不良影响。但如果采用胚胎移植技术来繁殖，则可不考虑取卵动物的配种年龄。

（三）初配年龄

在生产实践中，为了不影响动物的自身发育、生活力以及生产性能，一般选择在接近体成熟或体成熟之后进行初次配种。动物开始配种时的体重，一般应达到成年体重的 50%～70%。

初配年龄：母牛 14～22 月龄、母羊 9～18 月龄、母猪 6～9 月龄、母马 30～36 月龄、母犬 12～18 月龄。

各种动物的初配年龄，应根据地区特点、品种、饲养管理等条件灵活掌握（见表 7-1）。早熟品种、优良饲养管理、南方地区可以把初次配种年龄适当提早；晚熟品种、粗放饲养管理、北方寒冷地区应该适当推迟。

表 7-1　动物性成熟和初配年龄

动物种类	性成熟(月龄)		适宜初配年龄(月龄)	
	公畜	母畜	公畜	母畜
猪	4～8	4～8	9～12	8～10
羊	6～10	6～10	12～18	12～18
牛	10～18	8～14	24～36	18～24
马	18～24	12～18	36～48	30～36
犬	10～12	7～9	12～18	12～18
猫	7～9	5～8	10～12	10～12
兔	3～4	3～4	6～8	6～8

（四）性季节

性季节是指发情季节。猪、牛和兔在一年之中除妊娠期外，都能周期性地出现发情，称终年多次发情；羊、马、猫等动物只在一定季节里表现多次发情，称为季节性多次发情，马一般在春季，羊一般在秋季，猫一般在春、秋两季；犬、狐、熊等动物在发情季节中只出现一次发情，称为季节性单次发情，犬一般在春、秋两季各发情一次。

季节性发情动物在发情季节之间要经过一段无发情表现时期，称为乏情期。

影响季节性发情的因素有营养、光照等。季节性发情动物随着驯化程度和饲养管理的改善，季节性在逐渐减弱。

二、雄性生殖生理

（一）睾丸的功能

1. 生成精子

精子的生成和发育在睾丸的曲细精管内进行。从精原细胞开始，经分裂、生长、成熟和变形等阶段，到最后形成精子约需 45～60 d，如绵羊 45～50 d、猪 44～45 d、牛 60 d、马 49～50 d。精子在生成过程中，从曲细精管壁上的支持细胞获得支持和营养。精子生成需要充足的营养和低于腹腔的温度。因此，要保证精子有良好的受精能力和获得优良的后代，必须考虑公畜的年龄、环境温度和饲养管理等因素。

精子由头、颈和尾三部分构成，呈蝌蚪状。头部呈扁圆形，含有父系遗传物质 DNA，主要由一个核构成，核前面为顶体，与受精作用有关，后面被核后帽覆盖，此处死精子极易着色，是死活精子鉴别的标志。颈是头和尾的结合部，结构疏松，容易断裂。尾部使精子产生运动，运动形式有三种，即直线前进运动、原地转圈和原地抖动。只有直线前进运动的精子才有受精能力。

2. 分泌雄性激素

睾丸间质细胞在腺垂体间质细胞刺激素的作用下，合成和分泌雄激素（睾酮、双氢睾酮和雄烯二酮，后两种作用较小，睾酮是最主要的雄激素）和少量雌激素。雄激素的作用主要是刺激雄性动物副性器官的发育和副性征的出现，还能促进骨骼肌生长与钙、磷沉积和红细胞生成等。

（二）附睾的功能

附睾中具备保存精子的适宜条件，精子在这里停留很长时间，并经历重要的发育阶段而完全成熟。附睾上皮能分泌供精子发育所需的养分，分泌物呈弱酸性，温度较低，适于精子的存活和发育成熟；附睾能吸收精子悬浮液中的水分，浓缩精子悬浮液；附睾尾部较粗，能贮存较多的精子；附睾管壁肌层收缩有力，能使动物在交配前把精子排至输精管。因此附睾有贮存、成熟、浓缩、运输精子等作用。

在附睾内贮存的精子，经 2 个月以后还具有受精能力，但精子贮存过久，则受精能力会降低甚至使精子死亡。故长期没有采精的种公畜，第一次采得的精液品质不好。如果频繁采精，也会出现发育不成熟的精子，故要掌握好采精的频度。

（三）输精管的功能

输精管的蠕动将精子从附睾尾送到输精管。配种时能将精子排到尿生殖道内。此外，输精管还有分泌精清、贮存精子的作用。

（四）副性腺的功能

精囊腺、前列腺和尿道球腺的分泌物共同组成精清。精清呈弱碱性，内含果糖、蛋白质、磷脂化合物、无机盐和各种酶等。精清主要作用是稀释精子，便于精子运行；为精子提供能量；保持精液正常的 pH 和渗透压；刺激子宫、输卵管平滑肌的活动，有利于精子运行；猪和马的精清能在阴道中凝固，防止精液倒流。

精囊腺的分泌物量大、黏稠，含球蛋白较多，呈白色胶状液，注入雌性阴道后，在阴道中很快凝固成栓，可防止精液倒流。

前列腺分泌较稀薄、不透明的液体，有特殊臭味，含蛋白质较多，呈碱性，紧随精子排出后进入母畜生殖道，能中和阴道内的酸性物质，并吸收精子排出的二氧化碳，以利于精子的活动。

尿道球腺分泌透明黏液，呈碱性，在射精时，首先分泌出来冲洗尿道，中和阴道内的酸性物质，为精子通过创造条件。

精清和精子共同构成精液。精液黏稠不透明，具有特殊气味，pH 为 7.0～7.3，渗透压与血浆相似。一般来讲，马、猪、犬、骆驼等家畜是将精液射入母畜的子宫中，射精量较大，但单位体积内精子数少；牛、绵羊、山羊等家畜是将精液射入母畜阴道深部和子宫颈口附近，射精量少，但单位体积内精子数多。各种动物每次交配时的射精量：牛 2～10 ml、猪 150～500 ml、羊 0.5～2.5 ml、马 50～150 ml、犬 3～70 ml、鸡 0.4～1 ml。各种家畜的交配时间不同，牛羊几秒钟、马为 1.5～2 min、猪为 5～8 min、犬为 45 min 左右。

三、雌性生殖生理

（一）雌性生殖器官的机能

1. 卵巢的机能

卵子的生成：卵细胞起源于卵巢生殖上皮，它的生成分为增殖、生长和成熟三个阶段。卵泡从原始卵泡，经过初级卵泡、次级卵泡和成熟卵泡几个发育阶段而逐渐突出于卵巢表面。牛、马的成熟卵泡在直肠检查时可触摸到，在人工授精和繁殖工作中，可通过直肠检查来确定卵泡的发育程度。

分泌雌性激素：卵巢可分泌雌激素、孕激素和松弛激素。它们和促性腺激素相互作用，相互制约，使卵巢排卵、子宫内膜和阴道黏膜发生周期性变化。此外，卵巢还可分泌极少量雄性激素和抑制素。

2. 输卵管的机能

卵子借助输卵管上皮纤毛的摆动和管壁肌层的收缩，运行到输卵管前端壶腹部，在此处如遇到精子将完成精子和卵子的结合，即受精过程。卵受精后不久，即开始在输卵管内进行细胞分裂，叫卵裂。卵裂只是数目增多而没有体积增大，约 3 d 变成 16～32 个细胞的桑葚胚，约 4 d 桑葚胚进入子宫。因此输卵管既可以运输卵子，又是受精和卵裂的部位。

3. 子宫的机能

子宫内膜及其分泌物在生殖过程中起着重要的作用。发情交配时，子宫肌收缩有助于精子向输卵管方向泳动；胚泡种植（着床）前，子宫分泌物滋养发育的胚泡；着床后，子宫是胎盘形成和胎儿发育生长的地方，提供妊娠所需要的环境；分娩时，子宫肌节律性收缩是胎儿娩出的动力；子宫内膜产生一种物质，具有溶解黄体的作用；子宫颈能分泌黏液，在妊娠时变成黏稠状，闭塞子宫颈口，可以防止感染物的进入。

4. 阴道的机能

在某些动物，阴道是接受精子的地方，又是胎儿和胎盘产出的通道。其前庭腺在母畜发情时能分泌黏液，是发情症状之一。

（二）发情周期

发情周期是本次发情开始到下次发情开始，或从本次排卵到下次排卵的间隔时间，又叫性周期。家畜发情周期平均 21 d 左右，绵羊约 17 d，犬一般 180 d，猫约 14 d 左右，禽类没有发情周期。发情周期根据雌性动物生殖器官所发生的变化，一般可分为发情前期、发情期、发情后期和休情期 4 个连续发展、相互衔接的时期。

1. 发情前期

发情前期是发情周期的准备阶段和性活动的开始时期。在这期间，卵巢上有一个或两个以上的卵泡迅速发育生长，充满卵泡液，准备排卵。此时生殖器官开始出现一系列的生理变化，如子宫角的蠕动加强，子宫黏膜内的血管分布大量增生，阴道上皮组织增生加厚，整个生殖道的腺体活动加强。但还看不到阴道流出黏液，没有交配欲。

2. 发情期

发情期是母畜性周期的高潮时期，也是发情征状集中表现的阶段。动物有强烈的性欲和性兴奋，能接受公畜交配。此时卵巢中出现排卵，整个机体和其他生殖器官表现一系列的形态和生理变化。如出现兴奋不安，有交配欲；子宫呈现水肿，血管大量增生；输卵管和子宫发生蠕动，腺体大量分泌；子宫颈口开张；阴道流出黏液等。这些变化均有利于卵子和精子的运行与受精。

3. 发情后期

发情后期是发情结束后的一段时期，此期母畜变得比较安静，不让公畜接近。生殖器官的主要变化是：卵巢中出现黄体，黄体分泌孕激素（孕酮）。在孕酮作用下，子宫内膜增厚，腺体增生，为接受胚泡附植作准备，乳腺生长发育。如已妊娠，发情周期结束直到分娩后再重新出现。如未受精，即进入休情期。

4. 休情期

休情期是发情后期之后的相对静止期。此时期的特点是：生殖器官没有任何显著的性活动过程，卵巢内的卵泡逐渐发育，黄体逐渐萎缩。卵巢、子宫、阴道等都从性活动生理状态过渡到静止的生理状态，准备进入下一个发情周期。

此外，依据卵巢和母畜性行为的生理变化，发情周期还有 2 期分法（卵泡期和黄体期）和 3 期分法（兴奋期、抑制期和均衡期）。

在生产实践中，常结合外阴变化、阴道黏液变化、行为变化、或结合试情公畜、静立反射等方式进行发情鉴定。掌握发情周期的规律，可以在畜牧业生产中有计划地繁殖动物，调节分娩时间和畜群的产乳量，防止畜群的不孕或空怀等。

（三）排卵

成熟卵泡破裂，卵细胞和卵泡液同时流出的过程，称为排卵。排卵可在卵巢表面的任何部分进行，但马仅限于排卵窝处。卵自卵巢排出后，借助输卵管伞上皮纤毛的摆动，经输卵管腹腔口进入输卵管。

牛、马、猪、羊等动物卵泡发育成熟后即自然发生排卵，称为自发性排卵。兔、猫、骆驼、水貂等动物卵泡发育成熟后，必须通过一定刺激才能排卵，称为诱发性排卵（或刺激性排卵）。诱发排卵根据诱导刺激的性质不同又分两类：一类是交配行为引起的排卵，代表动物是猫和兔；一类是精液诱导的排卵，代表动物是驼科动物（骆驼、羊驼等）。

每个卵泡成熟时，一般只排出一个卵子，左、右两侧卵巢交替出现。猪、山羊、犬、兔等动物，每次发情有好几个卵泡同时成熟，排出两个以上的卵子。每次发情成熟的卵泡数目在很大程度上决定着动物的产仔数。

（四）受精

受精是指精子和卵子结合成合子的过程。受精部位在输卵管的壶腹部。

1. 精子的运行

精子在雌性动物生殖道内由射精部位（阴道或子宫）移到受精部位（输卵管壶腹）的运动过程，叫做精子的运行。

精子运行的动力：精子的运行除本身具有运动能力外，更重要的是借助于母畜子宫和输卵管的收缩和蠕动。趋近卵子时，精子本身的运动才十分重要。

精子的受精获能过程：精子进入雌性动物生殖道之后，须经过一定变化后才能具有进入透明带和使卵子受精的能力，这一变化过程叫做精子的受精获能过程（或叫受精获能作用）。精子的获能始于阴道，宫管（子宫和输卵管）结合部是精子获能的最主要部位。精子在子宫内获能约需 6 h，在输卵管内获能约需 10 h。在一般情况下，交配往往发生在发情开始或盛期，而排卵发生在发情结束时或结束后。因此精子一般先于卵子到达受精部位，在这段时间内精子可以自然地完成获能过程。

2. 卵子的运行

哺乳动物卵子排出后，需要运行到输卵管的壶腹部才能受精，与精子一样在运行过程中也需要经过一系列变化，才具有受精能力。各种动物卵子成熟过程不同。牛、绵羊、猪排出卵子虽然已经过第一次减数分裂，但还需要进一步发育才能达到受精所需的要求。马、犬排出的卵子仅处于初级卵母细胞阶段，在输卵管中需要再进行一次成熟分裂。

3. 精子和卵子保持受精能力的时间

精子在雌性动物生殖道内保持受精能力的时间 1～2 d，牛为 15～56 h，羊为 48 h，猪为 50 h。但马和犬例外，马的精子在生殖道内可存活长达 6.5 d，而犬的精子则可存活 90 h。

卵子在输卵管内保持受精能力的时间就是卵子运行至输卵管峡部以前的时间。各种动物不同：牛 18~20 h，猪 8~10 h，绵羊 12~16 h，马为 6~9 h，犬 4、5 d，兔 6~8 h。卵子受精能力的消失是逐渐的。卵子排出后如未遇到精子，则沿输卵管继续下行，并逐渐衰老，因此，无论是自然交配还是人工授精，都需要准确掌握配种时间，这对提高繁殖率非常重要。

4. 受精过程（见图 7-25）

射精时，有数亿个精子进入母畜生殖道，但只有几千个精子能达到输卵管壶腹，而最后只有一个精子进入卵子而受精。

第一阶段：精子溶解卵子的放射冠。放射冠是紧靠卵母细胞的一层颗粒细胞，随卵泡发育而变高柱状，呈放射状排列。精子和卵子相遇后，精子顶体释放透明质酸酶，溶解卵子周围放射冠的胶样基质，使精子穿过放射冠，达到卵子透明带的外侧，并与其接触。

第二阶段：精子穿过卵子的透明带。精子头部接触透明带时，顶体释放使透明带质膜软化的酶，为精子钻入透明带接触卵黄膜溶解出一条通道。精子穿过透明带的情况有种间差异。某些动物如兔精子的

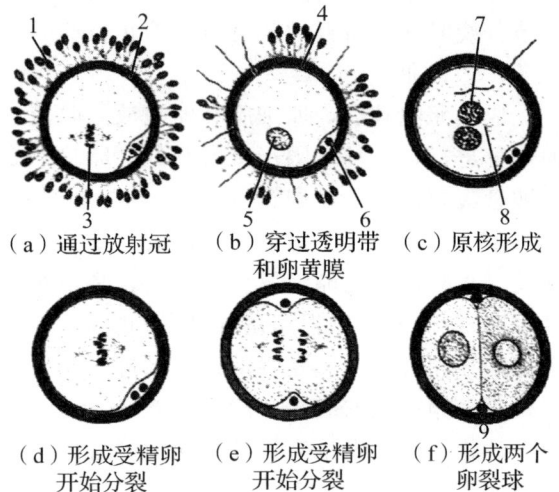

(a) 通过放射冠　(b) 穿过透明带　(c) 原核形成
　　　　　　　　　和卵黄膜

(d) 形成受精卵　(e) 形成受精卵　(f) 形成两个
　　开始分裂　　　开始分裂　　　卵裂球

图 7-25　受精及卵裂过程模式图
1. 放射冠；2. 透明带；3. 纺锤体；4. 卵周隙；5. 雌原核；
6. 极体；7. 雄原核；8. 中心体；9. 两个卵裂球

核膜前部有纺锤状突起，称为穿孔器。穿孔器能分泌透明带溶解酶，使透明带溶解而得以穿过。多数动物精子无穿孔器，而靠顶体反应释放顶体酶以及精子的涌动通过透明带。当第一个精子进入透明带触及卵黄膜时，能使卵子从休眠状态中激活过来，引起卵黄膜收缩，释放出的物质使透明带变性硬化，又封闭，阻止随后到达的精子进入，这一反应称为透明带反应。透明带反应可防止多精子受精。兔无透明带反应，可有多个精子穿过透明带；大鼠、小鼠、猪透明带反应慢，也常有补充精子进入透明带，但最后都只有一个精子进入卵黄膜与卵子受精，且这一阶段具有种族选择性，一般只有同种或近似种的精子才能进入透明带。

第三阶段：精子穿过卵黄膜，进入卵内。当精子头部与卵黄膜接触时，卵黄紧缩，使卵黄膜增厚，并排出部分液体进入卵黄周围，使卵黄膜不再允许其他精子通过，这一反应称为卵黄封阻作用。透明带反应和卵黄封阻作用，都可以防止多精子受精，保证一精一卵结合。家畜一般都是单精子受精。

第四阶段：合子生成。进入卵黄膜的精子，脱掉尾部，头部膨大，细胞核形成雄原核，卵子的核形成雌原核。雌雄原核接近，核膜消失，各自形成的染色体进行组合，合子即形成，完成受精全过程。接着发生第一次卵裂，表明新个体发育开始。受精结束和胚胎开始发育的标志是第一次有丝分裂形成纺锤体。

受精所需的时间，即从精子进入卵子至合子第一次卵裂的时间，牛为 20~24 h，猪为 12~24 h，羊为 16~21 h，兔为 12 h，马的合子第一次卵裂发生在排卵后的 24 h。

在受精过程中，两性生殖细胞进行有规律的选择，它决定着后代的生活力。公畜和母畜生活环境条件越不同，亲缘关系越远，合子的生活力越强。合子生活力不但决定合子的生长发育能力，而且也影响新个体的生活力。

（五）妊娠

受精卵在子宫内生长发育为成熟胎儿的过程叫妊娠。在妊娠期，母体和胚胎或胎儿都发生一系列生理变化。妊娠从受精完成开始，直至分娩结束。在妊娠的识别、建立和维持上，机体的内分泌系统起着重要的调节作用。在妊娠早期，胎盘分泌的绒毛膜促性腺激素，通常作为鉴别妊娠的重要指标。

1. 卵裂和胚泡种植（附植或着床）

受精卵沿输卵管向子宫移动的同时，进行细胞分裂，称为卵裂（见图 7-26）。约 3 d 受精卵变成 32 个卵裂球时，形成一个实心的球体，形似桑葚，称为桑葚胚。

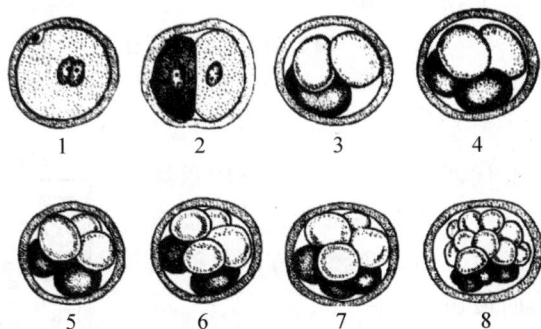

图 7-26 胚胎卵裂示意图
1—7. 不同细胞数量时期；8. 桑葚胚

约 4 d 桑葚胚即进入子宫，继续分裂，体积扩大，形成中央含有少量液体的空腔，称为胚泡或囊胚（见图 7-27）。在胚泡周围形成一层滋养层，供给胚泡迅速增殖所需营养。胚泡在子宫内游离一段时间后，逐渐埋入子宫内膜而被固定，称为种植。种植后胚泡继续生长，由母体供给养料和排出代谢产物。种植时间：牛为 45～75 d，羊为 16～22 d，猪为 20～30 d，马为 3～3.5 个月，犬为 17～22 d。注意：种植前是管理上容易发生流产的时期。

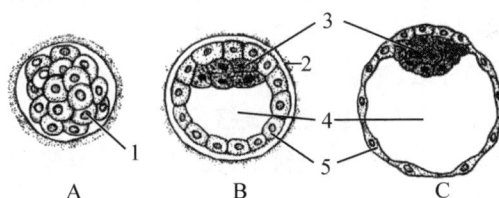

图 7-27 囊胚的形成
A. 桑葚胚；B. 早期囊胚；C. 胚泡
1. 卵裂球；2. 透明带；3. 内细胞群；
4. 胚泡腔；5. 滋养层

2. 胎膜和胎盘

（1）胎膜（或胎衣）。种植后的胚泡滋养层迅速向外增生，在其表面逐渐形成一个含有胚泡血管的组织，由羊膜、尿囊膜和绒毛膜组成的结构，称为胎膜。胎膜是胚胎在发育过程中逐渐形成的一个暂时性器官，在胎儿出生后，即被摒弃。

（2）胎盘。胎儿的绒毛膜伸入母体的子宫内膜构成胎盘，从此胚胎在胎盘内发育成胎儿。胎盘是胎儿与母体进行物质交换的器官。胎儿需要的营养物质和氧气是通过胎盘从母

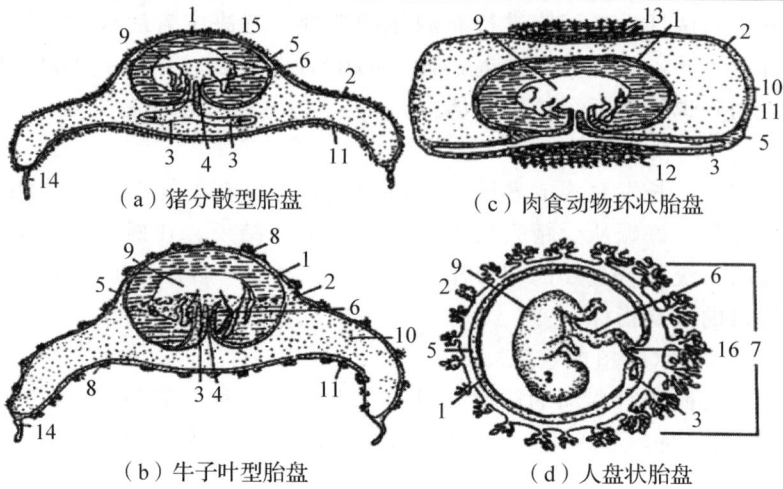

图 7-28　哺乳动物胎盘模式图

1. 羊膜；2. 绒毛膜；3. 卵黄囊；4. 尿囊管；5. 胚外体腔；6. 脐带；7. 盘状胎盘；8. 子叶；9. 胎儿；
10. 尿囊；11. 尿囊绒毛膜；12. 绒毛环；13. 环带状胎盘；14. 退化的绒毛膜端；15. 晕；16. 尿囊血管

体渗透而来；而胎儿产生的代谢产物，也是通过胎盘渗透给母体的。胎儿循环血管与母体循环血管并不直接连通，物质交换以渗透方式进行。但这种渗透方式具有选择性，物质通过主动运输而传递。

家畜的胎盘属于尿囊绒毛膜胎盘，由尿囊部分的绒毛膜与母体子宫壁之间建立相互联系，营养通过尿囊血管传递给胚胎。依据胎盘的形态和尿囊绒毛膜上绒毛的分布不同，家畜的胎盘可分为 4 种类型（见图 7-28）。

①分散（弥散）型胎盘：如马、猪。除尿囊绒毛膜的两端外，胎盘的绒毛或皱褶比较均匀地分布到整个绒毛膜表面。绒毛（马）或皱褶（猪）与子宫内膜相应的凹陷部分嵌合。

②绒毛叶（子叶）型胎盘：如牛、羊。胎儿绒毛膜上的绒毛在绒毛膜构成绒毛叶或称子叶。子叶与子宫内膜上的子宫肉阜紧密嵌合。羊的子宫肉阜上有一大的凹陷，绒毛叶伸入凹陷内构成胎盘块；牛的子宫肉阜上无凹陷，由绒毛叶包裹子宫肉阜而构成胎盘块。

③环状胎盘：如猫、狗等肉食动物。胎儿绒毛膜上的绒毛仅分布在绒毛膜的中段（相当胚体腰部水平位），呈一宽环带状。

④盘状胎盘：如兔和人。胎儿绒毛膜上的绒毛集中在一盘状区域内。

另外，根据胎盘的组织构造和对母体子宫内膜的破坏程度，又可将高等哺乳动物的胎盘分为以下 4 种胎盘屏障类型（见图 7-29）。

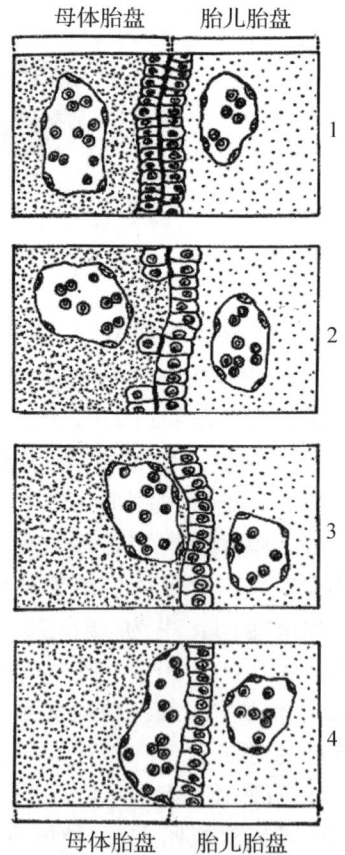

图 7-29　胎盘屏障类型模式图

1. 上皮绒毛膜胎盘；2. 结缔绒毛膜胎盘；
3. 内皮绒毛膜胎盘；4. 血绒毛膜胎盘

①上皮绒毛膜胎盘：如牛、羊、马、猪。这种胎盘屏障的组织层次结构比较完整，物质由母体血液渗透到胎儿血液中或反向渗透时，都要经过 6 道屏障：子宫血管内皮、子宫内膜结缔组织、子宫内膜上皮、胎儿绒毛膜上皮、绒毛膜间充质、绒毛膜血管内皮。

这种胎盘的绒毛膜上皮和子宫内膜上皮均比较完整，绒毛嵌合于子宫内膜相应的凹陷内。据研究，牛在妊娠末期，部分子宫内膜上皮细胞脱落，而出现局部的结缔绒毛膜型屏障结构。绵羊的胎盘屏障结构，在妊娠期间虽有某些变化，但仍属于上皮绒毛膜结构类型。

②结缔绒毛膜胎盘：这种胎盘的子宫内膜上皮脱落，绒毛膜上皮直接接触子宫内膜的结缔组织。这种胎盘的联系较散布胎盘紧密，物质交换通过 5 道屏障：子宫血管内皮、子宫内膜结缔组织、胎儿绒毛膜上皮、绒毛膜间充质、绒毛膜血管内皮。

上述两种胎盘，胎儿绒毛膜与子宫内膜接触时，子宫内膜没有破坏或破坏较轻微。分娩时胎儿胎盘和母体胎盘各自分离，没有出血现象，也没有子宫内膜脱落，因此又称为非蜕膜型胎盘。

③内皮绒毛膜胎盘：如猫、狗等肉食动物。这种胎盘的绒毛深达子宫内膜的血管内皮。物质交换通过 4 道屏障：子宫血管内皮、绒毛膜上皮、绒毛膜间充质、绒毛膜血管内皮。

④血绒毛膜胎盘：如兔和人。这种胎盘的绒毛浸在子宫内膜绒毛间腔的血液中。物质交换通过 3 道屏障：绒毛膜上皮、绒毛膜间充质、绒毛膜血管内皮。

上述两种胎盘，胎儿胎盘伸入子宫内膜，子宫内膜被破坏的组织较多。分娩时不仅母体子宫有出血现象，而且子宫内膜的大部或全部脱落，所以又称为蜕膜型胎盘。

胎盘不仅实现胎儿与母体的物质交换，保证胎儿的生长发育，而且分泌雌激素、孕激素和促性腺激素，以维持母体和胎儿的最佳状态。

3. 妊娠时母体的变化

母畜妊娠后，由于黄体产生大量孕酮，使卵巢中的卵泡不再成熟，也不排卵。动物在怀孕期间，由于血液中含有高浓度孕酮，而表现发情暂时停止。子宫内膜加厚、增生，子宫颈分泌黏液，形成黏液塞，封闭子宫颈通道。

随着胎儿的生长发育，腹腔内脏器官受到挤压，引起消化、呼吸、泌尿和循环等器官发生适应性变化。呼吸呈现浅而快的胸式呼吸，肺活量减小。心肌出现代偿性肥大，血液凝固能力提高，红细胞沉降速率加快，在妊娠末期形成生理性的"妊娠性酮血"。排粪和排尿次数增加，尿中会出现蛋白质。孕畜代谢增强，前期食欲旺盛。内分泌活动加强，腹围增大，出现甲状腺、甲状旁腺、肾上腺和垂体的妊娠性增大和亢进。到妊娠后期，四肢有时出现水肿，乳腺增大，临产前有胀奶现象。

4. 妊娠期（见表 7-2）

妊娠期是从卵受精开始，至胎儿娩出为止。妊娠期的长短随动物种类、胎儿性别和数目、动物年龄和饲养管理条件而不同。家猪比野猪妊娠期短，双胎比单胎妊娠期短，雌性胎儿比雄性胎儿妊娠期短，年老妊娠期比年轻的短。

（六）分娩

发育成熟的胎儿和胎膜，通过雌性生殖道产出的生理过程，即为分娩。分娩前雌性动物有一系列形态、生理和行为变化，以适应产出胎儿和哺育仔畜的需要。如外阴红肿、润

表 7-2　动物妊娠期

动物种类	平均妊娠期(d)	变动范围(d)
猪	114	110～140
羊	152	140～169
牛	282	240～311
马	340	307～402
犬	62	59～65
猫	58	55～60
兔	30	28～33

滑、分泌物稀薄；子宫颈肿胀、松软、黏液塞软化、流失；骨盆韧带松弛；乳腺胀大、充实、开始分泌初乳；食欲减少，行为谨慎，经常回望腹部，喜好僻静。牛一般在产前尾根两侧臀肌向下凹陷，产前数小时或者 1 天内出现漏乳；猪一般也会产前 3～5 天出现外阴红肿，产前数小时最后乳头挤出浓稠乳汁和衔草做窝、时起时卧，频频排出稀而小的粪尿等症状；兔一般在产前 5 d 左右开始衔草做窝，临近分娩时用嘴将胸部毛拔下垫窝等分娩前征兆。

分娩的主要动力是子宫肌强烈的节律性收缩。每两次收缩之间出现一定时间的间歇，收缩与间歇交替进行，称为阵缩。起初阵缩的频率较低，收缩时间较短而间歇时间较长，以后阵缩的频率逐渐增加，收缩时间延长，间歇时间缩短。阵缩是有生理意义的，如果连续收缩没有间歇，胎盘和胎儿的血液循环将因子宫肌长期收缩而发生障碍，会引起胎儿的窒息和死亡。

分娩过程一般分为三个阶段：开口期、胎儿产出期和胎衣排出期。

1. 开口期

由于子宫肌的阵缩，把胎儿和胎膜挤入子宫颈，导致子宫颈口开大，部分胎膜突入阴道，以致破裂流出部分胎水。此期主要的动力是子宫肌的阵缩。

2. 胎儿产出期

子宫肌发生强烈、频繁而持久的收缩。同时腹肌和膈肌也发生强烈的收缩（努责），腹内压显著升高，迫使胎儿从子宫经阴道排出体外。

3. 胎衣排出期

胎儿排出后，经短暂的间歇，子宫阵缩又开始，此时阵缩的特点是收缩期短，间歇期长，收缩力弱，使胎膜与子宫壁分离，随后排出体外。狗、猫等动物的胎膜随着胎儿同时排出。马胎膜较容易脱落，故排出很快，一般不超过 1 h。牛胎膜不易脱落，排出较慢，但一般不超过 12 h。猪胎膜在全部胎儿排出后胎膜也很快就排出。兔有边分娩边吃胎膜的习性。胎膜排出后，子宫收缩压迫血管裂口，阻止继续出血。

（七）泌乳

1. 乳腺

乳腺是皮肤的附属腺。雌雄两性动物的乳腺在幼年时期没有明显区别。随着雌性动物的生长和发育，乳腺的结缔组织和脂肪组织逐渐增加，雌畜的乳腺体积才明显地超过公畜。但此时乳腺的实质并没有发育。

雌畜发育到性成熟后，卵巢开始分泌雌激素，促使乳腺的导管系统生长，逐渐形成分支复杂的细小导管系统，乳房体积进一步膨大，但乳腺腺泡还没有形成。

雌畜妊娠时，卵巢内的黄体和胎盘分泌的孕酮，促使乳腺导管加速生长，每一导管的末端开始形成没有分泌腔的腺泡。到妊娠中期，导管和腺泡的体积不断增大，腺泡出现分泌腔，乳腺的结缔组织和脂肪组织逐渐被腺泡和导管系统所代替。与此同时，乳腺内的神经纤维和血管数量也显著增加。到妊娠末期，腺泡的上皮出现分泌机能。临产前，腺泡开始分泌初乳。有关不同时期乳腺的生长发育见图(7-30)。

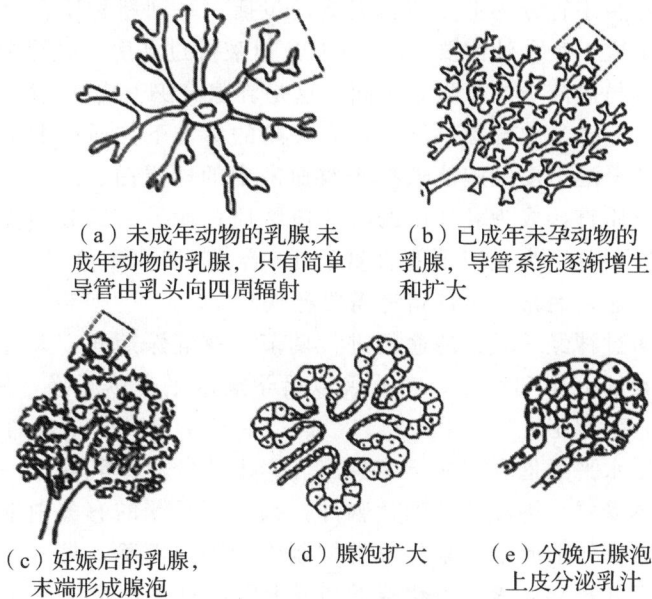

（a）未成年动物的乳腺，未成年动物的乳腺，只有简单导管由乳头向四周辐射

（b）已成年未孕动物的乳腺，导管系统逐渐增生和扩大

（c）妊娠后的乳腺，末端形成腺泡

（d）腺泡扩大

（e）分娩后腺泡上皮分泌乳汁

图 7-30 不同生长发育期乳腺的生长发育图

分娩后，乳腺开始正常的泌乳活动。经过一定的泌乳期之后，腺泡的体积逐渐缩小，分泌腔消失，乳腺导管萎缩，乳腺实质又逐渐被结缔组织和脂肪组织代替，于是泌乳量下降，乳房体积缩小，最后泌乳停止。当再次妊娠时，乳腺又重新生长发育。

乳腺的正常发育受激素和神经系统调节。其中雌激素和孕酮可以促进乳腺导管和腺泡的生长发育。此外，催乳素、生长激素、促肾上腺皮质激素和肾上腺皮质激素等多种激素也参与乳腺发育的调节。神经系统是通过下丘脑—垂体系统或直接支配乳腺而影响其发育。实验证明，按摩妊娠雌畜的乳房，能增强乳腺的发育和产后的泌乳量；在性成熟前切断母山羊的乳腺神经，则将阻滞乳腺的发育；在妊娠期切断乳腺神经，腺泡发育不良；在泌乳期切断乳腺神经，泌乳量显著降低。

为了完成乳腺的改建工作，母牛两次泌乳期之间需一段时间的干乳期，40～60 d。母牛在第 6～8 次泌乳期，乳腺达到最大发育程度和产乳量的最高峰。随着母牛年龄的增长，每次分娩后的泌乳量逐渐减少，乳腺的发育程度逐渐减退。母牛年龄过大，乳房便发生退行性变化，即乳腺生理性萎缩，最终丧失泌乳机能。

2. 泌乳

血液中的营养物质在乳腺内转化为乳汁，并泌入腺泡腔的过程，称为泌乳。

母畜分娩后 7 d 内所分泌的乳叫初乳。初乳色黄而浓稠，稍有咸味，干物质含量较高。在干物质中又以蛋白质(清蛋白和球蛋白)和无机盐(主要镁盐)含量最多。初乳中还含有白细胞及大量免疫物质。新生仔畜吸吮初乳后，初乳中的蛋白质通过消化道可迅速吸收入血，以补充新生仔畜血浆蛋白的不足；免疫物质吸收后，可使新生仔畜获得被动免疫，以增强抗病能力；镁盐具有倾泻作用，可促使胎粪的排除。由此可见，初乳是新生仔畜不可代替的食物。新生仔畜在产后 24～36 h，免疫球蛋白可以通过肠壁吸收，建立仔畜的被动免疫体系，故出生后及时吃上初乳至关重要。初乳成分逐日改变，乳糖不断增加，蛋白质和无机盐逐渐减少。

乳是乳腺腺泡和腺小管分泌上皮细胞制造，包括一系列新物质合成和复杂的选择性吸收过程。据计算，生成 1 L 乳汁需要 400～500 L 血液流过乳房。乳汁中的酪蛋白、乳糖和乳脂，在质和量上均与血液中的有显著不同。这是乳腺分泌上皮细胞利用血液中的蛋白质、糖和脂肪为原料，在三磷酸腺苷提供能量及有关酶的参与下，通过细胞自身复杂的生化过程而合成的。乳腺的分泌上皮细胞能选择吸收血液中的球蛋白、酶、激素、维生素及无机盐等，其中一部分物质直接成为乳汁中的各相应物质；而另一部分物质则被加以浓缩，如牛乳中的钙、钾、镁，分别为血液中的含量的 13 倍、7 倍和 4 倍以上。乳中铁比较缺乏，特别仔猪，为避免贫血，通常出生仔猪都需要补铁。

乳腺分泌主要通过神经—激素的途径进行调节。在妊娠期间，大量的雌激素和孕酮抑制脑垂体前叶催乳素的分泌和释放，在分娩以后孕酮水平突然下降，使催乳素迅速释放，强烈促进乳的生成，引起泌乳。

血液中含有一定水平的催乳素才能维持泌乳。垂体分泌催乳素是一种反射活动。哺乳或挤乳刺激乳房的感受器，神经冲动到达脑部，兴奋下丘脑的有关中枢，然后通过神经及体液途径，使中枢对垂体前叶催乳素释放的抑制作用得以解除，催乳素释放增强，从而维持泌乳。除了催乳素外，胰岛素、甲状腺素和肾上腺皮质激素等因能调节机体的代谢活动，所以对乳的生成也有一定影响。

乳的生成还受大脑皮层的影响，增强兴奋过程可以加强乳的分泌。

3. 排乳

哺乳或挤乳可引起乳腺系统紧张性改变，使蓄积在腺泡和乳导管系统的乳，迅速流向乳池的过程，称为排乳。

排乳是一个复杂反射过程。哺乳或挤乳时刺激母畜乳头的感受器，反射性地引起腺泡和细小乳导管壁外的肌上皮收缩，接着中等乳导管、粗大乳导管和乳池壁外的平滑肌强烈收缩，乳汁流入乳池，使乳池乳压迅速升高，乳头括约肌开放，于是乳汁排出体外。

最先排出的乳是乳池内的乳。由排乳反射引起的从乳腺腺泡及乳导管中排出的乳，称为反射乳。牛哺乳或挤乳不到 1 min 即可引起排乳反射。猪排乳反射需要较长时间的乳房刺激，仔猪用鼻吻冲撞母猪乳房 2～5 min 后，才产生排乳。

在非条件排乳反射基础上，可以形成大量条件反射。挤乳的时间、地点、挤乳设备、操作及挤乳员的出现，都可以成为条件刺激而用来建立条件反射。在正常饲养管理制度下，可形成一系列有利于排乳的条件反射，这能促进排乳和增加挤乳量。相反，异常的不良刺激如喧扰、出现闲人、新挤乳员、粗暴的操作等能抑制排乳，使产乳量明显下降。

	拓展阅读

林巧稚

　　林巧稚(1901—1983)，医学家，我国妇产科学主要开拓者和奠基人。她一生未婚，却亲自接生 5 万多名婴儿，被尊称为"万婴之母""生命天使""中国医学圣母"。1921 年，20 岁的林巧稚只身来到上海报考协和医院，在最后一场考试中，一名女生晕倒，被抬出考场，林巧稚立即中断自己的考试，跑出去对这个女生进行抢救，急救完成，考试也结束了。医者仁心，她的善良让她收获了期待已久的协和录取通知书。1929 年她成为第一位毕业留院工作的中国女医生。为一心一意投入到医学事业中，林巧稚选择终身不嫁。她不为名利所动，1939 年，林巧稚赴美国芝加哥大学医学院学习，当时中国还处于炮火纷飞的抗日战争中，她拒绝芝加哥大学诱人的邀约，毅然决然选择回国报效国家。她倾尽全力研究胎儿宫内呼吸、女性盆腔疾病、妇科肿瘤、新生儿溶血症等医学领域新课题，负责组织大规模宫颈癌的普查和防治，在全国率先开展妇女宫颈图片检查。她的一生都献给医学事业，即使在自己最后岁月里卧病在床，仍不遗余力地坚持将自己的实践心得整理成书，完成 50 万字专著《妇科肿瘤》。

●●●●● 材料设备清单

项目 7			生殖系统		学时		8
项目	序号	名称	作用	数量	型号	使用前	使用后
所用设备	1	投影仪	观看视频图片。	1 个			
	2	显微镜	睾丸、卵巢组织构造观察。	40 台			
所用工具	3	手术器械	解剖构造观察。	4 套			
所用药品（动物）	4	活体牛	睾丸、卵巢、子宫体表投影位置确定，阴囊观察。	2 头			
所用材料	5	睾丸切片	观察睾丸组织构造。	40 张			
	6	卵巢切片	观察卵巢组织构造。	40 张			
	7	生殖器官模型、标本、新鲜脏器	大体解剖观察。	各 4 套			

●●●●● 作业单

项目7	生殖系统
作业完成方式	课余时间独立完成。
作业题1	简述雌、雄性生殖系统的组成及主要器官的作用。
作业解答	
作业题2	睾丸为何出生前后要从腹股沟管下降到阴囊内？什么是隐睾？隐睾动物为何不宜留作种用？
作业解答	
作业题3	阴囊壁由哪几部分构成？公畜去势时在阴囊哪个部位做切口？切开阴囊后需切断哪些结构？
作业解答	
作业题4	牛、猪、马子宫有何构造特点？
作业解答	
作业题5	受精部位在哪儿？受精过程如何？
作业解答	
作业题6	什么是性成熟和体成熟？为何性成熟时可以配种但又不提倡？
作业解答	
作业题7	什么是初乳？新生仔畜为何要及时吃上初乳，越早越好？
作业解答	

作业评价	班级		第　组		组长签字		
	学号			姓名			
	教师签字			教师评分		日期	
	评语：						

●●●● 学习反馈单

项目 7	生殖系统				
评价内容	评价方式及标准				
	作业评量及规准				
知识目标达成度	A（90分以上）	B（80～89分）	C（70～79分）	D（60～69分）	E（60分以下）
	内容完整，阐述具体，答案正确，书写清晰。	内容较完整，阐述较具体，答案基本正确，书写较清晰。	内容欠完整，阐述欠具体，答案大部分正确，书写不清晰。	内容不太完整，阐述不太具体，答案部分正确，书写较凌乱。	内容不完整，阐述不具体，答案基本不太正确，书写凌乱。
	实作评量及规准				
技能目标达成度	A（90分以上）	B（80～89分）	C（70～79分）	D（60～69分）	E（60分以下）
	能准确识别生殖器官一般构造和睾丸、卵巢组织构造。操作规范，速度快。	能准确识别绝大部分生殖器官一般构造和睾丸、卵巢绝大部分组织构造。操作规范，速度较快。	能准确识别部分生殖器官一般构造和睾丸、卵巢部分组织构造。操作较规范，速度一般。	个别生殖器官一般构造和睾丸、卵巢个别组织构造能识别出来。操作欠规范，速度较慢。	生殖器官一般构造和睾丸、卵巢组织构造基本上识别不太正确。操作不规范，速度很慢。
	表现评量及规准				
素养目标达成度	A（90分以上）	B（80～89分）	C（70～79分）	D（60～69分）	E（60分以下）
	积极参与线上、线下各项活动，态度认真。处理问题及时正确，生物安全意识强，不怕脏不怕异味。	积极参与线上、线下各项活动，态度较认真。有较强处理问题能力和生物安全意识，不怕脏不怕异味。	能参与线上、线下各项活动，态度一般。处理问题能力和生物安全意识一般。不太怕脏怕异味。	能参与线上、线下部分活动，态度一般。处理问题能力和生物安全意识较差。有些怕脏怕异味。	线上、线下各项活动参与度低，态度较差。处理问题能力和生物安全意识较差，怕脏怕异味。
	反馈及改进				

项目 8

心血管系统

●●●● 学习任务单

项目 8	心血管系统	学时	12
布置任务			
学习目标	1. 知识目标 (1)知晓心脏正常的位置、形态、颜色、质地、大小和结构； (2)知晓血管正常的形态、结构和分布； (3)知晓血液组成和理化特性； (4)理解心肌生理特性、心动周期、心输出量、血压、脉搏、微循环、碱储、等渗溶液； (5)理解动脉血压和动脉脉搏、静脉血压和静脉回流、微循环、组织液的生成与回流。 2. 技能目标 (1)能在图片、标本、模型或新鲜脏器上识别心脏位置、形态、颜色、质地、大小和结构； (2)能在标本、模型或活体动物上确定心脏体表投影位置，并能在活体上正确听取心音和测定心率； (3)能在活体、标本、模型、图片上，确定临床上常用动脉和静脉的体表投影位置，并能在活体上正确进行血压测定和脉搏检查； (4)能在实训室制备血浆和血清，并区分全血、血浆和血清，能提出临床加速和防止血凝的措施； (5)能在显微镜下识别红细胞、白细胞和血小板，并解释其机能； (6)能利用图片和动画，解释组织液生成与回流，并分析水肿发生机理。 3. 素养目标 (1)培养学生发现、分析、解决问题的能力； (2)能从辩证思维角度理解形态、构造与机能的关系； (3)培养学生爱岗敬业、精益求精、珍爱生命的工匠精神和人文素养。		
任务描述	在实习牧场和实训室内对心脏和临床上常用的血管进行体表投影位置确定，识别正常状态下心脏的位置、形态、颜色、质地和构造，并认知其机能。 具体任务如下。 1. 在实习牧场活体动物上确定心脏、常用动脉和静脉的体表投影位置，听取心音，测定心率和血压以及脉搏检查。		

	2. 在动物解剖实训室观察心脏的形态、大小、颜色、质地和构造。 3. 在动物组织实训室制备血浆和血清，识别血细胞。 4. 在动物生理实训室结合图片和动画，解释组织液生成与回流，分析水肿发生的机理。
提供资料	1. 白彩霞. 动物解剖生理. 北京：北京师范大学出版社，2021 2. 周其虎. 动物解剖生理. 第三版. 北京：中国农业出版社，2019 3. 张平，白彩霞，杨惠超. 动物解剖生理. 北京：中国轻工业出版社，2017 4. 丁玉玲，李术. 畜禽解剖与生理. 哈尔滨：黑龙江人民出版社，2005 5. 南京农业大学. 家畜生理学. 第三版. 北京：中国农业出版社，2009 6. 范作良. 家畜解剖. 北京：中国农业出版社，2001 7. 范作良. 家畜生理. 北京：中国农业出版社，2001 8. 动物解剖生理在线精品课：
对学生 要求	1. 根据学习任务单、资讯引导，查阅相关资料，在课前以小组合作方式完成任务资讯问题。 2. 以小组为单位完成任务，体现团队合作精神。 3. 严格遵守实训室和实习牧场规章制度，避免安全隐患。 4. 对各种动物的解剖特点进行对比学习。 5. 严格遵守操作规程，做好自身防护，防止疾病传播。

●●●● 任务资讯单

项目 8	心血管系统
资讯方式	通过资讯引导、观看视频，到本课程及相关课程精品课网站、解剖实训室、标本室、组织实训室、生理实训室、实习牧场、图书馆查询，向指导教师资讯。
资讯问题	1. 心脏的体表投影位置如何确定？ 2. 心腔有哪些构造？心瓣膜、动脉瓣和房室瓣分别指什么？有何作用？ 3. 心壁由哪几部分构成？为何心房和心室的肌肉厚度不同？ 4. 心脏的传导系统由几部分构成？构成这个系统的细胞有何特性？心脏正常的起搏点在哪？ 5. 什么是心包？心包积水对心脏有何危害？ 6. 动脉、静脉和毛细血管有何特点和作用？ 7. 全身的血液循环路径有哪几条？什么是门脉循环？有何作用？ 8. 各种动物临床静脉采血和注射以及脉搏检查的血管和部位如何？

	9. 胎儿出生前后心血管有何变化？为什么？
	10. 血液由什么组成？血浆、血清和全血如何区分？
	11. 红细胞、白细胞和血小板有何作用？炎症和贫血时红、白细胞有何变化？
	12. 血液的渗透压由哪几部分构成？各有何作用？
	13. 什么是等渗溶液？为何临床输液要以等渗为原则？常用哪些等渗溶液？
	14. 何谓碱贮？血液为何能呈弱碱性？正常血浆中 $NaHCO_3 / H_2CO_3$ 比值是多少？
	15. 结合血液凝固过程，举例说明临床加速和防止血凝常采取的措施。
	16. 什么是窦性心律和异位心律？为何离体的心脏还能跳动一段时间？
	17. 什么是心动周期？在一个心动周期中心脏是如何完成射血的？
	18. 常见动物的心率数是多少？如何测定？
	19. 什么是心输出量？影响心输出量的因素有哪些？
	20. 什么是血压？为何血压要保持恒定？
	21. 哪些因素会影响静脉血回流？为何长时间坐着或站立脚部会感觉发胀？
	22. 什么是微循环？由哪几部分组成？休克的发生与微循环有何关系？
	23. 结合组织液的生成与回流，说明水肿发生的机理。
资讯引导	所有资讯问题可以到以下资源中查询。 1. 白彩霞主编的《动物解剖生理》项目八。 2. 周其虎主编的《动物解剖生理》第三版项目二中任务十三、十四。 3. 张平、白彩霞、杨惠超主编的《动物解剖生理》模块二中项目五。 4. 动物解剖生理在线精品课： 5. 本项目工作任务单中的必备知识。

● ● ● ● ● **案例单**

项目 8	心血管系统	学时	12
序号	案例内容	关联教材内容	
1.1	哺乳仔猪，表现呆滞，机体严重贫血，体温升高至 40.3 ℃，口腔黏膜有小水泡，剖检见心包膜弥漫性和点状出血，心包液浑浊，心脏稍扩张，心肌纤维弹性降低，心肌细胞发生脂肪变性，散在分布灰黄色和条纹状病灶，沿心冠部横切有灰黄色条纹围绕心脏并呈环层状排列。初步诊断该病变为口蹄疫引起的"虎斑心"。	此案例涉及与本项目内容相关的解剖生理知识点和技能点为：心包以及心脏正常的颜色和状态。	

1.2	农场饲养的马，驮运一天水泥后（每次约 500 kg），仅见胸侧壁有一椭圆形肿胀迅速增大，呈明显的波动感且饱满有弹性。体温、脉搏、呼吸及运动均无异常，触诊有波动感及轻度压痛感。初步诊断是血肿，是由于外力作用引起局部血管破裂，溢出的血液分离周围组织，形成充满血液的腔洞。	此案例涉及与本项目内容相关的解剖生理知识点和技能点为：血管构造。
1.3	某奶牛场饲养 300 多头奶牛，有 15 头在一个月内相继出现同样症状：精神沉郁，可视黏膜苍白黄染，呼吸急促达 70 次/分钟，有的在发病过程中出现过红尿。多数病牛体温达 41 ℃，少数超过 42 ℃，心率接近 100～120 次/分钟，初步诊断为牛附红细胞体病或梨形虫病。	此案例涉及与本项目内容相关的解剖生理知识点和技能点为：心率，红细胞形态、构造和功能。
1.4	一只拉布拉多犬，1 岁，体温 40.3 ℃，心率 142 次/分钟，呼吸 57 次/分钟。食欲不振，倦怠，运动耐力降低，运动后气喘、咳嗽，心音弱并且收缩期杂音。超声检查发现，房室瓣口出现多余回波，舒张期回波为粗钝状。血液学检查可见中性粒细胞增多，细胞核左移。初步诊断该犬患有心内膜炎。	此案例涉及与本项目内容相关的解剖生理知识点和技能点为：心音、心率、心脏构造和白细胞数目。
1.5	某养羊户饲养 70 只羊，在 1 月陆续出现消瘦、流产、产弱胎、产死胎、腹泻、下颌与胸前出现水肿表现。用手按压下颌水肿处有波动感，无热无痛。病羊体温正常或偏低，精神沉郁，排黑色带泡沫的稀便，初步诊断是羊肝片吸虫。引起水肿原因是肝片吸虫会消耗羊体大量营养尤其蛋白质，同时肝片吸虫会造成肝损伤，使肝脏合成白蛋白能力下降。	此案例涉及与本项目内容相关的解剖生理知识点和技能点为：血浆胶体渗透压对组织液生成与回流的影响。

●●●●● **工作任务单**

项目 8	心血管系统
任务 1	识别心脏

子任务 1　识别心脏的一般构造

　　任务描述：利用标本、模型、新鲜脏器、图片，识别心脏的一般构造。

　　准备工作：在实训室准备心脏的标本、模型、新鲜脏器、图片、方盘、解剖刀、剪刀、镊子、碘伏、脱脂棉、一次性手套和实验服等。

　　实施步骤如下。

　　1. 在实训室利用标本、模型、图片、新鲜心脏观察：心包、心基、冠状沟、左右纵沟、心尖、左右心耳；左心房、左心室、右心房、右心室；二尖瓣、三尖瓣、半月瓣、主动脉出口、肺动脉出口、腱索、乳头肌；心外膜、心肌及心内膜。

2. 在实训室利用图片识别心脏传导系统：窦房结、结间束、房室结、房室束和浦肯（金）野氏纤维。

3. 借助互联网、在线精品课学习相关内容。

子任务 2　确定牛心区的体表投影位置

任务描述：在活体牛上确定心区的体表投影位置。

准备工作：在实习牧场准备牛、六柱栏、保定器械等；在实训室准备牛的整体模型和标本。

实施步骤如下。

1. 在实训室牛的整体模型和标本上，确定心脏的体表投影位置。

2. 在实习牧场先将牛保定在六柱栏内，然后在牛体上确定第三肋、第六肋、肩关节、肘突，从而确定心脏的体表投影位置。

3. 借助互联网、在线精品课学习相关内容。

任务 2	识别血管

任务描述：在活体、标本、模型、图片上，确定临床上常用的动脉和静脉的体表投影位置。

准备工作：在实习牧场准备牛、六柱栏、保定器械等；在实训室准备动脉和静脉的标本、模型、挂图。

实施步骤如下。

1. 在实习牧场先将牛保定在六柱栏内，然后在颈静脉沟内确定颈静脉的位置，在尾根腹侧确定尾中动脉的位置。

2. 在实训室利用标本、模型、图片等确定犬前肢的头静脉、后肢外侧隐小静脉和股动脉，猪的耳背静脉和鸡的翼下静脉的位置。

3. 借助互联网、在线精品课学习相关内容。

任务 3	认知血液

子任务 1　区分血浆、血清和全血

任务描述：在实训室制备血浆和血清，并区分全血、血浆和血清。

准备工作：在实习牧场准备牛、六柱栏、保定器械等；在实训室准备真空采血管、抗凝剂、离心机、脱脂棉、一次性手套和实验服等。

实施步骤如下。

1. 在实习牧场先将牛保定好，在牛颈静脉沟上 1/3 处，用 75% 酒精棉球局部消毒，用力按压近心端颈静脉沟片刻后，进行颈静脉采血。

2. 在实训室将加入抗凝剂的血液进行离心，提取上清液即为血浆；没有加入抗凝剂的血液先自然凝固，然后进行离心，提取上清液即为血清。

3. 解释全血、血浆、血清在颜色和组成上的区别。

4. 借助互联网、在线精品课学习相关内容。

子任务 2　识别血细胞

任务描述：在显微镜下识别红细胞、白细胞和血小板，并解释其机能。

准备工作：在实训室准备血细胞图片、切片、生物显微镜。

实施步骤如下。

1. 在实训室利用血细胞图片识别红细胞、嗜中性粒细胞、嗜酸性粒细胞、嗜碱性粒细胞、单核细胞、淋巴细胞和血小板。注意家畜和家禽血细胞的区别。

2. 在实训室利用高倍显微镜观察红细胞、嗜中性粒细胞、嗜酸性粒细胞、嗜碱性粒细胞、单核细胞、淋巴细胞和血小板。

3. 解释红细胞、白细胞和血小板的机能。

4. 借助互联网、在线精品课学习相关内容。

任务 4	认知心脏生理

任务描述：在活体牛上听取心音和测定心率，并解释心音产生的原因。

准备工作：在实习牧场准备牛、六柱栏、保定器械等；在实训室准备模型、挂图等。

实施步骤如下。

1. 在实习牧场的活体牛上，先确定心脏体表投影位置，然后听取第一心音和第二心音，并结合心音听取进行心率测定。

2. 在实训室利用图片和模型解释第一、第二心音产生的原因。

3. 借助互联网、在线精品课学习相关内容。

任务 5	认知血管生理

任务描述：利用图片和动画，解释组织液生成与回流，并分析水肿发生的机理。

准备工作：在实训室准备组织液生成与回流的动画、图片等。

实施步骤如下。

1. 在实训室利用动画、图片等，解释组织液生成与回流的四个力量：毛细血管血压、组织液静水压、血浆胶体渗透压和组织胶体渗透压，并分析水肿发生的机理。

2. 借助互联网、在线精品课学习相关内容。

必备知识

心血管（血液循环）系统由心脏、血管和血液组成。其中心脏是血液循环的动力器官，在神经和体液调节下，推动血液在血管内周而复始地流动，将营养物质和氧气运到全身各组织细胞进行利用，同时把组织细胞产生的代谢产物，运到排泄器官排出体外。体内各种内分泌腺分泌的激素也是通过血液运输到全身，对机体的生长、发育和生理功能起调节作用。

第一部分 心脏

一、心脏位置

心脏位于胸腔纵隔内，夹在左、右两肺间，略偏左，约在胸腔下 2/3 部。

牛（羊）的心脏：位于第 3～6 肋之间，心基大致位于肩关节的水平线上，心尖在第 6 肋骨下端，距膈 2～5 cm。

猪的心脏：位于第 2～5 肋之间，心尖与第 7 肋软骨和胸骨结合处相对，距膈较近。

马的心脏：位于第 3～6 肋之间，心基最高点位于第 1 肋骨中部水平线上，心尖距膈 6～8 cm，距胸骨约 1 cm。

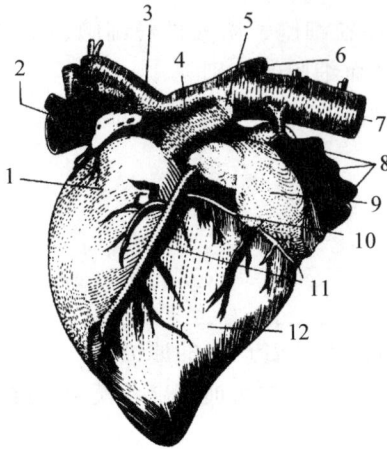

图 8-1　心及基部血管（左侧面）

1. 右心室；2. 前腔静脉；3. 臂头动脉总干；

4. 肺动脉；5. 动脉导管索；6. 奇静脉；

7. 主动脉；8. 肺静脉；9. 左心房；

10. 左冠状动脉旋支；11. 心大静脉；12. 左心室

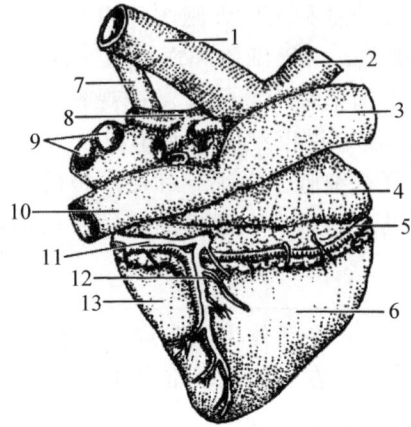

图 8-2　牛心脏右侧面

1. 主动脉；2. 臂头动脉总干；3. 前腔静脉；

4. 右心房；5. 右冠状动脉；6. 右心室；

7. 奇静脉；8. 肺动脉；9. 肺静脉；10. 后腔静脉；

11. 心大静脉；12. 心中静脉；13. 左心室

　　禽的心脏：与身体比比例较大，位于胸腔后下方，心基向前向上，与第 1～2 肋骨相对，心尖夹于两叶肝之间，与第 5～6 肋相对。

　　犬的心脏：位于第 3～7 肋之间，微向前倾，心基位于第 4 肋中央，心尖钝圆，偏向左下方，在第 6 肋间隙或第 7 肋软骨处，与膈的胸骨部相接触。

　　猫的心脏：位于第 4（5）～8 肋之间，心脏比例较小，呈卵圆形。

　　兔的心脏：位于第 2～4 肋之间，长轴斜向后方。

二、心脏构造

（一）外部构造（见图 8-1、图 8-2）

　　心脏是一中空的肌质器官，外有心包包裹。心脏呈左、右稍扁的倒立圆锥形，其前缘凸，后缘短而直；上部宽大称心基，有进出心脏的大血管，位置较固定；下部小为心尖。心脏表面有一环状的冠状沟和两条纵沟，在牛心的后面还有一条副纵沟。冠状沟靠近心基，是心房和心室的外表分界，上部为心房，下部为心室。左纵沟（锥旁室间沟）位于心的左前方，几乎与心的右缘平行；右纵沟（窦下室间沟）位于心的右后方，可伸达心尖。两室间沟是左、右心室的外表分界，前部为右心室，后部为左心室。在冠状沟和室间沟内有营养心脏的血管，并填充有脂肪。

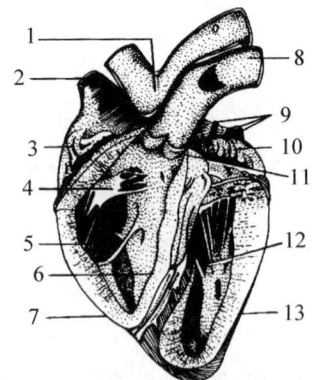

图 8-3　心纵切面（通过肺动脉）

1. 主动脉；2. 前腔静脉；3. 右心房；

4. 三尖瓣；5. 右心室；6. 室中隔；

7. 前缘；8. 肺动脉；9. 肺静脉；

10. 左心房；11. 肺动脉半月瓣；

12. 左心室；13. 后缘

（二）心腔的构造（见图 8-3）

心腔被房中隔和室中隔分为左、右心房和左、右心室 4 个腔。同侧的心房、心室通过房室口相通。

1. 右心房

右心房构成心室的右前部，位于右心室背侧，由右心耳和静脉窦组成。

（1）右心耳为圆锥形盲囊，尖端向左向后至肺动脉前方，内壁有许多方向不同的肉嵴，称梳状肌。

（2）静脉窦是体循环静脉的入口部，接受全身的静脉血。前、后腔静脉分别开口于右心房的背侧壁和后壁，两个开口间有发达的肉柱，称静脉间嵴，有分流前、后腔静脉血，避免相互冲击的作用。后腔静脉口的腹侧有一冠状窦，为心大静脉和心中静脉的开口。在后腔静脉入口附近的房间隔上有卵圆窝，是胚胎时期卵圆孔闭合后的遗迹。成年牛羊约有20% 的卵圆孔闭锁不全，但一般不影响心脏的功能。右心房下方有一右房室口通右心室。

2. 右心室

右心室位于右心房之下，心的右前部，下端达不到心尖。入口为右房室口，右房室口以致密结缔组织构成的弹性纤维环为支架，环上附着 3 片三角形的瓣膜，称三尖瓣，瓣膜的游离缘朝向心室，并有腱索连于心室壁的乳头肌上。当心房收缩时，心室内压升高，血液将瓣膜向上推，使其相互合拢，关闭房室口。由于腱索的牵引，瓣膜不能翻向心房，从而可防止血液倒流。

肺动脉口位于右心室出口，也由一纤维环支持，环上附着 3 个半月形的瓣膜，称半月瓣。每片瓣膜均呈口袋状，袋口朝向肺动脉。当心室收缩时，瓣膜开放，血液进入肺动脉；当心室舒张时，室内压降低，半月瓣关闭，防止血液倒流回右心室。

3. 左心房

左心房位于心基的左后部，在左心室背侧。构造与右心房相似，由左心耳和静脉窦组成。左心房背侧壁后部有 6～8 条肺静脉入口。在左心房下方有一左房室口通左心室。

4. 左心室

左心室位于左心房下方，心的左后部，向下伸达心尖。入口为左房室口，口上有两个大的瓣膜，称二尖瓣，瓣膜的游离缘朝向心室，并有腱索与心室壁的乳头肌相连。在房室口的前上方有主动脉出口，其周围亦有 3 个半月瓣，附着在主动脉口的纤维环上，袋口朝向主动脉。

家禽心脏比较发达，基本构造与家畜相似，具有两个心房和两个心室。特点在于右房室口无三尖瓣，被肌肉膜代替。

（三）心壁的构造

心壁由外向内依次为心外膜、心肌和心内膜。

心外膜：紧贴心肌表面的一层浆膜，光滑湿润，相当于心包的脏层。

心肌：由心肌细胞构成，呈红褐色。心肌被房室口纤维环分为两个独立的肌系，即心房肌和心室肌，以保证心房和心室交替收缩和舒张。其中心室肌比心房肌厚，左心室肌最厚，可达右心室肌的 2～3 倍。左右心房壁上均有方向不同的肉嵴，称梳状肌。两心室内壁上均有 2～3 个锥形肌柱，为乳头肌，起连接腱索的作用。右心室内还有连于室中隔和室侧壁的心横肌，当心室舒张时，防止心室过度扩张。

心内膜：薄而光滑，紧贴于心肌内表面，与血管内膜相延续。左右房室口和动脉口处瓣膜是由心内膜折成双层结构，中间夹一层致密结缔组织，瓣膜的结缔组织与纤维环及腱索相连。心内膜深面有血管、淋巴管、神经和心传导纤维等。

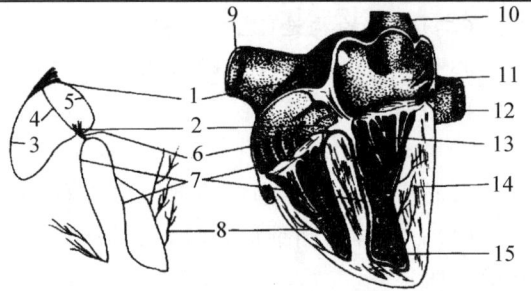

图 8-4　心脏的传导系统

1. 窦房结；2. 房室结；3. 结间前束；4. 结间中束；5. 结间后束；6. 房室束；7. 左右束支；8. 浦肯(金)野氏纤维；9. 前腔静脉；10. 肺静脉；11. 左心房；12. 后腔静脉；13. 腱索；14. 心肌；15. 心内膜

三、心脏传导系统(见图 8-4)

心脏的传导系统由特殊的心肌细胞(自律细胞)构成，这种细胞能自动产生兴奋，并沿此系统传导，从而使心脏有节律地收缩和舒张。心脏传导系统包括窦房结、结间束、房室结、房室束和浦肯(金)野氏纤维。

窦房结是心脏的正常起搏点，位于前腔静脉与右心耳之间的界沟内，心外膜下。

房室结位于房中隔右房侧的心内膜下，呈结节状。结间束分三支沿房中隔、两侧房壁从窦房结到房室结。房室束为房室结的直接延续，沿室中隔下行，并分左、右两支，分布到左、右心室内表面，再分成许多细小的分支，称为浦肯(金)野氏纤维，与普通心肌细胞相连。

四、心脏的血管和神经

(一)心脏的血管

心脏本身的血液循环称为冠状循环，包括冠状动脉、毛细血管和心静脉。

1. 冠状动脉

冠状动脉是营养心脏本身的血管，有左、右两条。右冠状动脉起自主动脉根部，向前伸入冠状沟，沿冠状沟向右、向左沿窦下室间沟(右纵沟)向下伸至心尖，另一小分支继续沿冠状沟向后延伸。左冠状动脉起自主动脉根部的左侧，经肺动脉和左心耳之间进入冠状沟，立即分为两支，一支沿锥旁室间沟(左纵沟)伸向心尖，另一支沿冠状沟向后延伸。冠状动脉在心壁内形成丰富的毛细血管网。

2. 心静脉

心静脉包括心大静脉、心中静脉、心右静脉和心小静脉。心大静脉伴左冠状动脉延伸，最后开口于右心房的冠状窦。心中静脉伴右冠状动脉延伸，在窦下室间沟起始部注入心大静脉。数条心右静脉沿右心室壁上行，横过冠状沟而直接开口于右心房。心小静脉在心肌中数目较多，直接开口于右心房，收集右心壁的血液。

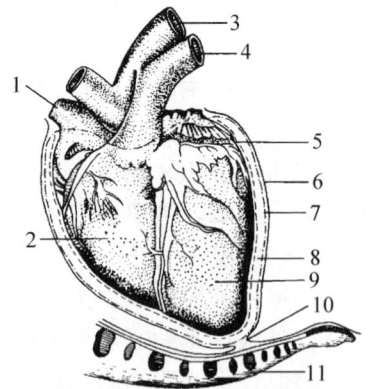

图 8-5　心包的构造

1. 前腔静脉；2. 右心室；3. 主动脉；4. 肺动脉；5. 心包脏层；6. 纤维膜；7. 心包壁层；8. 心包腔；9. 左心室；10. 胸骨心包韧带；11. 胸骨

(二)心脏的神经

分布于心脏的运动神经有交感神经和迷走神经。前者可兴奋窦房结，加强心肌的活动；后者作用与前者相反。心脏的感觉神经分布于心壁各层，其纤维随交感神经和迷走神经分别进入脊髓和脑。

五、心包(见图 8-5)

心包是包于心脏外的锥形囊。囊壁由浆膜和纤维膜构成，有保护心脏的作用。

浆膜：分壁层和脏层。壁层在纤维膜的内面，在心基部折转移行脏层；脏层紧贴于心肌外表面，构成心外膜。壁层和脏层之间的空隙为心包腔，内有少量的心包液，起润滑作用，以减少心搏动时的摩擦。

纤维膜：是一层坚韧的结缔组织膜，在心基部与进出心脏的大血管的外膜相连；在心尖部与心包胸膜共同形成心包胸骨韧带，将心包固定于胸骨的背面。

心包位于纵隔内，被覆于心包外的纵隔胸膜，称为心包胸膜。

第二部分 血管

一、血管的种类和构造

根据结构和功能不同，血管分动脉、静脉和毛细血管三种。

（一）动脉

动脉是引导血液出心脏，并向全身输送血液的管道。动脉管壁厚、管腔小，富有弹性，空虚时不塌陷，出血时呈喷射状。

按照管径大小，动脉可分为大、中、小 3 类：大动脉管壁坚韧而富有弹性和扩张性，又称弹性血管；中动脉将血液输送至各组织器官，又称分配血管；小动脉管壁富含平滑肌，在神经和体液调节下，可做舒缩活动以改变管径大小，从而改变血流阻力，又称阻力血管。三者互相移行，无明显界限。

动脉管壁由内、中、外三层膜构成。内膜最薄，表面衬以光滑的内皮，可减少血流阻力；中膜较厚，大动脉的中膜主要由弹性纤维构成，富有弹性，中动脉的中膜由平滑肌和弹性纤维构成，小动脉的中膜由平滑肌构成；外膜较中膜薄，由结缔组织构成。

（二）静脉

静脉是引导血液流回心脏的血管，多与动脉伴行。静脉也分大、中、小三种类型，管壁构造也分内、中、外三层，但中膜很薄，弹性纤维不发达，外膜较厚。静脉管壁薄、易塌陷，比同名动脉口径大，出血时呈流水状。静息状态下，静脉系统容纳的血量可达循环血量的 $60\%\sim70\%$，故静脉又称容量血管。大部分静脉特别是分布在四肢部和颈部的静脉内，有折叠成对的、游离缘向心脏方向的半月状静脉瓣，可防止血液逆流。

（三）毛细血管

毛细血管是连于动脉和静脉之间的微细血管，几乎遍布全身。血管短而密，在组织器官内互相吻合成网。管壁仅由一层内皮细胞构成，非常薄，具有很大的通透性。血流速度很慢，血压很低，是血液和组织之间进行物质交换的主要场所。另外，位于肝、脾、骨髓等处的毛细血管形成大而不规则的膨大部，称为血窦。皮下毛细血管破裂，常导致皮下弥散性出血。

二、血管分布（见图 8-6）

（一）血管的分布规律及命名原则

1. 血管分布无处不在，基本规律是体现机体的单轴性和两侧对称性

其主干位于脊柱的腹侧，且与之平行，分出的侧支往往对称地分布于左、右两侧。如四肢的血管左右对称，且基本同名。

2. 动脉和静脉血管都表现为近心端粗大，远心端细小

如动脉中以主动脉口径最大，管壁最厚，随着分支，越分越细小。静脉则以前腔静脉

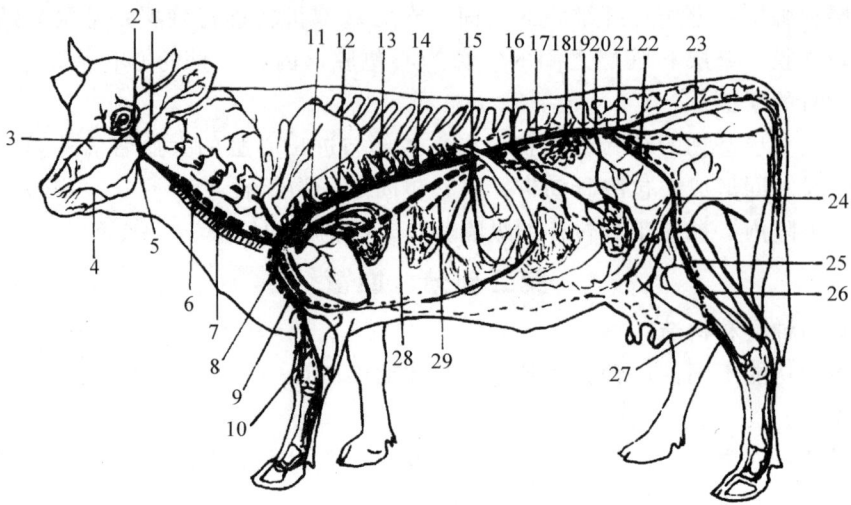

图 8-6　牛的动脉和静脉分布

1. 枕动脉；2. 颌内动脉；3. 颈外动脉；4. 面动脉；5. 颌外动脉；6. 颈动脉；7. 颈静脉；8. 腋动脉；
9. 臂动脉；10. 正中动脉；11. 肺动脉；12. 肺静脉；13. 胸主动脉；14. 肋间动脉；15. 腹腔动脉；
16. 前肠系膜动脉；17. 腹主动脉；18. 肾动脉；19. 精索内动脉；20. 后肠系膜动脉；21. 髂内动脉；
22. 髂外动脉；23. 荐中动脉；24. 股动脉；25. 腘动脉；26. 胫后动脉；27. 胫前动脉；
28. 后腔静脉；29. 门静脉

和后腔静脉口径最大，远心端则是越远越细小。

3. 血管的名称

血管基本上以其所处的位置、走向、分布命名，如臂动脉、股动脉、正中动脉、颈总动脉等都是根据位置而命名的。

4. 动脉、静脉和神经常伴行

在伴行处三者的名称相同。

5. 动脉血管主干

动脉血管主干多位于四肢内侧、关节屈面、脊柱腹侧，位置较深，不易受到外界损伤。而静脉血管除大的主干可与动脉伴行外，尚有许多位于皮下、肌间等易受到挤压处。这些静脉无动脉伴行，但静脉管内有静脉瓣膜，有利于静脉血液的回流。

6. 侧支和侧副支

动脉血管的主干，常可分出侧支，分布到附近的器官。有些主干分出的侧支常与主干平行，其末端与主干侧支相吻合，形成侧副循环，这种结构可使血液通过侧副支再回流到主干。当主干血流障碍时，侧副支可代替主干供应相应区域的血液。静脉血管的侧副支循环更丰富，以保证血液的正常返回。

7. 吻合支

相邻血管之间的连接支称为吻合支。吻合支有平衡血压、调节和转变血流方向、保证该器官血液供应的作用，如四肢的终动脉弓。

8. 理化感受器

在主动脉弓和颈动脉窦的血管壁上，有各种理化感受器，可感知血液的理化变化（如血压、pH、离子浓度、氧和二氧化碳浓度、渗透压、温度等），而后通过神经不断调节机体内环境的恒定。

（二）血液循环路径

1. 小循环（肺循环）

其循环途径为：右心室→肺动脉→肺毛细血管→肺静脉→左心房。含二氧化碳较多的静脉血，由右心室经肺动脉运到肺脏，在肺内经毛细血管网，而后汇集到肺静脉，再把含有氧气较多的动脉血经肺静脉运回左心房。肺循环的主要作用是完成氧和二氧化碳的气体交换。

（1）肺动脉：起于右心室的肺动脉口，在左、右心耳之间沿主动脉弓的左侧，向后上方延伸至心基的后上方，分为左、右两支，分别与左、右支气管一起从肺门入肺。牛、羊、猪的右侧支在入肺前，还向右肺尖叶分出一支，随右肺尖叶支气管一起入肺。肺动脉在肺内随支气管进行分支，最后在肺泡周围形成毛细血管网，在此进行气体交换。

（2）肺静脉：由肺部毛细血管网汇合而成，随肺动脉和支气管行走，最后汇成 6～8 支，由肺门出肺后注入左心房。

2. 大循环（体循环）

其循环途径为：左心室→主动脉→体毛细血管→前、后腔静脉→右心房。含有氧气较多的动脉血，压开主动脉瓣从左心室运出，经主动脉到达全身各组织器官毛细血管网，再将含有二氧化碳较多的静脉血，经前、后腔静脉运回右心房。体循环的主要作用是完成营养物质和代谢产物之间的物质交换。

（1）动脉。主动脉为体循环的总干，起于左心室主动脉口，呈弓形向后上方延伸至第 6 胸椎腹侧，此段为主动脉弓。主动脉弓向后延伸至膈的主动脉裂孔处，此段称为胸主动脉。胸主动脉穿过膈上的主动脉裂孔延伸为腹主动脉，腹主动脉在骨盆腔前口处或 5～6 腰椎腹侧分出左、右髂外动脉和左、右髂内动脉，其主干移行为荐中动脉、尾中动脉，依次沿荐椎和尾椎腹侧向后延伸至尾端。

①主动脉弓及分支。主动脉弓为主动脉的第一段，在起始部分出左、右冠状动脉后，向前分出一支臂头动脉总干。

②臂头动脉总干。臂头动脉总干是分布于头颈、前肢及胸前部的动脉主干，短粗，沿气管腹侧向前上延伸，至第 3 肋处分出左锁骨下动脉，主干延续为臂头动脉。臂头动脉在气管腹侧继续前行，至第 1 肋附近，分出一支颈动脉总干，主干向右移行为右锁骨下动脉。左锁骨下动脉在出胸腔前分出一支肋颈动脉干，再分为肋颈动脉、颈深动脉和椎动脉，分布于左侧颈部、颈椎和胸前部的肌肉、皮肤及脊髓上。右锁骨下动脉分支与左锁骨下动脉相同，分布到颈胸右侧相应部位。左、右锁骨下动脉分出上述分支后，分别绕过第 1 肋出胸腔，移行为腋动脉。

③颈总动脉。颈总动脉很短，在胸前口处分为左、右颈总动脉，分别沿左、右颈静脉沟深层向上延伸，至寰枕关节处分为枕动脉、颈内动脉和颈外动脉。枕动脉向上延伸通过枕骨大孔入颅腔，主要分布于脑脊髓和脑膜上。颈外动脉是三支中最粗的一支，为颈总动脉的直接延续，向前上伸至下颌关节处延续为颌内动脉，分布于头部大部分器官及肌肉、皮肤上。它在下颌支内侧分出一支颌外动脉，沿咽外侧壁向前下延伸，绕过下颌血管切迹，转至面部移行为面动脉。颈总动脉分叉处有两个特殊的结构：颈动脉球（颈动脉体）是位于

颈总动脉分叉处夹角内的一个丝状球，含有化学感受器，对二氧化碳和氧气的含量变化敏感；颈动脉窦是颈总动脉分叉处血管稍膨大的部分，管壁内含有压力感受器，对血压变化敏感。

④前肢动脉。前肢动脉是由锁骨下动脉延伸而来的，左（右）锁骨下动脉绕过第 1 肋出胸腔即到肩关节内侧为腋动脉，向下至臂部为臂动脉，在前臂部为正中动脉，在掌部为指总动脉。指总动脉分为指内、外侧动脉，分别沿指间下行至指端（牛）。前肢动脉干各段均有分支分布于相应部位的肌肉、皮肤、骨骼等处。

头静脉在前臂部与尺动脉伴行，下方连于浅静脉弓，有 3 个掌心短静脉开口于浅静脉弓。约在前臂的中部，头静脉与头副静脉相接。头副静脉由 3 个掌背侧静脉汇合而成。头静脉位于前臂外侧，又行于皮下，适合采血和注射药物。

⑤胸主动脉及分支。胸主动脉是主动脉弓向后的直接延续，其分支有肋间动脉和支气管食管动脉。牛有 13 对肋间动脉，前 3 对由左锁骨下动脉和臂头动脉的分支分出，后 10 对均由胸主动脉分出，分布于胸部脊柱背侧、腹侧的肌肉、皮肤上。支气管食管动脉在第 6 胸椎处，以一主干起自胸主动脉腹侧，然后分为一支气管动脉和一食管动脉。分别分布于肺组织和食管等处。

⑥腹主动脉及分支。腹主动脉为腰腹部的动脉主干，其分支有两类：一类为壁支，即成对的腰动脉，牛有 6 对，腰动脉分布于腰部背侧、腹侧的肌肉、皮肤及脊髓脊膜等处；另一类为脏支，分布于腹腔、盆腔的器官上，由前向后依次为腹腔动脉、肠系膜前动脉、肾动脉、肠系膜后动脉和睾丸动脉（子宫卵巢动脉）。

腹腔动脉：在膈的主动脉裂孔稍后处，起自腹主动脉，向前下延伸，分支分布于脾、胃、肝、胰及十二指肠等器官上。

肠系膜前动脉：在第 1 腰椎腹侧，起于腹主动脉，分布于小肠、结肠、盲肠和胰等处。

肾动脉：成对的动脉支，在第 2 腰椎处由腹主动脉发出，经肾门入肾。

肠系膜后动脉：在 4～5 腰椎处由腹主动脉发出，比较细，分布于结肠后段和直肠上。

睾丸动脉（子宫卵巢动脉）：在肠系膜后动脉附近，由腹主动脉分出。公畜向后下行走，进入腹股沟管的精索，分支分布于鞘膜、输精管、附睾和睾丸。母畜沿子宫阔韧带向后延伸，分为卵巢动脉和子宫前动脉，分支分布于卵巢、输卵管和子宫角上。

骨盆部及荐尾部动脉：髂内动脉在 5～6 腰椎腹侧由腹主动脉分出，沿荐骨腹侧及荐坐韧带内侧向后延伸，分布于骨盆腔器官、荐臀部、尾部的肌肉和皮肤。

⑦后肢动脉。左、右髂外动脉为左、右后肢的动脉主干，它们在第 5 腰椎处，由腹主动脉向后左右侧分出，沿髂骨前缘和后肢内侧面下伸至趾端。在腹腔段为髂外动脉，至股部为股动脉；在膝关节后为腘动脉；转到胫骨背侧面为胫前动脉；在趾骨背侧为趾背侧动脉；走向趾端为第 3 趾、第 4 趾动脉（牛）。主干沿途分支分布于后肢相应部位的骨骼、肌肉、皮肤等处；在耻骨前缘，分出一支阴部腹壁动脉干，它又分出一支阴部动脉，在母牛为乳房动脉，分支分布于乳房上。

（2）静脉（见图 8-7）

①前腔静脉系：位于气管和臂头动脉总干的腹侧，由左、右颈静脉和左、右腋静脉在心前纵隔内向后延伸，注入右心房；在注入右心房前还接纳了胸壁、胸椎等部位的静脉支。前腔静脉收集头颈部、前肢和部分胸壁的血液。

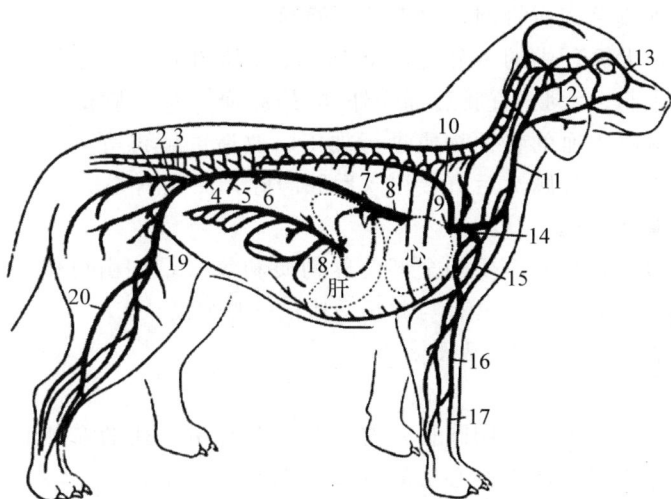

图 8-7　犬的全身静脉主干模式图

1. 髂外静脉；2. 髂内静脉；3. 荐中静脉；4. 旋髂深静脉；5. 睾丸或卵巢静脉；6. 肾静脉；

7. 肋间静脉；8. 后腔静脉；9. 前腔静脉；10. 奇静脉；11. 颈外静脉；12. 面静脉；13. 眼角静脉；

14. 腋静脉；15. 臂静脉；16. 头静脉；17. 副头静脉；18. 门静脉；19. 股静脉；20. 小腿外侧隐静脉

②后腔静脉系：后腔静脉在骨盆腔入口处，由左、右髂总静脉汇合而成，沿腹主动脉右侧向前延伸，经过肝的腔静脉窝（在此接受肝静脉），穿过膈的腔静脉孔进入胸腔，经右肺膈叶与副叶间，进入右心房。沿途有腰静脉、睾丸静脉（子宫卵巢静脉）、肾静脉、肝静脉等汇入。后腔静脉收集后肢、骨盆及盆腔器官、腹壁、腹腔器官及乳房的静脉血。

③乳房的静脉（见图 8-8）：乳房的静脉血大部分经阴部外静脉注入髂外静脉，一小部分经腹壁皮下静脉注入胸内静脉。乳房两侧的阴部外静脉、腹壁皮下静脉和会阴静脉在乳房基部互相吻合，形成一个大的乳房基部静脉环。所以当任何一支静脉血流受阻时，其他静脉可起代偿作用。

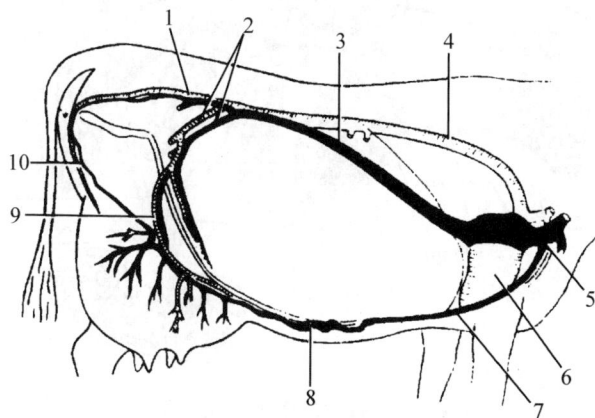

图 8-8　母牛乳房血液循环模式图

1. 髂内动静脉；2. 髂外动静脉；3. 后腔静脉；4. 胸主动脉；5. 前腔静脉；6. 心脏；

7. 胸内静脉；8. 腹壁皮下静脉；9. 阴部外动静脉；10. 会阴动静脉

④门静脉：分支成毛细血管网，再汇成肝静脉。

⑤门脉循环：是大循环中的一分支，位于后腔静脉的下方，是腹腔内一条大的静脉干，收集胃、脾、胰、小肠、大肠（直肠后部除外）的静脉血。穿过胰的门脉环，与肝动脉一同经肝门入肝。肝将吸收入血的各种物质进行加工、改造、解毒等处理后，汇集成数支肝静脉，开口于肝背侧缘的腔静脉窝后直接注入后腔静脉，回到右心房。

三、胎儿血液循环特征

胎儿在母体子宫内发育所需要的全部营养物质和氧气，均由母体供应，代谢产物也由母体带走，因而胎儿的血液循环具有与此相适应的一些特点。

（一）心脏和血管的构造特点（见图 8-9）

1. 卵圆孔

在胎儿心脏的房中隔上有一卵圆孔，沟通左、右心房。孔的左侧有一卵圆形瓣膜，由于右心房压力高于左心房，所以右心房的血液只能流向左心房。

2. 动脉导管

胎儿的主动脉和肺动脉之间，有动脉导管相通，因此右心室到肺动脉内的大部分血液，都经动脉导管流入主动脉，仅有少部分进入肺内。

3. 胎盘

胎盘是胎儿与母体进行气体及物质交换的器官，借脐带与胎儿相连。牛的脐带内有两条脐动脉和两条脐静脉，马和猪有一条脐静脉。

脐动脉由髂内动脉分出，沿膀胱侧韧带到膀胱顶，再沿腹腔底壁向前延伸至脐孔，进入脐带，经脐带到胎儿胎盘，分支形成毛细血管网，与母体子宫上的毛细血管进行物质交换。

脐静脉由胎盘毛细血管网汇聚构成，经脐带由脐孔进入胎儿腹腔，牛的两条脐静脉入腹腔后合为一条，沿肝的镰状韧带延伸，经肝门入肝。

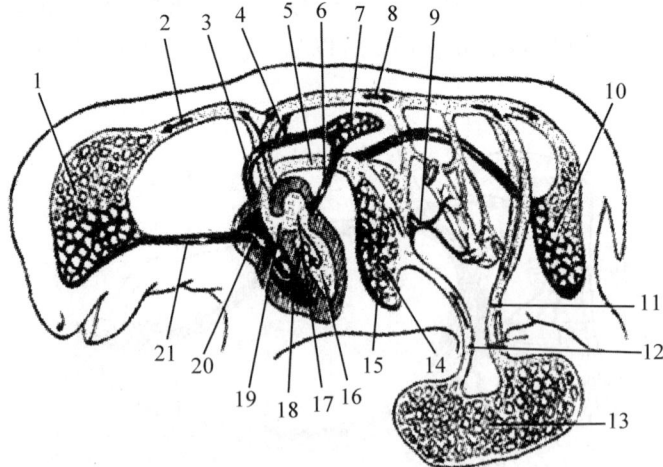

图 8-9　胎儿血液循环模式图

1. 头颈部毛细血管；2. 臂头动脉干；3. 肺动脉；4. 动脉导管；5. 后腔静脉；

6. 肺静脉；7. 肺毛细血管；8. 腹主动脉；9. 门静脉；10. 骨盆部和后肢毛细血管；

11. 脐动脉；12. 脐静脉；13. 胎盘毛细血管；14. 肝毛细血管；15. 静脉导管；

16. 左心室；17. 左心房；18. 右心室；19. 卵圆孔；20. 右心房；21. 前腔静脉

(二)血液循环路径

胎盘内富含营养物质和氧气较多的动脉血,经脐静脉进入胎儿肝内,最终汇成数支肝静脉注入后腔静脉。牛有部分脐静脉血,经静脉导管直接到后腔静脉。进入右心房后,大部分通过卵圆孔进入左心房,再经左心室到主动脉及其分支,小部分血虽然进入右心室,并注入肺动脉,但因此时肺并无呼吸活动,所以仍有一部分血液通过动脉导管进入主动脉,大部分到头颈和前肢。因此胎儿的肝、头颈和两前肢的血液含氧和营养物质较多,通过物质交换后,经前腔静脉,返回右心房到右心室,再入肺动脉,通过动脉导管入主动脉到身体后半部,并经脐动脉到胎盘。所以到身体后半部和肺的血液中,含氧和营养物质少。

(三)胎儿出生后血液循环的变化

1.脐动脉和脐静脉退化

出生后脐带被剪断,脐动脉、脐静脉血流停止,血管逐渐萎缩,在体内的一段形成韧带。脐动脉形成膀胱圆韧带,脐静脉变为肝圆韧带。

2.动脉导管闭锁

因肺开始呼吸,肺扩张,肺内血管的阻力减少,肺动脉压降低,动脉导管因管壁肌组织收缩而发生功能性闭锁,形成动脉导管索或动脉韧带。

3.卵圆孔封闭

因肺静脉回左心房的血液增多,血压增高,致使卵圆孔瓣膜与房中隔贴连,结缔组织增厚,将卵圆孔封闭,形成卵圆窝。为此,心脏的左半部和右半部完全分开,左半部为动脉血,右半部为静脉血。

4.混合血变成纯的动脉血和静脉血

由于卵圆孔和动脉导管的存在,胎儿体内大部分血液是混合血,但混合程度不同。到肝、头、颈和前肢的血液,含氧和营养物质较多,以适应肝功能活动和胎儿头部发育较快的需要;而到肺、躯干和后肢的血液,含氧和营养物质较少。出生后卵圆孔和动脉导管闭锁,混合血即变为纯的动脉血和静脉血。

临床常见的先天性心脏病是指在动物胚胎发育时期(怀孕初期),由于心脏及大血管的形成障碍,而引起局部解剖结构异常,或出生后应自动关闭的通道(动脉导管、卵圆孔)未能闭合(在胎儿属正常)的心脏,称为先天性心脏病。

四、临床上常用动静脉血管

(一)动脉

临床上常用一些动脉进行脉搏检查和血压测定。

(1)颌外动脉:位于下颌血管切迹处,马属动物多在此处脉搏检查。

(2)股动脉:位于后肢股骨内侧,猪、羊、犬多在此处脉搏检查。

(3)尾中动脉:位于尾根腹侧的尾中沟内,牛多在此处脉搏检查。

(二)静脉

体表的一些浅静脉常用于采血和注射。

(1)颈静脉:沿颈静脉沟浅层延伸,牛、羊、马等均可在颈静脉的上 1/3 与中 1/3 的交界处进行采血和注射。

(2)胸外静脉:沿胸深后肌外侧缘,肘后相对处延伸。

(3)乳房静脉:母牛的乳房静脉包括乳房两侧的阴部外静脉、腹壁皮下静脉和会阴静脉。在特殊情况下，牛也可在胸外静脉及母牛的乳房静脉进行采血和注射。

（4）前臂桡侧皮静脉（头静脉）：为前肢的浅静脉干，向上注入颈外静脉。头静脉位于前肢前臂部的背侧或背内侧，是小动物（犬、猫等）静脉注射的常用部位（见图 8-10）。

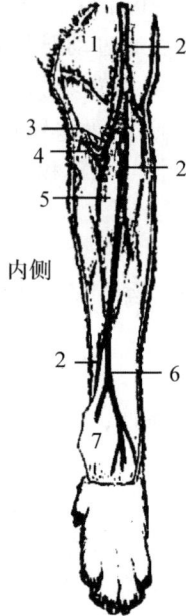

图 8-10　犬左前肢浅层静脉（背侧观）

1. 臂头肌；2. 桡侧皮静脉（头静脉）；
3. 正中皮静脉；4. 臂静脉；5. 腕桡侧伸肌；
6. 桡侧副皮静脉（头副静脉）；7. 腕部

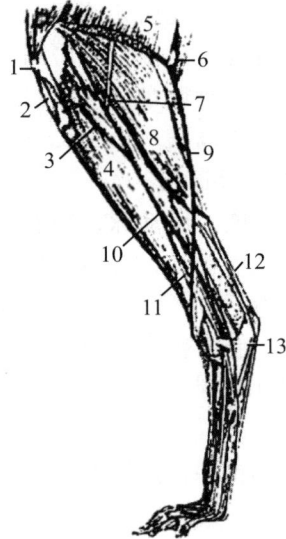

图 8-11　犬左后肢浅层静脉（外侧观）

1. 髌骨；2. 膝直韧带；3. 腓骨长肌；4. 胫骨前肌；
5. 臀股二头肌；6. 腘淋巴结；7. 腓总神经；
8. 腓肠肌的外侧头；9. 外侧隐静脉；10. 趾深屈肌；
11. 腓浅神经；12. 跟腱；13. 跟骨

（5）隐静脉：后肢的隐小静脉和隐大静脉，犬也可在此采血和注射。后肢外侧隐小静脉（见图 8-11），位于后肢胫部下 1/3 的外侧浅表部，由前斜向后上方，易于滑动且较弯曲。后肢内侧的隐大静脉，位于后膝部，在腹股沟三角区附近。对于体型较小的犬类，头静脉和隐静脉处不易操作时，可选前脚掌背侧静脉。

（6）耳静脉：耳廓的三支浅静脉，猪多在此静脉采血和注射。

（7）翼下静脉（臂静脉）：位于臂部内侧，禽多在此静脉采血和注射。

第三部分　血液

血液是有机体的重要组成部分，是一种流动的结缔组织，充满于心血管系统中，在心脏的推动下循环流动，运输各种代谢产物及营养物质，维持机体内环境的相对稳定。

一、体液与内环境

（一）体液与内环境的含义

体液是指动物体内水以及溶于水中物质的总称，占体重的 $60\%\sim70\%$。其中存在于细胞内的称细胞内液，是细胞内各种生化反应进行的场所，占体重的 $40\%\sim45\%$；存在于细胞外的称细胞外液，占体重的 $20\%\sim25\%$。各种体液彼此隔开，又相互联系，通过细胞膜和毛细血管壁进行物质交换。

　　机体的每一个细胞都生活在细胞外液之中，细胞获取营养物质与排出代谢产物等，都是通过细胞外液来完成，所以细胞外液是细胞直接生活的具体环境，包括血浆、组织液、淋巴液和脑脊液等，通常把细胞外液称为机体的内环境，以此与整个机体生存的外界环境相区别。

　　（二）血液对内环境稳定的意义

　　尽管外环境不断发生变化，但机体内环境却在神经和体液的调节下，通过血液循环使其理化性质（温度、渗透压、酸碱度、含氧量等）保持相对稳定，从而保证细胞的正常生命活动，保证整个机体在剧烈变化的外环境中生存与发展。

　　血液在维持内环境稳定方面具有决定性意义：血液在组织与各脏器之间运输各种物质，从而维持内环境稳定；血液对内环境某些理化因素变化有一定的缓冲作用；血液可以反映内环境理化性质的微小变化，为维持内环境稳定的调节系统提供必要的反馈信息。

　　二、血液的组成

　　正常血液为红色黏稠的液体，由液体成分血浆和有形成分（包括血细胞和血小板）组成，二者合起来称为全血。

　　如果将加有抗凝剂（草酸钾或枸橼酸钠）的血液，置于离心管中离心沉淀后，能明显地分成三层：上层淡黄色液体为血浆；下层为深红色的红细胞；在红细胞与血浆之间有一白色薄层为白细胞和血小板。全血中被离心压紧的红细胞所占的容积百分比，称红细胞压积或红细胞比容，大多数动物的红细胞比容在 $34\%\sim45\%$ 之间。当血浆量或红细胞数发生改变时，均可使红细胞压积发生改变。测定红细胞压积有助于了解血液浓缩和稀释的情况，帮助诊断疾病。

　　离体血液如不作抗凝处理，将很快凝固成胶冻状的血块，并逐渐紧缩析出淡黄色的透明液体，称为血清。血清与血浆的主要区别在于血清中不含纤维蛋白原，因为血浆中的可溶性纤维蛋白原参与血凝而进入血块中。

　　（一）血液的有形成分

　　血液的有形成分包括红细胞、白细胞和血小板。

　　1. 红细胞

　　（1）红细胞的形态与数量。大多数哺乳动物的成熟红细胞无核，呈双面凹的圆盘状，在血涂片标本上，中央染色较浅，周围染色较深。骆驼和鹿的红细胞呈卵圆状；禽的红细胞有核，椭圆形，体积比哺乳动物大。单个红细胞呈淡黄绿色，大量红细胞聚集在一起则呈红色。

　　红细胞的细胞质内充满大量血红蛋白，约占红细胞成分的 33%，红细胞运输氧和二氧化碳是由血红蛋白来完成的。血红蛋白含量受品种、性别、年龄、饲养管理等因素影响，常以每升血液中含有的克数表示。此外，红细胞对机体产生的酸性或碱性物质起到缓冲的作用。

　　红细胞在血细胞中数量最多，以每升血中含有多少 10^{12} 个表示（$10^{12}/L$）。其正常数量随动物种类、品种、性别、年龄、饲养管理和环境条件而有所变化（见表 8-1）。如高产品种比低产品种多，幼龄的比成年的多，雄性比雌性多，高原的比平原多，去势的比不去势的多，强健的比体弱的多，饲养条件好的比差的多。

表 8-1 成年健康动物红细胞数量和血红蛋白含量

动物种类	红细胞数(10^{12}/L)	血红蛋白含量(g/L)
猪	6.5(5.0～8.0)	130(100～160)
牛	7.0(5.0～10.0)	110(80～150)
马	7.5(5.0～10.0)	115(80～140)
绵羊	10.0(8.0～12.0)	120(80～160)
山羊	13.0(8.0～18.0)	110(80～140)
鸡	3.5(3.0～3.8)	100(80～120)
兔	6.9	120

注：兔血红蛋白基因在兔成熟红细胞中不能表达出兔血红蛋白，这是基因的选择性表达的结果，也就是说某些基因在特定的环境下才能表现出它的功能。

(2)红细胞的生理特性

①红细胞膜的通透性。红细胞膜对各种物质具有选择通透性。水、氧和二氧化碳等分子可以自由通过；葡萄糖、氨基酸、尿素较易通过；Cl^-、HCO_3^-、H^+也较易通过；Ca^{2+}则很难通过；$Na^+ - K^+$交换而将K^+纳入细胞内，以维持细胞膜内外K^+与Na^+的浓度差，保持细胞的正常兴奋性。

②红细胞的渗透脆性。将红细胞置于等渗溶液中，红细胞能维持其正常形态而不变形。若将红细胞置于高渗溶液中，则红细胞由于水分逐渐外移而皱缩，严重时丧失机能；若将红细胞放入低渗溶液中，红细胞因吸水而膨胀，细胞膜终被胀破，并释放出血红蛋白，这种现象称为溶血。家畜的红细胞一般在0.6%～0.7%的氯化钠溶液中开始溶血，在0.3%～0.35%的氯化钠溶液中则完全溶血。红细胞对低渗溶液有一定的抵抗力，当周围液体的渗透压降低不大时，细胞虽有胀大，但并不破裂溶血。红细胞对低渗溶液的这种抵抗力，称为红细胞渗透脆性。对低渗的抵抗力大，则脆性小；反之，对低渗的抵抗力小，则脆性大。衰老的红细胞脆性大。在某些病理状态下，红细胞脆性会显著增大或减小，如先天性溶血性黄疸患者，其脆性特别大；巨幼红细胞贫血患者，其脆性显著减小。

③红细胞的悬浮稳定性。红细胞能均匀地悬浮于血浆中不易下降的特性，称为红细胞的悬浮稳定性，其大小可用红细胞沉降率表示，通常以1 h内红细胞下沉的距离表示红细胞的沉降率(简称血沉)。动物种类不同，血沉也不同。牛的血沉慢，1 h内红细胞下沉不到1 mm；马的血沉快，1 h内红细胞可下沉几十毫米。当动物患某些疾病时，红细胞的沉降率会发生明显变化，因此，测定血沉具有诊断价值。血沉的成因主要是由于红细胞的重力和红细胞与血浆之间的摩擦力相互作用的结果。血沉的快慢不取决于红细胞本身，而在于血浆的成分。血浆中的纤维蛋白原、球蛋白和胆固醇的含量增加，可使血沉加快；清蛋白、卵磷脂含量增加，则可延缓血沉。

(3)红细胞的功能。红细胞主要是运输氧和二氧化碳，并对酸、碱物质具有缓冲作用，而这些功能均靠红细胞中的血红蛋白来实现。

①气体运输。血红蛋白是红细胞内容物的主要成分，约占红细胞干物质的90%。血红蛋白是一种含铁的特殊蛋白质，由一种珠蛋白和亚铁血红素组成。血红蛋白能与氧结合，形成氧合血红蛋白(HbO_2)，又易将它释放，形成脱氧血红蛋白(HHb)，释放出氧，供组织

细胞代谢需要。此外，血红蛋白也可以与二氧化碳结合，因此，血红蛋白具有运输氧和二氧化碳的功能。

血红蛋白与氧结合形成氧合血红蛋白是氧合过程。当血液中氧含量不同时，氧容易与血红蛋白结合和分离。但当血液中含有亚硝酸盐时，血红蛋白中亚铁离子，可被氧化成三价的高铁血红蛋白，此时，血红蛋白与氧结合非常牢固，且不易分离，因此失去运氧功能。如果生成高铁血红蛋白的量，超过血红蛋白总量的 2/3 时，将导致组织缺氧、窒息而危及生命。蔬菜类叶、茎中硝酸盐含量较大，如果加工或者储存不当，可被硝酸菌作用而使其中硝酸盐转化为亚硝酸盐，如被动物采食后，可发生亚硝酸盐中毒，如猪"烂菜叶中毒"。

血红蛋白与一氧化碳结合的亲和力比氧大 200 多倍，空气中的一氧化碳浓度只要达到 0.05% 时，血液中就有 30%～40% 的血红蛋白与之结合，使血红蛋白运输氧的能力降低，严重时发生一氧化碳中毒死亡。

②酸碱缓冲功能。红细胞中的脱氧血红蛋白（HHb）和氧合血红蛋白（HbO_2）均为弱酸性物质，它们一部分以酸的分子形式存在，另一部分与红细胞内的 K^+ 构成血红蛋白钾盐，因而组成 2 对缓冲对，即 KHb/HHb 和 $KHbO_2/HHbO_2$，共同参与血液酸碱平衡的调节作用。

(4) 红细胞的生成与破坏

①红细胞的生成。红细胞存活时间因动物种类不同而有很大差异，如马的红细胞平均寿命为 140～150 d，牛的为 135～162 d，猪的为 75～97 d，鸟的约为 30 d，小鼠的仅存活 20～30 d，一般哺乳动物的红细胞在体内存活时间为 100 d 左右。动物红细胞总量保持动态恒定，因而每分钟都有成千上万衰老的红细胞死亡，同时有等量的新生红细胞进入血流。

正常情况下，红骨髓是哺乳动物出生以后生成红细胞的唯一器官。造血过程中，除需要骨髓造血机能正常以外，还需要供应造血原料和促进红细胞成熟的物质。

蛋白质和铁是红细胞生成的主要原料，若供应或摄取不足，造血将发生障碍，出现营养性贫血。促进红细胞发育和成熟的物质主要是维生素 B_{12}、叶酸和铜离子，维生素 B_{12} 和叶酸可促进骨髓原细胞分裂增殖，铜离子是合成血红蛋白的激动剂。

红细胞数量能保持相对恒定，主要依赖于促红细胞生成素的调节，该物质可促进骨髓内原血母细胞的分化、成熟和血红蛋白的合成，并促进成熟的红细胞释放。产生促红细胞生成素的器官是肾脏。

②红细胞的破坏。红细胞的破坏主要是自身的衰老所致。衰老的红细胞变形，能力减退，脆性增高，容易在血流的冲击下破裂，但大部分衰老红细胞滞留于脾、肝、骨髓的单核巨噬细胞系统中，随之被吞噬细胞所吞噬。红细胞被破坏后，释放出的血红蛋白很快被分解成为珠蛋白、胆绿素和铁三部分。珠蛋白和铁可重新参加体内代谢，胆绿素立即被还原成胆红素，经肝脏随胆汁排入十二指肠。

2. 白细胞

(1) 白细胞的数量和分类。白细胞不仅存在于血液中，还存在于组织中。位于血液中的白细胞大多为球形；组织中的白细胞由于变形运动，因而形态多变。白细胞为无色有核的血细胞，体积比红细胞大，质量却较轻。白细胞的数量远比红细胞少，畜禽每立方毫米血液中的白细胞总数为 8 000～10 000 个（见表 8-2）。其变动范围较大，如下午数量比早晨多，运动后比安静时多，食后也增多（草食动物无此现象）。此外，白细胞总数增多还见于妊娠末期，分娩时可达到高峰。由于病理因素作用，白细胞总数及分类计数也发生明显变动。

表 8-2　各种畜禽白细胞数及白细胞分类百分比（%）

动物种类	白细胞总数（10^9/L）	嗜中性粒细胞	嗜酸性粒细胞	嗜碱性粒细胞	淋巴细胞	单核细胞
猪	8.5	53.0	4.0	0.6	39.4	3.0
牛	8.0	31.0	7.0	0.7	54.3	7.0
绵羊	8.2	37.2	4.5	0.6	54.7	3.0
山羊	9.6	42.2	3.0	0.8	50.0	4.0
马	14.8	46.1	3.0	1.2	47.6	2.1
鸡（♂）	16.6	25.8	1.4	2.4	64.0	6.4
鸡（♀）	29.4	13.3	1.5	2.4	76.1	5.7

按细胞质中有无大的特殊染色颗粒，白细胞可分为两大类：一类是粒性白细胞，包括嗜中性粒细胞、嗜酸性粒细胞和嗜碱性粒细胞；另一类是无粒白细胞，包括单核细胞和淋巴细胞。

（2）白细胞的形态与功能。白细胞的主要功能是通过吞噬和免疫等反应，抵抗外来微生物对机体的损害。

①嗜中性粒细胞（又称为小巨噬细胞）是有粒白细胞中数量较多的一种。胞体呈球形，胞质中有许多细小而分布均匀的淡紫色中性颗粒，对酸性和碱性染料都没有明显的亲和性。胞核的形状随细胞的成熟程度而不同，分为幼稚型、杆核状和分叶型；幼龄阶段呈肾形、豆形，中龄阶段呈马蹄铁形或腊肠状，后期分 2～5 叶，年龄越老，分叶越多，一般可分 3 叶，叶间有细丝相连。嗜中性粒细胞具有很强的变形运动和吞噬能力，当机体局部受到细菌侵害时，它对细菌产物和受损组织所释放的某些化学物质有趋向性，以变形运动方式穿出毛细血管，聚集到病变部位，吞噬细菌和清除组织碎片。在急性化脓性炎症时，嗜中性粒细胞显著增多。

②嗜酸性粒细胞数量较少，细胞呈球形，胞核为肾形或分叶形，通常为两叶。胞质内充满粗大而均匀的圆形嗜酸性颗粒，一般染成橘红色。嗜酸性粒细胞能以变形运动方式穿出毛细血管进入结缔组织。在过敏性疾病或某些寄生虫疾病时明显增多。它能吞噬抗原抗体复合物，释放组胺酶，灭活组胺，从而减轻过敏反应。

③嗜碱性粒细胞数量最少，细胞呈球形，胞核常呈 S 形或分叶形，胞质内含有大小不等、分布不均的嗜碱性颗粒，染成深紫色，胞核常被颗粒掩盖，颗粒内有肝素、组织胺和白三烯。嗜碱性粒细胞能变形游走，但无吞噬功能。颗粒中的组织胺对局部炎症区域的小血管有舒张作用，能加大毛细血管的通透性，有利于其他白细胞的游走和吞噬活动。它所含的肝素对局部炎症部位有抗凝血作用。

④淋巴细胞数量较多，呈球形，一般按直径大小分为大、中、小三种。健康动物血液中，大淋巴细胞极少，中淋巴细胞较少，主要是小淋巴细胞。胞核较大，呈圆形或肾形，深蓝或蓝紫色，胞质很少，仅在核周围形成蓝色的一薄层。淋巴细胞主要参与体内免疫反应。

⑤单核细胞是白细胞中体积最大的细胞，呈圆形或椭圆形。胞核呈肾形、马蹄形或扭曲折叠的不规则形，染色质呈细网状，着色较浅。胞质较多，呈弱嗜碱性，染成浅灰蓝色，内有散在的嗜天青颗粒。单核细胞由骨髓产生，释放至血液后，很快进入肝、脾和淋巴结等器官，转变为体积大、含溶酶体多、吞噬能力强的巨噬细胞。患结核、寄生虫病等慢性感染性疾病时，其数量显著增加。巨噬细胞是体内吞噬能力最强的细胞，能吞噬较大的异物和细菌。血液中的单核细胞和各器官组织中的巨噬细胞，构成单核巨噬细胞系统，是免疫系统的重要组成部分。

临床上白细胞增多见于细菌感染和炎症，白血病时白细胞显著增多。白细胞减少见于某些病毒性传染病、某些重度疾病的后期、长期应用某些药物（如氯霉素等）以及梨形虫病等。

（3）白细胞的生成与破坏。五种白细胞由不同器官组织生成。颗粒白细胞是由红骨髓的原始粒细胞分化而来；单核细胞大部分来源于红骨髓，也有一部分生成于网状内皮系统；淋巴细胞则在脾、淋巴结、胸腺、骨髓、扁桃体以及肠黏膜下集合淋巴结内生成。白细胞一般在血液中停留时间很短，只有几小时或几天，在前 2～3 天内有正常的生理功能，寿命平均为 7～14 天。衰老的白细胞，除大部分被脾脏和肝脏中网状内皮系统的巨噬细胞清除外，有相当数量的粒性白细胞，由唾液、尿、胃肠黏膜和肺排出，有的在执行任务时被细菌或毒素所破坏，也可能在生理止血及血管内皮修复过程中被消耗。

3. 血小板

（1）血小板的形态与数量。哺乳动物的血小板很小，是一种无色、呈圆形或卵圆形的小体，表面有完整的细胞膜，但无细胞核，体积比红细胞小，是骨髓巨核细胞的胞质脱落碎片。在血涂片上，常成群分布于血细胞之间。禽类无血小板，有凝血细胞，凝血细胞呈卵圆形，有核，较小，多三五个聚集在一起，参与血液凝固过程。

（2）血小板的生理特性。

①黏附。当血管内皮损伤暴露胶原组织时，立即引起血小板黏着，这一过程称为血小板黏附。血小板黏附可促进血小板聚集和促进血管收缩。

②聚集。血小板彼此之间互相黏附、聚合成团的过程，称为血小板聚集。血小板聚集可使血小板汇聚于破损部位，血小板的聚集与破损组织及血小板本身释放的 ADP 有关。

③释放反应。血小板受刺激后，可将颗粒中的 ADP、5-羟色胺、儿茶酚胺、Ca^{2+}、血小板因子 3（PF3）等活性物质向外释放。

④收缩。血小板内的收缩蛋白发生收缩，可导致血凝块回缩、血栓硬化，有利于止血过程。

⑤吸附。血小板能吸附血浆中多种凝血因子于表面。血管破裂时，大量的血小板黏附、聚集于破损部位，破损局部凝血因子浓度升高，促进凝血过程。

（3）血小板的功能。

①参与生理性止血。小血管损伤出血后，在很短时间内能自行停止出血的过程，称为生理性止血。当小血管破损出血时，血小板在出血部位发生黏着、聚集形成血凝块，可部分堵塞血管破口。血小板释放的 5-羟色胺、儿茶酚胺等物质，可使小血管收缩，暂时减少或停止出血。同时，在血小板所吸附的凝血因子作用下，血浆内的纤维蛋白原转变成纤维蛋白，并网罗血细胞形成血凝块，在血小板内收缩蛋白的作用下，形成坚实的血栓，堵

塞在血管破损处，达到持久性止血的作用。

②参与凝血。血小板内含有血小板第三因子(PF3)、血小板第二因子(PF2)和血小板第四因子(PF4)等。PF3 提供的磷脂表面是许多凝血因子进行凝血反应的重要场所；PF2 促进纤维蛋白原转变为纤维蛋白单体；PF4 则有抗肝素作用，有利于凝血酶的生成并加速凝血。

③参与纤维蛋白的溶解。血小板对纤维蛋白的溶解具有促进和抑制两种作用。在出血早期，血小板释放抗纤溶物质(PF6)，可抑制纤溶过程，促进止血。当血管血栓形成后，血栓内的血小板能释放纤溶酶原及其激活物、胺类物质，同时刺激血管内皮细胞释放纤溶酶原及其激活物，促使纤维蛋白溶解，有利于血栓溶解和血流通畅。

④维持血管内皮的完整。血小板与毛细血管内皮细胞互相黏连、融合，填补内皮细胞的间隙或脱落处，起到修补和加固作用。

(4)血小板的生成与破坏。血小板由骨髓巨核细胞裂解脱落而成，促血小板生成素作用于骨髓造血干细胞，可促进血小板生成。血小板寿命为 8～12 天。衰老的血小板可在脾、肝和肺组织中被吞噬，也可在发挥作用时被消耗。当脾功能亢进时，会引起血小板数减少。

(二)血浆

血浆是血液的液体成分，其中水分占 90%～92%，溶质占 8%～10%。血浆的化学成分有来自消化道吸收的消化产物，有来自组织细胞释放的代谢产物。在正常情况下，血浆的各种成分都保持在一定浓度的范围内，如果它们发生较长时间或较大幅度的改变，则表示体内代谢过程发生紊乱或某些器官的生理功能失调。因此，分析血浆化学成分，可以辅助疾病的诊断和了解病情的变化。

1. 血浆蛋白质

血浆蛋白占血浆总量的 6%～8%，用盐析法可将血浆蛋白分为清蛋白(白蛋白)、球蛋白和纤维蛋白原。其中清蛋白最多，球蛋白次之，纤维蛋白原最少。清蛋白可形成血浆胶体渗透压，对调节血液与组织液之间的水分平衡起重要作用，还能与其他物质如游离脂肪酸、维生素、类固醇类激素、胆色素和某些金属离子等结合，增强水溶性，有利于这些物质在血液中的运输。球蛋白包括 α、β 和 γ 球蛋白，主要对机体起到免疫作用，此外能与脂类结合形成脂蛋白，对脂类以及脂溶性维生素的运输起重要作用。γ 球蛋白多数为免疫抗体，也称为免疫球蛋白(IgG)，可对某些疾病产生一定的抵抗作用。纤维蛋白原是止血和血凝不可缺少的重要因素。血浆蛋白可形成蛋白缓冲对，调节血液的酸碱平衡。

2. 血糖

血液中所含的葡萄糖称为血糖，为 0.06%～0.16%。

3. 血脂

血液中脂肪为 0.1%～0.2%，多以中性脂肪的形式存在，部分以磷脂、胆固醇和胆固醇脂的形式存在。

4. 无机盐

血浆中无机盐的含量为 0.8%～0.9%，均以离子状态存在于血液中，少数以分子或与蛋白质结合状态存在。主要的阳离子有 Na^+、K^+、Ca^{2+} 和 Mg^{2+}；主要的阴离子有 Cl^-、HCO_3^-、HPO_4^{2-} 和 SO_4^{2-}；主要的微量元素有铜、锌、锰、碘、钴等，它们主要存在于有机化合物分子中。这些无机离子对维持血浆晶体渗透压、维持体液酸碱平衡、维持神经肌肉的正常兴奋性都有重要作用。

5. 其他物质

(1)血浆中微量的活性物质，主要包括维生素、激素、酶等物质，虽然含量甚微，但对机体的代谢及生命活动却有重要作用。

(2)非蛋白含氮化合物（NPN），主要是蛋白质代谢的中间产物或终末产物，如尿酸、尿素、肌酐、氨基酸、氨、胆色素等，需要依靠血液运输到排泄系统排出，一旦排泄障碍也会使机体患病。

(3)血浆中不含氮的有机物，如葡萄糖、甘油三酯、磷酸、胆固醇和游离脂肪酸等，它们与糖代谢和脂类代谢有关。

三、血液的理化特性

(一)比重和黏滞性

血液的比重主要决定于红细胞的浓度，其次是血浆蛋白质的浓度。血液黏滞性是指血液流动时内部分子互相摩擦所表现出来的黏着特性，其大小主要取决于所含红细胞数量、红细胞的可塑变形能力以及血浆蛋白的数量。哺乳动物血液的黏滞性是水的 4～5 倍，血液黏滞性是形成血压的重要因素之一，并能影响血流速度。

(二)渗透压

水通过半透膜向溶液中扩散的现象，称为渗透。溶液促使水向半透膜另一侧溶液中渗透的力量，称为渗透压。渗透压的高低取决于溶液中溶质颗粒的多少，而与溶质的种类和颗粒的大小无关。在单位体积的溶液中，颗粒越多，吸引水分的能力越强。凡与血液渗透压相等的溶液，称为等渗溶液。临床输液应以等渗溶液为原则。常用的等渗溶液有 5% 的葡萄糖溶液和 0.9% 的氯化钠溶液（生理盐水）。渗透压比它们高的溶液，称为高渗溶液，如 10% 的氯化钠溶液；渗透压比它们低的溶液，称为低渗溶液。

血液的渗透压由两部分构成：一种是由血浆中的无机离子、尿素和葡萄糖等晶体物质构成的晶体渗透压，约占总渗透压的 99.5%，形成血浆晶体渗透主要成分是 NaCl；另一种是由血浆蛋白质构成的胶体渗透压，仅占总渗透压的 0.5%。血浆晶体渗透压，虽然数值较大，但由于毛细血管壁的通透性较大，晶体溶质颗粒可迅速通过毛细血管壁而进入细胞间液，因而对血液和组织液之间的水交换影响不大，其主要影响细胞内外的水分交换，对于维持血细胞和组织细胞的正常形态和功能有重要意义。而血浆的胶体渗透压虽然数值小，但由于血浆蛋白一般不易透过毛细血管壁而进入组织液，而且血浆蛋白浓度高于组织液，可促进组织液水分回流到毛细血管，影响血浆和组织液间的水分交换，对于血容量及体内水平衡的保持有重要作用。

(三)酸碱度

动物的血液呈弱碱性，pH 在 7.35～7.45 之间，变动的范围很窄，生命活动能够耐受的血液 pH 最大范围是 6.9～7.8。在正常情况下，血液 pH 之所以保持稳定，是因为血液中含有许多既可中和酸又可中和碱的缓冲对。

血液中含有多种成对存在的缓冲物质，通常是由弱酸和碱性弱酸盐组成。血浆中主要缓冲对有：$NaHCO_3/H_2CO_3$、Na_2HPO_4/NaH_2PO_4、Na-蛋白质/H-蛋白质等；红细胞中的缓冲对有：KHb/HHb、$KHbO_2/HHbO_2$。其中以 $NaHCO_3/H_2CO_3$ 最为重要。当血液中酸性物质增加时，碱性弱酸盐与之起反应，使其变为弱酸，于是酸性降低；而当血液中的碱性物质增加时，则弱酸与之起反应，使其变为弱酸盐，缓解了碱性物质的冲击。临床上把每 100 mL 血浆中含有的 $NaHCO_3$ 的量称为碱贮。在一定范围内，碱贮增加表示机体对固定酸的缓冲能力增强。

四、抗凝和促凝的措施

血液从血管流出后，形成胶冻状的固体，这种现象称为血凝。血凝的实质是血液中的可溶性纤维蛋白原转变为不溶的呈丝状有黏性的纤维蛋白，纵横交错，把血细胞网罗在一起，形成固态的血凝块。各种家畜血凝发生所需时间略有差异：牛 6.5 min、羊 2.5 min、猪 3.5 min、马 11.5 min。

（一）血凝过程

血凝是一系列复杂的连锁性生化反应，大体可分为三步。

第一步，凝血酶原激活物的形成。凝血酶原激活物不是一种单纯物质，而是由多种凝血因子经过一系列的化学反应而形成复合物。到目前为止，除血小板外，已发现有 12 种凝血因子，除因子Ⅲ需组织损伤释放外，其余都存在血浆里。当组织受到损伤（外源性系统）或血管内皮损伤（内源性系统）时，就会使体内原来存在的一些没有活性的组织因子和接触因子被激活，这些因子进一步按照一定顺序活化其他凝血因子，在 Ca^{2+} 的参与下，即可形成凝血酶原激活物。

第二步，凝血酶原转变成凝血酶。血浆中有肝脏生成的没有活性的凝血酶原，当凝血酶原激活物出现后，即可在 Ca^{2+} 的参与下，催化凝血酶原成为有活性的凝血酶。

第三步，纤维蛋白原转变为纤维蛋白。凝血酶出现后，在 Ca^{2+} 的参与下，使纤维蛋白原（溶解状态）转变为非溶解状态的纤维蛋白，从而使血液发生凝固。

血液在血管内流动时一般不发生凝固，其原因为：一方面是心血管内皮光滑，上述反应不易发生；另一方面是血浆中存在一些抗凝血物质（如肝素和抗凝血酶Ⅲ），肝素可抑制凝血酶原激活物的形成，阻止凝血酶原转化为凝血酶，抑制血小板黏着、聚集，影响血小板内凝血因子的释放。抗凝血酶Ⅲ的作用主要是与凝血酶结合成复合物使之失活；此外，如果血液在心血管中由于纤维蛋白的出现而产生凝血时，血浆中存在的纤维蛋白溶解酶也往往被激活，迅速将纤维蛋白溶解，使血液不再凝固，保证血液正常运行。

（二）抗凝和促凝的措施

在实际工作中，常采取一些措施促进凝血过程（减少出血、提取血清）或防止、延缓凝血过程（如储存血、化验血、避免血栓形成、获取血浆等）。

1. 抗凝或延缓血凝的方法

（1）低温。血液凝固是一系列酶促反应，而酶的活性受温度影响最大，把血液置于较低温度下可降低酶促反应而延缓凝固。另外，低温还能增强抗凝剂的效能。

（2）加入抗凝剂（去除 Ca^{2+}）。在凝血的三个阶段中，都有 Ca^{2+} 的参与，如果除去 Ca^{2+} 可防止血凝。血液化验时常用的抗凝剂有草酸钾、草酸铵、柠檬酸盐等，可与血浆中 Ca^{2+} 结合成不易溶解的钙盐。

（3）血液与光滑面接触。将血液置于特别光滑的容器内或预先涂有石蜡的器皿内，可以减少血小板的破坏，延缓血凝。

（4）使用肝素。肝素在体内、外都有抗凝血作用。

(5)使用双香豆素。双香豆素的主要结构与维生素 K 很相似，但作用与维生素 K 相对抗。双香豆素可阻止某些凝血因子在肝内合成，故注射于循环血液后能延缓血凝。草木樨的青贮或干草腐霉时，由于所含的香豆素能转变为双香豆素，牛、羊连续采食此种饲料后，常引起皮下和肌肉中广泛的血肿及胸腔、腹腔内出血。

(6)脱纤维。若将流入容器内的血液，迅速用木棒搅拌，或容器内放置玻璃球加以摇晃，由于血小板迅速破裂等原因，加快纤维蛋白的形成，并使形成的纤维蛋白附着在木棒或玻璃球上，这种去掉纤维蛋白的血液称为脱纤血，不再凝固。

此外，水蛭素具有抗凝血酶的作用，皮肤被水蛭叮咬时，常因有水蛭素的存在，出血不易凝固。

2. 加速血凝的方法

(1)升高温度。血液加温后能提高酶的活性，加速凝血过程。

(2)提高创面粗糙度。提高创面粗糙度可促进凝血因子的活化，促使血小板解体释放凝血因子，最后形成凝血酶原激活物。

(3)注射维生素 K。肝脏在合成凝血酶原的过程中，首先合成凝血酶原前体。在有充足维生素 K 存在时，凝血酶原前体在肝脏进一步转化成凝血酶原，并释放入血；维生素 K 还可促进某些凝血因子在肝脏合成。因此，维生素 K 对出血性疾病具有加速血凝和止血的作用。

五、血量和失血

动物体内的血液总量称为血量，血量占体重的 6%～8%，并随动物的种类、性别、年龄、营养状况、妊娠、泌乳和所处的外界环境而发生变化。

家畜的血液总量，一般可按体重百分比计算：牛 8.0%、猪 4.6%、马 10.0%。这些血液在安静时并不全部参加血液循环，总有一部分交替贮存于脾、肝、皮肤的毛细血管等处，这些具有贮存血液机能的脏器或部位称为血库，其贮存的血量大约为总血量的 8%～10%，在机体剧烈活动或大失血时，会迅速释放参加血液循环。因此家畜一次失血如果不超过 10%，不会影响健康，因失血而损失的水分、无机盐等，在 1～2 h 内可由细胞间液得到补充；血浆蛋白可由肝脏在几天内加速合成而补充；血细胞一方面由血库补充，另一方面也可由骨髓加速生产，约经一个月完全恢复。但如果一次性失血超过 20%，机体生命活动会受到影响，短时间内失血超过 30%，可能危及生命。

临床上输血时首选同型的血型交叉配血试验。供血者红细胞与受血者血清相混合，称为主测(直接配血)；同时将受血者红细胞与供血者血清相混合，称为次测(间接配血)。如果两测都无凝集反应，方可输血，如果出现凝集反应，特别是主测凝集，绝对不能输血。

六、血液的机能

(一)运输作用

血液的主要机能是运输营养物质和氧气到各组织细胞，同时将代谢产物运到排泄器官排出体外。血液还可运输激素，以实现体液调节。

(二)调节作用

血液通过与细胞内液、组织间液的不断交换及循环运输，可调节内环境的相对稳定。

(三)防御和保护作用

血液中的白细胞可吞噬细菌和病原体；抗体可参与免疫；凝血因子及血小板等参与凝

血。因此血液对机体有重要的防御和保护作用。

第四部分 心脏生理

一、心肌的生理特性

心肌细胞按结构和功能可分为普通心肌细胞和特殊分化的心肌细胞。普通心肌细胞又称为工作细胞，是构成心房和心室的细胞，这类心肌细胞富含肌原纤维，主要功能是收缩做功，提供心泵活动的动力。特殊分化的心肌细胞又称为自律细胞，包括 P 细胞和浦肯（金）野氏细胞。P 细胞主要存于窦房结中，是窦房结产生自动节律性兴奋的细胞，故又称为起搏细胞。浦肯（金）野氏细胞广泛存在于除窦房结和房室结以外的所有心传导系统中。自律细胞无收缩能力，但具有产生自动节律性兴奋的能力，并将兴奋进行传导。

心肌细胞的生理特性包括自律性、兴奋性、传导性和收缩性。正常生理状态下，自律性是自律细胞所特有，而收缩性是工作细胞的生理特性。

（一）自动节律性

心脏在没有神经支配的情况下，在若干时间内，仍能维持自动而有节律跳动的特性，称为自动节律性，自动节律性源于心脏的传导系统。构成心脏传导系统的细胞均有自律性，但自律性高低不一。窦房结的 P 细胞自律性最高，以猪为例，每分钟可发生兴奋 70 次左右；其次是房室交界和房室束及其分支，每分钟 40～60 次；浦肯（金）野氏纤维自律性最低，每分钟发生兴奋不足 20 次。由于窦房结自律性最高，它产生的节律性冲动按一定顺序传播，引起其他自律细胞以及心房、心室肌细胞的兴奋，产生与窦房结一样的节律性活动，因此窦房结成为心脏正常活动的起搏点。其他自律细胞的自律性依次降低，在正常情况下不自动产生兴奋，只起传导兴奋的作用，所以是潜在起搏点。以窦房结为起搏点的心脏节律性活动，称为窦性心律。当窦房结功能出现障碍，兴奋传导阻滞或某些自律细胞的自律性异常升高时，潜在起搏点也可自动产生兴奋，而引起部分或全部心脏活动。这种以窦房结以外为起搏点的心脏活动，称为异位心律。

（二）传导性

传导性是指心肌细胞产生的兴奋，沿着细胞膜向外传播的特性。正常生理情况下，由窦房结发出的兴奋，可以按一定途径传播到心脏各部，顺次引起整个心脏中的全部心肌细胞进入兴奋状态。

兴奋在心脏不同部位，传导速度不同，具有快—慢—快的特点。窦房结发出的兴奋经心房传导组织（结间束），迅速传给左、右心房，激发两心房同步收缩，同时，兴奋以 1.7 m/s 的速度由窦房结较快地传到房室交界。但兴奋通过房室交界的传导速度变慢，仅达 0.02 m/s，并有约 0.07 s 的短暂延搁，称为房—室延搁。这一延搁具有重要的生理意义，它使心房和心室不会同时兴奋，保证心房完全收缩把全部血液送入心室，使心室收缩时有充足的血液射出。随后，心室传导组织传导速度又变快，浦肯（金）野氏纤维传导速度最快，可达 4 m/s。这样，兴奋经房—室延搁后，迅速传到心室肌，使左右心室同步收缩。

（三）兴奋性

心肌对适宜刺激发生反应的能力，称兴奋性。

1. 心肌兴奋时其周期性变化

当心肌发生一次兴奋后，其兴奋性需经历各个时期的变化之后，才恢复正常。

（1）绝对不应期。心肌受到刺激而出现一次兴奋后，有一段时间兴奋性极度降低到零（从去极化开始到复极达 -55 mV），此时无论给予多大的刺激，心肌细胞均不发生反应，称为绝对不应期。心肌细胞绝对不应期比其他任何可兴奋细胞都长得多，这对保证心肌细胞完成正常功能极其重要。它可使心肌细胞每两次兴奋之间，都保持一定的时间间隔，从而保证心肌兴奋所引起的收缩能够一次一次地分开。绝对不应期过后有段时间（从 -55 mV 复极到 -60 mV），给予强烈刺激可使膜发生局部兴奋，但不能爆发动作电位。从去极化开始到复极达 -60 mV 这段时间内，给予刺激均不能产生动作电位，称为有效不应期。

（2）相对不应期。在心肌开始舒张的一段时间内（相当于复极 $-60\sim-80$ mV），给予较强的刺激，可引起心肌细胞产生兴奋，称为相对不应期。此期心肌兴奋性已逐渐恢复，但仍低于正常。

（3）超常期。在舒张完毕之前的一段时间内（$-80\sim-90$ mV），给予较弱的刺激，就可引起兴奋，称为超常期。超常期过后，心肌细胞的兴奋性完全恢复正常水平。

2. 期前收缩和代偿性间歇

正常心脏是按窦房结的自动节律性进行活动的，窦房结产生的每次兴奋，都在前一次心肌收缩过程完成后，才传到心房肌和心室肌。如果在心室的有效不应期之后，心肌受到人为的刺激或起自窦房结以外的病理性刺激时，心室可产生一次正常节律以外的收缩，称为期外收缩。由于期外收缩发生在下一次窦房结兴奋所产生的正常收缩之前，故又称为期前收缩。期前兴奋也有自己的有效不应期，当紧接在期前收缩后的一次窦房结的兴奋传到心室时，正好落在期前兴奋的有效不应期内，因而不能引起心室兴奋和收缩，必须等到下一次窦房结的兴奋传来，才能发生收缩。所以在一次期前收缩之后，往往有一段较长的心脏舒张期，称为代偿间歇，恰好补偿上一个额外收缩所缺的间歇期时间，以保证心脏有充足的补偿氧和营养物质的时间，而不致发生疲劳。代偿间歇后的收缩往往比正常收缩强而有力。

（四）收缩性

心肌的收缩性是指心房和心室工作细胞具有接受刺激产生收缩反应的能力。正常情况下它们仅接收来自窦房结的节律性兴奋的刺激。心肌收缩的最大特点是单收缩而不像骨骼肌的强直收缩，从而使心脏保持舒缩活动交替进行，保证心脏的射血和血液回流等功能的实现。此外，兴奋在心房或心室内传导速度很快，几乎同时到达所有的心房肌或心室肌，从而引起全心房或全心室同时收缩，称为同步收缩。同步收缩效果好，力量大，有利于心脏射血。

心肌的各种特性，常因内环境中许多理化因素的改变而改变。如体温升高可使心跳加强加快，体温下降则使心跳变慢；血液 pH 低于 7.35 时，心肌收缩明显减弱；血钠、血钾、血钙三种离子必须同时存在。钠离子是维持心肌兴奋性必不可少的离子；钾离子又可抑制心肌的兴奋性和传导性，如血钾过高会引起心动过缓、传导阻滞、心肌收缩不良，但血钾过低又会引起心肌自动节律性增强、发生期外收缩；钙离子是心肌维持收缩性所必需的离子，过高会导致心脏舒张不全，甚至发生心脏停止于收缩期的现象。所以临床上输液时一定要注意上述三种离子的比例、用量和输液速度，必要时应调整给药方法。

二、心动周期和心率

(一)心动周期

心脏每收缩和舒张一次,称为一个心动周期。在一个心动周期中,心脏各部分的活动遵循一定规律,又有严格的顺序性,一般分为三个时期。

心房收缩期:左、右心房基本上同时收缩,两心室处于舒张状态。

心室收缩期:左、右心室收缩,两心房已收缩完毕,进入舒张状态。

间歇期:心室已收缩完毕,进入舒张状态,而心房仍然保持舒张状态。

由于心房的舒缩对射血意义不大,所以一般都以心室的舒缩为标志。把心室的收缩期叫心缩期,而把心室的舒张期叫心舒期。

以健康成年猪为例,每分钟心脏平均搏动75次,即每分钟平均有75个心动周期,则每个心动周期持续时间为0.8 s。其中心房收缩期为0.1 s,舒张期0.7 s;心室收缩期0.3 s,舒张期0.5 s;间歇期约0.4 s,占50%。在心动周期中,由于心房和心室收缩期都比舒张期短,所以心肌在每次收缩之后,能够有效地补充消耗和排除代谢产物。心动周期中间歇期占总时间的50%,保证心脏有充足的时间使静脉血回流和充盈心室,并使心肌有充分的时间从冠状循环中得到足够的血液供应,因而心脏具有不疲劳性。

心动周期的长短,依心率的变化而不同。如果心率增加,心动周期就缩短,收缩期和舒张期均缩短,但一般舒张期的缩短更明显。因此,心率增快时心肌的工作时间相对延长,休息时间相对缩短,对心脏的持久活动不利。

(二)心率

健康动物安静状态下每分钟的心跳次数,称为心率。心率与起搏点的频率相一致。心率可因动物种类、年龄、性别、所处环境、地域等情况而不同(见表8-3)。一般表现为基础代谢率高者心率稍高,如幼龄、雄性、妊娠母畜、小动物等心率稍高。运动剧烈、惊恐等情绪紧张时,心率也会加快。同一个体在安静或睡眠时心率慢。

表 8-3　各种动物心率的正常变动范围

动物	心率(次/min)	动物	心率(次/min)
马	28~42	狗	80~130
奶牛	60~80	兔	120~150
公牛	30~60	鸡、火鸡	120~200
羊	60~80	猪	60~80

三、心脏的泵血过程

(一)心房收缩期

此期正处于间歇期末,心室的压力低于心房的压力,房室瓣已开放,心房收缩时,房内压升高,血液便通过开放的房室瓣进入心室,使心室血液更充盈。

(二)心室收缩期

心房舒张后,心室开始收缩,室内压逐渐升高,当超过房内压时,房室瓣关闭,使血液不能逆流回心房。室内压继续升高,当超过主动脉和肺动脉内压时,血液冲开动脉瓣,迅速射入主动脉和肺动脉内。心室收缩时,心房已处于舒张期,可吸引静脉血液流入心房。

（三）间歇期

心室舒张，室内压急剧下降，低于动脉内压时，动脉瓣立即关闭，防止血液倒流回心室。室内压继续下降，当低于房内压时，房室瓣开放，吸引心房血液流入心室，为下一个心动周期做准备。

四、心音

心动周期中，由于心肌收缩、瓣膜启闭，引起血流振动产生的声音，称为心音。在胸壁的适当部位可以听到"嗵——嗒"两个声音，分别称为第一心音和第二心音。

第一心音发生于心室收缩期，音调低，持续时间长，属浊音，在心尖搏动处听得最清楚。第一心音主要由于心室收缩，房室瓣关闭、腱索弹性震动，血液冲开主动脉瓣、肺动脉瓣及血液在动脉根部的震动，以及心肌收缩心室壁的震动而产生。第一心音的变化可以反映心肌收缩力量和房室瓣的机能状态。心肌收缩力越强，第一心音也越强。

第二心音发生于心室舒张期，音调较高，持续时间较短。第二心音主要由于心室舒张，室内压下降，主动脉瓣和肺动脉瓣关闭，血流冲击大动脉根部以及心室内壁震动而产生。第二心音反映动脉血压的高低以及半月瓣的功能状态。

各种家畜心脏的位置一般都在第 3～6 肋之间，稍偏左侧，故听心音时一般站在动物的左侧来进行。听诊心音主要用于判断心音的频率及节律，注意心音的强度与性质的改变，是否有心音分裂和心杂音，以此来推断心脏的功能以及血液循环的状态。

五、心输出量

（一）每搏输出量和每分输出量

心脏收缩时，从左右心室射进动脉的血量基本上相等。每个心室每次收缩排出的血量，叫每搏输出量。在相对安静状态时，每搏输出量只占心室内血量的一部分（55%～65%）。

每个心室每分钟排出的血液总量，称为每分输出量。一般所说的心输出量都是指每分输出量而言。它是衡量心脏功能的一项重要指标。每分输出量大致等于每搏输出量和心率的乘积即：

$$心输出量＝每搏输出量×心率$$

正常时，心输出量是随机体新陈代谢的强度而改变。新陈代谢增强时，心输出量会相应增加。如食后进行消化活动时，心输出量可比安静时明显增加；妊娠后期的心输出量可增加 45%～85%。心脏这种能够增加心输出量来适应机体需要的能力，叫作心力储备。

心力储备有两种表现形式，一是心率储备，是指通过加快心率来增加每分输出量；二是搏出量储备，是指通过加强心肌收缩来增加每搏输出量。当充分动用心率储备和搏出量储备时，每分输出量可达平静时的 5～6 倍。当心脏的储备力最大限度发挥后，仍不能适应机体需要时，即发生心力衰竭。

（二）影响心输出量的主要因素

决定心输出量的因素是每搏输出量和心率，而每搏输出量的大小主要受静脉回流量和心室肌收缩力的影响。

1. 静脉回流量

实验证实，心肌的收缩力决定于心肌收缩前的肌纤维长度，也就是心室舒张末期的容积。在一定范围内，心室舒张末期的容积越大，心室肌的收缩力就越强，每搏输出量越多。因此，凡是影响心室舒张末期容积的因素都会影响每搏输出量。在这些因素中，最主要是静脉回流量。当静脉回心血量增加时，心室容积相应增大，收缩力加强，每搏输出量就增多。反之，静脉回心血量减少，每搏输出量也减少。

2. 心室肌收缩力

在静脉回流量和心舒末期容积不变的情况下，心肌可在神经系统和各种体液因素的调节下，改变心肌的收缩力量。如动物运动时，心舒末期容积并不增大，但是在交感—肾上腺系统的调节下，心肌收缩力量增强，使心缩末期的容积比正常时进一步缩小，减少心室的残余血量，从而使每搏输出量明显增加。

3. 心率

心率加快在一定范围内能够增加心输出量。但心率过快会使心动周期的时间缩短，特别是舒张期的时间缩短。这样就造成心室还没有被血液完全充盈的情况下进行收缩，结果每搏输出量减少。此外，心率过快会使心脏过度消耗供能物质，从而使心肌收缩力降低。所以，动物心力衰竭时，尽管心率增快，但并不能增加心输出量而使循环功能好转。经过良好训练的动物，主要依靠增加每搏输出量的方式来提高心输出量；而没有经过充分锻炼的动物，常依靠增加心率来提高心输出量。

第五部分　血管生理

不论体循环或肺循环，由心室射出的血液都流经动脉、毛细血管和静脉，最后返回到心房。动脉是分布系统，它将血液运到全身各部，并调节各部的血液供应来适应各器官组织的需要；毛细血管是交换血管，在血液流经组织的短时间内与组织进行物质交换，是循环系统真正发挥作用的部位；静脉是引流系统，把毛细血管的血液输送回心脏。

一、动脉血压和动脉脉搏

血压是指血液在血管内流动时对血管壁产生的侧压力，血压的数值（高于大气压以上那部分的数值）通常用千帕（kPa）来表示。形成血压的两个基本因素：一是心脏、血管中血液充盈；二是心脏射血。心室收缩时，推动血液带着一定的能量高速流进动脉，其中小部分能量转化为推动血液流动的动能，其余大部分能量则以势能的形式作用于血管壁而产生血压。在心舒期，大动脉发生弹性回缩，又将一部分势能转变为推动血液流动的动能，使血液在血管中继续向前流动（见图8-12）。由于血液从大动脉流向心房的过程中不断消耗能量，所以，血管系统各部分的血压是逐渐降低的，主动脉血压最高，中、小动脉血压较低，毛细血管血压进一步降低，到心脏附近的大静脉，血压降到最低点，而且常为负值（比大气压低）。通常所说的血压是指动脉血压。

（一）动脉血压（见表8-4）

动脉血压在血液循环中占有重要地位，它决定其他血管中的压力，是保证血液克服阻力供应各器官的主要因素。动脉血压过低不能保证有效的循环和血液供应；动脉血压过高会增加心脏和血管的负担，甚至损伤血管引起出血。血压长期过高往往会引起左心室代偿性肥大和心血管系统的其他功能性和器质性的病理性变化。每次心动周期中，动脉血压可随着心室的舒缩活动而波动，在心室收缩射血过程中，动脉血压所能达到的最高值，叫收缩压或最高压，它的高低可反映心缩力的大小；当心室舒张时，动脉血压下降的最低值，

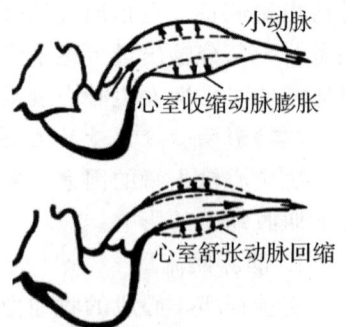

小动脉
心室收缩动脉膨胀

心室舒张动脉回缩

图8-12　动脉管壁弹性对血流和血压的影响

叫舒张压或最低压，它主要反映外周阻力的大小。收缩压和舒张压的差，叫脉搏压，它可以反映动脉管壁的弹性，动脉管壁弹性良好可使脉压减小，弹性下降则脉压上升。在动脉系统各部，收缩压的下降比舒张压明显，所以这两种动脉血压越向外周就越相互接近，脉搏压也随着缩小，在末梢小动脉，血压不再出现收缩压和舒张压的差别。

表 8-4　健康动物的血压参考值

动物种类	收缩压（kPa）	舒张压（kPa）
马、骡	13.33～16.00	4.67～6.67
牛	14.67～18.67	4.00～6.67
羊	13.33～16.00	6.67～8.67
猪	18.00～20.66	6.00～7.33
犬	18.67～22.66	4.00～9.33
猫	20.66	13.33
兔	12.00～17.33	8.00～12.13
骆驼	17.33～20.66	6.67～10.00

动脉血压的数值主要取决于心输出量和外周阻力，因此，凡是能影响心输出量和外周阻力的因素，都影响动脉血压。临床上大动物多在尾中动脉或正中动脉、小动物多在股动脉测定血压。

（二）动脉脉搏

1. 动脉脉搏的形成

每次心室收缩时，血液射向主动脉，使主动脉内压在短时间内迅速升高，富有弹性的主动脉管壁向外扩张。心室舒张时，主动脉内压下降，血管壁又发生弹性回缩而恢复原状。因此，心室的节律性收缩和舒张使主动脉壁发生同样节律扩张和回缩的振动，这种振动沿着动脉系统的管壁以弹性压力波的形式传播，形成动脉脉搏。通常临床上所说的脉搏是指动脉脉搏，它起始于主动脉，借血液和动脉管壁的传递由近心端向远心端作波形传播，称为脉搏波。脉搏波运行到小动脉末端时，因沿途克服阻力而逐渐消失。

2. 动脉脉搏的临床意义

由于脉搏是心搏动和动脉管壁的弹性所产生，它不但能够直接反映心率和心动周期的节律，而且能够在一定程度上通过脉搏的速度、幅度、硬度、频率等特性反映整个循环系统的功能状态，所以检查动脉脉搏有很重要的临床意义。

脉搏检查的部位：牛在尾中动脉或颌外动脉；马在颌外动脉；羊和小动物在股动脉；猪在心脏听诊。

二、静脉血压和静脉回流

（一）静脉血压

静脉血压是指静脉内血液对血管壁产生的侧压力。当循环血液流过毛细血管时，绝大部分能量用于克服血管系统的阻力而消耗，因此到达微静脉部位的血流对管壁产生的侧压力已经很小，血压下降至 2.0～2.7 kPa。由于静脉管壁薄、易扩张、容量大，较小的压力变化就能引起较大的容量改变，所以与动脉相比，在整个静脉系统中血压变化相差不大。

右心房作为体循环的终点，血压最低，接近于零（约等于大气压），通常将在右心房和胸腔内大静脉的血压称为中心静脉压，而各器官的静脉血压称为外周静脉压。

临床需要大量补液时，通过测定中心静脉压，可以判定补液速度和补液量是否适宜。如中心静脉压低，血压低，表明血容量不足，必须大量、快速补液，以提高血容量，改善循环功能；如果中心静脉压已回升到接近正常水平，血压也已回升，可放慢补液速度和减少补液量；如果中心静脉压超过正常值，血压偏低，表明心功能不全或心力衰竭，必须首先改善心功能，并严格控制补液。

（二）静脉血回流

1. 血压差促使血液回流

单位时间内由静脉回流心脏的血量等于心输出量。静脉对血流阻力很小，由微静脉回流至右心房的过程中，血压仅下降约 2.0 kPa。动物躺卧时，全身各大静脉均与心脏处于同一水平，由于远心段静脉血压向近心段依次降低，所以单靠静脉系统中各段的血压差就可以推动血液流回心脏；但在站立时，因受重力影响血液将积滞在心脏水平以下的腹腔和四肢的末梢静脉中，这时需借助外在因素的作用促使其回流，主要的外在因素有骨骼肌的挤压作用和胸膜腔的抽吸作用。

2. 骨骼肌的挤压作用

当血液因重力而下沉时，除能反射性地引起小动脉和静脉收缩，迫使血液向心流动外，骨骼肌的收缩是促进静脉回流的重要因素，骨骼肌收缩时，挤压附近的静脉，使其中的血液推开瓣膜朝着向心的方向流动；当骨骼肌舒张时，因静脉内有瓣膜存在，使静脉中的血液只能向心方向流动而不会倒流。

3. 胸膜腔负压的抽吸作用

胸膜腔内压力比大气压低，吸气时更低。由于静脉管壁薄而柔软，所以吸气时，胸腔内的大静脉受到负压牵引而被动扩张，使静脉容积增大，内压下降，因而对静脉血回流起着抽吸作用。同时由于吸气时膈的后退，能压迫腹腔内脏血管而使腹腔内静脉血回流加快。此外，心脏舒张时在心房和心室内产生的较小的负压对静脉回流也有抽吸作用。

三、微循环

微循环是指小动脉和小静脉之间微细血管的血液循环，其功能是完成血液和组织液之间的物质交换。典型的微循环由微动脉、后微动脉、毛细血管前括约肌、真毛细血管、通血毛细血管、动—静脉吻合支和微静脉等部分组成。微动脉的管壁有环形的平滑肌，其收缩和舒张可控制微血管的血流量；微动脉分支成为管径更细的后微动脉，每根后微动脉向一根至数根真毛细血管供血，在真毛细血管起始端通常有 $1\sim2$ 个平滑肌细胞形成一个环，即毛细血管前括约肌，该括约肌的收缩状态决定进入真毛细血管的血流量。

在微循环系统中，血液由小动脉到小静脉有三条不同的途径（见图 8-13）。

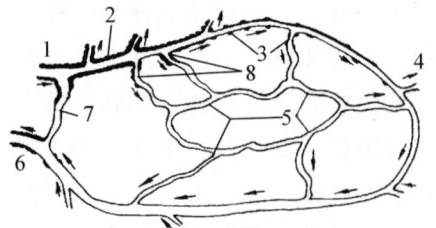

图 8-13   微循环模式图

1. 小动脉；2. 中间小动脉；3. 前毛细血管；

4. 直捷通路；5. 真毛细血管；6. 小静脉；

7. 动静脉短路；8. 前括约肌

(一)直捷通路

直捷通路指血液从微动脉经后微动脉和通血毛细血管进入微静脉的通路。通血毛细血管比一般的真毛细血管稍粗，中途不分支，路程短血流速度快。物质交换作用不大，其主要功能是在静息状态时保证血液能及时通过微循环区而不至于在真毛细血管滞留，不会影响静脉回流，使血压能维持正常。直捷通路在骨骼肌组织的微循环中较为多见。

(二)营养通路

营养通路指血液由微动脉、后微动脉和开放着的毛细血管前括约肌，进入由真毛细血管组成的迂回曲折的真毛细血管网，最后汇集于微静脉。该通路中血流速度慢，血液流程长，与组织细胞接触广泛，所以能完成血液和组织间的物质交换作用。当组织处于安静状态时，多数毛细血管前括约肌收缩而关闭，使大部分血液经直捷通路流回微静脉；当组织活动增强时，括约肌由于受到血中代谢产物(如二氧化碳、乳酸等)的影响而舒张，于是真毛细血管开放，借以增加血液与组织间的物质交换。

(三)动—静脉短路

在某些情况下，血液从微动脉经动静脉吻合支直接流进微静脉，完全没有物质交换的作用，其功能是快速调运血液和调节通过局部毛细血管床的血流量。这条通路多见于皮肤、耳廓、肠系膜和肝、脾等器官中，在一般情况下，此通路处于关闭状态。皮肤的动静脉短路对于调节皮肤的局部温度和调节机体的体温有一定的作用。

四、组织液的生成与回流

存在于血管外组织细胞间隙中的液体称为组织液，呈胶冻状，不能自由流动，不会因为重力作用而流向身体低垂部位，同时也无法用注射器抽出，是毛细血管中血液与血管外组织细胞进行物质交换的媒介。

(一)组织液的生成与回流(见图 8-14)

组织液来自毛细血管血液，因毛细血管壁具有通透性，除血细胞和大分子物质(如高分子蛋白质)外，水和其他小分子物质，如营养物质、代谢产物、无机盐等，都可以弥散或滤过的方式透过毛细血管壁，在血液和组织液之间进行交换。组织液中各种离子成分与血浆相同，各种血浆蛋白质的浓度明显低于血浆。

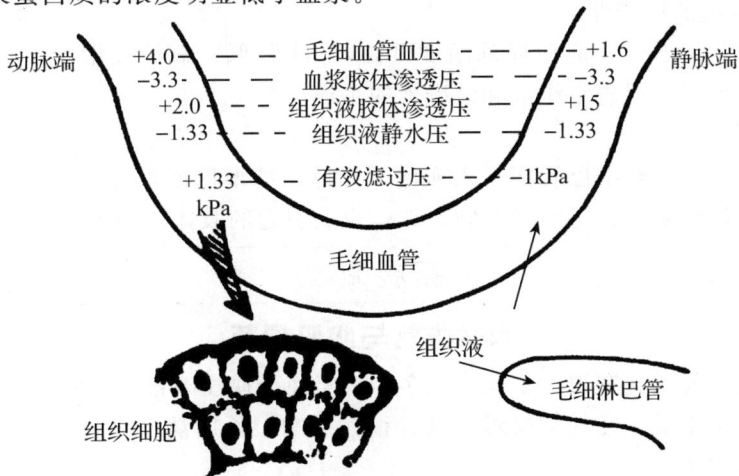

	动脉端				静脉端
	+4.0	毛细血管血压	+1.6		
	−3.3	血浆胶体渗透压	−3.3		
	+2.0	组织液胶体渗透压	+15		
	−1.33	组织液静水压	−1.33		
	+1.33 kPa	有效滤过压	−1kPa		

毛细血管

组织液

毛细淋巴管

组织细胞

图 8-14　组织液生成与回流示意图

组织液是血浆滤过毛细血管壁形成的。液体通过毛细血管壁的滤过和重吸收取决于四个因素：即毛细血管血压、组织液胶体渗透压、组织液静水压、血浆胶体渗透压，其中，毛细血管血压和组织液胶体渗透压是促使液体由毛细血管内向血管外滤过的力量（生成压），组织液静水压和血浆胶体渗透压是将液体从血管外重吸收入毛细血管内的力量（回流压）。滤过的力量和重吸收的力量之差，称为有效滤过压，它决定着毛细血管内血浆成分的移动方向和速度。在毛细血管动脉端的有效滤过压为 1.37 kPa，血管中部分血浆滤出到组织间隙形成组织液；在毛细血管的中部，有效滤过压逐渐减小到零，而使滤过作用完全停止；在毛细血管的静脉端，毛细血管血压下降到 1.6 kPa，而组织液静水压、血浆胶体渗透压和组织液胶体渗透压却保持恒定，因此，毛细血管静脉端的有效滤过压为 −1.03 kPa，这样组织液中部分水分和溶解在其中的各种代谢产物就重新被毛细血管所吸收，其余约 10% 进入毛细淋巴管，成为淋巴液。生理情况下，影响有效滤过压的主要因素是毛细血管血压和血浆胶体渗透压。

有效滤过压可用公式表示为：

有效滤过压＝（毛细血管血压＋组织液胶体渗透压）−（组织液静水压＋血浆胶体渗透压）

（二）影响组织液生成的因素

组织液的生成与回流取决于有效滤过压，因此凡是影响有效滤过压的因素，均可影响组织液的生成。在正常情况下，组织液保持动态平衡，故血量和组织液量能维持相对稳定，如果这种动态平衡被破坏，发生组织液生成过多或重吸收减少，而形成组织水肿。

1. 毛细血管血压

凡能使毛细血管血压升高的因素都可促进组织液和淋巴液的生成。炎症部位小动脉舒张或静脉回流受阻时，毛细血管后阻力增加，都可以使毛细血管血压升高，使组织液和淋巴液的生成量增加，若组织液生成大于回流，则导致水肿。

2. 血浆胶体渗透压

在正常生理状况下，血浆胶体渗透压的变化幅度很小，不会成为引起有效滤过压明显变化的因素。在病理状况下，如某些肾脏疾患，因有大量蛋白尿，使血浆蛋白质损失，血浆胶体渗透压降低，导致有效滤过压升高，组织液生成量增加，回流减少，可出现水肿。

3. 毛细血管壁的通透性

组织活动时代谢增强，能使局部温度升高，pH 降低，氧消耗增加，这些都可以使毛细血管壁通透性增强，促进组织液和淋巴液的生成。

4. 淋巴回流

由于一部分组织液经淋巴管回流入血液，因此，如淋巴回流受阻，在受阻部位远端的组织间隙中组织液积聚，也可引起水肿，如丝虫病引起的肢体水肿等。

拓展阅读

心律失常与心肌梗死

现在生活方式与以往有很大不同，很多中青年晚上往往睡得比较晚，有些是因为工作，有些是打游戏或夜生活。经常熬夜对心脏有很大影响，长期熬夜可能会导致心律失常或者心肌梗死等疾病发生。

心律失常通常是因为生理性或者病理因素导致，常见生理因素有情绪激动、睡眠不足等，如果长时间熬夜就会引发心律失常现象。当心律失常发作时，患者一般会伴有心悸、乏力、出汗等，随着病情加重，可能还会出现头晕、黑蒙等。

心肌梗死通常是因为供血或者供氧不足导致，如果长期熬夜，会加快心肌耗氧量，从而导致心肌缺血。心肌梗死患者一般会伴有胸闷、恶心、呕吐、心悸、呼吸困难等。

因此，要减少或尽量避免长时间熬夜、过度劳累，充分休息，养成良好的生活习惯，这有利于身心健康，降低心脏疾病发生的概率，从而保持精力充沛，提高工作效率，提升生活质量。

●●●●● 材料设备清单

项目 8			心血管系统		学时	12	
项目	序号	名称	作用	数量	型号	使用前	使用后
所用设备	1	投影仪	观看视频图片。	1 个			
	2	显微镜	血涂片观察。	40 台			
	3	离心机	血液分离及促凝、抗凝实验。	4 台			
所用工具	4	手术器械	解剖构造观察和生理实验。	4 套			
所用药品（动物）	5	活体牛	心脏和血管体表投影位置确定，心率、血压、脉搏测定和心音听诊。	2 头			
所用材料	6	血涂片	观察血细胞形态构造。	40 张			
	7	心脏、血管模型、标本，新鲜心脏	大体解剖观察。	各 4 套			

●●●●● 作业单

项目 8	心血管系统
作业完成方式	课余时间独立完成。
作业题 1	在心脏构造图中，标明左心房、左心室、右心房、右心室以及二尖瓣、三尖瓣、半月瓣、主动脉、肺动脉、腱索、乳头肌的位置。
作业解答	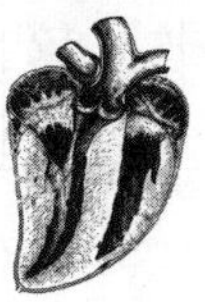

作业题 2	如何确定心脏听诊的体表投影位置？				
作业解答					
作业题 3	结合心腔的构造，阐述心音产生的机理。				
作业解答					
作业题 4	简述体循环和肺循环的途径。				
作业解答					
作业题 5	简述各种动物临床常用的静脉和动脉位置。				
作业解答					
作业题 6	结合血液凝固的过程，说明临床加速和防止凝血的措施。				
作业解答					
作业题 7	叙述组织液生成与回流，并说明影响组织液生成的因素。				
作业解答					
作业评价	班级		第　　组	组长签字	
	学号		姓名		
	教师签字		教师评分		日期
	评语：				

●●●●● 学习反馈单

项目 8	心血管系统				
评价内容	评价方式及标准				
知识目标达成度	作业评量及规准				
	A（90分以上）	B（80~89分）	C（70~79分）	D（60~69分）	E（60分以下）
	内容完整，阐述具体，答案正确，书写清晰。	内容较完整，阐述较具体，答案基本正确，书写较清晰。	内容欠完整，阐述欠具体，答案大部分正确，书写不清晰。	内容不太完整，阐述不太具体，答案部分正确，书写较凌乱。	内容不完整，阐述不具体，答案基本不太正确，书写凌乱。

	实作评量及规准				
	A （90分以上）	B （80～89分）	C （70～79分）	D （60～69分）	E （60分以下）
技能目标达成度	能准确确定心区和主要血管体表投影位置，能正确听取心音、测定心率，能准确识别心脏形态、构造和各类血细胞。操作规范，速度快。	心区和主要血管体表投影位置确定绝大部分正确，心音听取、心率测定以及心脏形态、构造和各类血细胞识别绝大部分正确。操作规范，速度较快。	心区和主要血管体表投影位置确定部分正确，心音听取、心率测定以及心脏形态、构造和各类血细胞识别部分正确。操作较规范，速度一般。	心区和主要血管体表投影位置确定小部分正确，心音听取、心率测定以及心脏形态、构造和各类血细胞识别小部分正确。操作欠规范，速度较慢。	心区和主要血管体表投影位置确定基本不正确，心音听取、心率测定以及心脏形态、构造和各类血细胞识别基本不正确。操作不规范，速度很慢。
	表现评量及规准				
	A （90分以上）	B （80～89分）	C （70～79分）	D （60～69分）	E （60分以下）
素养目标达成度	积极参与线上、线下各项活动，态度认真。处理问题及时正确，生物安全意识强，不怕脏不怕异味。	积极参与线上、线下各项活动，态度较认真。有较强处理问题能力和生物安全意识，不怕脏不怕异味。	能参与线上、线下各项活动，态度一般。处理问题能力和生物安全意识一般。不太怕脏怕异味。	能参与线上、线下部分活动，态度一般。处理问题能力和生物安全意识较差。有些怕脏怕异味。	线上、线下各项活动参与度低，态度较差。处理问题能力和生物安全意识较差，怕脏怕异味。
	反馈及改进				

项目 9

免疫系统

●●●● 学习任务单

项目 9	免疫系统	学时	4
布置任务			
学习目标	1. 知识目标 (1)知晓免疫及其作用； (2)知晓淋巴结和脾的功能； (3)理解淋巴循环的意义。 2. 技能目标 (1)能在新鲜器官或标本上识别淋巴结和脾的形态、颜色、质地和构造； (2)能在显微镜下识别淋巴结和脾的主要组织学构造； (3)能在活体或尸体上正确指出兽医临床和食品卫生检疫中常检淋巴结的位置。 3. 素养目标 (1)培养学生发现、分析、解决问题的能力； (2)能从辩证思维角度理解形态、构造与机能的关系； (3)培养学生爱岗敬业、精益求精、珍爱生命的工匠精神和人文素养。		
任务描述	在实习牧场和实训室内对主要免疫器官进行体表投影位置确定，识别正常状态下淋巴结和脾的位置、形态、颜色、质地和构造，并认知其机能。 具体任务如下。 1. 在实习牧场活体牛上进行常检淋巴结的体表投影位置确定。 2. 在解剖室和标本室利用标本、模型或新鲜器官，识别淋巴结和脾的形态构造。 3. 在组织实训室内进行淋巴结和脾的镜下组织结构观察。 4. 认知各免疫器官的机能。 5. 解析淋巴生成过程和淋巴循环的意义。		
提供资料	1. 白彩霞. 动物解剖生理. 北京：北京师范大学出版社，2021 2. 周其虎. 动物解剖生理. 第三版. 北京：中国农业出版社，2019 3. 张平，白彩霞，杨惠超. 动物解剖生理. 北京：中国轻工业出版社，2017 4. 丁玉玲，李术. 畜禽解剖与生理. 哈尔滨：黑龙江人民出版社，2005 5. 南京农业大学. 家畜生理学. 第三版. 北京：中国农业出版社，2009		

	6. 范作良．家畜解剖．北京：中国农业出版社，2001
	7. 范作良．家畜生理．北京：中国农业出版社，2001
	8. 动物解剖生理在线精品课：
对学生 要求	1. 根据学习任务单、资讯引导，查阅相关资料，在课前以小组合作方式完成任务资讯问题。 2. 以小组为单位完成任务，体现团队合作精神。 3. 严格遵守实训室和实习牧场规章制度，避免安全隐患。 4. 对各种动物的解剖特点进行对比学习。 5. 严格遵守操作规程，做好自身防护，防止疾病传播。

●●●●● 任务资讯单

项目 9	免疫系统
资讯方式	通过资讯引导、观看视频，到本课程及相关课程精品课网站、解剖实训室、标本室、组织实训室、生理实训室、实习牧场、图书馆查询，向指导教师咨询。
资讯问题	1. 什么是免疫？有何作用？举例说明机体获得免疫的方式。 2. 中枢和周围淋巴器官作用有何不同？列举主要的中枢和周围淋巴器官。 3. 禽类特有的中枢淋巴器官是什么？位置在哪？有何作用？ 4. 活体和尸体上淋巴结的颜色有何不同？ 5. 兽医临床和卫生检疫常检的淋巴结有哪些？位置在哪？ 6. 为什么动物体发病一般首先在相应的淋巴结上体现？ 7. 淋巴结的组织构造如何？ 8. 各种动物脾的位置、颜色和质地如何？ 9. 脾的组织学构造如何？ 10. 淋巴结和脾的功能如何？ 11. 参与免疫的细胞有哪些？ 12. 什么是单核巨噬细胞系统？炎症时此系统有何变化？ 13. 淋巴循环有何意义？
资讯引导	所有资讯问题可以到以下资源中查询。 1. 白彩霞主编的《动物解剖生理》项目九。 2. 周其虎主编的《动物解剖生理》第三版项目二中任务十五、十六，项目三中任务三。

3. 张平、白彩霞、杨惠超主编的《动物解剖生理》模块二中项目四。

4. 动物解剖生理在线精品课：

5. 本项目工作任务单中的必备知识。

●●●●● 案例单

项目9	免疫系统	学时	4
序号	案例内容		关联教材内容
1.1	某猪场 4 月龄猪急性发病，体温 41 ℃，呈稽留热，四肢末端有出血点。剖检可见全身淋巴结肿大，周边出血，脾脏表面及边缘出血，并见出血性梗死，肾脏表面有出血点或出血斑。初步诊断为猪瘟。 　　一病死仔猪，剖检见下颌淋巴结和腹股沟淋巴结明显肿胀，呈灰白色，质地柔软，肺、肝、肾等表面均见有大小不一的灰白色隆起，切开病灶见灰黄色浑浊的凝乳状物流出。确诊需进行肿瘤鉴定。		两个案例涉及与本项目内容相关的解剖生理知识点和技能点为：淋巴结和脾的位置、形态、颜色、质地和构造。

●●●●● 工作任务单

项目9	免疫系统
任务	识别免疫器官

子任务 1　识别淋巴结、脾的一般构造

任务描述：在尸体上识别常检淋巴结和脾的位置、形态、颜色、质地和构造。

准备工作：在实训室准备动物尸体、切片、方盘、解剖刀、剪刀、镊子、碘伏、脱脂棉、一次性手套和实验服。

实施步骤如下。

1. 在实验室牛（羊）尸体上识别下颌淋巴结、腮腺淋巴结、肩前淋巴结（颈浅淋巴结）、腋淋巴结、支气管淋巴结、肝门淋巴结、肠系膜淋巴结、髂下淋巴结、腘淋巴结，并识别淋巴结门、输入淋巴管和输出淋巴管等构造。

2. 在牛、羊、猪、马、犬和禽新鲜标本上，识别脾的位置、形态、颜色、质地和构造。

3. 借助互联网、在线精品课学习相关内容。

子任务 2　触摸体表浅层淋巴结

任务描述：在活体牛上确定常检的体表浅层淋巴结的位置。

准备工作：在实习牧场准备牛、六柱栏、保定器械等。

实施步骤如下。

1. 在实习牧场活体牛上确定下颌淋巴结、肩前淋巴结（颈浅淋巴结）、髂下淋巴结、腹股沟浅淋巴结、腘淋巴结的位置。

2. 借助互联网、在线精品课学习相关内容。

子任务 3　识别淋巴结和脾的组织构造

任务描述：在显微镜下识别淋巴结和脾的组织构造。

准备工作：在实训室准备淋巴结和脾切片、生物显微镜等。

实施步骤如下。

1. 在显微镜下识别淋巴结和脾的组织构造。

淋巴结：淋巴结门、被膜、小梁、髓质（髓索、髓质淋巴窦）、皮质（淋巴小结、副皮质区和皮质淋巴窦）。

2. 脾：被膜、小梁、红髓（脾索和脾窦）、白髓（脾小体、中央动脉和动脉周围淋巴鞘）、边缘区。

3. 借助互联网、在线精品课学习相关内容。

必备知识

免疫系统具有双重功能，既是血液循环系统的辅助部分，又是机体重要的免疫防御体系。其主要功能是识别和清除侵入体内的抗原性异物以及自身变性细胞，从而维持机体内部稳定。免疫功能下降或失调，将使机体的抗病能力降低，从而引起各种感染性疾病、肿瘤或自身免疫性疾病。

第一部分　免疫系统概述

一、免疫的作用

免疫是机体自身的一种生理功能，这种功能使得机体能识别外来异物，即精准地分辨"自我"还是"非我"物质，并将这些异物中和、清除及消灭，以达到维持机体生理平衡的能力。免疫的主要作用如下。

（一）免疫防御

免疫系统可阻止病原微生物侵入机体，抑制其在体内繁殖、扩散，并将其清除掉。这种机能降低可导致重复感染，但过高又可导致机体过敏，产生变态反应。

（二）免疫稳定

免疫系统可清除体内衰老、破坏和损伤的细胞，以维持体内细胞数目恒定的自身稳定。

（三）免疫监视

免疫系统能够识别、杀伤和清除体内的突变细胞，否则这些突变细胞易发展成为肿瘤。

二、获得免疫的方式

（一）先天性免疫（非特异性免疫）

先天性免疫是由先天遗传而获得，能非特异性地阻挡或清除入侵体内的病原微生物及体内突变、死亡细胞，但免疫能力弱。如皮肤、黏膜的屏障作用；吞噬细胞的吞噬作用；自然杀伤细胞的杀伤作用及多种体液成分的免疫作用。

（二）获得性免疫（特异性免疫）

获得性免疫是生后由于机体感染某种病原微生物或接触异种、异体抗原而获得，针对某种病原微生物或抗原具有免疫力，免疫力强，不能遗传。这种免疫清除相应抗原的能力，显著强于非特异性免疫，是进行人工免疫的基础。作用范围专一，局限，免疫期长者可达数年甚至终生，短者仅有几个月，甚至更短。

第二部分　免疫器官

一、中枢免疫器官（初级淋巴器官）

中枢免疫器官是免疫细胞发生、分化和成熟的场所，主要包括骨髓、胸腺和法氏囊（腔上囊）。

（一）骨髓

骨髓中的红骨髓可以生成血液中的一切血细胞。骨髓中的多数干细胞经过增殖、分化成髓样干细胞和淋巴干细胞。前者是颗粒性白细胞和单核吞噬细胞的前身；后者是淋巴细胞的前身。哺乳动物的 B 淋巴细胞直接在骨髓内分化、成熟，然后进入血液和淋巴中发挥作用；禽类的 B 淋巴细胞则是淋巴干细胞从骨髓内转移到法氏囊中分化和成熟的。

（二）胸腺

1. 形态位置

胸腺位于胸腔前纵隔内，向前分成左右两叶，并延伸至颈部。胸腺的大小和结构随年龄有很大变化。幼畜腺胸发达，性成熟后逐渐退化，被结缔组织或脂肪组织所代替，但并不完全消失。

牛胸腺：粉红色，犊牛胸腺很发达（见图 9-1），分胸、颈两部。胸部位于心前纵隔内；颈部分左、右两叶，自胸前口沿气管、食管向前延伸至甲状腺的附近。4～5 岁时开始退化，至 6 岁时退化完。

羊的胸腺：呈淡黄色，由心脏伸至甲状腺附近，2 岁时开始退化。

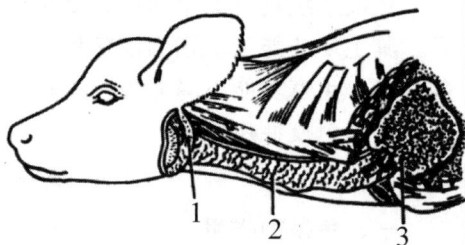

图 9-1　犊牛的胸腺
1. 腮腺；2. 颈部胸腺；3. 胸部胸腺

猪的胸腺：仔猪胸腺发达，呈灰红色，在颈部沿左右颈总动脉向前延伸，1 岁左右开始退化。

马的胸腺：幼驹的胸腺发达，位于前纵隔中，向前至颈部器官的腹侧，呈淡粉红色。两岁以后逐渐萎缩。成年马仅在前纵隔下部，看见一薄的结缔组织遗迹。

犬的胸腺：粉红色，分左右两叶，位于胸腔前部纵隔腹侧，略偏左。犬胸腺在出生后 6～9 周龄完全发育，约 4 月龄开始萎缩。

家兔的胸腺：呈浅粉红色，位于前纵隔内，相当于 1～3 肋软骨处，胸腺缺乏固定形态。幼兔的胸腺较为明显，约长 2.5 cm、宽 2 cm、厚 4 cm，重约 5 g。成年兔胸腺几乎全部被脂肪和结缔组织所填充。

禽的胸腺：位于颈部，形成不规则的两串。鸡每串有 3～8 叶，一般 7 叶，鸭、鹅 5 叶。禽的胸腺呈淡黄或黄红色，沿颈静脉直到胸腔入口的甲状腺处；在性成熟前发育最大，此后开始退化，但常保留一些遗迹。禽的胸腺组织结构与哺乳动物形似，但胸腺小体不典型。

2. 组织构造(见图 9-2)

胸腺表面覆盖着由结缔组织形成的被膜，被膜组织向内深入，将腺组织分隔成胸腺小叶，每个胸腺小叶都由皮质和髓质两部分组成。由于小叶间隔不完整，髓质是互相连接的。皮质和髓质均以上皮细胞为支架，间隙内充满大量游离的淋巴细胞和少量巨噬细胞。皮质内的淋巴细胞密集，在切片上着色较深。髓质内的淋巴细胞稀疏，着色较浅，内含大量上皮细胞和一些 T 细胞、巨噬细胞，也含少量的肥大细胞、有粒白细胞、浆细胞等。

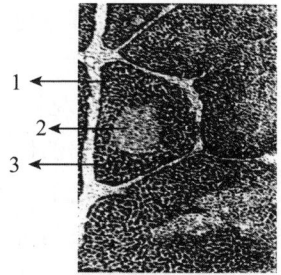

图 9-2 牛的胸腺(低倍镜)
1. 胸腺小叶；2. 髓质；
3. 皮质

3. 胸腺的功能

胸腺不仅是中枢免疫器官，同时也是内分泌器官。

骨髓干细胞进入胸腺后，在胸腺微环境的诱导和选择下，增殖分化，大部分经过 2～3 天便死于胸腺内，只有小部分成熟为具有免疫功能的胸腺依赖淋巴细胞或 T 细胞。因此，胸腺是 T 细胞分化、成熟的场所。

胸腺上皮细胞能分泌多种胸腺激素和细胞因子，促进 T 细胞成熟。胸腺发育异常或者缺失，可引起多种免疫缺陷症。

(三)法氏囊(见图 9-3)

法氏囊又叫泄殖腔囊、腔上囊，是禽类特有的淋巴器官。

1. 形态位置

鸡的呈圆形，鸭、鹅的为长椭圆形。法氏囊为盲囊状结构，位于泄殖腔肛道背侧，以一小柄和泄殖腔相连，柄内有小孔通泄殖腔的肛道。法氏囊性成熟前(3～5 月龄)发育最大，此后逐渐萎缩为小的遗迹(鸡 10 月龄、鸭 1 年、鹅更迟)，直至完全消失。禽类的 B 淋巴细胞在骨髓内产生后，转移到法氏囊中分化、成熟。因此，禽类的 B 淋巴细胞又叫囊依赖性淋巴细胞。

2. 组织构造

法氏囊囊壁与消化管结构相似，由黏膜、黏膜下层、肌层和浆膜构成。

(1)黏膜。黏膜由上皮和固有层两层形成，缺黏膜肌层。黏膜形成突向囊腔的皱褶，法氏囊最大时期，皱褶多达 12～14 条，有时每条大皱褶上还有 6～7 条小皱褶，皱褶呈纵行排列并富含淋巴小结。

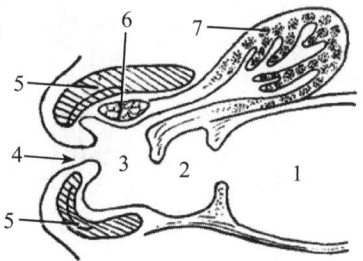

图 9-3 腔上囊
1. 粪道；2. 泄殖道；3. 肛道；4. 肛门；
5. 括约肌；6. 肛腺；7. 法氏囊

上皮：一般为假复层柱状上皮，有的部位为单层柱状上皮或单层立方上皮。

固有层：是法氏囊最厚的一层，由结缔组织构成，其中含有大量的淋巴小结。

(2)黏膜下层。黏膜下层较薄，由疏松结缔组织构成，参与皱褶的形成，并形成皱褶内的小梁。

(3)肌层。肌层一般为两层，内为纵行肌，外为环形肌，有时是斜行的。

(4)浆膜。浆膜由外膜被覆一层间皮构成。

二、周围免疫器官(次级淋巴器官)

周围免疫器官是免疫细胞定居和产生免疫应答的部位,主要包括脾和淋巴结等。

(一)脾

1. 形态位置(见图 9-4)

牛脾:长而扁的椭圆形,灰蓝色,质地较硬,位于瘤胃背囊左前方。

羊脾:钝三角形,红紫色,质较软,位于瘤胃背囊前上方。

猪脾:细而长的带状,断面三角形,暗红色,质较硬,位于胃大弯左侧。

马脾:镰刀形,位于胃大弯左侧。

犬脾:舌形或靴形,深红色,位于胃左侧和左肾之间。

禽脾:圆形(鸡)或三角形(鸭、鹅),褐红色,位于腺胃右侧。鸽为长形,质软而呈褐红色。其白髓和红髓的区分不明显,特别在鸭和鹅,脾小体的中央动脉常不止一条,贮血很少。

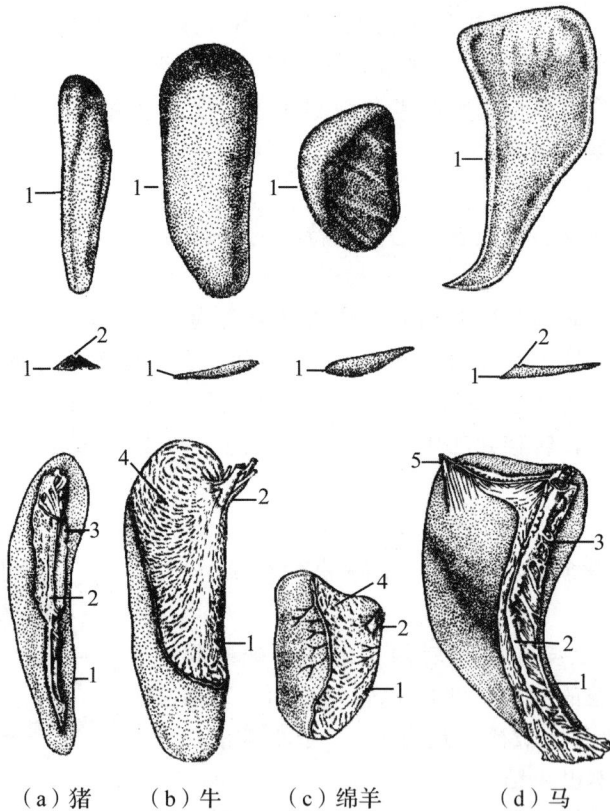

图 9-4 脾的形态(上图为壁面,中图为横断面,下图为脏面)

1. 前缘;2. 脾门;3. 胃脾韧带;4. 脾和胃的粘连处;5. 脾悬韧带

(a)猪　(b)牛　(c)绵羊　(d)马

2. 组织构造

脾由被膜和实质构成。

(1)被膜。被膜是覆盖在脾表面富含弹性纤维和平滑肌的结缔组织膜。被膜伸入脾脏内部,形成小梁,构成网状支架。被膜和小梁内的平滑肌舒缩,可调节脾的血量。

（2）实质。脾髓是构成脾实质的淋巴组织，包括白髓、红髓和边缘区。

①白髓，由致密的淋巴组织构成，沿动脉分布，分散于红髓之间，包括动脉周围淋巴鞘和淋巴小结。动脉周围淋巴鞘简称淋巴鞘，为长筒状的淋巴组织，包着中央动脉，淋巴鞘相当于淋巴结副皮质区，主要是 T 细胞定居的地方，是脾脏实质中属胸腺依赖区的结构。淋巴小结即脾小体，位于淋巴鞘的一侧，其结构与淋巴结内的淋巴小结相似，也有生发中心，主要为 B 淋巴细胞定居区。中央动脉位于淋巴小结的一侧，处于偏心位置。

②红髓，位于白髓四周，比白髓多。红髓因含有许多红细胞，故呈红色，包括脾索和脾窦两部分，并互相交错分布。

脾索为彼此吻合成网的淋巴组织索，为 B 淋巴细胞居留区。除淋巴组织的各种细胞外，还有巨噬细胞、浆细胞和各种血细胞。

脾窦分布于脾索之间，其形状、大小随血液充盈程度而变化。窦壁的内皮细胞呈长杆状，沿脾窦长轴平行排列。内皮细胞之间有裂隙，基膜也不完整，这些有利于血细胞从脾索进入脾窦。

③边缘区，红髓和白髓相邻的区域，其中有较多的巨噬细胞、淋巴细胞和丰富的血管，是血液进入白髓和红髓的门户，有很强的滤过作用。

3. 脾的血液循环

脾动脉从脾门入脾，沿小梁分支形成小梁动脉。小梁动脉进入白髓，称为中央动脉。中央动脉沿途发出分支，供应白髓。中央动脉的主干进入红髓的脾索内，并分数支，形象地称为笔毛微动脉。这些微动脉在脾索内分 3 段：髓微动脉、鞘毛细血管和毛细血管。毛细血管大多数开口于脾索细胞间，然后汇入脾窦，也有少数毛细血管直接开口于脾窦。脾窦汇合成小静脉后，进入小梁为小梁静脉，与小梁动脉伴行，最后汇合成脾静脉出脾。

4. 脾的机能

造血：胚胎期脾能产生各种血细胞，成年后仅能产生淋巴细胞和单核细胞。但当机体大失血或某种疾病时，则能恢复其产生各种血细胞的机能。

滤血：脾内有大量巨噬细胞，边缘区、脾窦等处都是滤血场所，除了能清除进入血液的细菌和抗原物质外，还能吞噬、分解衰老的红细胞和白细胞等。

储血和调节血量：脾窦和脾索内都可以储存血液。在机体大失血、剧烈运动等情况下，脾收缩，排出血液进入血液循环，以满足机体的需要。

免疫：脾内 B 淋巴细胞较多，可产生抗体，参与机体免疫过程。

（二）淋巴结

1. 形态结构

淋巴结位于淋巴管通路上，形态有球形、卵圆形、扁圆形等。淋巴结的一侧凹陷为淋巴结门，是血管、神经和淋巴管出入的地方；另一侧凸面，有多条输入淋巴管注入。但猪淋巴结的输入、输出淋巴管位置正好相反。活体上淋巴结呈淡红色，肉尸上略呈灰白色。

鸡没有淋巴结，水禽有 2 对淋巴结，在淋巴管壁内发育而成。一对是颈胸淋巴结，位于颈基部，贴于颈静脉上，纺锤形，长为 1～1.5 cm；另一对是腰淋巴结，位于腰部主动脉两侧，长可达 2 cm。

2. 组织构造（见图 9-5）

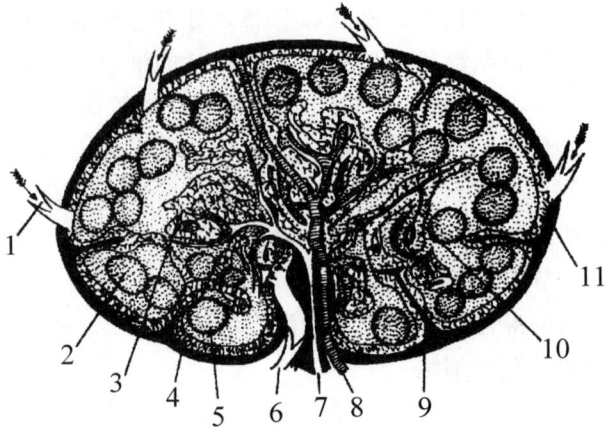

图 9-5 淋巴结构造模式图

1. 输入淋巴管；2. 生发中心；3. 髓质窦；4. 皮质窦；5. 淋巴小结；6. 输出淋巴管；
7. 静脉；8. 动脉；9. 小梁；10. 髓索；11. 被膜

淋巴结由被膜和实质构成。

（1）被膜，为覆盖在淋巴结表面的结缔组织膜，主要由胶原纤维、网状纤维、少量的弹性纤维和平滑肌构成。被膜结缔组织伸入实质形成许多小梁，并相互连接成网，构成淋巴结的支架，进入淋巴结的血管沿小梁分布。

（2）实质，可分为皮质和髓质。

①皮质，位于淋巴结外周，颜色较深，由淋巴小结、副皮质区和皮质淋巴窦组成。淋巴小结呈圆形或椭圆形，在皮质区浅层，可分为中央区和周围区。中央区着色淡，除网状细胞外，主要有 B 淋巴细胞、巨噬细胞、少量的 T 淋巴细胞和浆细胞等。此区的淋巴细胞增殖能力较强，称为生发中心。周围区着色较深，聚集大量的小淋巴细胞。副皮质区为弥散淋巴组织，位于淋巴小结之间及皮质和髓质的交界处，是 T 淋巴细胞的主要分布区，在抗原的刺激下，该区的淋巴细胞可大量繁殖，离开淋巴结，经淋巴管而进入血液。皮质淋巴窦是位于被膜下、淋巴小结和小梁之间互相通连的腔隙，是淋巴流经的部位，接受输入淋巴管流来的淋巴。窦内存在着网状细胞、淋巴细胞和巨噬细胞。窦壁由内皮细胞构成，壁上有孔，淋巴细胞和淋巴液可以进出。

②髓质：位于中央部和门部，颜色较淡。由髓索和髓质淋巴窦组成。髓索是排列呈索状的淋巴组织，彼此吻合成网状，其主成分是 B 淋巴细胞，还有浆细胞和巨噬细胞。淋巴结功能活跃时，淋巴索发达，浆细胞多，产生抗体。髓质淋巴窦位于髓索之间和髓索与小梁之间，结构与皮质相同，接受来自皮质淋巴窦的淋巴，并将其汇入输出淋巴管。

猪淋巴结形态，因部位不同而差异较大。如肠系膜淋巴结多合并成串，不显淋巴结门。淋巴结的皮质、髓质位置正好相反，即皮质位于中央，髓质则分布于外周。但成年猪淋巴结外周有时也见有淋巴小结。

3. 识别常检的淋巴结（见图 9-6、图 9-7）

下颌淋巴结：位于下颌间隙中，下颌骨后下缘内侧、下颌血管切迹后方，卵圆形，收集头腹侧、鼻腔、口腔前部及唾液腺的淋巴。

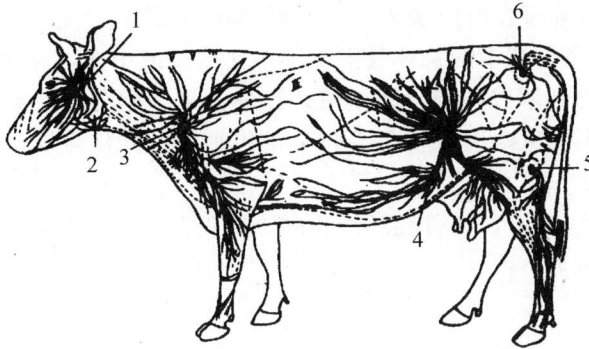

图 9-6 牛体浅层主要淋巴结

1. 腮腺淋巴结；2. 下颌淋巴结；3. 颈浅淋巴结；4. 髂下淋巴结；5. 腘淋巴结；6. 坐骨淋巴结

颈浅淋巴结：又叫肩前淋巴结。位于肩关节上方，被臂头肌覆盖，接收颈部、前肢和胸壁的淋巴，汇入右气管淋巴干或胸导管。

腋淋巴结：位于前肢内侧，肩关节稍后方。

髂内淋巴结：左右各有一大群，位于旋髂深动脉始部和髂外动脉附近，接纳后肢、骨盆壁、盆腔器官和腰部的淋巴，汇入腰淋巴干。

腹股沟浅淋巴结：位于腹壁皮下、大腿内侧、腹股沟管皮下环附近，公畜为阴囊淋巴结，在阴茎两侧；母畜为乳房淋巴结，牛的在乳房基部后上方皮下，猪的在最后乳房的后外缘。腹股沟浅淋巴结接纳乳房前庭、阴门及股部、小腿部皮肤的淋巴。

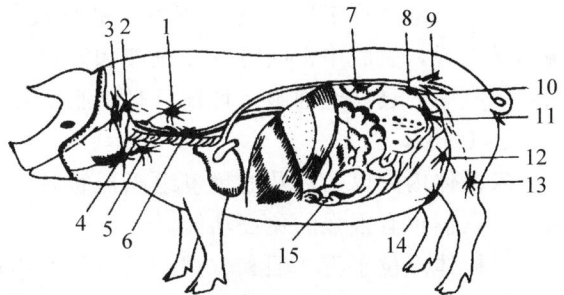

图 9-7 猪淋巴结分布模式图

1. 颈浅背侧淋巴结；2. 咽背淋巴结；3. 腮淋巴结；
4. 下颌淋巴结；5. 下颌副淋巴结；6. 颈浅腹侧淋巴结；
7. 肾淋巴结；8. 髂内淋巴结；9. 髂下淋巴结；
10. 腹股沟深淋巴结；11. 髂外淋巴结；
12. 股前淋巴结；13. 腘淋巴结；
14. 腹股沟浅淋巴结；15. 肠淋巴结

髂下淋巴结：又称股前或膝上淋巴结。位于髋结节和膝关节之间、股阔筋膜张肌前缘的膝襞中，大而长，体表可触摸到。接纳腹壁、骨盆、股部、小腿部皮肤的淋巴。

腘淋巴结：位于腓肠肌的后上方、股二头肌和半腱肌之间，接纳小腿部的淋巴。

气管支气管淋巴结：位于气管分叉附近，形状不规则，主要接纳支气管、心、肺的淋巴，汇入胸导管。

肝门淋巴结：位于肝门附近，沿门静脉、肝动脉和肝管分布，接纳肝、胰、十二指肠和胃的淋巴，输出管汇入腹腔淋巴干。

肠系膜淋巴结：位于肠系膜前、后动脉附近和肠系膜中，数目很多。收集小肠、大肠各段的淋巴及其他腹腔淋巴的汇入支，最后汇入肠淋巴干及髂内淋巴结内。

4. 淋巴结的机能

(1)滤过与吞噬：淋巴结收集相应区域的淋巴液，经输入淋巴管进入淋巴结后，经过皮质淋巴窦和髓质淋巴窦，再经输出淋巴管流出淋巴结。随淋巴液流经淋巴结的各种病原微生物、毒素、细胞残屑等可在淋巴窦内过滤、吞噬而被清除。

（2）免疫：淋巴结输出液中的抗体及淋巴细胞比输入液中多，是由于当机体受抗原刺激时，淋巴结皮质浅层的 B 淋巴细胞分裂增殖，经淋巴母细胞分化为浆细胞，并向髓质聚集产生大量抗体，参与体液免疫。皮质深层的 T 淋巴细胞可分化为效应 T 淋巴细胞，经淋巴管输出，发挥细胞免疫作用。

（3）造血：在某些情况下，如骨髓纤维化时，脾脏及淋巴结都是髓外造血器官，可产生红细胞、粒性白细胞和血小板。

（三）其他免疫器官

1. 血结

血结存是在于反刍动物、马属动物、灵长动物体内的淋巴器官，结构与淋巴结和脾相似。分布在血液循环的通路上，有过滤血液的作用。一般呈圆形，棕色或暗红色，直径为 5～12mm，多成串存在，彼此间由血管相连，无输入、输出淋巴管。

2. 血淋巴结

血淋巴结存在于反刍动物体内，呈暗灰色，结构介于血结和淋巴结之间。没有输入、输出淋巴管，窦腔中常同时存在血液和淋巴。血淋巴结和脾脏一样有滤血功能。在淋巴组织和窦腔中的衰老红细胞，均被巨噬细胞所吞噬。血淋巴结还可能参与免疫活动。

3. 扁桃体

家畜体内除以上述及的免疫组织器官外，还有家畜的扁桃体、禽的盲肠扁桃体等淋巴组织，它们也有很强的免疫功能。

扁桃体多位于舌、咽和软腭的黏膜下组织内，形状和大小因动物种类不同而异，仅有输出淋巴管注入附近的淋巴结。由于扁桃体处于暴露位置，故抗原可从口腔直接感染。其主要作用：一是可产生淋巴细胞；二是对抗原起反应，构成全身防御系统的一部分。主要的扁桃体有以下几种。

（1）舌扁桃体，位于舌根背侧的黏膜下。

（2）腭扁桃体，位于口咽部侧壁、腭舌弓和腭咽弓之间。反刍动物具有腭扁桃体窦，腭扁桃体位于窦内；马腭扁桃体位于舌根两侧；猪无该扁桃体；犬有腭扁桃体窝，腭扁桃体位于其中。

（3）腭帆扁桃体，位于软腭口腔面黏膜下，猪的特别发达。

（4）咽扁桃体，位于鼻咽部后背侧，猪和反刍动物位于鼻中隔向后延续的咽中隔上。

（5）盲肠扁桃体，禽类和兔有此扁桃体。鸡的盲肠扁桃体位于盲肠基部、黏膜固有层和黏膜下层中，很发达，外表肉眼可见该处略为膨大。兔盲肠扁桃体位于盲肠基部的黏膜中。

4. 淋巴小结

空肠和回肠的黏膜上皮下面，有淋巴细胞密集形成的淋巴组织，称为淋巴小结。有的单个存在，称淋巴孤结，呈白色；有的集合成群，称淋巴集结，呈长带状隆起，表面有无数深而不规则的凹陷。

第三部分　淋巴管和淋巴

一、淋巴管(见图 9-8)

淋巴管是淋巴通过的管道。淋巴生成后，沿毛细淋巴管、淋巴管、淋巴干、淋巴导管，进入前腔静脉或颈静脉流回到血液，此循环称为淋巴循环。

(一)毛细淋巴管

毛细淋巴管和毛细血管相似,其特点是管的起始部以略膨大的盲端起始于组织间隙,管径粗细不一,并彼此吻合成网,除脑、脊髓、骨髓、软骨、上皮、角膜以及晶状体外,毛细淋巴管遍布全身,与毛细血管相邻,但不相通。其通透性比毛细血管大,可使组织液中的大分子物质如细菌、异物等较易进入毛细淋巴管内。因而,当动物受到感染时,其炎症、病灶首先在淋巴系统表现出来。小肠绒毛内的毛细淋巴管,还能吸收脂肪,使淋巴呈乳白色,此毛细淋巴管又称乳糜管。

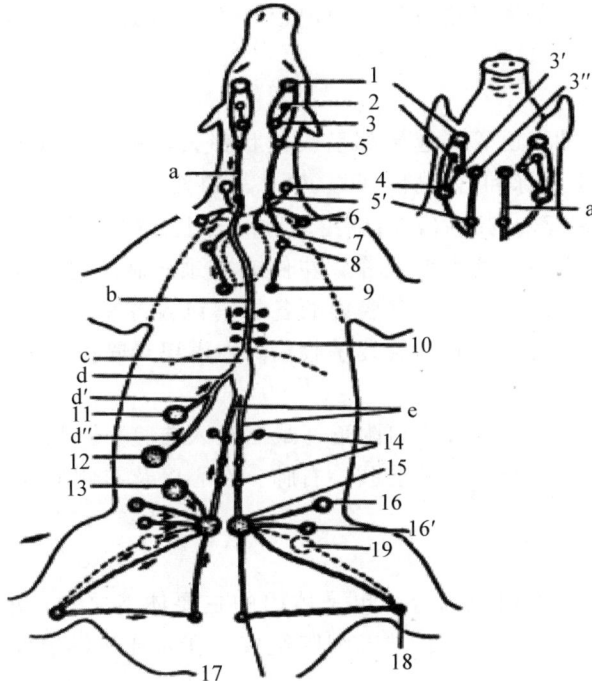

图 9-8　家畜淋巴中心、淋巴干和淋巴导管分布模式图(背侧观)

1. 下颌淋巴中心;2. 腮腺淋巴中心;3. 咽后淋巴中心;3′. 咽后外侧淋巴结;3″. 咽后内侧淋巴结;
4. 颈浅淋巴中心;5. 颈深淋巴中心的颈前淋巴结;5′. 颈后淋巴结;6. 腋淋巴中心;7. 胸腹侧淋巴中心;
8. 纵隔淋巴中心;9. 支气管淋巴中心;10. 胸背侧淋巴中心;11. 腹腔淋巴中心;12. 肠系膜前淋巴中心;
13. 肠系膜后淋巴中心;14. 腰淋巴中心;15. 荐髂淋巴中心的髂内侧淋巴结;16. 腹股沟股淋巴中心的髂下淋巴结;
16′. 腹股沟浅淋巴结;17. 坐骨淋巴中心;18. 腘淋巴中心;19. 马的髂股淋巴中心的腹股沟深淋巴结
a. 气管干;b. 胸导管;c. 乳糜池;d. 内脏淋巴干;d′. 腹腔淋巴干;d″. 肠淋巴干;e. 腰淋巴干

(二)淋巴管

淋巴管由毛细淋巴管汇合而成,其形态构造与静脉相似,但管壁较薄,瓣膜较多,管径较细,数量较多。在其行程中,淋巴管常通过一个或多个淋巴结。

按所在的位置,淋巴管可分为浅层淋巴管和深层淋巴管。前者汇集皮肤和皮下组织的淋巴,其行程多趋向于浅层静脉;后者汇集肌肉、骨和内脏的淋巴,多伴随深部血管和神经。

按淋巴对淋巴结的流向,淋巴管可分为输入淋巴管和输出淋巴管。前者较多,可从淋巴结的整个表面进入淋巴结;后者较少,从淋巴结门处离开淋巴结。

(三)淋巴干

淋巴干为身体某一区域较粗大的淋巴管道,由浅、深淋巴管在向心过程中,经过一系列淋巴结后汇集而成。畜体共有5条淋巴干:左、右气管淋巴干(颈干),左、右腰淋巴干,单一的内脏淋巴干。内脏淋巴干由肠淋巴干和腹腔淋巴干形成。左气管淋巴干最后注入胸导管,右气管淋巴干最后注入右淋巴导管、前腔静脉或颈静脉。腰淋巴干和内脏淋巴干最后注入乳糜池。

(四)淋巴导管

淋巴导管为全身最大的淋巴集合管,由淋巴干汇集而成。淋巴导管有两条,即胸导管和右淋巴导管。

1. 胸导管

胸导管为全身最大的淋巴管,起始部呈长梭状膨大,称为乳糜池。位于最后胸椎和第2、第3腰椎腹侧,在主动脉和右膈脚之间。牛、马的长达10 cm,直径达1.5~2 cm;猪、羊的直径约1 cm。胸导管入胸腔后,沿胸主动脉的右上方向前延伸,约至第6胸椎处,越过食管和气管左侧转而向下,注入前腔静脉左侧或左颈静脉。乳糜池和胸导管沿途主要收集两后肢、腹壁、腹腔、骨盆壁、骨盆腔内的各器官以及左侧胸壁、左肺、左心、左头颈部、左前肢的淋巴。由此可见,胸导管几乎收集除右淋巴导管以外的全身淋巴。

2. 右淋巴导管

右淋巴导管短而粗,位于胸腔入口附近,最后注入前腔静脉起始部的右侧或右颈静脉。右淋巴导管主要收集右侧头颈部、右前肢、右肺、右心以及右侧胸壁的淋巴。

二、淋巴

(一)淋巴的生成

淋巴是淋巴循环系统的组成部分,也是体内的主要体液之一。淋巴在淋巴管内流动,是无色或微黄色的液体,由淋巴浆和淋巴细胞组成。在未通过淋巴结的淋巴内,没有淋巴细胞。

淋巴是组织液透过毛细淋巴管壁,进入毛细淋巴管内形成的。毛细淋巴管管壁极薄,管壁外又无基膜,通透性极强,允许较大的蛋白质分子和脂肪微粒直接进入淋巴管。另外,毛细淋巴管是以盲端起始于组织间隙,其管壁是由互不连接的单层内皮细胞呈瓦片状或鱼鳞状互相覆盖而成。在生理条件下,组织液压力大于毛细淋巴管内的压力,所以组织液可顺利进入毛细淋巴管盲端而生成淋巴。当运动时,血流量增大,静脉压升高,淋巴的生成速度也加快。

(二)淋巴的机能

淋巴是体液的重要组成部分,其生理意义在于以下几方面。

1. 调节血浆和组织细胞之间的体液平衡

淋巴回流虽然缓慢,但对组织液的生成与回流平衡却起重要作用。如果淋巴回流受阻,可引起淋巴淤积而出现组织液增多,局部肿胀等症状。

2. 免疫、防御、屏障作用

淋巴在循环回流入血过程中,要经过淋巴循环系统的许多器官,而且液体中含有大量免疫细胞,能有效地参与免疫反应,清除细菌、异物等抗原,产生抗体。所以,淋巴系统具有重要的免疫、防御、屏障作用。

3. 回收组织液中的蛋白质

由毛细血管动脉端滤出的血浆蛋白，不能逆浓度差从组织间隙重吸收入毛细血管，只有经过淋巴回流，才不至于在组织液中堆积。据测定，每天经淋巴回流入血的血浆蛋白，约占循环血浆蛋白总量的四分之一。

4. 运输脂肪

由小肠黏膜上皮细胞吸收的脂肪微粒，主要经肠绒毛内毛细淋巴管回收，而后经过乳糜池、胸导管回流入血，因而胸导管内的淋巴液呈白色乳糜状。小肠绒毛的中央乳糜管和胸导管起始端的乳糜池的名称即由此而来。

第四部分　免疫细胞

一、免疫细胞的种类

(一)淋巴细胞

淋巴细胞大小不一，胞核大，嗜碱性，胞质少，呈浅蓝色。随血周流全身，因而在机体的每个组织中都能找到。其主要机能是不但能识别外来的"非己"物质，而且能辨别自己体内的成分，这种能力是淋巴细胞的主要特征，也是免疫反应的起点。现已发现的淋巴细胞有以下几种。

(1)T细胞：是骨髓生成的淋巴干细胞在胸腺内分化成熟的淋巴细胞，也称胸腺依赖性淋巴细胞，用胸腺(Thymus)一词英文字头"T"来命名。成熟后T细胞进入血液和淋巴液，参与细胞免疫。

(2)B细胞：是淋巴干细胞在骨髓或禽的腔上囊中分化成熟的淋巴细胞，又称为骨髓依赖性淋巴细胞或囊依赖性淋巴细胞，用骨髓(Bone)一词英文字头"B"命名。B淋巴细胞进入血液和淋巴后，在抗原刺激下转为浆细胞，产生抗体，进行体液免疫。

(3)K细胞：是发现较晚的淋巴样细胞，分化途径尚不明确，具有非特异性杀伤功能。它能杀伤与抗体结合的靶细胞，且杀伤力较强。

(4)NK细胞：又称自然杀伤细胞，它不依赖抗体、不需抗原作用即可杀伤靶细胞。NK细胞尤其是对肿瘤细胞及病毒感染细胞，具有明显的杀伤作用，能使靶细胞溶解。

(二)单核巨噬细胞系统

单核巨噬细胞系统是指分散在许多器官和组织中的一些形态不同、名称各异，但都来源于血液的单核细胞，具有吞噬能力和活体染色反应的一类细胞。单核巨噬细胞系统主要包括疏松结缔组织中的组织细胞、肺内的尘细胞、肝血窦中的枯否氏细胞、血液中的单核细胞、脾和淋巴结内的巨噬细胞、脑和脊髓内的小胶质细胞等。血液中的嗜中性粒细胞虽有吞噬能力，但不是由单核细胞转变而来，也无活体染色反应，因此不属于单核巨噬细胞系统。

单核巨噬细胞系统的主要机能是吞噬侵入体内的细菌、异物以及衰老、死亡的细胞，并能清除病灶中坏死的组织和细胞；在炎症的恢复期参与组织的修复；肝脏中的枯否氏细胞还参与胆色素的制造等。

(三)抗原提呈细胞

抗原提呈细胞是指在特异性免疫应答中，能够摄取、处理、转递抗原给T细胞和B细胞的细胞，其作用过程称为抗原提呈。有此作用的细胞主要有巨噬细胞、B细胞、周围淋巴器官中的树突状细胞、指状细胞及皮肤中的郎格罕氏细胞等。

(四)粒性白细胞

细胞质中有大的特殊染色颗粒的白细胞称粒性白细胞。其中，中性粒细胞除具有吞噬细菌、抗感染能力外，尚可与抗原、抗体相结合，形成中性粒细胞—抗体—抗原复合物，从而加强对抗原的吞噬作用，参与机体的免疫过程；嗜碱性粒细胞主要参与体内的过敏性反应和变态反应；嗜酸性粒细胞与免疫反应过程密切相关，常见于免疫反应的部位，有较强的吞噬能力，抗寄生虫作用也较强。

二、免疫细胞的作用

淋巴细胞、巨噬细胞是免疫活动的骨干细胞。淋巴细胞首先能识别抗原为外来物，尔后给以应答。不同淋巴细胞采取不同的应答方式：一种是淋巴细胞分化为浆细胞，进而产生抗体；另一种是淋巴细胞分化成能执行细胞免疫的细胞，尔后由这种细胞去直接破坏抗原。巨噬细胞的免疫则较少有特异性，其免疫方式主要是：直接吞噬抗原；或以免疫源的形式将抗原提供给淋巴细胞群。巨噬细胞和淋巴细胞间相互作用，并与免疫系统发生广泛联系。

拓展阅读

增强免疫力的方法

一是全面均衡适量营养。维生素 A 能促进糖蛋白的合成，细胞膜表面的蛋白主要是糖蛋白，免疫球蛋白也是糖蛋白，维生素 A 摄入不足，呼吸道上皮细胞缺乏抵抗力，常常容易患病。维生素 C 缺乏时，白细胞内维生素 C 含量减少，人体易患病。除此之外，微量元素锌、硒，维生素 B_1、B_2 等多种元素都与人体非特异性免疫功能有关。

二是保持良好的生活习惯。善待压力，把压力看作生活不可分割的一部分，学会适度减压，以保证健康、良好的心境。吸烟、嗜酒、醉酒、酗酒会削弱人体免疫功能，必须严格限制。人体生物钟正常运转是健康保证，而生物钟"错点"便是亚健康的开始，要保持适度劳逸。广泛的兴趣爱好、适当的体育运动能提高人体对疾病的抵抗能力，会使人受益无穷，不仅可以修身养性，而且能够辅助治疗一些心理疾病，提升免疫力。

●●●●● 材料设备清单

项目9			免疫系统			学时		4	
项目	序号	名称	作用	数量	型号	使用前	使用后
所用设备	1	投影仪	观看视频图片。	1个			
所用设备	2	显微镜	脾、淋巴结组织构造观察。	40台			
所用工具	3	手术器械	解剖构造观察。	4套			
所用药品（动物）	4	活体牛	体表浅层淋巴结的位置触摸。	2头			
所用药品（动物）	5	活体兔、鸡	脾和淋巴结的位置、形态、颜色、质地和构造观察。	各4只			

所用材料	6	脾、淋巴结切片	观察组织构造。	40 张		
	7	脾模型、标本、新鲜脏器	大体解剖观察。	各 4 套		

● ● ● ● ● 作业单

项目 9	免疫系统
作业完成方式	课余时间独立完成。
作业题 1	什么是免疫？免疫有何作用？
作业解答	
作业题 2	机体可以通过哪些途径获得免疫？
作业解答	
作业题 3	兽医临床和食品卫生检疫常检查的淋巴结有哪些？位置如何？
作业解答	
作业题 4	各种动物脾的形态、颜色、质地和构造如何？
作业解答	
作业题 5	淋巴生成有何意义？
作业解答	
作业题 6	名词解释：单核巨噬细胞系统
作业解答	

作业评价	班级		第　　组		组长签字	
	学号		姓名			
	教师签字		教师评分		日期	
	评语：					

● ● ● ● ● 学习反馈单

项目 9	免疫系统
评价内容	评价方式及标准

	作业评量及规准				
知识目标 达成度	A （90分以上）	B （80～89分）	C （70～79分）	D （60～69分）	E （60分以下）
	内容完整，阐述具体，答案正确，书写清晰。	内容较完整，阐述较具体，答案基本正确，书写较清晰。	内容欠完整，阐述欠具体，答案大部分正确，书写不清晰。	内容不太完整，阐述不太具体，答案部分正确，书写较凌乱。	内容不完整，阐述不具体，答案基本不太正确，书写凌乱。
	实作评量及规准				
技能目标 达成度	A （90分以上）	B （80～89分）	C （70～79分）	D （60～69分）	E （60分以下）
	能准确确定常检淋巴结和脾的体表投影位置，正确识别淋巴结和脾的颜色、质地、一般构造和组织构造。操作规范，速度快。	常检淋巴结和脾的体表投影位置确定绝大部分正确，淋巴结和脾的颜色、质地、一般构造和组织构造识别绝大部分正确。操作规范，速度较快。	常检淋巴结和脾的体表投影位置确定部分正确，淋巴结和脾的颜色、质地、一般构造和组织构造识别部分正确。操作较规范，速度一般。	常检淋巴结和脾的体表投影位置确定小部分正确，淋巴结和脾的颜色、质地、一般构造和组织构造识别小部分正确。操作欠规范，速度较慢。	常检淋巴结和脾的体表投影位置确定基本不正确，淋巴结和脾的颜色、质地、一般构造和组织构造识别基本不正确。操作不规范，速度很慢。
	表现评量及规准				
素养目标 达成度	A （90分以上）	B （80～89分）	C （70～79分）	D （60～69分）	E （60分以下）
	积极参与线上、线下各项活动，态度认真。处理问题及时正确，生物安全意识强，不怕脏不怕异味。	积极参与线上、线下各项活动，态度较认真。有较强处理问题能力和生物安全意识，不怕脏不怕异味。	能参与线上、线下各项活动，态度一般。处理问题能力和生物安全意识一般。不太怕脏怕异味。	能参与线上、线下部分活动，态度一般。处理问题能力和生物安全意识较差。有些怕脏怕异味。	线上、线下各项活动参与度低，态度较差。处理问题能力和生物安全意识较差，怕脏怕异味。
	反馈及改进				

项目 10

神经系统

●●●● 学习任务单

项目 10	神经系统	学时	8
布置任务			
学习目标	1. 知识目标 (1)知晓神经系统的组成； (2)知晓脑和脊髓的构造； (3)知晓脑神经、脊神经和植物性神经的大体分布； (4)理解动作电位、静息电位含义及产生机理； (5)理解神经纤维生理和突触传递过程； (6)知晓各级中枢的机能。 2. 技能目标 (1)能利用挂图、模型或标本识别脑和脊髓的形态、位置和结构； (2)能在活体上确定硬膜外腔和腰旁神经麻醉的位置； (3)能运用神经生理知识，解释与之相关的生理和病理现象。 3. 素养目标 (1)培养学生发现、分析、解决问题的能力； (2)学会从辩证思维角度理解形态、构造与机能的关系； (3)培养学生爱岗敬业、精益求精、珍爱生命的工匠精神和人文素养。		
任务描述	在实习牧场和实训室内对神经器官进行观察，识别其形态、位置和构造，并认知其机能。 具体任务如下。 1. 在解剖实训室利用挂图、模型或标本识别脑和脊髓形态、位置和构造。 2. 在实习牧场活体牛上确定腰旁神经麻醉和硬膜外腔麻醉的位置。 3. 在生理实训室观看神经生理录像，认知脑和脊髓的机能。		
提供资料	1. 白彩霞. 动物解剖生理. 北京：北京师范大学出版社，2021 2. 周其虎. 动物解剖生理. 第三版. 北京：中国农业出版社，2019 3. 张平，白彩霞，杨惠超. 动物解剖生理. 北京：中国轻工业出版社，2017 4. 丁玉玲，李术. 畜禽解剖与生理. 哈尔滨：黑龙江人民出版社，2005 5. 南京农业大学. 家畜生理学. 第三版. 北京：中国农业出版社，2009 6. 范作良. 家畜解剖. 北京：中国农业出版社，2001		

	7. 范作良. 家畜生理. 北京：中国农业出版社，2001
	8. 动物解剖生理在线精品课：
对学生 要求	1. 能根据学习任务单、资讯引导，查阅相关资料，在课前以小组合作的方式完成任务资讯问题。 2. 以小组为单位完成任务，体现团队合作精神。 3. 严格遵守实训室和实习牧场规章制度，避免安全隐患。 4. 对各种动物的解剖特点进行对比学习。 5. 严格遵守操作规程，做好自身防护，防止疾病传播。

●●●●● 任务资讯单

项目 10	神经系统
资讯方式	通过资讯引导、观看视频，到本课程及相关课程的在线精品课网站、解剖实训室、标本室、组织实训室、生理实训室、实习牧场、图书馆查询，向指导教师咨询。
资讯问题	1. 神经系统的组成有哪些？ 2. 脊髓构造如何？临床上脊髓灰质炎发生在脊髓的什么部位？ 3. 脑和脑干各由哪几部分构成？为什么把延髓称为"生命中枢"？ 4. 大脑构造如何？大脑皮层根据机能分成哪几个区？ 5. 脑脊膜由哪几部分构成？什么是硬膜外腔？临床上硬膜外腔麻醉部位在哪？ 6. 什么是脑脊液？有何作用？ 7. 脑发出的神经有哪些对？ 8. 瘤胃手术需麻醉哪三根神经？位置如何确定？如何理解"1、2、4，前、后、前"？ 9. 什么是植物性神经？它与躯体神经有何区别？ 10. 交感神经和副交感神经有何区别？ 11. 什么是神经纤维？有何功能？神经纤维传导兴奋有哪些特征？临床药物或低温麻醉的机理是什么？ 12. 什么是突触？兴奋性突触和抑制性突触的传递过程是什么？ 13. 突触传递有何特征？临床上兴奋剂和麻醉剂作用机理是什么？ 14. 什么是牵涉痛？为什么动物内脏患病时会引起体壁的疼痛感觉？

	15. 交感神经和副交感神经有何机能？为何动物分娩或母鸡产蛋大多在夜间进行？ 16. 植物性神经纤维末梢释放的递质及相应的递质灭活途径有哪些？临床上有机磷农药中毒是什么原理？ 17. 皮层下各级中枢是指哪些？各有何机能？ 18. 条件反射和非条件反射有何不同？条件反射如何建立？它在畜牧生产上有何意义？
资讯引导	所有资讯问题可以到以下资源中查询。 1. 白彩霞主编的《动物解剖生理》项目十。 2. 周其虎主编的《动物解剖生理》第三版项目二中任务十七、十八。 3. 张平、白彩霞、杨惠超主编的《动物解剖生理》模块二中项目九。 4. 动物解剖生理在线精品课： 5. 本项目工作任务单中的必备知识。

● ● ● ● ● 案例单

项目 10	神经系统	学时	8
序号	案例内容	关联教材内容	
1.1	一头 3 岁黑白花奶牛，早晨起来突然狂躁不安，冲撞墙壁，随后打蔫，卧地呈昏睡状态，但稍有刺激又狂躁乱蹦，1 天后死亡。病理剖检发现脑膜和脑实质发生充血、淤血、水肿，脑组织有软化灶（液化性坏死灶）形成。镜检神经细胞发生变性和坏死，脑组织血管周围有炎性细胞浸润，胶质细胞增生。初步诊断为脑膜脑炎。	此案例涉及与本项目内容相关的知识点和技能点为：脑膜和脑实质构造；神经细胞和神经胶质细胞正常的颜色、数量和形态。	
1.2	犬，3 岁，外出回来后，突然出现兴奋不安，皮肤发绀，眼睑、颜面肌肉痉挛，口腔及呼吸道有较多带有"蒜臭"味道的分泌物，呼吸困难，不能平卧，咳嗽、咳血性泡沫痰，心率增快、心音弱，两肺布满湿性啰音，腹泻。用解磷定和阿托品静脉注射后，症状缓解。犬体内乙酰胆碱浓度升高，诊断为有机磷中毒。	此案例涉及与本项目内容相关的知识点和技能点为：突触传递的递质及其灭活途径。	

1.3	一只 10 岁犬，发现有视觉障碍，走路会撞到家具或东西，并且动作灵活度降低。之前扔玩具，可以很快追上和找到，现在变得困难。经检查晶状体及其囊不明亮，变得浑浊，瞳孔处可见变白区域，眼白有红血丝，犬经常用爪抓挠眼睛。初步诊断为白内障。	此案例涉及与本项目内容相关的知识点和技能点为：晶状体、瞳孔、巩膜等眼球结构。

● ● ● ● ● 工作任务单

项目 10	神经系统
任务 1	识别神经器官构造

子任务 1　识别脑和脊髓的构造

任务描述：利用标本、模型、图片、切片等识别脑和脊髓的形态、位置和构造。

准备工作：在实训室准备脑、脊髓的标本、模型、图片、切片和生物显微镜。

实施步骤如下。

1. 在实训室利用标本、模型、图片等识别大脑、小脑、脑干（延髓、脑桥、中脑、间脑）、灰质、白质、脑脊膜（硬膜、蛛网膜、软膜、蛛网膜下腔、硬膜外腔）、脑脊液等结构。

2. 在实训室利用显微镜观察脊髓的组织切片，识别白质、灰质、背角、腹角、侧角、背侧索、腹侧索、侧索、神经元等结构。

3. 借助互联网、在线精品课学习相关内容。

子任务 2　确定腰旁神经麻醉和硬膜外腔麻醉的部位

任务描述：在活体牛上确定腰旁三根神经麻醉和硬膜外腔麻醉的部位。

准备工作：在实习牧场准备牛、六柱栏、保定器械等；在实训室准备牛整体标本、模型和图片。

实施步骤如下。

1. 在实训室牛的整体标本、模型和图片上，确定最后肋间神经、髂腹下神经（髂腹后神经）、髂腹股沟神经和硬膜外腔麻醉的部位。

2. 在实习牧场先将牛保定好，然后在牛体上确定腰荐间隙、最后肋骨、第一腰椎横突、第二腰椎横突、第四腰椎横突的位置，从而确定硬膜外腔和最后肋间神经、髂腹下神经（髂腹后神经）、髂腹股沟神经麻醉的位置。

3. 借助互联网、在线精品课学习相关内容。

任务 2	认知神经器官机能

子任务　解释突触传递

任务描述：利用图片和动画，解释突触传递的过程，明确突触传递过程中所需的递质、受体及递质的灭活途径。

准备工作：在实训室准备突触传递动画和图片。

实施步骤如下。

1. 在实训室利用突触传递的生理动画，解释兴奋性突触传递和抑制性突触传递的过程和特征。

2. 解释突触传递过程中所需的递质、受体及递质的灭活途径。

3. 借助互联网、在线精品课学习相关内容。

任务 3	识别感觉器官

子任务 1　识别眼的构造

任务描述：利用标本、模型、图片识别眼的形态、位置和构造。

准备工作：在实训室准备眼的标本、模型、图片。

实施步骤如下。

1. 在实训室利用标本、模型、图片等识别眼的角膜、巩膜、虹膜、睫状体、脉络膜、视网膜、眼房水、晶状体、玻璃体和眼肌等结构。

2. 借助互联网、在线精品课学习相关内容。

子任务 2　识别耳的构造

任务描述：利用标本、模型、图片识别耳的形态、位置和构造。

准备工作：在实训室准备耳的标本、模型、图片。

实施步骤如下。

1. 在实训室利用标本、模型、图片等识别耳廓、外耳道、鼓膜、鼓室、听小骨、咽鼓管、前庭、三个半规管、耳蜗、椭圆囊、球囊、膜半规管和耳蜗管等结构。

2. 借助互联网、在线精品课学习相关内容。

必备知识

第一部分　神经器官构造

神经系统由脑、脊髓、神经节以及分布于全身的神经组成。神经系统能接受来自体内和体外的各种刺激，并将刺激转变为神经冲动进行传导，一方面以调节机体各器官的生理活动，保持器官之间的协调；另一方面保证畜体与外界环境之间的协调，以适应环境的变化。因此，神经系统在畜体调节系统中起主导作用。

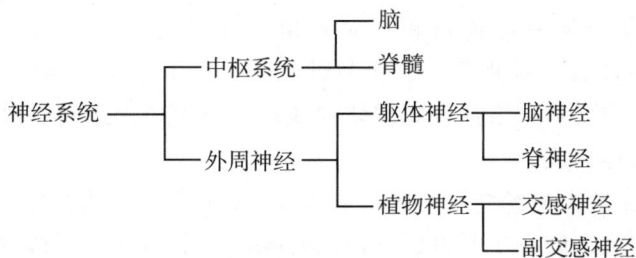

神经系统结构和功能的基本单位是神经元。神经元借突触彼此连接，构成了整个中枢和外周神经。细胞体大部分位于中枢内，构成脑和脊髓的灰质；小部分形成外周神经节（外周神经中神经元胞体集中的地方）；突起即神经纤维，在中枢形成脑、脊髓的白质，在外周形成神经或神经干。神经与感受器和效应器相联系，形成各种末梢器官。

一、中枢神经

（一）脊髓

1. 形态和位置

脊髓位于椎管内，呈背腹稍扁的圆柱状，前端经枕骨大孔与延髓相连，后端达荐骨中部。脊髓可分为颈髓、胸髓、腰髓和荐髓。其中有两个膨大，即颈、胸交界处的颈膨大，由此发出支配前肢的神经；腰、荐交界处的腰膨大，此处发出支配后肢的神经。腰膨大之后则逐渐缩小呈圆锥状，称脊髓圆锥，向后伸出一根细丝，叫终丝。终丝与其左右两侧的神经根聚集成马尾状，合称马尾（见图 10-1）。

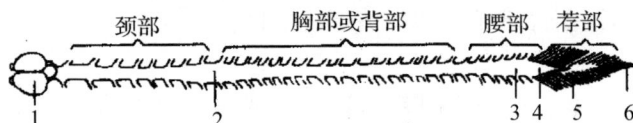

图 10-1　脊髓分段模式图

1. 大脑半球；2. 颈膨大；3. 腰膨大；4. 脊髓圆椎；5. 马尾；6. 终丝

脊髓背侧有一背正中沟，腹侧有一正中裂。脊髓两侧发出成对的脊神经根，每一脊神经根又分为背根和腹根。较粗的背根上有一膨大部，称脊神经节，是感觉神经元的胞体所在处，在此发出感觉神经纤维，专管感觉，又称感觉根。腹根是由腹角运动神经元发出运动神经纤维，专管运动，称为运动根。背根和腹根在椎间孔处合并为脊神经出椎间孔。

2. 脊髓的结构（见图 10-2）

在脊髓横断面上，可见脊髓是由中央呈蝴蝶形颜色较深的灰质和外周颜色较浅的白质构成。在灰质中央有一个脊髓中央管，前通第四脑室，后达脊髓圆锥的终室。

（1）灰质。灰质主要是由神经元的胞体构成。

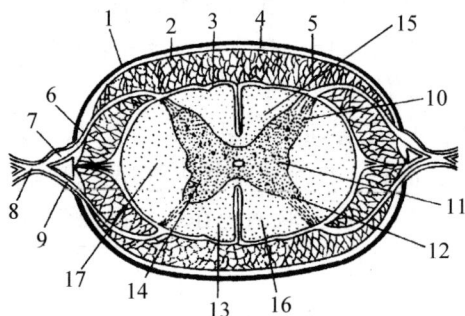

图 10-2　脊髓横断面模式图

1. 硬膜；2. 蛛网膜；3. 软膜；4. 硬膜下腔；5. 蛛网膜下腔；6. 背根；7. 脊神经节；8. 脊神经；9. 腹根；10. 背角；11. 侧角；12. 腹角；13. 白质；14. 灰质；15. 背索；16. 腹索；17. 侧索

从横断面上看，灰质分为一对背角和一对腹角，在胸腰段脊髓灰质还形成一对侧角。从脊髓纵向观，背角形成背侧柱，腹角形成腹侧柱，侧角形成侧柱。背角主要由联络神经元胞体构成；腹角主要由运动神经元胞体构成；侧角主要由交感神经元胞体构成。

（2）白质。白质主要由神经纤维构成，被灰质分成背侧索、腹侧索和侧索。背侧索位于两个背侧柱及背正中沟之间，主要由感觉神经元发出的上行纤维束构成；腹侧索位于两个腹侧柱及腹正中裂之间，主要由运动神经元发出的下行纤维束构成；侧索位于背侧柱和腹侧柱之间，由脊髓背侧柱的联络神经元的上行纤维束和来自大脑与脑干的中间神经元的下行纤维束构成。一般靠近灰质柱的白质都是一些短的纤维，主要联络各段脊髓。

（3）脊神经根。脊髓两侧发出成对的脊神经根，每一脊神经根又分为背侧根（或感觉根）

和腹侧根(或运动根)。背侧根较粗,上有脊神经节。脊神经节由感觉神经元的胞体构成,其外周突伸向外周;中枢突构成背侧根,进入脊髓背侧索或背侧柱内,与中间神经元发生突触联系。腹侧根较细,由腹侧柱和外侧柱内的运动神经元轴突构成。背侧根和腹侧根在椎间孔处合为脊神经。

(二)脑(见图 10-3、图 10-4)

脑是神经系统的高级中枢,位于颅腔内,大小与颅腔相适应,通过枕骨大孔与脊髓相连。脑分为大脑、小脑和脑干三部分。大脑位于前方,脑干位于大脑和脊髓之间,小脑位于脑干背侧。大脑与小脑之间有大脑横裂将二者分开。

1. 脑干

脑干由后向前依次为延髓、脑桥、中脑及其前端的间脑构成。脑干后连脊髓,前接大脑,是脊髓与大脑、小脑连接的桥梁。

脑干也由灰质和白质构成。灰质是由功能相同的神经细胞集合成团块状的神经核,分散存在于白质中。脑干内的神经核可分为两类:一类是与脑神经直接相连的脑神经核,其中接受感觉纤维的称脑神经感觉核;发出运动纤维的称脑神经运动核。另一类为传导径上的中继核,是传导径上的联络站。此外,脑干还有网状结构,它是由纵横交错的纤维网和散在其中的神经细胞构成,在一定程度上也集合成团形成神经核。网状结构既是上行和下行传导径的联络站,又是某些反射中枢。脑干的白质为上、下行传导径。脑干联系着视、听、平衡等专门感觉器官;又是内脏活动的反射中枢;也是联系大脑高级中枢与各级反射中枢的重要径路;同时也是大脑、小脑、脊髓以及骨骼肌运动中枢之间的桥梁。

(1)延髓,是脊髓向前的延续,形似脊髓,腹侧正中线两侧各有一纵行的由运动神经纤维束形成的隆起,称锥体。锥体大部分运动神经纤维束在其后部向对侧交叉,称锥体交叉。延髓背侧面的前部扩展,形成第四脑室底壁后半部分。背侧及两侧各有一股纤维束,连于小脑。延髓中含有唾液分泌、吞咽、呕吐、呼吸、心跳等生命中枢。

(2)脑桥,位于延髓前方,小脑腹侧,在大脑脚与延髓之间。腹侧面为横向隆起,内含横向纤维,自两侧向后向背侧伸入小脑,形成小脑中脚,又称脑桥臂。在脑桥腹侧与小脑中脚交界处,有粗大的三叉神经(Ⅴ)根。背侧面构成第四脑室底壁的前部。第四脑室位于延髓、脑桥与小脑之间,前端通中脑导水管,后端通脊髓中央管。

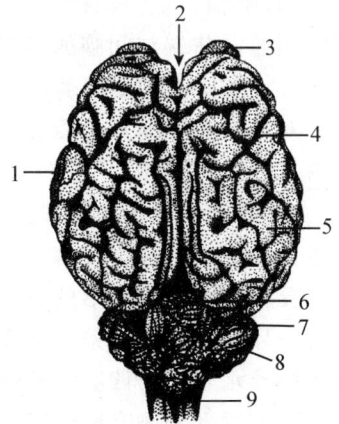

图 10-3　脑髓背面

1. 大脑半球;2. 大脑纵裂;3. 嗅球;
4. 脑沟;5. 脑回;6. 大脑横裂;
7. 小脑蚓部;8. 小脑半球;9. 延髓

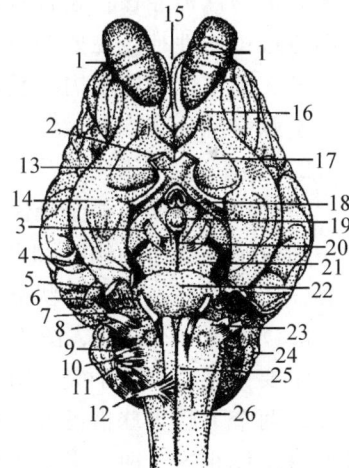

图 10-4　脑髓腹面

1. 嗅球;2. 视神经;3. 动眼神经;
4. 滑车神经;5. 三叉神经;6. 外展神经;
7. 面神经;8. 听神经;9. 舌咽神经;
10. 迷走神经;11. 副神经;12. 舌下神经;
13. 视交叉;14. 梨状叶;15. 纵裂;
16. 嗅束;17. 嗅三角;18. 漏斗与
灰结节;19. 脑垂体;20. 脑间窝;
21. 大脑脚;22. 脑桥;23. 斜方体;
24. 小脑;25. 锥体;26. 延髓

（3）中脑，位于脑桥前方，间脑后方。中脑内有一空腔，称为中脑导水管，后端与第四脑室相通，前端与间脑的第三脑室相通。中脑导水管将中脑分为背侧的四叠体和腹侧的大脑脚。大脑脚是中脑腹侧面两条短粗的纵行纤维柱。四叠体由前后两对丘形隆起组成，前方一对较大，称前丘；后方一对较小，称后丘，分别与视觉、听觉反射有关。后丘的后方有滑车神经（Ⅳ）根，是唯一从脑干背侧发出的脑神经。

（4）间脑，位于中脑和大脑之间，大部分被两侧的大脑半球所覆盖，内有第三脑室。间脑主要分为丘脑和下丘脑。

丘脑为两个卵圆形的灰质块，其内侧面彼此靠近，以中间块相连。在灰质块间的矢状面有一环形间隙，称第三脑室，其前方经左、右脑室间孔，通大脑半球内的侧脑室，后方经中脑导水管与第四脑室相通。

丘脑后部外侧有两个隆起，分别称为内侧膝状体和外侧膝状体。内侧膝状体是听觉冲动通向大脑皮层的联络站；外侧膝状体是视觉冲动通向大脑皮层的联络站。在丘脑的背侧后方与中脑的四叠体之间，有一椭圆形小体，叫松果体，属于内分泌腺。

下丘脑（丘脑下部）位于丘脑腹侧，包括第三脑室侧壁下部的一些灰质核团，是植物性神经系统的皮质下中枢。从脑底面看，由前向后依次为视交叉、灰结节、漏斗、脑垂体、乳头体等结构。丘脑下部形态虽小，但与其他各脑有广泛的纤维联系，接受来自嗅脑、大脑皮质额叶、丘脑和纹状体等的纤维；发出纤维至丘脑、垂体后叶、脑干网状结构、脑神经核和植物性神经核；还含有视上核、室旁核，它们分别能释放抗利尿激素和催产素。下丘脑通过植物性神经主要调节心血管和内脏活动，是调节内脏的较高级中枢。

第三脑室位于间脑内，呈环形围绕着丘脑周围，向后通中脑导水管，其背侧壁上有第三脑室脉络丛分布。

2. 小脑

小脑略呈球形，位于延髓和脑桥背侧。小脑表面有许多凹陷的沟和凸出的回。小脑分为中间较窄且卷曲的蚓部和两侧膨大的小脑半球。小脑灰质主要覆盖于小脑半球的表面。小脑白质在深部，呈树枝状分布，白质中有分散存在的神经核。小脑构成第四脑室的顶壁。

3. 大脑（见图10-5、图10-6）

主要由左、右两个完全对称的大脑半球组成。两个大脑半球借巨大的横行纤维束构成的胼胝体相连。两个大脑半球内，分别有一个呈半环形狭窄腔隙，叫侧脑室。两侧脑室分别以室间孔与第三脑室相通。大脑半球由顶部的大脑皮质、内部的白质、基底核以及前底部的嗅脑等组成。

（1）大脑皮质是表层的灰质，由神经细胞的胞体构成，其表面凹凸不平，凹处为沟，凸起处为回，以此来增加大脑皮质的面积。禽类的大脑灰质薄，无沟回。根据机能和位置不同，大脑皮质分为五个叶，内有各种高级中枢。半球的背外侧前部为额叶，有

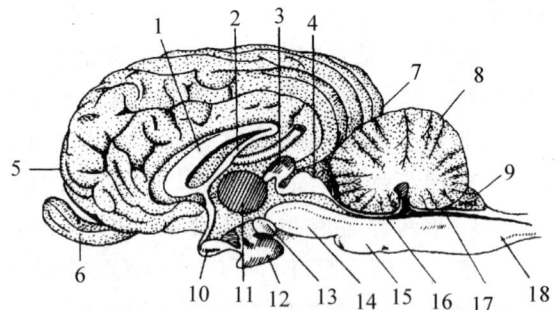

图 10-5　脑正中切面

1. 胼胝体；2. 穹窿；3. 松果体；4. 四叠体；5. 额极；
6. 嗅球；7. 枕球；8. 小脑；9. 脉络丛；10. 视交叉；
11. 丘脑中间块；12. 脑垂体；13. 乳头体；14. 大脑脚；
15. 脑桥；16. 前髓帆；17. 后髓帆；18. 延髓

运动中枢；背侧部为顶叶，为感觉中枢；外侧部有颞叶，为听觉中枢；后部为枕叶，为视觉中枢；大脑半球内侧面因其位置在大脑和间脑交界处的边缘，所以称为边缘叶，有内脏活动的高级中枢。

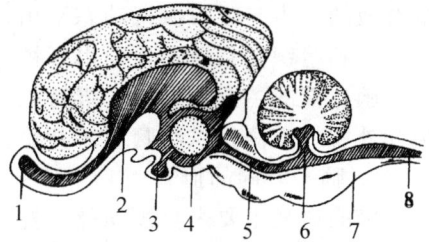

图 10-6 脑室系统模式图

1. 嗅球室；2. 侧脑室；3. 脑垂体腔；
4. 第三脑室；5. 中脑导水管；6. 第四脑室；
7. 延髓；8. 脊髓中央管

（2）白质位于皮质深层，由三种纤维构成。联合纤维是联系左、右半球的神经纤维，构成胼胝体；联络纤维是联系同侧半球的神经纤维；投射纤维是联系大脑皮质与皮层下中枢的上、下行纤维。以上这些纤维把脑的各部与脊髓联系起来，再通过外周神经与各个器官联系起来，因而大脑皮质能支配所有的活动。

（3）基底核（纹状体）是大脑白质中基底部的灰质核团，主要有尾状核和豆状核，两核之间有由白质（上、下行的投射纤维）构成的囊。基底核、尾状核、内囊和豆状核，都有灰质、白质交错呈现出的花纹状，故又称纹状体。一般认为，纹状体是锥体外系发放冲动的一个重要联络站。基底核在大脑皮质控制下，可调节骨骼肌的运动。禽类的基底核比较发达。

（4）嗅脑主要包括位于大脑腹侧最前端的嗅球（接受来自鼻腔嗅区的嗅神经，其功能与嗅觉有关）以及沿脑腹侧面延续的嗅回、梨状叶、海马等。其中，梨状叶、海马和大脑半球内侧面，合称边缘叶。边缘叶与皮层下的一些结构，共同构成大脑边缘系统。

（5）侧脑室有两个，位于左、右大脑半球内，有室间孔与第三脑室相通。侧脑室底壁的前部为尾状核，后部为海马，顶壁为胼胝体。在尾状核与海马之间有侧脑室脉络丛。

（三）脑脊膜、脑脊液和血脑屏障

1. 脑脊膜（见图 10-7）

在脑和脊髓表面都有三层膜，由内向外依次为软膜、蛛网膜和硬膜，可以保护和支持脑和脊髓。

（1）软膜：薄而富有血管，紧贴于脑和脊髓，分别称脑软膜和脊软膜。脑软膜随血管分支伸入脑室，形成脉络丛，是产生脑脊液的主要结构。

（2）蛛网膜：蛛网膜薄，位于软膜的外面，且分出无数小梁与之相连。蛛网膜和软膜之间的腔隙，称为蛛网膜下腔，内含脑脊液。

（3）硬膜：是一层较厚而坚韧的致密结缔组织，位于蛛网膜的外面。在脑部，脑硬膜紧贴颅腔壁，无间隙。脊髓部分的脊硬膜与椎管内面的骨膜之间形成的腔隙称硬膜外腔，腔内充满大量的脂肪和疏

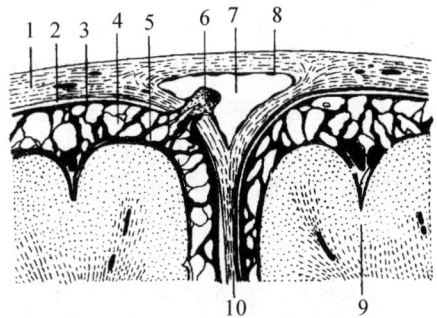

图 10-7 脑脊膜构造模式图

1. 硬膜；2. 硬膜下腔；3. 蛛网膜；
4. 蛛网膜下腔；5. 软膜；6. 蛛网膜绒毛；
7. 静脉窦；8. 内皮；9. 大脑皮质；10. 大脑镰

松结缔组织。兽医临床上常用硬膜外腔麻醉的方法麻醉脊神经根。硬膜外腔麻醉的部位常在腰荐间隙或第一、二尾椎之间。硬膜与蛛网膜之间的腔隙称为脑或脊硬膜下腔，内含少量脑脊液。

2. 脑脊液

脑脊液是由各脑室脉络丛产生的无色透明的液体，充满于脑室、脊髓中央管和蛛网膜下腔等。各脑室中的脑脊液均汇集到第四脑室，经第四脑室脉络丛，流入蛛网膜下腔后，流向大脑背侧，再经脑蛛网膜透入脑硬膜中的静脉窦，最后回到血液循环中。正常情况下，

脑脊液的产生与吸收保持动态平衡，如果这种平衡受到破坏，便可引起脑积水和颅内压升高，使脑组织受到压迫，而出现神经症状。

脑脊液的主要作用有：维持脑组织渗透压和颅内压的相对恒定；保护脑和脊髓减少或免受外力的震荡；供给脑组织营养；参与代谢产物的运输等作用。

3. 脑、脊髓的血管

脑的血液主要来自颈动脉、枕动脉、椎动脉，这些血管在脑底部吻合成一动脉环，由此分出小动脉分布于脑。脊髓的血液来自椎动脉、肋间动脉及腰动脉等的脊髓分支。在脊髓腹侧汇合成一脊髓腹侧动脉，沿脊髓腹侧正中裂延伸。从动脉环和脊髓腹侧动脉分出侧支，分布于脑和脊髓。静脉血则分别汇入颈内静脉和一些节段性的同名静脉。

4. 血脑屏障

脑内的毛细血管能限制某些物质进入脑组织，如给家兔从静脉注射台盼蓝染料后，身体其他器官都被染成蓝色，而脑组织不着色，这一事实说明血液和脑组织之间存在着某种屏障，称为血脑屏障。血脑屏障的构成与脑内毛细血管的结构特点有关。脑内毛细血管内皮上无孔；而且内皮细胞之间紧密连接，没有间隙；同时脑内毛细血管的外表面，还有一层由神经胶质细胞突起形成的胶质膜包围，使血管不与神经细胞直接接触。血脑屏障可防止有毒和有害物质进入脑内损害神经细胞，同时也能维持神经系统内环境的相对恒定，保证神经细胞的正常功能。

二、外周神经

外周神经系统是神经系统的外周部分，即除脑、脊髓外，所有神经干、神经节、神经丛及神经末梢的总称。它们一端连于脑或脊髓，另一端同动物体各器官的感受器或效应器相连，将来自感受器的内外环境的刺激冲动，传至中枢，再把中枢神经冲动传递到各效应器官（肌肉或腺体）。外周神经可分为脑神经、脊神经和植物性神经。

（一）脑神经

脑神经共有十二对，多数从脑干发出，通过颅骨的一些孔出颅腔。其中有的是感觉神经，有的是运动神经，有的是含感觉和运动纤维的混合神经。

脑神经名称的记忆口诀：一嗅二视三动眼，四滑五叉六外展，七面八听九舌咽，十迷一副舌下全。脑神经分布见表10-1。

表 10-1　脑神经分布简表

顺序及名称	连脑部位	性质	分　布　范　围	机　　能
Ⅰ 嗅神经	嗅球	感觉	鼻黏膜嗅区	嗅觉
Ⅱ 视神经	间脑	感觉	视网膜	视觉
Ⅲ 动眼神经	中脑	运动	眼球肌	眼球运动
Ⅳ 滑车神经	中脑	运动	眼球肌	眼球运动
Ⅴ 三叉神经	脑桥	混合	头部肌肉、皮肤、泪腺、结膜、口腔、齿髓、舌、鼻腔等	头部皮肤、口、鼻腔、舌等感觉，咀嚼运动
Ⅵ 外展神经	延髓	运动	眼球肌	眼球运动
Ⅶ 面神经	延髓	混合	鼻唇肌、耳肌、眼睑肌、唾液腺等	面部感觉、运动唾液的分泌

续表

顺序及名称	连脑部位	性质	分 布 范 围	机 能
Ⅷ位听神经	延髓	感觉	内耳	听觉和平衡觉
Ⅸ舌咽神经	延髓	混合	舌、咽	咽肌运动、味觉、舌部感觉
Ⅹ迷走神经	延髓	混合	咽、喉、食管、胸腔、腹腔内大部分器官和腺体等	咽、喉和内脏器官的感觉和运动
Ⅺ副神经	延髓和颈部脊髓	运动	斜方肌、臂头肌、胸头肌	头、颈、肩带部的运动
Ⅻ舌下神经	延髓	运动	舌肌和舌骨肌	舌的运动

（二）脊神经

脊神经是由脊髓的背根（感觉根）和腹根（运动根）在椎间孔汇合而成，都是混合神经。按照从脊髓发出的部位分颈神经、胸神经、腰神经、荐神经和尾神经。

脊神经出椎间孔后，分为背侧支和腹侧支，每支均含有感觉纤维和运动纤维。背侧支细，分布于脊柱背侧如颈背部、鬐甲、背腰部、荐部等的皮肤和肌肉；腹侧支较粗，分布于脊柱腹侧（胸壁、腹壁）及四肢等的肌肉和皮肤。脊神经分支很广，现将在生产和临床中常用脊神经腹侧支的分支分布情况介绍如下。

1. 躯干神经

（1）膈神经：由第5、6、7对颈神经腹侧支连合而成，经胸前口入胸腔，沿纵隔后行，分布于膈。

（2）肋间神经：为胸神经腹侧支。在每一肋间隙沿肋间动脉后缘下行，分布于肋间肌。其中最后一对肋间神经，在第一腰椎横突末端前下缘进入腹壁，分布于腹肌和腹部皮肤，以及阴囊皮肤、包皮或乳房等处。

（3）髂下腹神经（髂腹后神经）：为第一腰神经腹侧支。牛的经第二、三腰椎横突之间（马属动物的则在第二腰椎横突末端的后缘）进入腹壁肌肉，分布于腹肌和腹部皮肤。

（4）髂腹股沟神经：为第二腰神经的腹侧支。牛沿第四腰椎横突末端的外侧缘（马属动物的则沿第三腰椎横突末端的后缘）伸入腹肌之间，分布于腹肌、腹壁和股内侧皮肤。

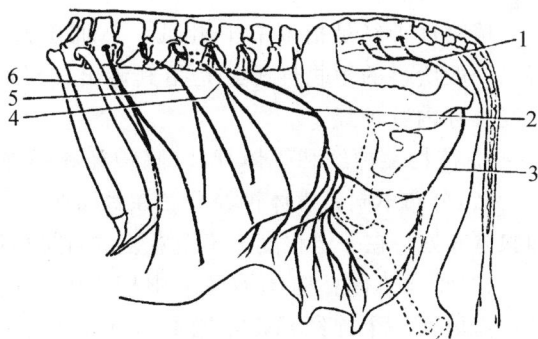

图 10-8　母牛的腹壁神经
1. 阴部神经；2. 精索外神经；3. 会阴神经的乳房支；
4. 髂腹股沟神经；5. 髂下腹神经；6. 最后肋间神经

掌握最后一对肋间神经以及髂下腹神经、髂腹股沟神经的行程和分布（见图10-8），可以为腹壁手术的腰旁传导麻醉打基础。

（5）生殖股神经：来自第2、3、4腰神经的腹侧支，沿腰肌间下行，分为前、后两支，向下延伸，穿过腹股沟管与阴部外动脉，一起分布于睾外提肌、阴囊和包皮（公畜）或乳房（母畜）。

(6)阴部神经：来自第2、3、4荐神经的腹侧支，沿荐结节阔韧带向后向下延伸，其终支绕过坐骨弓，在公畜至阴茎背侧，成为阴茎背神经，分支分布于阴茎；在母畜称为阴蒂背神经，分布于阴蒂、阴唇。

直肠后神经：来自第3、4(马)或第4、5(牛)荐神经的腹侧支，有1～2支，在阴部神经背侧，沿荐结节阔韧带的内侧面向后向下延伸，分布于直肠和肛门，在母畜还分布于阴唇。

2. 前肢神经(见图10-9)

前肢神经是分布于前肢的神经，由臂神经丛发出。牛的臂神经丛是由最后3对颈神经腹侧支和第1对胸神经腹侧支(马属动物则由第6、7、8对颈神经腹侧支和第1、2对胸神经腹侧支)联合而成，位于肩关节内侧。由此神经丛发出的神经有肩胛上神经、肩胛下神经、腋神经、桡神经、尺神经和正中神经等。其中正中神经是前肢最长的神经，由臂神经丛向下延伸到蹄。

3. 后肢神经(见图10-10)

后肢神经是分布于后肢的神经，由腰荐神经丛发出。腰荐神经丛由后三对腰神经及前两对荐神经的腹侧支构成，位于腰荐部腹侧。由腰荐神经丛发出的神经有股神经、坐骨神经、胫神经、腓神经、跖内侧神经和跖外侧神经等。其中股神经分出的肌支分布于髂腰肌，还分出一隐神经分布于股部、小腿部及跖部内侧面的皮肤。坐骨神经为全身最粗最长的神经，扁而宽，由坐骨大孔出盆腔，沿荐坐韧带的外侧面，向后下方延伸。经大转子与坐骨结节之间，除分布于臀部肌肉和皮肤外，在髋关节后下方，约在股骨中部，又分为腓神经和胫神经，分支分布于后肢小腿部以下的肌肉和皮肤。坐骨神经在臀部有分支分布于闭孔肌；在股部分出大的分支，分布于半膜肌、臀肌二头肌和半腱肌。临床上常见由股神经和坐骨神经麻痹引起的跛行。

(三)植物性神经(见图10-11)

植物性神经是指调节平滑肌、心肌和腺体的神经。由于传入神经和脑、脊神经相同，所以一般所讲的植物性神经是指其传出神经而言。平滑肌多分布在内脏周围，所以植物性神经又称内脏神经。

1. 植物性神经和躯体神经(脑神经和脊神经)的区别

(1)分布不同：躯体神经分布在骨骼肌，可随意运动；而植物性神经分布于平滑肌、心肌和腺体等处，在一定程度上不受意识的直接控制，具有相对的自主性，所以又称自主神经。

(2)结构不同：躯体神经从中枢出发，直达所支配的骨骼肌；而植物性神经从中枢出发，需更换一个神经元，才能到达所支配的效应器，第一个神经元(节前神经元)在中枢内，发出的纤维叫节前纤维，第二个神经元(节后神经元)在神经节中，发出的纤维叫节后纤维。

2. 植物性神经分类

根据中枢位置和功能不同，植物性神经可分为交感神经和副交感神经。

(1)交感神经。交感神经中枢位于脊髓胸腰段灰质侧角中，外周部分包括交感神经干、交感神经节(脊椎两侧椎神经节和椎下神经节)和神经丛等。节后纤维主要分布在内脏器官、血管、汗腺及竖毛肌等处。

①交感干分为颈部交感干、胸部交感干、腰部交感干及荐部交感干等。颈部交感干常与迷走神经合并成迷交干。

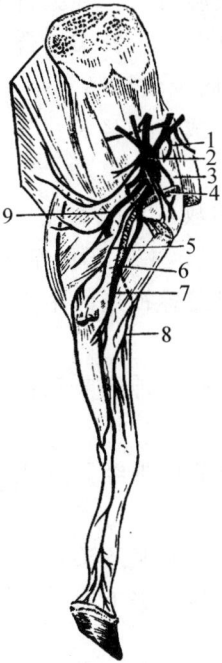

图 10-9 牛的前肢神经

1. 肩胛上神经；2. 臂神经丛；
3. 腋神经；4. 腋动脉；
5. 尺神经；6. 正中神经
和肌皮神经总干；7. 正中
神经；8. 肌皮神经皮支；
9. 桡神经

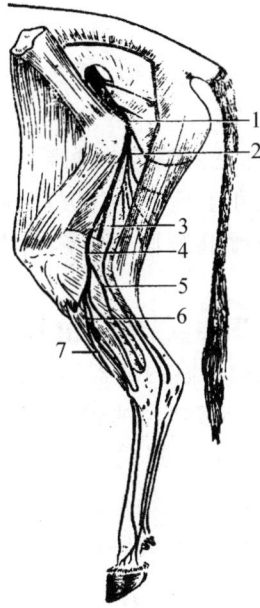

图 10-10 牛的后肢神经

1. 坐骨神经；2. 肌支；
3. 胫神经；4. 腓神经；
5. 小腿外侧皮神经；
6. 腓浅神经；7. 腓深神经

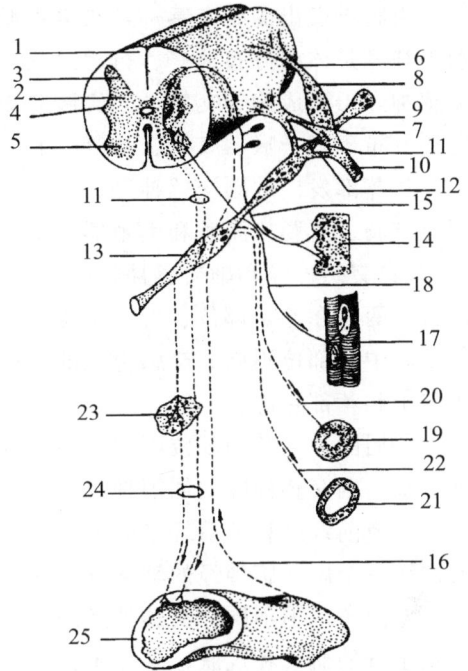

图 10-11 植物性神经构造模式图

1. 白质；2. 灰质；3. 背角；4. 侧角；5. 腹角；
6. 背根；7. 腹根；8. 脊神经节；9. 交感神经干；
10. 脊神经；11. 节前纤维；12. 节后纤维；
13. 椎旁神经节；14. 皮肤；15. 传入神经；
16. 内脏传入神经；17. 骨骼肌；18. 支配骨
骼肌的传出神经纤维；19. 血管壁平滑肌；
20. 支配血管的传出神经纤维；21. 皮脂腺；
22. 支配腺体的传出神经纤维；23. 椎下神经节；
24. 节后纤维；25. 内脏（肠或其他器官）

②交感神经节主要由颈前神经节、星状神经节、腹腔肠系膜前神经节和肠系膜后神经节构成。

颈前神经节：呈纺锤形，位于寰枕关节下方。它发出的节后纤维，随颈部动脉分布于头部血管、唾液腺、泪腺和瞳孔开大肌。

星状（颈胸）神经节：形态不规则，位于第一肋骨上端的内侧。其节后纤维分布于胸腔器官，如心、肺、气管、主动脉和食管。

腹腔肠系膜前神经节：位于腹腔动脉和肠系膜前动脉起始部周围。由该神经节发出的节后纤维与迷走神经一起形成许多神经丛，随腹腔动脉和肠系膜前动脉而分布于腹腔器官，如胃、肝、脾、胰、小肠、结肠、肾和肾上腺等。

肠系膜后神经节：位于肠系膜后动脉起始部。其节后纤维分布于结肠后部及生殖器官等处。

（2）副交感神经。副交感神经中枢位于脑干和荐部脊髓。节后神经元位于器官内或器官附近。

由脑干发出的副交感神经与某些脑神经一起行走，分布到头、颈和胸腹腔器官。其中迷走神经是体内分布最广、行程最长的混合神经。它由延髓发出，出颅腔后行，在颈部与交感神经干形成迷走交感干，经胸腔至腹腔，伴随动脉分布于胸腹腔器官上。其节后纤维主要分布于咽、喉、气管、食管、心、肺、胃、脾、肝、胰、小肠、盲肠及大结肠。

从荐部发出的副交感神经，形成2~3支盆神经，与腹后神经一起形成盆神经丛，分布于小结肠、直肠、膀胱和生殖器官上。

(3)交感神经和副交感神经的区别。两者都是内脏运动神经，并且多数是共同支配一个器官。两者在起始部位、形态结构、分布范围和生理机能等方面各有特点，主要区别如下。

①中枢部位不同。交感神经的中枢位于脊髓胸腰段灰质侧角中；副交感神经的中枢位于脑干和荐部脊髓。

②周围神经节的部位不同。交感神经的周围神经节位于脊柱两旁的椎旁神经节和椎下神经节；副交感神经的周围神经节位于所支配的器官内或器官附近。

③节前纤维和节后纤维的比例不同。一个交感神经的轴突可与许多节后神经元形成突触；而一个副交感神经的轴突则与较少的节后神经元形成突触。

④分布范围不同。交感神经的分布范围较广，除分布胸腹腔器官外，还遍及头颈器官以及全身的血管和皮肤；副交感神经的分布范围不如交感神经广泛，汗腺、竖毛肌、肾上腺髓质以及大部分的血管，均无副交感神经支配。

⑤作用不同。交感神经和副交感神经的作用拮抗，但又协调统一，从而使各器官的功能活动维持动态平衡。

第二部分　神经生理

一、神经纤维生理

神经纤维是由神经元的长突起和包在其表面的神经胶质细胞构成。其主要功能是传导兴奋，也就是传导冲动。

(一)神经纤维兴奋的产生

1. 静息电位

当细胞、组织兴奋时，不论其外部表现如何不同，它们都有电位的改变，统称为生物电。实验证明，神经纤维和其他细胞一样，在静息状态下，细胞膜表面各点之间电位相等，而膜内外有明显的电位差，即内负、外正的电位，这种细胞膜内外的电位差，称静息电位(或膜电位)。细胞膜保持外正、内负的极化状态，叫做极化。极化状态是神经纤维实现其特殊传导功能的先决条件，也是它对刺激产生兴奋或抑制的物质基础。无论何种因素，凡能消除或降低这种极化状态，就将产生兴奋；反之，就会产生抑制。

静息电位的产生，一般用"离子学说"来解释，是由于一些离子在细胞膜内外两侧分布不均衡，以及细胞膜在不同情况下对不同离子产生的通透性不同造成的。如细胞内K^+浓度高，为膜外的$20\sim40$倍，而在静息状态下，膜对K^+的通透性高。因此，膜内K^+在浓度差的推动下外流，而有机负离子(主要带负电荷的大分子蛋白质)不能通过膜而留在膜内，这样就形成膜内为负、膜外为正的电位。所以，静息电位主要是K^+外流引起的平衡电位。

2. 动作电位

神经或肌肉细胞在兴奋时，所产生的可传播的电位变化，称为动作电位。当神经纤维受到刺激而兴奋时，引起细胞膜的通透性发生改变，此时细胞膜对 Na^+ 的通透性突然发生瞬间增大，而膜外的 Na^+ 浓度约为膜内的 20 倍，因此 Na^+ 就依靠其浓度差和外正内负的电位差推动，迅速向膜内扩散。在流入过程中，先使膜内外原有的电位差迅速缩小，直至消除静息时膜两侧的极化状态，此过程叫去极化；随着更多的 Na^+ 继续内流，去极化进一步发展，从而使膜内带正电、膜外带负电，这个过程叫反极化；最后细胞膜恢复原来的通透性，即 K^+ 通透性增大，K^+ 不断外流，又恢复为膜外为正、膜内为负的静息状态，这个过程叫复极化。所以，动作电位主要是 Na^+ 内流引起的电位变化。

在生理学上常把动作电位看作细胞兴奋的标志。因而兴奋也成了动作电位的同义词。所以，兴奋性就可理解为在接受刺激时产生动作电位的能力。

3. 兴奋的传导

神经纤维局部受到刺激而产生的兴奋（动作电位），可沿着神经纤维传播的特性，称为神经纤维的传导性。

4. 神经纤维兴奋传导的速度

神经纤维兴奋传导的速度主要受到两方面影响，一是有无髓鞘，有髓鞘者传导快，无髓鞘者传导慢；二是神经纤维的粗细，直径大者传导快，直径小者传导慢。植物性神经的节前纤维为细的有髓神经纤维，节后纤维为细的无髓神经纤维，而支配骨骼肌的躯体运动神经纤维一般是粗的有髓神经纤维。此外，温度对神经纤维兴奋传导速度也有影响，在一定范围内温度升高传导速度加快，温度降低则传导速度减慢，甚至出现传导阻滞。

局部电流（学说）：一般是指无髓神经纤维某一点受到刺激而产生兴奋，即产生了动作电位，这个动作电位就会沿着无髓神经纤维一点一点地连续向两端传导，这就是兴奋在无髓神经纤维上的传导过程。

跳跃式传导：有髓神经纤维的动作电位是沿着神经纤维从一个朗飞氏节跳到另一个邻近朗飞氏节，其传导兴奋的速度显然比无髓神经纤维或一般细胞的传导速度要快得多。

（二）神经纤维传导兴奋的特征

1. 神经纤维的完整性

神经纤维传导冲动时，首先要求神经纤维在结构和生理功能上完整。如果神经纤维被切断，冲动就不能通过切口向下传导；如果神经纤维受到物理、化学刺激（如受压、局部低温或麻醉药等）作用，冲动传导也会发生降低或阻滞。

2. 神经纤维的绝缘性

一条神经干内含有许多条神经纤维，但是任何一条纤维的冲动，只能沿本身纤维传导，以保证传导信息的准确性，使动物产生有效的反射活动。

3. 神经纤维传导的双向性

刺激神经纤维的任何一点，所产生的冲动可沿纤维向两端同时传导，叫传导的双向性。

4. 相对不疲劳性

实验表明，用 50～100 次/s 的感应电流连续刺激蛙的神经 9～12 h，神经纤维始终保持其传导能力，这说明神经纤维具有相对的不疲劳性。

5. 神经纤维传导冲动的不衰减性

神经纤维在传导神经冲动时，不论传导距离多远，其冲动的大小、数目和速度，自始至终保持不变，保证机体调节机能的及时、迅速和准确。

二、突触传递的过程

(一)突触

突触是指神经元之间或神经元与效应器细胞之间的功能性接触点，主要完成细胞间信息传递的功能。突触结构包括突触前膜(内含小泡，可释放化学递质)、突触间隙和突触后膜(膜上有接受递质的受体)。(突触结构见神经组织)

(二)突触传递的过程

突触传递的过程主要包括兴奋性突触和抑制性突触的传递过程。

1. 兴奋性突触传递过程

当动作电位传至轴突末梢时，使突触前膜兴奋，并释放兴奋性化学递质，递质经突触间隙扩散到突触后膜，与后膜的受体结合，使后膜对 Na^+、K^+，尤其是对 Na^+ 的通透性升高，Na^+ 内流，使后膜出现局部去极化，这种局部电位变化，叫做兴奋性突触后电位。单个兴奋性突触产生的一次兴奋性突触后电位，所引起的去极化程度很小，不足以引发突触后神经元的动作电位。只有同一突触前末梢连续传来多个动作电位，或多个突触前末梢同时传来一排动作电位时，突触后神经元将许多兴奋性突触后电位累加起来(总和)，使电位幅度加大。当达到阈电位时，便引起突触后神经元的轴突始段首先爆发动作电位，然后产生传播性的动作电位，并沿轴突传导，传至整个突触后神经元，表现为突触后神经元的兴奋，此过程称为兴奋性突触传递。

2. 抑制性突触传递过程

当抑制性中间神经元兴奋时，其末梢释放抑制性化学递质。递质扩散到后膜，与后膜上的受体结合，使后膜对 K^+、Cl^-，尤其是对 Cl^- 的通透性升高，K^+ 外流和 Cl^- 内流，使后膜两侧的极化加深，即超极化，此超极化电位叫做抑制性突触后电位，这个过程称抑制性突触传递。

突触的传递可概括如下：

突触前神经元末梢兴奋→释放兴奋性递质→兴奋性突触后电位(突触后膜去极化)→突触后神经元兴奋；

突触前神经元末梢兴奋→释放抑制性递质→抑制性突触后电位(突触后膜超极化)→突触后神经元抑制。

(三)突触传递的神经递质、受体及递质的灭活

化学性突触传递是以神经递质作为信息传递的媒介物，但神经递质需作用于相应的受体才能完成信息传递。因此，神经递质和受体是化学性突触传递最重要的物质基础。

1. 神经递质与受体

神经递质是突触前神经元合成、贮存并在末梢释放，经突触间隙扩散，特异性地作用于突触后神经元或效应器上的受体，导致信息从突触前膜传递到突触后膜的一些化学物质。神经递质根据其产生部位可分为中枢递质和外周递质。外周递质包括乙酰胆碱、去甲肾上腺素和嘌呤类或肽类，中枢递质主要有乙酰胆碱、单胺类、氨基酸类和肽类。

受体是指存在于细胞膜、细胞质或细胞核内，能与某些化学物质(如递质、激素等)发生特异性结合，并诱发生物学效应的特殊生物分子。

(1)乙酰胆碱(ACH)及其受体。在外周神经系统，释放乙酰胆碱作为递质的神经纤维

称胆碱能神经纤维。所有植物性神经节前纤维、绝大多数副交感神经的节后纤维、全部躯体运动神经以及支配汗腺和舒血管平滑肌的交感神经纤维都属于胆碱能神经纤维。在中枢神经系统中，以乙酰胆碱作为递质的神经元，称为胆碱能神经元。胆碱能神经元在中枢的分布极为广泛。脊髓腹角运动神经元、脑干网状结构前行激动系统、大脑基底神经核等部位的神经元皆属于胆碱能神经元。

凡是能与乙酰胆碱结合的受体，都叫胆碱能受体。胆碱能受体可分为毒蕈碱受体和烟碱受体两种。

①毒蕈碱受体（M 受体）分布在胆碱能节后纤维所支配的心脏、肠道、汗腺等效应器细胞和某些中枢神经元上。当乙酰胆碱作用于这些受体时，可产生一系列植物性神经节后胆碱能纤维兴奋的效应，包括心脏活动的抑制、支气管平滑肌的收缩、胃肠平滑肌的收缩、膀胱逼尿肌的收缩、虹膜环形肌的收缩、消化腺分泌的增加以及汗腺分泌的增加和骨骼肌血管的舒张等，这些作用称为毒蕈碱样作用（M 样作用）。

②烟碱受体（N 受体）存在中枢神经系统内和所有植物性神经节后神经元的突触后膜和神经—肌肉接头的终板膜上。发生的效应是导致节后神经元和骨骼肌的兴奋，这些作用称为烟碱样作用（N 样作用）。

（2）儿茶酚胺及其受体。儿茶酚胺类递质包括肾上腺素、去甲肾上腺素和多巴胺。在外周神经系统，大多数交感神经节后纤维释放的递质是去甲肾上腺素，这类神经纤维称为肾上腺素能纤维。最近研究表明，在植物性神经系统中，还有少量的神经末梢释放多巴胺。在中枢神经系统中，以肾上腺素为递质的神经元，称为肾上腺素能神经元，其胞体主要分布在延髓。以去甲肾上腺素为递质的神经元，称为去甲肾上腺素能神经元，其胞体主要分布在延髓和脑桥。

凡是能与去甲肾上腺素或肾上腺素结合的受体均称为肾上腺素能受体，可分为 α 受体与 β 受体。肾上腺素、去甲肾上腺素与 α 受体结合引起效应器兴奋，但也有抑制的情况，如小肠平滑肌；与 β 受体结合则引起效应器抑制，但对心脏的作用是兴奋。部分肾上腺素能受体的分布与效应（见表 10-2）。

表 10-2　部分肾上腺素能受体的分布与效应

效应器	受体	效应
瞳孔放大肌	α	收缩
睫状肌	β	舒张
心肌	β	心率加快、传导加速、收缩加强
冠状动脉	α、β	收缩、舒张（在体内主要为舒张）
骨骼肌血管	α、β	收缩、舒张（舒张为主）
皮肤血管	α	收缩
脑血管	α	收缩
肺血管	α	收缩
腹腔内脏血管	α、β	收缩、舒张（除肝血管外，收缩为主）
支气管平滑肌	β	舒张
胃平滑肌	β	舒张
小肠平滑肌	α、β	舒张
胃肠括约肌	α	收缩

2. 递质的灭活

在正常情况下，从神经末梢释放的递质一方面作用于受体，另一方面又被各自相应的酶所破坏或移除。如乙酰胆碱在几毫秒内，即被组织中的胆碱酯酶所破坏，作用时间十分短促；去甲肾上腺素大部分被重新吸收回轴浆中，小部分被组织中的儿茶酚胺氧位甲基移位酶破坏，其重新被吸收和破坏的速度比较缓慢，所以交感神经发挥效应的时间较长。若递质不能及时消除，则会出现病症。如动物有机磷农药中毒时，因为有机磷与胆碱酯酶发生结合，使其失去活性，致使乙酰胆碱不能被水解，在体内大量蓄积，出现支气管痉挛、呼吸困难、瞳孔缩小、流涎、出汗、大小便失禁等一系列副交感神经极度兴奋的现象。出现这种情况时，可用阿托品和解磷定类药物急救。

（四）突触传递的特征

突触传递神经冲动明显不同于神经纤维上的冲动传导。这是由突触本身的结构和化学递质的参与等因素决定的。

1. 单向性

兴奋在通过突触传递时，只能从突触前神经元传递给突触后神经元，不能反向传递。因为只有突触前膜能释放递质，这些递质也只能和后膜上的相应受体结合，因此兴奋不能逆向传递。这种特性使神经冲动按特定的方向和途径传递，保证神经系统调节和整合活动有规律进行。

2. 突触延搁

兴奋通过突触时所发生的传导速度明显放慢的现象，称为突触延搁。因为突触传递过程比较复杂，包括突触前膜释放递质、递质与受体结合以及一系列的电位变化等，需要较长的时间。据测定，冲动通过一个突触需 $0.3 \sim 0.5 \, \text{s}$。在反射活动中，当兴奋通过中枢的突触数越多，延搁耗费的时间就越长。

3. 总和

在突触传递过程中，突触前末梢的一次冲动引起释放的递质不多，引起突触后膜的局部去极化很小，产生的兴奋性突触后电位，不足以引发后一个神经元产生动作电位，只有多个兴奋性突触后电位总和，才能使膜电位变化达到阈电位水平，从而爆发动作电位。兴奋的总和包括时间总和和空间总和。如果同一突触前末梢连续传来多个冲动，或多个突触前末梢同时传来一排冲动，则突触后神经元可将所产生的突触后电位总和起来，前者称为时间总和，后者称为空间总和。如果总和未达到阈电位，此时的神经元与静息状态下比，兴奋性有所提高。

4. 敏感性

突触部位易受内环境变化的影响，如缺氧、酸碱度、某些药物等均可作用于突触传递的某些环节，改变突触传递的能力，如急性缺氧而造成递质合成减少。突触对内环境的酸碱度改变也极为敏感，当动脉血的 pH 从正常值 7.4 上升到 7.8 时，可提高后膜对递质的敏感性，使之易于兴奋，从而诱发惊厥，出现碱中毒；当动脉血的 pH 下降到 7.0 或 6.95 时，可降低后膜对递质的敏感性而难以兴奋，从而导致昏迷，出现酸中毒。突触对某些药物亦很敏感。临床上常用的兴奋或麻醉药，多数是通过改变突触后膜对兴奋性或抑制性递质的敏感性而发挥作用。如士的宁可降低后膜对抑制性递质的敏感性，特别是对脊髓内的突触作用最为明显，故常用作脊髓兴奋剂；巴比妥类可降低后膜对兴奋性递质的敏感性或提高其对抑制性递质的敏感性，特别是对脑干网状结构内的突触作用最为明显，故常用作镇静剂或麻醉剂。

5. 易疲劳性

在反射弧中，突触是最容易出现疲劳的部位。因为在经历了长时间的突触传递后，突触小泡内的递质将大大减少，从而影响突触传递而发生疲劳。

三、中枢神经系统的感觉机能

丘脑是重要的感觉总转换站，各种感觉通路（嗅觉除外）都要汇集在此处更换神经元，然后向大脑皮层投射，同时丘脑也能对感觉进行粗糙的分析和综合。

根据丘脑各核团向大脑皮层投射特征不同，丘脑的感觉投射系统主要包括特异性传入系统和非特异性传入系统。

（一）特异性传入系统

从机体各种感受器传入的神经冲动，进入中枢神经后（除嗅觉），均沿专一特定的传入通路到达丘脑，并在丘脑内更换神经元，再由丘脑发出上行纤维（投射纤维）到达大脑皮质的特定区域，引起特异性的感觉，叫特异性传入系统。特异性传入系统具有程度很高的点对点的投射关系，其功能是传递精确的信息到大脑皮层引起特定的感觉，并激发大脑皮层发出传出神经冲动。

（二）非特异性传入系统

特异性传入系统的纤维在途经脑干时，发出侧支与脑干网状结构内的神经元发生突触联系，然后抵达丘脑，再由丘脑发出纤维投射到大脑皮质的广泛区域，从而失去了感觉的特异性，叫非特异传入系统。其生理作用是刺激整个大脑皮质，维持和提高其兴奋性，使大脑处于醒觉状态。

特异性传入系统与非特异性传入系统两者互相影响，互相配合，使大脑既能处于觉醒状态，又能产生特定感觉。

（三）中枢神经内脏感觉的特点

中枢神经对内脏的感觉是比较模糊、弥散、定位不精确。对内脏疼痛感觉特点是牵涉痛，就是当某内脏患病时，往往会引起体壁一定部位产生疼痛感觉，而感觉到疼痛的体壁实际上并未发生病变，这种痛觉称牵涉痛。

四、中枢神经系统的运动机能

大脑皮层是中枢神经系统控制和调节骨骼肌活动的最高级中枢，它是通过锥体系统和锥体外系统来实现的。实验证明，皮质运动区支配对侧骨骼肌，呈现左右交叉的关系，即左侧运动区支配右侧躯体的骨骼肌，右侧运动区支配左侧躯体的骨骼肌。

（一）锥体系统

皮质运动区内存在许多大锥体细胞，这些细胞发出粗大的下行纤维组成锥体系统。其纤维一部分经脑干交叉到对侧，与脊髓的运动神经元相连，调节各小组骨骼肌参与精细动作和随意运动。如锥体系统受损坏，随意运动即消失。

（二）锥体外系统

除了大脑皮层运动区外，其他皮层运动区也能引起对侧或同侧躯体某部分的肌肉收缩，这些部分和皮质下神经结构发出的下行纤维，大部分组成锥体外系统。该系统主要是调节肌紧张，使躯体各部分协调一致。如动物前进时，四肢运动能协调配合。

正常生理状态下，皮质发出的冲动通过两个系统分别下传，使躯体运动既协调又准确。动物的锥体系统不如锥体外系统发达。若锥体外系受损伤，机体虽能产生运动，但动作不协调。

五、中枢神经系统对内脏的调节

调节内脏活动的神经称为植物性神经。根据其从中枢神经的发出部位和功能特征，分为交感神经和副交感神经。这两种神经对同一内脏器官的调节作用既相反，又互相协调统一（见表 10-3）。

表 10-3　植物性神经的主要机能

器官	交感神经	副交感神经
心血管	心搏动加快、加强，腹腔脏器血管、皮肤血管、唾液腺与生殖器官血管收缩，肌肉血管收缩或舒张（胆碱能）	心搏动减慢，收缩减弱，分布于脑软膜与外生殖器官的血管舒张
呼吸器官	支气管平滑肌舒张	支气管平滑肌收缩，黏液分泌
消化器官	分泌黏稠的唾液，抑制胃肠运动，促进括约肌收缩，抑制胆囊活动	分泌稀薄的唾液，促进胃液、胰液分泌，促进胃肠运动，括约肌舒张，胆囊收缩
泌尿生殖器官	逼尿肌舒张，括约肌收缩，子宫（怀孕）收缩和子宫（未怀孕）舒张	逼尿肌收缩，括约肌舒张
眼	瞳孔放大，睫状肌松弛，上眼睑平滑肌收缩	瞳孔缩小，睫状肌收缩，促进泪腺的分泌
皮肤	竖毛肌收缩，汗腺分泌	
代谢	促进糖的分解，促进肾上腺髓质的分泌	促进胰岛素的分泌

（一）交感神经的机能

交感神经的机能活动比较广泛，主要作用是促使机体适应环境的急骤变化（如剧烈运动、窒息和大失血等）。交感神经兴奋，使心脏活动加强加快，心率加快，皮肤与腹腔内脏血管收缩，血压上升，血流加快，促进大量的血液流向脑、心及骨骼肌；使肺活动加强、支气管扩张和肺通气量增大；肾上腺素分泌增加；使消化及泌尿系统活动受到抑制。交感神经在应激状态下（即环境急骤变化的条件下）动员体内许多器官的潜在力量来应付环境的急变。

（二）副交感神经机能

副交感神经机能活动比较局限，主要作用是促进机体休整，促进消化、贮存能量以及加强排泄，提高生殖系统功能。这些活动有利于营养物质的同化，增加能量物质在体内的积累，提高机体的储备力量。

六、皮层下各级中枢的机能

（一）脊髓的机能

（1）传导机能：主要有传导感觉和运动冲动的机能。

（2）反射机能：能完成骨骼肌、内脏的简单反射活动，如屈肌反射、牵张反射、排粪反射、排尿反射等。

（二）脑干的机能

（1）延髓：传导机能和反射机能（包括呼吸中枢、心血管运动中枢、吞咽中枢、消化腺分泌反射中枢，有"生命中枢"之称）。

（2）脑桥：传导机能和反射机能（包括角膜反射、呼吸调整中枢等）。

（3）中脑：传导机能和反射机能（包括协调机体运动、视觉和听觉的低级中枢），如姿势反射（翻正反射）、朝向反射（探究反射）等。

（4）脑干网状结构的机能：有调节内脏活动的中枢，如心血管中枢、呼吸运动中枢；具有维持大脑皮层兴奋水平，使大脑皮层保持醒觉状态；调节肌紧张，含有调节肌紧张的易化区及抑制区，具有调节运动平衡的作用。

（5）间脑：丘脑有感觉冲动的第三级神经元（除嗅觉外），对传入的冲动有粗略的分析和综合，即有一定的感觉机能，并上传到大脑相应区域。下丘脑有调节植物性神经、水的代谢、体温、摄食行为等功能；在性行为、生殖过程及情绪反应等方面起很重要作用；分泌各种释放因子和激素，从而间接影响内脏活动，是调节内脏活动的较高级中枢。

（三）小脑的机能

小脑是躯体运动调节的重要中枢，调节全身肌紧张，维持躯体平衡（如小脑损伤时出现的共济失调），使各种随意运动准确和协调。

七、大脑皮层的机能

（一）大脑皮层的主要机能分区

顶叶为感觉区、枕叶为视觉区、颞叶为听觉区、额叶为运动区、边缘叶为内脏感觉和运动协调区。

（二）条件反射

条件反射是大脑皮层特有的机能。反射是中枢神经系统的基本活动形式，又分为条件反射和非条件反射。

1. 非条件反射与条件反射的区别

（1）非条件反射：是先天遗传的，同种动物共有；有固定的反射弧，恒定，不受客观环境影响；大脑皮层以下各级中枢就能完成；非条件刺激引起，数量有限，适应性差。如动物生下来就会吸吮乳汁；食物接触动物口腔，就会引起唾液分泌等。这些反射只能保证动物的基本生存和简单的适应，是神经系统反射活动的低级形式。

（2）条件反射：是后天获得的，在一定条件下形成，有个体差异；无固定反射弧，易变，不强化就消退；必须通过大脑皮层才能完成；条件刺激引起，数量无限，适应性强。条件反射是神经系统反射活动的高级形式。

2. 条件反射的形成

条件反射是一个复杂的过程。动物采食时，食物入口引起唾液分泌，这是非条件反射。如食物在入口之前，给予哨声刺激，最初哨声和食物没有联系，只是作为一个无关刺激而出现，哨声并不引起唾液分泌。但如果哨声与食物总是同时出现，经过多次结合后，只给哨声刺激也可引起唾液分泌，便形成了条件反射。这时的哨声就不再是与吃食物无关的刺激，而成为食物到来的信号，所以把形成条件反射的条件刺激，又称为信号。可见，形成条件反射的基本条件，就是条件刺激与非条件刺激在时间上的结合，这一结合过程称强化。任何条件刺激与非条件刺激结合应用，都可形成条件反射。但条件刺激出现于非条件刺激之前或同时，条件反射就易形成，反之就很难形成。

3. 影响条件反射形成的因素

（1）刺激方面。条件刺激必须与非条件刺激多次结合；条件刺激必须在非条件刺激之前或同时出现；刺激强度要适宜，已建立起来的条件反射，必须要经常用非条件刺激来强化和巩固，否则条件反射会逐渐消失。

（2）机体方面。要求动物必须是健康的，大脑皮层必须处于清醒状态，昏睡或病态动物是不易形成条件反射。此外，还应避免其他刺激对动物的干扰。

4. 条件反射的生物学意义

动物在后天生活过程中，建立了大量的条件反射，可扩大机体的反射活动范围，增强机体活动的预见性和灵活性，从而提高机体对环境的适应能力。

条件反射有一定可塑性，既可强化，又可消失。在畜牧生产中可以利用这种可塑性，使动物按人们的意志建立大量条件反射，便于科学饲养管理和合理使用，以提高动物的生产性能。

第三部分　感觉器官

感觉器官是由感受器及其辅助装置构成。感受器是感觉神经末梢的特殊装置，根据所在部位和所接受刺激的来源，分为外感受器、内感受器和本体感受器。外感受器能接受外界环境的各种刺激，如皮肤、舌、鼻、眼和耳等；内感受器分布于内脏以及心、血管等处，能感受体内各种理化刺激；本体感受器分布于肌、腱、关节和内耳，能感受运动器官所处状况和身体位置的刺激。下面介绍外感受器眼和耳。

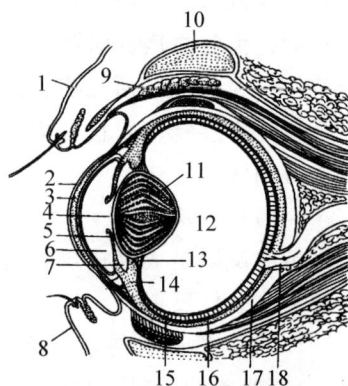

图 10-12　眼球构造模式图

1. 上眼睑；2. 球结膜；3. 角膜；
4. 瞳孔；5. 虹膜；6. 眼前房；
7. 眼后房；8. 下眼睑；9. 泪腺；
10. 眶上突；11. 晶状体；
12. 玻璃体；13. 睫状小带；
14. 睫状体；15. 视网膜；
16. 脉络膜；17. 巩膜；
18. 视神经

一、眼

眼是视觉器官，由眼球及其辅助结构构成。

（一）眼球（见图 10-12）

眼球位于眼眶内，后端有视神经与脑相连，眼球的构造由眼球壁、折光装置构成。

1. 眼球壁

眼球壁分为纤维膜、血管膜和视网膜三层。

（1）纤维膜厚而坚韧，形成眼球的外壳，有保护内部组织和维持眼球形状的作用。前部 1/5 为透明的角膜，后部 4/5 为白色不透明的巩膜。

角膜：无色透明，具有折光作用，没有血管和淋巴管，但分布着丰富的感觉神经末梢，所以反应灵敏。

巩膜：由白色不透明、互相交织的胶原纤维及少量的弹性纤维构成，具有保护作用。角膜与巩膜相连处，称角巩膜缘，其深面有静脉窦，是眼房水流出的通道。由于巩膜上有与胆红素亲和力高的弹性蛋白，因此黄疸一般首先在巩膜上表现。

（2）血管膜位于中层，富含血管，为眼内组织提供营养，另外内含色素细胞，形成暗环境，利于视网膜对光的感应。血管膜由前向后依次为虹膜、睫状体、脉络膜。

虹膜：在晶状体之前，呈圆盘状，可从眼球前部看到。虹膜中部有一瞳孔。瞳孔周围有瞳孔括约肌和瞳孔扩大肌。前者受副交感神经支配，在强光下可使瞳孔缩小，以减少进入眼内的光线；后者受交感神经支配，在弱光下使瞳孔扩大，以增加进入眼内的光线。

睫状体：为血管膜中部增厚的部分，位于巩膜与角膜连接处的内面。在睫状体外面有平滑肌构成的睫状肌，受副交感神经支配，其作用能产生房水和调节视力。

脉络膜：约在血管膜的后 2/3 部分，呈暗褐色，衬于巩膜的内面，富含血管和色素。视神经乳头上方有一半月形区域，为照膜。照膜的作用是将外来光线反射到视网膜，反光很强，加强对视网膜的刺激作用，利于动物在暗光下对光的感应。

（3）视网膜，又称神经膜，是眼球壁的最内层，有感光作用，活体为淡红色，死后呈灰白色。在视网膜中央区，有一视神经乳头，是视神经穿过眼球的地方，无感光作用，称为盲点，视网膜动脉由此分支分布视网膜上。视网膜衬于脉络膜内面的部分，为感光部分。感光细胞包括视锥细胞和视杆细胞。视锥细胞感光敏锐，能分辨颜色，在视网膜中央区最多，由此向四周逐渐减少。视杆细胞内含有视紫红质，能感受弱光，比视锥细胞多若干倍，在视网膜中央区很少或者不存在，由此向外周逐渐增多。

2. 眼球的折光系统

角膜、眼房水、晶状体和玻璃体组成眼球的折光系统。角膜前面已经介绍过。

（1）眼房水。眼房位于角膜和晶状体之间，被虹膜分为前房和后房。眼房水为睫状体产生的无色透明的液体，充满眼房。它除了供给角膜和晶状体营养外，还可维持眼内压。若眼房水排出受阻，可引起眼内压增高而影响视力，临床上称为青光眼。

（2）晶状体。晶状体为双凸透镜，透明而富有弹性，位于虹膜和玻璃体之间。晶状体借晶状体悬韧带连接于睫状体。睫状肌的收缩与松弛，可改变晶状体的曲度，以调节焦距，使物体的投影能聚集在视网膜上。晶状体若因疾病或创伤而变得不透明，临床上称为白内障。

（3）玻璃体。玻璃体是无色透明的胶状物质，充满于晶状体与视网膜之间。玻璃体除有折光作用外，还有支撑视网膜的作用。

（二）眼的辅助器官

1. 眼睑

眼睑是覆盖在眼球前方的皮肤褶，具有保护眼球的作用，分为上、下眼睑。眼睑游离缘上有睫毛。

2. 结膜

结膜是位于眼球与眼睑之间的一层薄膜，分为睑结膜（位于眼睑内面）、球结膜（位于巩膜前部由睑结膜折转而来），二者之间形成结膜囊。位于眼内角的结膜褶，叫第三眼睑（也叫瞬膜），呈半月形，常有色素，内有一片软骨。正常结膜呈淡红色，在发绀、黄疸或贫血时，易显示不同颜色，常作为临床诊断疾病的依据。

3. 泪器

泪器分泪腺、泪道两部分。泪腺略呈卵圆形，位于眼球的背侧，有十余条泪道开口于结膜囊，分泌的泪液有湿润、清洁结膜等作用。多余的泪液经骨质的鼻泪孔而至鼻腔，开口于鼻腔前庭，随呼吸而蒸发。

4. 眼肌(见图 10-13)

眼肌是附着在眼球外面的一些小块随意肌，共有 7 块，即上、下、内、外四条直肌和上、下两条斜肌以及一条眼球退缩肌，这些眼肌使眼球多方向转动。眼肌具有丰富的血管、神经，使眼睛运动灵活，不易疲劳。

5. 眶骨膜

眶骨膜是一圆锥形纤维鞘，包围眼球、眼肌、眼血管、神经及泪腺等。

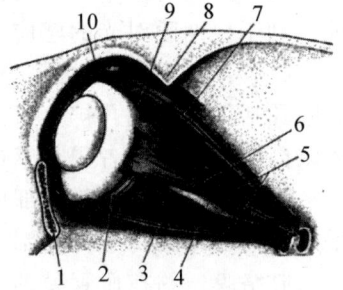

图 10-13 犬眼的肌肉模式图

1. 颧弓的断端；2. 下斜肌；
3. 下直肌；4. 视神经；5. 球缩肌；
6. 外直肌；7. 上直肌；8. 眶突；
9. 上斜肌；10. 上斜肌腱与滑车

二、耳(见图 10-14)

耳是位听器官，分为外耳、中耳、内耳。外耳和中耳有收纳和传导声波的装置；内耳藏有听觉感受器、位平衡感受器。

(一)外耳

外耳由耳廓、外耳道和鼓膜构成。

1. 耳廓

耳廓位于头部两侧，以软骨为基础，被覆皮肤。一般呈圆筒形，上端较大，开口向前，下端较小，连于外耳道。耳廓内面的皮肤长有耳毛，但在耳廓基部毛少，而含很多皮脂腺。耳廓转动灵活，便于收集声波。

2. 外耳道

外耳道位于耳廓的基部至鼓膜之间的管道，内面衬有皮肤。皮肤内含有皮肤腺，即耵聍腺，其分泌物称为耵聍(耳蜡)。

3. 鼓膜

鼓膜是外耳与中耳的分界线，是构成外耳道的一片圆形纤维膜，坚韧而有弹性，外膜覆盖皮肤，内面衬有黏膜，由鼓室黏膜折转形成。

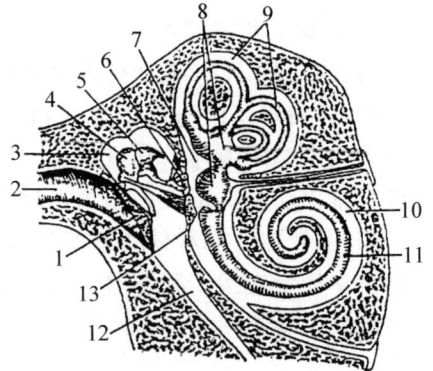

图 10-14 耳构造模式图

1. 鼓膜；2. 外耳道；3. 鼓室；4. 锤骨；
5. 砧骨；6. 镫骨及前庭窗；7. 前庭；
8. 椭圆囊和球囊；9. 半规管；10. 耳蜗；
11. 耳蜗管；12. 咽鼓管；13. 耳蜗窗

(二)中耳

中耳由鼓室、听小骨、咽鼓管等构成。

1. 鼓室

鼓室位于颞骨内，是一个含空气的骨室，内面被覆黏膜。外侧壁是鼓膜；内侧壁由前庭窗(以镫骨封闭)和耳蜗窗(以薄膜封闭)构成。

2. 听小骨

听小骨位于鼓室内，由锤骨、砧骨、镫骨构成。3 块听小骨以关节连成一个听骨链，一端以锤骨柄附着于鼓膜，另一端以镫骨底的环状韧带附着于前庭窗。声波对鼓膜的振动，借此听骨链传递到内耳前庭窗。

3. 咽鼓管

咽鼓管是连接鼓室与咽的管道。一端开口于鼓室的前下壁，另一端开口于咽侧壁，空气从咽腔经此管到达鼓室。咽鼓管可以平衡鼓膜内外的压力，防止鼓膜振破；同时还可排除中耳和内耳的分泌物。

（三）内耳

内耳位于颞骨内，由迷路、位听感受器构成。迷路分为骨迷路和膜迷路。迷路是曲折迂回的双层套管结构。外层是骨质迷路，称骨迷路（充满外淋巴）；内层由膜性管构成，叫膜迷路（充满内淋巴）。骨迷路由前庭、三个半规管、耳蜗三部分构成，彼此相通，三个半规管互相垂直。膜迷路位于骨迷路内，由椭圆囊、球囊、膜半规管和耳蜗管组成。在迷路内含有位觉器（前听器）和听觉器（螺旋器）。

外耳道传入的声波使鼓膜振动，并经听小骨传至前庭，导致迷路中的内、外淋巴振动，最终使耳蜗管顶壁上的基膜发生共振，并引起基膜上的听觉感受器兴奋，冲动经耳蜗神经传到中枢，产生听觉及听觉反射。

拓展阅读

顾方舟

1955 年，一场前所未有的灾难席卷整个神州大地，其罪魁祸首就是脊髓灰质炎，也就是所谓的"小儿麻痹症"，患病多为 7 岁以下的儿童，患病儿童身体会呈现一种夸张的"S"型，轻者瘫痪，重者甚至有死亡风险，而且传染率极高。顾方舟接到命令后，以最快速度建立起脊髓灰质炎疫苗研究团队，他用自己身体和自己刚满周岁的孩子做试验，如果疫苗不成功，自己儿子很可能会瘫痪，甚至会有生命危险，但他毫不犹豫地给儿子喝下疫苗溶液。一个试验期结束后，儿子依然安然无恙，疫苗正式宣告成功。1965 年，为了让小朋友更喜欢吃，顾方舟团队还研制出粉红色的小糖丸。2000 年，我国被世界卫生组织证实为无脊髓灰质炎国家。顾方舟以身试毒、以子相搏的精神代表了他对祖国最深沉的爱，他值得我们所有中国人铭记。

●●●●● 材料设备清单

项目 10			神经系统		学时		8
项目	序号	名称	作用	数量	型号	使用前	使用后
所用设备	1	投影仪	观看视频图片。	1个			
	2	显微镜	脊髓组织构造观察。	40台			
所用工具	4	手术器械	解剖构造观察。	4套			

项目 10			神经系统		学时		8
所用药品（动物）	5	活体牛	腰旁三根神经麻醉和硬膜外腔麻醉体表投影位置确定。	2 头			
	6	羊、兔、鸡	解剖构造观察。	羊 1 只鸡、兔各 4 只			
所用材料	7	脊髓切片	观察组织构造。	40 张			
	8	脊髓图片	大体解剖观察。	各 4 套			

●●●●● **作业单**

项目 10	神经系统
作业完成方式	课余时间独立完成。
作业题 1	瘤胃手术需麻醉哪三根神经？其行程和分布如何？
作业解答	
作业题 2	举例说明交感和副交感神经的作用。
作业解答	
作业题 3	神经纤维传递兴奋有哪些特征？临床药物或低温麻醉的机理是什么？
作业解答	
作业题 4	突触传递中释放的递质、受体和递质的灭活途径。
作业解答	
作业题 5	什么是静息电位和动作电位？其产生的机理各是什么？
作业解答	
作业评价	班级　　　　第　组　　组长签字 学号　　　　姓名 教师签字　　　教师评分　　　日期 评语：

●●●●● 学习反馈单

项目 10	神经系统				
评价内容	评价方式及标准				
	作业评量及规准				
	A (90 分以上)	B (80～89 分)	C (70～79 分)	D (60～69 分)	E (60 分以下)
知识目标达成度	内容完整,阐述具体,答案正确,书写清晰。	内容较完整,阐述较具体,答案基本正确,书写较清晰。	内容欠完整,阐述欠具体,答案大部分正确,书写不清晰。	内容不太完整,阐述不太具体,答案部分正确,书写较凌乱。	内容不完整,阐述不具体,答案基本不太正确,书写凌乱。
	实作评量及规准				
	A (90 分以上)	B (80～89 分)	C (70～79 分)	D (60～69 分)	E (60 分以下)
技能目标达成度	能正确识别脑和脊髓的形态、位置和构造;能在活体牛上确定腰旁神经麻醉和硬膜外腔麻醉的位置。操作规范,速度快。	脑和脊髓的形态、位置和构造识别绝大部分正确,活体上腰旁神经麻醉和硬膜外腔麻醉位置确定绝大部分正确。操作规范,速度较快。	脑和脊髓的形态、位置和构造识别部分正确,活体上腰旁神经麻醉和硬膜外腔麻醉位置确定部分正确。操作较规范,速度一般。	脑和脊髓的形态、位置和构造识别小部分正确,活体上腰旁神经麻醉和硬膜外腔麻醉位置确定小部分正确。操作欠规范,速度较慢。	脑和脊髓的形态、位置和构造识别基本不正确,活体上腰旁神经麻醉和硬膜外腔麻醉位置确定基本不正确。操作不规范,速度很慢。
	表现评量及规准				
	A (90 分以上)	B (80～89 分)	C (70～79 分)	D (60～69 分)	E (60 分以下)
素养目标达成度	积极参与线上、线下各项活动,态度认真。处理问题及时正确,生物安全意识强,不怕脏不怕异味。	积极参与线上、线下各项活动,态度较认真。有较强处理问题能力和生物安全意识,不怕脏不怕异味。	能参与线上、线下各项活动,态度一般。处理问题能力和生物安全意识一般。不太怕脏怕异味。	能参与线上、线下部分活动,态度一般。处理问题能力和生物安全意识较差。有些怕脏怕异味。	线上、线下各项活动参与度低,态度较差。处理问题能力和生物安全意识较差,怕脏怕异味。
反馈及改进					

项目 11

内分泌系统

●●●●● **学习任务单**

项目 11	内分泌系统	学时	4
布置任务			
学习目标	1. 知识目标 (1)知晓内分泌系统的组成； (2)知晓激素概述； (3)理解内分泌腺分泌激素的机能； (4)理解体温恒定的神经调节和体液调节。 2. 技能目标 (1)能利用挂图、模型或标本识别主要内分泌器官的形态、位置和结构； (2)能在活体上确定甲状腺和肾上腺的位置； (3)能正确测定各种动物体温； (4)能结合激素的作用，解释巨大症、侏儒症、甲亢、地方性甲状腺肿、呆小症、糖尿病等发生的机理。 3. 素养目标 (1)培养学生发现、分析、解决问题的能力； (2)学会从辩证思维角度理解形态、构造与机能的关系； (3)培养学生爱岗敬业、精益求精、珍爱生命的工匠精神和人文素养。		
任务描述	在牧场和实训室内对内分泌器官进行观察，识别其形态、位置和构造，认知其机能；解析体温恒定的调节。 　　具体任务如下。 　　1. 在解剖实训室利用挂图、模型或标本识别脑垂体、甲状腺、甲状旁腺、肾上腺、胰岛、松果体的形态、位置和构造。 　　2. 在实习牧场活体动物上测定体温。 　　3. 在生理实训室观看内分泌生理录像，解析脑垂体、甲状腺、肾上腺等内分泌器官分泌激素的机能。 　　4. 解析体温恒定的神经调节和体液调节。		
提供资料	1. 白彩霞. 动物解剖生理. 北京：北京师范大学出版社，2021 2. 周其虎. 动物解剖生理. 第三版. 北京：中国农业出版社，2019 3. 张平，白彩霞，杨惠超. 动物解剖生理. 北京：中国轻工业出版社，2017		

	4. 丁玉玲，李术．畜禽解剖与生理．哈尔滨：黑龙江人民出版社，2005 5. 南京农业大学．家畜生理学．第三版．北京：中国农业出版社，2009 6. 范作良．家畜解剖．北京：中国农业出版社，2001 7. 范作良．家畜生理．北京：中国农业出版社，2001 8. 动物解剖生理在线精品课：
对学生 要求	1. 能根据学习任务单、资讯引导，查阅相关资料，在课前以小组合作的方式完成任务资讯问题。 2. 以小组为单位完成任务，体现团队合作精神。 3. 严格遵守实训室和实习牧场规章制度，避免安全隐患。 4. 对各种动物的解剖特点进行对比学习。 5. 严格遵守操作规程，做好自身防护，防止疾病传播。

●●●● 任务资讯单

项目 11	内分泌系统
资讯方式	通过资讯引导、观看视频，到本课程及相关课程的在线精品课网站、解剖实训室、标本室、组织实训室、生理实训室、实习牧场、图书馆查询，向指导教师咨询。
资讯问题	1. 什么是激素？有何作用特点？ 2. 脑垂体由哪几部分构成？腺垂体分泌哪些激素？各有何机能？ 3. 巨大症和侏儒症的发病机理是什么？ 4. 卵泡刺激素和黄体生成素在胚胎移植上有何应用？ 5. 神经垂体贮存哪些激素？有何机能？抗利尿素为何在临床上不作加压药使用？ 6. 甲状腺的位置及其机能。 7. 呆小症和侏儒症发病机理有何不同？甲亢的人为何能吃不胖而且性情比较暴躁？ 8. 缺碘为何容易引起皮下黏液性水肿？ 9. 参与血钙调节的主要激素有哪些？它们如何调节血钙？ 10. 肾上腺的形态、位置和构造如何？应激时肾上腺有何变化？ 11. 肾上腺皮质分泌哪些激素？各有何机能？当机体严重感染或创伤时，为何可适当使用糖皮质激素但又不能长期使用？ 12. 肾上腺髓质分泌哪些激素？各有何机能？强心剂和升压药中一般主要含哪类激素？

	13. 胰岛分泌哪些激素？它们如何调节血糖？
	14. 松果体位于哪？它分泌的褪黑素有何作用？养鸡业中为何在开产之前要控制光照？
	15. 睾丸分泌的雄性激素有何作用？为何摘除睾丸后，雄性动物的第二性征会发生改变？
	16. 雌激素和孕激素作用如何？举例说明它们在临床实践中的应用。
	17. 机体哪个部位温度最高？哪个部位最低？临床体温测定一般在哪？如何测定？
	18. 各种动物的体温变动范围有多大？举例说明影响体温变动的因素。
	19. 体热的主要来源有哪些？为什么寒冷时动物要多运动？
	20. 机体散热的途径有哪些？它们与外界温度有何关系？
	21. 皮肤通过哪几种方式散热？解释炎热夏季畜禽舍要做好通风、猪体喷淋的机理。
	22. 体温调节中枢在哪？如何理解体温调定点？发热时体温调定点有何变化？
	23. 举例说明体温的神经调节和体液调节。
资讯引导	所有资讯问题可以到以下资源中查询。 1. 白彩霞主编的《动物解剖生理》项目十一。 2. 周其虎主编的《动物解剖生理》第三版项目二中任务十九、任务二十、任务二十一。 3. 张平、白彩霞、杨惠超主编的《动物解剖生理》模块二中项目十、项目十一。 4. 动物解剖生理在线精品课： 5. 本项目工作任务单中的必备知识。

●●●●● **案例单**

项目 11	内分泌系统	学时	4
序号	案例内容	关联教材内容	
1.1	绵羊，3 岁，雌性，产羔后 14 h 胎衣不下，此时母羊出现精神萎靡，体温升高至 40.7 ℃，食欲不振，呼吸加快，泌乳量很少，有褐色分泌物从阴道中排出，并散发恶臭味道。给病羊肌肉注射 30～50 IU 催产素或者 5 mg 苯甲酸雌二醇，并向子宫内投入 160 万 IU 青霉素，使胎衣自行排出，避免出现继发感染。	此案例涉及与本项目内容相关的知识点和技能点为：体温测定，催产素、雌激素的生理作用。	

工作任务单

项目 11	内分泌系统
任务 1	识别内分泌器官

　　任务描述：利用标本、模型、图片、切片等识别脑垂体、甲状腺和肾上腺的位置、形态和构造，并解释其分泌激素的机能。

　　准备工作：在实训室准备标本、模型、图片、生物显微镜和切片。

　　实施步骤如下。

　　1. 在实训室标本、图片上识别腺垂体和神经垂体、甲状腺、肾上腺皮质和髓质。

　　2. 在实训室借助显微镜识别甲状腺的组织构造。

　　3. 解释脑垂体、甲状腺和肾上腺的机能。

　　4. 借助互联网、在线精品课学习相关内容。

任务 2	认知体温

　　任务描述：在活体牛上测量体温，并解释体温恒定的调节方式。

　　准备工作：在实习牧场准备牛、六柱栏、保定器械、体温计等；在实训室准备一次性手套和实验服。

　　实施步骤如下 。

　　1. 在实习牧场测定牛的体温：牛保定，将体温计旋转插入直肠并固定，3～5 min 后读数。

　　2. 解释体温恒定的神经调节（躯体神经、交感神经）和体液调节（甲状腺素、肾上腺素等）。

　　3. 借助互联网、在线精品课学习相关内容。

必备知识

第一部分　概述

一、内分泌系统组成

　　内分泌系统是动物体内所有内分泌腺、内分泌组织和散在的内分泌细胞的总称。内分泌腺或内分泌细胞合成和分泌的某些特殊化学物质，通过血液循环或扩散，传递给相应的靶细胞，调节其生理功能的过程，称为内分泌。内分泌是细胞间化学传递的一种方式。

　　内分泌腺为独立存在、肉眼可见的内分泌器官。体内重要的内分泌腺有脑垂体、甲状腺、甲状旁腺、肾上腺、松果体等。其结构特点是腺细胞呈团块状、囊状或泡状排列，富含毛细血管和自主神经，无排泄管，其分泌物称为激素。激素直接进入血管周围的组织间隙，经血液或淋巴运输，所以内分泌腺又称无管腺。激素作用的细胞或器官上有特殊的受体可以和激素结合，分泌这种激素的内分泌器官称为靶腺。

　　内分泌组织是指分散在其他器官中的内分泌细胞团。如睾丸内的间质细胞、卵巢内的卵泡细胞和黄体等。

此外，体内许多器官内，含有内分泌功能的内分泌细胞。如胃肠道内的嗜银细胞、间脑内的室旁核细胞、视上核细胞等均具内分泌功能，还有肝、前列腺、肾、胎盘、心脏、血管内皮细胞等均兼有内分泌功能。

二、激素

(一)激素的概念和分类

一般指由内分泌腺或散在的内分泌细胞所分泌的高效能的生物活性物质，称激素。激素经过细胞分泌后，直接渗入组织液，进而入血液或淋巴，通过循环系统运到全身各处，对相应的细胞、组织或器官，产生一定的生物效应。常把激素作用的细胞、组织或器官，称为靶细胞、靶组织或靶器官。

激素的种类繁多，来源复杂，按其化学本质分为三大类：一类是含氮激素，包括肽类激素、蛋白激素、胺类激素和氨基酸衍生物类激素，如脑垂体、甲状腺、甲状旁腺、胰岛和肾上腺髓质的分泌物，这类激素容易被胃肠道的消化酶分解破坏，因此不宜口服，应用时必须注射；第二类是类固醇激素，肾上腺皮质和性腺所分泌的激素，如皮质醇、醛固酮、雌激素等，这类激素可口服；第三类是脂肪酸衍生物类激素，比如前列腺素等。目前许多激素已能提纯或人工合成，并应用于畜牧生产和兽医治疗工作中。

(二)激素的作用

(1)促进组织细胞的生长、增殖、分化和成熟，参与细胞凋亡过程等。

(2)调节机体的消化和代谢过程。胃肠道激素等能调节消化道运动、消化腺的分泌和吸收活动；甲状腺激素、肾上腺激素、肾上腺皮质激素、胰岛素等能调节糖类、蛋白质和脂类的代谢。

(3)维持内环境稳态。激素通过调节电解质平衡、酸碱平衡、体温、血压等生命活动，来维持内环境的稳定。

(4)保证生殖。生殖激素对于生殖细胞的产生和成熟，以及射精、排卵、妊娠和泌乳等过程加以调控，保证动物的正常生殖。

(5)提高机体的抗应激性。当动物受到不良环境或条件刺激发生应激反应时，通过某些激素，增强机体适应不良环境和抵御敌害的能力。

(三)激素作用的特征

激素种类多，化学结构和生理作用也不同，但它们在发挥作用时都具有下列共同特点。

(1)激素本身不是营养物质，也不能被氧化分解提供能量。它的作用只是促进或抑制靶器官、靶组织或靶细胞原有的功能，使其加快或减慢。如肾上腺素可使心跳加强加快，胰岛素可使血糖降低等。

(2)激素是一种高效能的生物活性物质，在体内含量很少，它们在血液的浓度一般在百分之几微克以下，但对机体的生长发育、新陈代谢都有着非常重要的调节作用。千万分之一克($0.1\mu g$)的肾上腺素就能使血压升高，将十万分之一微克的雌二醇，直接作用于阴道黏膜或子宫内膜，就能产生作用。

(3)各种激素的作用都有一定的特异性，即某一种激素只能对特定的细胞或器官产生调节作用，但一般没有种间的特异性。

(4)激素的分泌速度和发挥作用的快慢均不一致。如肾上腺素在数秒钟就能发生效应；胰岛素较慢，需数小时；甲状腺素则更慢，需几天。这对机体的整合作用很重要，有利于机体适应内外环境变化的需要。

（5）激素在体内通过水解、氧化、还原或结合等代谢过程，逐渐失去活性，不断从体内消失。

（四）激素作用的机理

激素对靶细胞发挥调节作用是通过存在于靶细胞上的受体实现的。受体是指存在于靶细胞的细胞膜、细胞质或细胞核内，能与某些化学物质（神经递质、激素）发生特异性结合，并诱发生物学效应的特殊生物分子。体内激素的受体存在部位不同，其作用机理也不同。

1. 含氮激素的作用机制——第二信使学说（见图 11-1）

含氮激素特别是蛋白质和多肽类激素，分子一般比较大，不能直接进入靶细胞内发挥作用。作为第一信使的这类激素可以首先与细胞膜上的特异性受体结合，然后激素受体复合物即可激活细胞内侧的腺苷酸环化酶（AC）系统。腺苷酸环化酶系统可以在 Mg^{2+} 的参与下，使 ATP 转变为环－磷酸腺苷（cAMP），cAMP 就成为了第二信使。cAMP 作为第二信使，进一步激活依赖 cAMP 的酶系统（包括蛋白激酶 C、蛋白激酶 G 等），进而激活靶细胞内各种底物的磷酸化反应，从而引起靶细胞特定的生理生化反应。

2. 类固醇类激素的作用机理（见图 11-2）

这类激素的分子较小，又是亲脂性物质，因此它们随血液循环到达靶细胞后，能透过细胞膜进入细胞内。激素进入细胞后，首先在一定条件下与胞浆受体结合成激素—胞浆受体复合物，该复合物经过核膜进入细胞核内，在核内经过一系列生物化学反应，发生构型的变化，拥有进入细胞核的能力，之后形成激素—核受体复合物，作用于基因组，启动DNA 的转录过程，从而促进 mRNA 的形成。mRNA 转入细胞质后，与核蛋白结合，诱导新蛋白质的生成。新生成的蛋白质或酶，参与生理活动过程，发挥激素的作用。

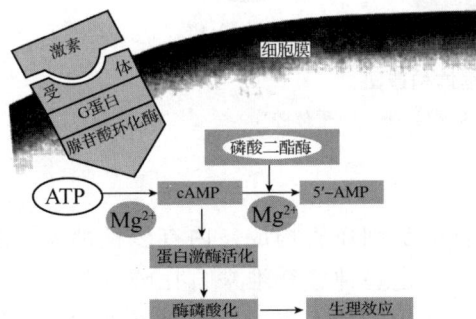

图 11-1 氮激素的作用机制

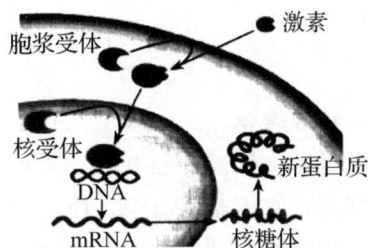

图 11-2 类固醇激素作用机理

第二部分 内分泌腺

一、脑垂体

脑垂体是体内最重要的内分泌腺，位于脑底部蝶骨体上的垂体窝内，借漏斗与下丘脑相连。呈上下稍扁的卵圆形，红褐色。脑垂体的形态结构和功能都比较复杂。根据其组织构和机能特点，分为腺垂体和神经垂体两部分。腺垂体又分为远端部（垂体前叶）、结节结部和中间部；神经垂体分为神经部和漏斗部（包括正中隆起和漏斗柄）。腺垂体的中间部和神经垂体的神经部经常合称为后叶。神经部是一个贮存激素的地方，接受由下丘脑视上核和室旁核分泌的加压素（抗利尿激素）和催产素。

（一）腺垂体

腺垂体又分为远侧部（垂体前叶）、结节部和中间部（见图 11-3）。

（1）远侧部最大，约占垂体的 75%。腺细胞排列成团或索，少数围成小滤泡。细胞间有少量结缔组织和丰富的窦状毛细血管。根据细胞的染色性质分为嗜色细胞（嗜酸性细胞和嗜碱性细胞）和嫌色细胞。嗜酸性细胞数量较多，体积大，呈圆形或多边形，胞质内充满嗜酸性颗粒，如催乳素细胞、生长激素细胞。嗜碱性细胞数量较少，呈椭圆形或多边形，胞质内含有嗜碱性颗粒，如促甲状腺激素细胞、促性腺激素细胞、促肾上腺皮质激素细胞。嫌色细胞数量最多，体积小，胞质少，着色浅，细胞轮廓不清。有些嫌色细胞含少量分泌颗粒，故认为它们多数是脱颗粒的嗜色细胞，或处于嗜色细胞形成的初级阶段。其余多数嫌色细胞有突起，伸入腺细胞之间起支持作用。

（2）结节部呈套状，包围神经垂体的漏斗，在漏斗的前方较厚，后方较薄或缺少。结节部有丰富的纵行毛细血管，腺细胞沿血管呈索状排列，细胞较小，主要是嫌色细胞及少数嗜酸性细胞和嗜碱性细胞，此处的嗜碱性细胞分泌促性腺激素。

（3）中间部位于远侧部与神经部之间的狭窄部分，由较小的细胞围成大小不等的滤泡，腔内含有胶质。滤泡周围还散在一些嫌色细胞和嗜碱性细胞。免疫细胞化学证明，这些细胞可能产生促黑激素。

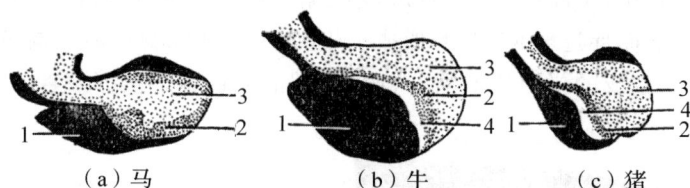

图 11-3　脑垂体构造图

1. 远侧部；2. 中间部；3. 神经部；4. 垂体腔

（二）神经垂体

神经垂体由无髓神经纤维、垂体细胞和丰富的毛细血管构成，内有多种神经纤维和神经胶质细胞，它不是腺组织，而是一种神经组织。这些神经纤维来自丘脑下部的视上核和室旁核的神经元，这两种神经核分别释放抗利尿激素和催产素，这些激素沿神经纤维，运送到神经垂体，并贮存于该处，根据需要，在神经系统控制下释放入血液，发挥其生理效应。神经垂体细胞是神经胶质细胞，形态多样，胞体常含有褐色的色素颗粒，垂体细胞对神经纤维起支持营养作用。神经垂体的血管主要来自左、右颈内动脉发出的垂体下动脉，进入神经部后分支形成窦状毛细血管网，最终汇入垂体静脉。

（三）不同动物垂体的形态

各种家畜垂体形状大小略有不同。

1. 牛

垂体呈一扁圆形，窄而厚，漏斗长而斜向后下方。后叶位于垂体的背侧，前叶位于腹侧，前叶与后叶之间为垂体腔。

2. 猪

垂体略呈杏仁状，背腹侧压扁，背正中有纵向的凹沟，腹侧面稍隆凸，漏斗与垂体背侧前部相连。漏斗向后的狭窄区及腹侧面中间为神经部，呈灰色，其余大部粉红色，为腺部。

3. 马

垂体呈卵圆形，上、下扁。垂体前叶位于浅层，包围着后叶，前、后叶之间无垂体腔。

4. 禽

为圆形小体，位于脑的基部，分为前叶和后叶，能分泌促性腺激素、生乳激素、加压素和催产素等多种激素，对机体的生长发育、生殖和代谢等起重要作用。

5. 犬

垂体呈圆形，远侧部呈红黄色，从前方和两侧包围神经部，神经部呈黄色。

6. 猫

垂体是一节状突出物，在视交叉的后方、插在蝶骨的蝶鞍内，其背部与漏斗相接。垂体可分为前叶和后叶两部分。前叶能分泌促甲状腺素、黄体生成素、生长激素和生乳素；后叶能分泌抗利尿素和催产素。它们与猫的生长、发育、代谢、生殖都有密切关系，并能影响其他内分泌腺的活动。

7. 兔

脑垂体是一个椭圆形，约为 5 mm×3 mm 的小体，位于脑的腹面、视交叉的后方，借漏斗状的垂体柄与间脑相连。垂体内前叶与中间叶之间有一狭窄的间隙，称为垂体腔。由于垂体处于颅底蝶骨背面的小陷窝内，如果从脑底面进行分离，将脑从颅腔取出时，垂体即遗留于蝶鞍凹窝内。

(四)脑垂体的机能

1. 腺垂体的机能

腺垂体主要由腺细胞构成，分泌的激素有生长激素(GH)、促甲状腺激素(TSH)、促肾上腺皮质激素(ACTH)、促黑色素激素(MSH)、卵泡刺激素(FSH)、黄体生成素(LH)和催乳素(PRL)。这些激素与畜体的生长发育有关，同时还能影响其他内分泌的功能。

(1)生长激素(GH)主要生理功能是促进动物的生长发育，并且对机体各个器官与组织均有影响，尤其对骨骼、肌肉及内脏器官的作用更为显著。将幼龄动物垂体切除，则生长发育停滞，躯体矮小，称为"侏儒症"；反之，若分泌过多，则长骨生长过快，躯体特别高大，称为"巨大症"。生长激素的促生长作用是由于它能促进骨、软骨、肌肉以及其他组织细胞分裂增殖，并能提高蛋白质的合成。

(2)促甲状腺激素(TSH)是一种糖蛋白激素，可促使甲状腺形态和机能发生变化，加速甲状腺细胞的增生，促进甲状腺激素的合成和释放。

(3)促肾上腺皮质激素(ACTH)是一种多肽类激素，主要作用是促进肾上腺皮质细胞增生、糖皮质激素的合成和释放。此外，在鸟类，醛固酮的分泌需要促肾上腺皮质激素。在应激等情况下，促肾上腺皮质激素能促进醛固酮的分泌。促肾上腺皮质激素也具有促黑色素细胞产生黑色素的作用。

(4)促黑色素激素(MSH)是垂体中间部产生的一种肽类激素,其主要作用是刺激两栖类动物黑色素细胞内黑色素的生成和扩散,使皮肤和被毛颜色加深。对低等脊椎动物起皮肤变色以适应环境变化的作用。

(5)卵泡刺激素(FSH)作用于卵泡,促进卵巢内卵泡生长发育和卵泡细胞分泌雌激素。

(6)黄体生成素(LH)在排卵后刺激已排卵的卵泡,生成黄体,并使其分泌孕酮。

(7)催乳素(PRL)与生长激素结构相似,也是一种蛋白质激素。催乳素的作用极为广泛,主要作用是促进妊娠期哺乳动物乳腺的发育和分娩后维持乳的分泌。另外,催乳素能促进黄体形成,并分泌孕激素,大剂量催乳素使黄体溶解;催乳素可促进雄性动物前列腺及精囊腺的生长;增强黄体生成素对间质细胞的作用,使睾酮合成增加;催乳素参与应激反应,在应激状态下,血中催乳素浓度升高,与促肾上腺皮质激素及生长激素一样,是应激反应中腺垂体分泌的三大激素之一。

2. 神经垂体的机能

神经垂体内部贮存着由丘脑下部的视上核和室旁核分泌的抗利尿素和催产素。

(1)抗利尿激素可促进肾脏的远曲小管、集合管对水分的重吸收,使尿量减少。由于抗利尿激素可使除脑、肾外的全身小动脉收缩而升高血压,又称加压素。但由于它也可使冠状动脉收缩,使心肌供血不足,临床上不用作升压药。

(2)催产素(子宫收缩素)能促进妊娠末期子宫收缩,因而常用于催产和产后止血。此外,它还能引起乳腺导管平滑肌收缩,引起泌乳。

二、甲状腺

(一)甲状腺的位置、形态和构造(见图 11-4)

甲状腺是体内最大的内分泌腺,红褐色或红黄色,位于喉后方、气管前端两侧和腹面。除猪以外的哺乳家畜,甲状腺都由左、右两叶组成,后部由延伸至气管腹侧的结缔组织锁(峡)相连。

甲状腺表面有一层薄的致密结缔组织被膜,并伸入腺体内将其分成许多小叶,小叶内含有大小不一的甲状腺滤泡和滤泡旁细胞。滤泡腔内充满由腺泡细胞分泌的含碘球蛋白,称甲状腺素。腺泡周围有基膜和少量结缔组织围绕,并有丰富的毛细血管和淋巴管。

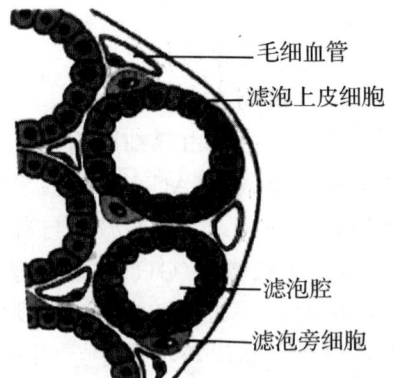

图 11-4　甲状腺结构示意图

滤泡上皮细胞是甲状腺激素的合成与释放的部位,而滤泡腔的胶质是激素的贮存库。滤泡上皮细胞的形态和滤泡内胶质的量与其功能状态密切相关。滤泡上皮细胞通常为立方形,当甲状腺受到刺激而功能活跃时,细胞变高呈柱状,胶质减少;反之,细胞变低呈扁平状,而胶质增多。

甲状腺内还有内分泌细胞,称滤泡旁细胞,常单个或成群分布于腺泡之间,能产生降钙素。

（二）不同动物的甲状腺（见图 11-5）

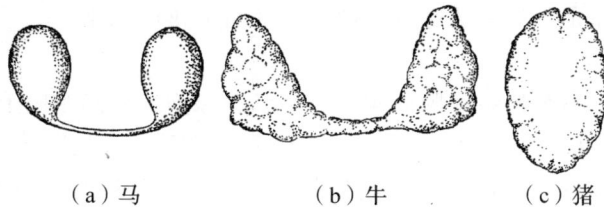

（a）马　　　　　　（b）牛　　　　　（c）猪

图 11-5 甲状腺

1. 牛

甲状腺的腺叶发达，两叶形态不规则，表面呈颗粒状，略呈锥形体，位于环咽肌和环甲肌的外侧（气管和食管前端两侧）。两叶之间由横穿第 2 气管环腹侧的实质性峡（腺峡）连接。腺叶长 6～7 cm，宽 5～6 cm，厚约 1.5 cm，腺小叶明显。腺峡由腺组织构成，较发达，宽约 1.5 cm。

小型反刍动物的甲状腺呈纺锤形或圆柱形，位于前部气管环的背外侧。要注意，并不是所有的动物都有峡。

绵羊的甲状腺呈长椭圆形，位于气管前面两侧与胸骨甲状肌之间，为纤维峡。山羊的甲状腺左、右两叶不对称，位于前几个气管环的两侧，也为纤维峡。

2. 猪

与其他哺乳家畜不同，猪甲状腺呈暗红色，左右腺叶与腺峡连成一整块，形如贝壳，位于气管的腹侧、胸骨柄前上方、前 6～8 气管环腹侧、在颈动脉及胸骨甲状肌背侧，长 4～4.5 cm，宽 2～2.5 cm，厚 1～1.5 cm。

3. 马

甲状腺叶呈卵圆形，大小如铅锤，位于第 2 和第 3 气管环的背外侧。腺叶呈红褐色，卵圆形，长 3.4～4 cm，宽约 2.5 cm，厚约 1.5 cm。连接马的甲状腺两叶的部分不发达，由结缔组织构成，故为纤维峡，而驴和骡的较发达。

4. 禽

甲状腺位于气管两侧，在胸腔入口锁骨上平面上，紧靠颈总动脉与锁骨下动脉分叉处，暗红色，椭圆形小体。

5. 犬

甲状腺由两个长椭圆形腺叶组成，位于气管的背外侧面，第 5～8 气管环之间。腺叶呈扁桃形、红褐色，腺峡不发达。由于犬品种差异，甲状腺大小不同。大型品种犬的腺峡，一般由甲状腺的实质组织形成。

6. 猫

甲状腺呈扁平的纺锤状腺叶，位于气管的背外侧、在第 7～10 气管环之间，后部由 1～2 mm 厚的腺峡相连。

7. 兔

甲状腺是一对红褐色的无管腺，分布在甲状软骨的外表面，自甲状软骨的前角向后延伸至第 9 气管环，附着于气管上。

（三）甲状腺的机能

甲状腺的主要机能是分泌甲状腺素，此外，还可分泌降钙素。

1. 甲状腺素

甲状腺主要由大小不等的囊状腺泡构成。甲状腺腺泡上皮细胞膜上具有高效率的碘泵，摄取碘的能力很强，在甲状腺激素合成方面具有重要作用。甲状腺激素主要有四碘甲状腺原氨酸（T_4）和三碘甲状腺原氨酸（T_3），它们都是以碘和酪氨酸为原料在甲状腺腺泡细胞内合成的碘化物。T_4 含量多，活性小；T_3 含量小，活性约为 T_4 的 5 倍。T_4 进入靶细胞内首先脱碘成为 T_3，然后与受体蛋白结合发生生理作用。合成后的 T_4 和 T_3 仍然结合在甲状腺球蛋白（TG）分子上，以胶质的形式贮存在腺泡腔内。甲状腺激素的贮存有两个特点：一是贮存于细胞外（腺泡腔内）；二是贮存量很大，可供机体利用 50～120 d 之久，在激素贮存量上居首位，所以应用抗甲状腺药物时，需要较长时间用药才能奏效。

甲状腺激素的主要作用是促进机体的新陈代谢及生长发育。机体未完全分化和已分化的组织，对甲状腺激素反应不同。成年后，不同组织对甲状腺的敏感性也不同。此外，甲状腺激素能提高中枢神经的兴奋性，促进性腺发育，心率增快等。

（1）促进新陈代谢。甲状腺激素可促进糖和脂肪的分解代谢，提高基础代谢率，使大多数组织特别是心脏、肝脏、肾脏和骨骼肌的耗氧量和产热量增加，基础代谢率提高。当甲状腺功能亢进时，产热量增加，基础代谢率升高，动物会出现烦躁不安、心率加快、对热环境难以忍受，体重下降；而甲状腺功能低下时，产热量减少，基础代谢率降低。

在物质代谢方面，甲状腺激素能促进小肠对葡萄糖的吸收，加速肝糖原的分解和异生作用，加速外周组织对糖的利用，但总的效果是升高血糖。在生理状况下，甲状腺激素能促进蛋白质合成，维持机体的生长发育。但当分泌过多，超过生理剂量时，反而加速蛋白质分解，特别是骨骼肌的蛋白质大量分解，促进脂肪分解、脂肪酸氧化和胆固醇转运及排泄。因此，甲状腺机能亢进时，身体消瘦，皮下脂肪少，血中胆固醇低于正常，血糖升高。

（2）促进生长发育。甲状腺激素还是维持动物正常生长发育和成熟所必需的激素。它可以促进组织分化、机体生长、发育和成熟，特别是对骨、神经和生殖器官的发育影响最大。对幼龄动物影响最大，在胚胎时期，缺乏碘造成甲状腺激素合成不足，或出生后甲状腺功能低下，脑的发育会明显出现障碍，神经组织内的蛋白质、磷脂以及各种重要的酶与递质的含量都会减低。实验证明，切除幼畜甲状腺，不但生长停滞，体躯矮小，而且反应迟钝，形成"呆小症"。

甲状腺激素还可以促进性腺发育。幼畜缺乏甲状腺激素，可见性腺发育停止，不表现副性征。成年动物甲状腺不足，将影响公畜精子成熟、母畜发情、排卵和受孕。甲状腺激素对泌乳有促进作用，奶牛甲状腺机能不足，可见泌乳量和乳脂率下降。

（3）对神经和心血管的影响。甲状腺激素不但影响中枢系统的发育，而且对已分化成熟的神经系统活动也有作用。甲状腺功能亢进时，中枢神经系统的兴奋性增高，主要表现为不安、过敏、易激动、睡眠减少等；相反，甲状腺功能低下时，中枢神经系统兴奋性降低，对刺激感觉迟钝、反应缓慢、学习和记忆力减退、嗜睡等。

甲状腺激素对心脏的活动有明显影响。T_4 和 T_3 可使心率加快，心缩力增强，心输出量增加。

　　甲状腺细胞能根据自身腺体内碘的含量，在一定范围内调整对碘的摄取和浓缩能力，以及合成与释放甲状腺激素的能力，称为甲状腺自身调节。食物中长期缺碘，可引起甲状腺激素分泌不足，并产生代偿性甲状腺肿大。

　　2. 降钙素（CT）

　　降钙素是多肽类激素，由哺乳动物甲状腺的滤泡旁细胞（又称 C 细胞）分泌。其他脊椎动物或禽类的 C 细胞则聚集成单独的腺体，称为腮后体，位于甲状腺后方、颈总动脉基部附近。

　　（1）降钙素的生理作用是对抗甲状旁腺激素。降钙素能抑制破骨细胞的生成和活动，使骨的溶解过程减弱，同时促进骨中钙盐的沉积，从而降低血钙水平。

　　（2）降钙素可抑制肾小管对钙、磷的重吸收，增加钙、磷随尿排出，使血钙和血磷水平下降。

　　（3）降钙素还可间接抑制小肠对钙的吸收。

三、甲状旁腺

　　（一）甲状旁腺的位置、形态和结构（见图 11-6）

　　甲状旁腺是圆形或椭圆形豆状小体，多位于甲状腺附近或埋于甲状腺组织中。一般家畜具有两对甲状旁腺。其表面包有薄层结缔组织被膜，腺细胞排列呈团索状，间质中有丰富的毛细血管网。甲状旁腺由主细胞和嗜酸性细胞组成。主细胞是腺实质的主要成分，细胞为圆形或多边形，体积较小，细胞核圆形，位于中央，分泌甲状旁腺素；嗜酸性细胞体积稍大于主细胞，可单个或成群存在。犬、鼠、鸡和低等动物的甲状旁腺只含主细胞，没有嗜酸性细胞。

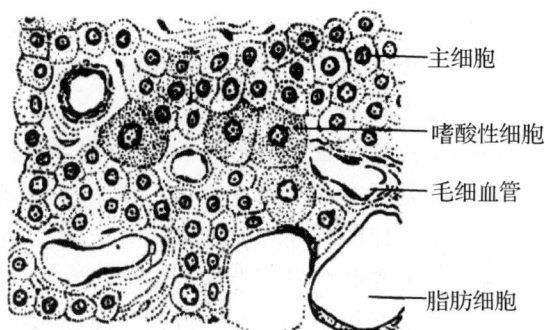

主细胞
嗜酸性细胞
毛细血管
脂肪细胞

图 11-6　甲状旁腺组织结构模式图

　　（二）不同动物的甲状旁腺

　　1. 牛

　　牛有内、外两对甲状旁腺。外甲状旁腺位于甲状腺前方、靠近颈总动脉，长 5～12 mm；内甲状旁腺较小，常位于甲状腺内侧、靠近甲状腺的背缘。

　　2. 猪

　　猪只有 1 对甲状旁腺，呈球状，颜色赤褐，质地较硬，1～5 mm，位于颈总动脉分叉点相对处、在枕骨颈静脉突的后方、肩胛舌骨肌的前外方，有胸腺时，多位于胸腺前部深面。

　　3. 马

　　马有 2 对甲状旁腺。前甲状旁腺的直径为 10 mm，大多数位于食管和甲状腺前半部之间，有些在甲状腺的边缘，少数在甲状腺深面；后甲状旁腺位于颈部后 1/3 的气管上，腺体不对称。

　　4. 禽

　　禽的甲状旁腺位于甲状腺后方，每侧有两个，形状较小，呈黄红或黄白色。两个甲状旁腺常被结缔组织包裹，而连接于甲状腺后端或颈总动脉外膜上，并常融合成一个腺团。

5. 犬

犬仅有一对甲状旁腺，体积似粟粒，位于甲状腺前端附近或甲状腺内。

6. 兔

兔的甲状旁腺是一对仅用肉眼刚好能分辨的卵圆形体，长度仅有 2～2.5 mm。位置分布有较大差异，有的靠前，包埋在甲状腺中；少数位于甲状腺与胸腺之间。

（三）甲状旁腺的机能

甲状旁腺分泌甲状旁腺素（PTH），甲状旁腺激素是由甲状旁腺主细胞分泌的含有 84 个氨基酸的直链肽。其生理功能是使血钙升高、血磷降低，参与调节钙、磷代谢。升高血钙主要通过以下途径实现。

（1）在维生素 D 存在的情况下，促进小肠对钙的吸收。

（2）刺激破骨细胞，使骨骼中磷酸钙溶解，并转入血液中，以补充血磷，提高血钙含量。

（3）促进肾小管对钙重吸收和磷的排泄，使血钙浓度升高，血磷降低。

当切除动物甲状旁腺后，可使血钙浓度降低，使神经肌肉兴奋升高，四肢抽搐，严重可导致死亡。

血钙浓度是影响甲状旁腺素和降钙素分泌的直接原因。当血浆中钙浓度升高时，甲状旁腺素分泌减少，降钙素分泌增加；相反，血钙浓度下降时，则甲状旁腺素分泌增多，降钙素分泌减少。因此，降钙素和甲状旁腺素共同维持机体内血钙水平的稳定。

四、肾上腺

（一）肾上腺的位置、形态和结构（见图 11-7）

肾上腺是成对的红褐色腺体，位于肾的前内侧。肾上腺表面有一层致密结缔组织被膜，少量结缔组织伴随神经和血管伸入肾上腺实质。实质分为外层的皮质和内层的髓质。两者在结构、功能和胚胎发育上均为独立存在的两个内分泌腺。皮质来源于中胚层，分泌类固醇激素；髓质来源于外胚层，分泌含氮激素。皮质和髓质的颜色也不同，皮质呈黄色，髓质呈灰色或肉色。

肾上腺皮质约占肾上腺体积的 90%，根据其位置和内分泌细胞的形状、排列以及功能不同，由外向内分为 3 个带，即球状带、束状带和网状带。各带分别占皮质体积的 15%、80% 和 5%，3 个带之间无明显的分界。

肾上腺髓质占肾上腺体积的 10%，位于肾上腺的中央，主要由髓质细胞组成。髓质细胞为含氮激素细胞。根据分泌颗粒内所含激素的不同，髓质细胞又分为肾上腺素细胞和去甲肾上腺素细胞，前者约 80%，后者数量较少。

急性应激时，眼观肾上腺变小、浅黄色，有散在的小出血点；慢性应激时，肾上腺皮质增宽，肾上腺肿大。因此，肾上腺的病变可作为应激的指征之一。

（二）不同动物的肾上腺

1. 牛（见图 11-8）

牛有两个肾上腺，形状位置不同。右肾上腺呈心形，位于右肾的内侧；左肾上腺呈肾形，位于左肾的前方。

2. 羊

羊的左、右肾上腺均为扁椭圆形。

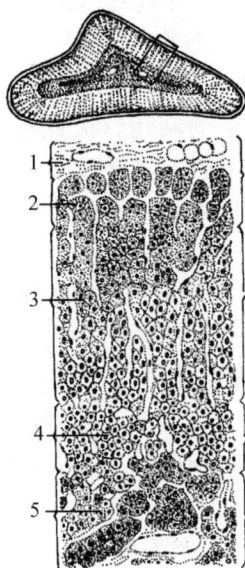

图 11-7　肾上腺组织结构

1. 被膜；2. 球状带；3. 束状带；

4. 网状带；5. 髓质

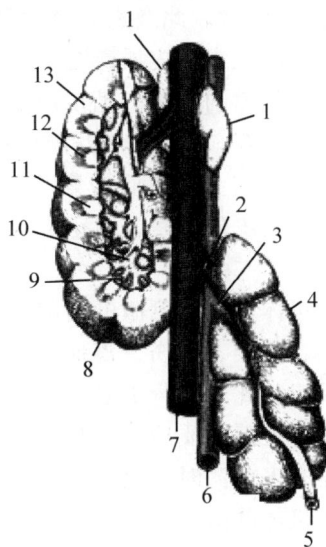

图 11-8　肾上腺（牛）

1. 肾上腺；2. 肾静脉；3. 肾动脉；4. 左肾；

5. 输尿管；6. 腹主动脉；7. 后腔静脉；8. 右肾；

9. 肾盏；10. 肾盏管；11. 肾乳头；12. 髓质；13. 皮质

3. 猪

猪的肾上腺长而狭窄，位于肾内侧缘的前方。左肾上腺呈长三棱形，前小后大，外侧稍凹陷，内侧稍隆凸；右肾上腺前半呈三棱形，后半宽而薄，后端常有尖的突起。

4. 马

马的肾上腺呈大扁圆形，红褐色，长 4.0～9.0 cm，宽 2.0～4.0 cm，位于肾的前内侧。

5. 禽

禽的肾上腺位于肾前端，1 对，呈不规则的小卵圆形，黄色或橘黄色。

6. 犬

犬两侧肾上腺的形态和位置有所不同。右肾上腺略呈棱形，位于右肾前内侧与后腔静脉之间；左肾上腺稍大，为不正的梯形，前宽后窄，背腹侧扁平，位于左肾前内侧与腹主动脉之间。皮质部呈黄褐色，髓质部为深褐色。

7. 兔

兔的肾脏前缘内侧各有 1 个黄色小的圆形肾上腺。

（三）肾上腺的机能

1. 肾上腺皮质

肾上腺皮质分泌的激素，简称皮质激素，属于固醇类激素。皮质激素分为 3 类，即盐皮质激素（MC）、糖皮质激素（GC）和性激素，分别由球状带、束状带和网状带的细胞分泌。

（1）盐皮质激素。该激素以醛固酮为代表，主要参与体内水盐代谢的调节。它可促进肾小管对钠和水的重吸收，抑制对钾的重吸收，有"保钠排钾"的作用，从而维持体内血量的相对恒定。当盐皮质激素分泌不足时，可使大量钠和水由肾排出，而钾的重吸收增加。由于失钠和失水，可出现血浆减少、血液浓缩、血压降低、循环衰竭等症状。

(2)糖皮质激素。此激素具有生糖效应，故称为糖皮质激素。它具有多种生理功能，是维持生命必需的激素。皮质醇是主要的糖皮质激素。主要生理功能如下。

①对物质代谢的作用。糖皮质激素对糖代谢有较强的调节作用。它可促进肝糖原异生，增加肝糖原的贮存，同时还能抑制葡萄糖氧化，减少细胞对糖的利用，因此有升高血糖、对抗胰岛素的作用。糖皮质激素可促进脂肪的分解，也能促进肌肉等组织蛋白质的分解。所以大量使用糖皮质激素，可引起生长缓慢、机体消瘦、皮肤变薄、骨质疏松、创伤愈合迟缓等现象。

②增强机体对有害刺激的适应能力。当受到内外环境中有害刺激时(如剧烈的环境温度变化、中毒、感染、创伤、疼痛、失血、缺氧等)，机体发生一系列非特异性全身反应，叫做应激性反应。此时，肾上腺皮质释放的皮质激素，能够增强对应激反应的耐受力。实验证明，切除肾上腺皮质后，若只给予正常剂量的糖皮质激素，动物只能在安静条件下生活，但遇到上述有害刺激时，会产生不良后果。故机体严重感染或创伤时，可适当采用糖皮质激素来调节机体的适应能力。

③抗过敏、抗炎症等其他作用。大剂量使用糖皮质激素，可使局部炎症过程的程度减轻，抑制抗原—抗体反应引起的一些过敏反应。能抑制淋巴组织的活动，减少抗体生成，故有抗过敏作用。糖皮质激素能降低毛细血管通透性，抑制纤维组织增生，故有抗炎症作用。但是，由于抑制炎症反应，减弱了白细胞趋向炎症部位，同时又降低了机体的抵抗力。

此外，糖皮质激素也有"保钠排钾"作用，但较醛固酮弱得多。

(3)性激素。网状带分泌少量性激素。正常时因分泌量少，并不产生明显效应。

2. 肾上腺髓质

肾上腺髓质分泌肾上腺素(E)和去甲肾上腺素(NE)，由于它们共同含有儿茶酚胺的化学结构，所以总称为儿茶酚胺类激素。肾上腺髓质直接受交感神经节前纤维支配，在机能上相当于交感神经的节后神经元。因此，通常将肾上腺髓质与交感神经系统的联系，看作为交感神经—肾上腺髓质系统。

由于肾上腺素和去甲肾上腺素与靶细胞膜上的不同受体起作用，因此其生理功能也不完全相同。

(1)对心脏和血管的作用。两者都能使心跳加快、血管收缩和血压上升，但肾上腺素对心脏的作用较强。在临床上，由于肾上腺素有较好的强心作用，所以常用作急救药物。对血管的作用，二者区别较大，肾上腺素使皮肤、内脏的小动脉收缩，冠状动脉、骨骼肌小动脉舒张，以保证机体在活动时主要器官的血液供应；去甲肾上腺素除引起冠状动脉舒张外，几乎使全身的小动脉收缩，总外周阻力增大，因此有明显的升压作用，是重要的升压药。

(2)对平滑肌的作用。肾上腺素能使气管和消化道平滑肌、胆囊壁和支气管平滑肌舒张，胃肠运动减弱。此外，肾上腺素还可使瞳孔扩大及皮肤竖毛肌收缩，被毛竖立。去甲肾上腺素也有这些作用，但较弱。

(3)对代谢的作用。两者均能促进肝脏和肌肉组织中糖元分解为葡萄糖，使血糖升高；并能分解脂肪。但去甲肾上腺素在前者作用较弱，在后者作用较强。

(4)对神经系统的作用。两者都能提高中枢神经系统的兴奋性，使机体处于警觉状态，以利于应付紧急情况。

3. 肾上腺髓质激素分泌的调节

髓质激素的分泌主要受交感神经的控制。当机体受到应激刺激时，通过交感神经－肾上腺髓质系统引起髓质激素分泌增加，引起机体活动变化，称为机体的应激反应。

五、胰岛

（一）胰岛的位置、形态和结构

胰腺可分为外分泌部和内分泌部。胰腺的内分泌部位于外分泌部的腺泡群间，由大小不等的腺泡群组成，形似小岛，称为胰岛，又称为"朗格汉斯岛"。人体胰腺内有 50 万～150 万个胰岛，犬和猫有几千个胰岛。胰腺左叶比右叶含有的胰岛更多。胰岛的形态、大小、数量和集中的部位，随动物种属而不同。胰岛细胞成团、索状分布，细胞之间有丰富的毛

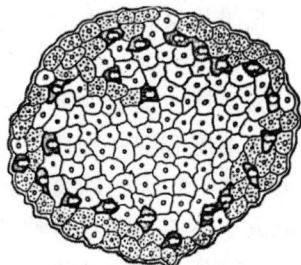

◉A细胞；◐D细胞；◎B细胞

图 11-9　几种细胞在胰岛中分布示意图

细血管，细胞释放激素进入血液。外分泌部由许多腺泡和导管组成，分泌物胰液通过胰管排入小肠。

动物的胰岛细胞按其染色和形态学特点，可分为五类（见图 11-9），即 A 细胞（α 细胞）、B 细胞（β 细胞）、D 细胞、PP 细胞和 D_1 细胞。A 细胞约占胰岛总数的 20%，能分泌胰高血糖素；B 细胞占胰岛总数的 60%～75%，位于胰岛的中央，分泌胰岛素；D 细胞占胰岛总数的 4%～5%，散在于 A、B 细胞之间，分泌生长抑素；PP 细胞数量很少，位于胰岛周边部或散在于胰腺的外分泌部，占 1%～3%，分泌胰多肽；D_1 细胞数量极少，主要分布于胰岛的周边部，分泌血管活性肠肽。

（二）胰岛的功能

胰岛主要分泌胰岛素和胰高血糖素。

1. 胰岛素

胰岛素是蛋白质激素，也是调节机体代谢的激素之一，主要有以下功能。

（1）促进肝糖原生成和葡萄糖分解，促进糖转变为脂肪，从而使血糖降低。因此，胰岛素分泌不足时，血糖升高，当超过肾糖阈时，则大量的血糖从尿中排出，导致依赖性糖尿病。

（2）促进肝脏内和脂肪细胞内脂肪的合成，抑制脂肪的分解，使血中游离脂肪酸减少。因此，胰岛素分泌不足时，脂肪即大量分解，血内脂肪酸增高，在肝脏内不能充分氧化而转化为酮体，出现酮血症并伴有酮尿，严重时可导致酸中毒和昏迷。

（3）促进氨基酸进入细胞内，使细胞内蛋白质合成加快；抑制蛋白质分解和尿素生成。

2. 胰高血糖素

胰高血糖素的生理作用与胰岛素相反，是动员机体能源物质分解的激素之一。胰高血糖素功能：促进糖原分解，促进糖异生，升高血糖；促进脂肪分解，促进脂肪酸氧化，使酮体增多；抑制蛋白质合成，促进氨基酸转化为葡萄糖；增强心肌收缩力，增加心跳频率，使心输出量增加，血压升高。

胰岛分泌的胰岛素和胰高血糖素是对物质代谢具有拮抗作用的两种激素，这两种激素主要受血糖水平的调节。在一定范围内，血糖浓度升高，可使胰岛素分泌增加，胰高血糖素分泌减少；反之，胰岛素分泌减少，胰高血糖素分泌增加，从而维持机体内血糖的相对恒定。此外，参与糖代谢的一些激素，通过对血糖的影响，可以间接调节胰岛的功能。

六、松果体

（一）松果体的位置、形态和结构

松果体又称脑上腺，为一红褐色坚实的豆状小体，位于四叠体与丘脑之间，以柄连于丘脑上部。

松果体表面有一薄层结缔组织被膜，被膜伸入把实质分为许多不规则的小叶。小叶由松果腺细胞和神经胶质细胞构成，外有脑软膜形成的被囊。不同种类和个体之间，松果体的大小差异很大。随着年龄的增长，松果体内的结缔组织增多，成年后不断有钙盐沉积，形成大小不等的颗粒，称为脑砂。

（二）松果体的功能

松果体是一个活跃的内分泌器官。松果体细胞是松果体内主要细胞，由神经细胞演变而来，其分泌的激素主要有褪黑素和肽类激素。

褪黑激素有抑制促性腺激素的释放，抑制性腺和副性器官的发育，防止性早熟等作用。松果体的分泌活动受光照影响，光照能抑制松果体合成褪黑激素，从而降低对促性腺激素释放的抑制，于是性功能活跃。养禽业中，控制光照来延缓禽的性成熟，防止早产蛋就是利用此原理。另外，对甲状腺、肾上腺和胰岛的功能也有抑制作用。

（三）松果体激素的分泌调节

通过释放去甲肾上腺素，可以控制松果体细胞的活动。褪黑激素分泌的昼夜节律与交感神经活动有关，刺激交感神经可使松果体活动增强。在黑暗条件下，交感神经节后纤维末梢释放去甲肾上腺素，褪黑激素合成增加；在光刺激下，视网膜的传入冲动，可抑制交感神经的活动，使褪黑激素合成减少。

七、性激素

（一）雄激素的作用

雄激素由睾丸间质细胞分泌，主要成分是睾丸酮，其主要机能有以下几方面。

（1）促进雄性副性器官（前列腺、精囊腺、尿道球腺、输精管、阴茎和阴囊）的生长发育，并维持其成熟状态。

（2）刺激雄性动物产生性欲和性行为。

（3）促进精子的发育成熟，并延长在附睾内精子的贮存时间。

（4）促进雄性动物特征的出现，并维持其正常状态。

（5）促进蛋白质的合成，使肌肉和骨骼比较发达，并减少体内脂肪的贮存。

（6）促进雄性动物皮脂腺的分泌，特别是公羊和公猪比较明显。

（二）雌激素的作用

雌激素由卵巢的卵泡细胞分泌，其中作用最强的是雌二醇，其机能有以下几方面。

（1）促进雌性动物生殖器官的生长发育。

（2）促进雌性动物特征的出现，并维持其状态。

（3）促进雌性动物发情。

（4）刺激雌性动物发生性欲和性兴奋。

（三）孕激素的作用

孕激素主要由黄体细胞分泌，又称孕酮，其主要机能有以下几方面。

（1）促进排卵后子宫内膜增厚，分泌子宫乳，为受精卵在子宫内附植和发育做准备。

（2）抑制子宫平滑肌的活动，有保胎作用。

（3）刺激乳腺发育，准备泌乳。

（四）松弛激素的作用

松弛激素由妊娠末期的黄体分泌。其生理机能是扩张产道，使子宫和骨盆联合的韧带松弛，便于分娩。

第三部分　体温

一、体温测定

（一）体温及正常变动

体温是指动物体内的温度，它来源于机体在新陈代谢过程中所产生的热量。体内各部的温度不完全相同。机体内部的温度一般比体表的温度高些。体内各器官因机能不同温度也有差异，如肝脏代谢旺盛温度高，皮肤温度较低，四肢末端最低。各种动物体温（直肠温度）如表 11-1 所示。

表 11-1　各种动物体温（℃）

动物	平均体温	变动范围	动物	平均体温	变动范围
乳牛	38.6	38.0～39.3	鸡	41.6	39.6～43.6
猪	39.2	38.7～39.8	犬	38.9	37.9～39.9
绵羊	39.1	38.3～39.9	兔	39.5	38.6～40.1
山羊	39.1	38.5～39.7	马	37.6	37.2～38.2

除此之外，体温还因个体、品种、年龄、性别、环境温度、肌肉活动等因素的影响而有差异。一般来讲，幼龄动物的体温比成年动物的高；雌性动物比雄性动物的高；雌性动物在发情、妊娠等时期的体温要高；在一昼夜内体温变化的规律是白天比夜间高，午后最高，早晨最低，一般每天体温变动不超过 1 ℃；动物食后体温升高，长期饥饿体温可降低 2～2.5 ℃；刚出壳雏鸡的体温低于 30 ℃，以后逐渐升高。因此测量动物体温时应考虑这些因素。

（二）体温恒定的意义

在正常情况下，动物体温相对恒定是保证机体新陈代谢和各种功能活动正常进行的一个重要条件。因为新陈代谢需要酶的参与，而最适于酶活动的温度是 37～40 ℃。过高或过低的温度都会影响酶的活性。过高温度会使酶活性丧失；过低使酶的活性降低，致使机体的各种代谢发生紊乱，甚至危及生命。当体温超过 41 ℃时，哺乳动物可出现神经系统功能障碍，甚至永久性损伤，超过 43 ℃将危及生命；当温度低于 34 ℃时，哺乳动物会丧失意识，低于 25 ℃时则呼吸、心跳停止，危及生命。

因此，在生产实践中，应加强饲养管理，做到冬季防寒保暖，夏季防暑降温。动物患病时，对中枢系统的影响很大，从而体温调节机制发生紊乱，体温会升高或降低。因此，观察动物体温变化，是临床中检查机体健康状况的一个重要参考指标。

（三）体温的测定

在实际工作中，一般都是以测量直肠的温度，作为畜禽体深部的体温指标。先将动物保定好，然后将体温计的水银柱甩至 35 ℃ 以下，并在外面涂以少量的润滑油，用左手提起尾根，右手持体温计旋转插入直肠中，并用铁夹固定体温计，3～5 min 后取出读数，记录该动物的体温。

二、体温调节

在体温调节机制下，恒温动物可以维持相对恒定的体温。机体在进行物质代谢时不断产生热量；同时，又通过辐射、传导、对流以及水分蒸发等方式不断地散失热量，使产热和散热达到平衡，维持体温的恒定。如果机体的产热高于或低于散热，将导致体温升高或降低。

(一)机体的产热和散热过程

动物体温的相对恒定，是机体产热与散热两个过程动态平衡的结果。

1. 产热过程

机体热量来自体内各组织器官所进行的氧化分解反应。由于各种器官代谢水平不同和机体所处功能状态不同，其产热量也不同。安静状态下，主要产热器官是内脏，产热量占机体总产热量的 56%，其中肝脏产热量最大，肌肉占 20%，脑占 10%。运动或使役时，产热主要器官是骨骼肌，其产热量可达机体总产热量的 90%。

此外，草食动物饲料在消化管内消化产生大量热量，也是体热的一个主要来源。一些外界因素，如热的饲料、饮温水、外环境温度增高等，都可以成为体内产热的一部分来源。当环境温度增高时，体内代谢会有所降低，若此时不能及时有效地对动物进行散热，机体代谢反而上升，增加产热，可能引发动物中暑。当环境温度降低时，机体靠两种方式来维持体温的恒定：一是物理性调节，即体表血管收缩，被毛竖立，腺体分泌减少；另一个是化学性调节，即靠机体内物质代谢增强，使体热增加，化学性调节是在物理性调节已不能维持体温恒定时才开始起作用。

2. 散热过程

机体不仅要产生热量，而且还要不断地将所产生的热量发散掉，这样才能维持体温的相对恒定，否则，体热在体内蓄积会导致死亡。机体主要通过皮肤、呼吸道、排粪、排尿的途径来散热，其中以皮肤散热为主。机体通过皮肤散热的方式有辐射散热、传导散热、对流散热和蒸发散热四种。

(1)辐射散热是机体以红外线的方式，直接将热量散发到环境中的一种散热方式。动物经该途径散发的热量占总散热量的 70%～85%。因此，辐射散热是机体散热的主要途径。当皮肤与环境温差增大，辐射散热增多，反之则少。当环境温度高于体表温度时，机体不仅不能利用辐射散热，反而会从环境吸收热量而使体温升高。所以在寒冷时，动物受到阳光照射或靠近红外线及其他热源，均有利于动物保温；而炎热季节的烈日照射，可使身体温度升高，发生日射病。

(2)传导散热是将体热直接传给与机体接触的较冷物体的一种散热方式。传导散热量除了与物体接触面积、温差大小有关外，还与所接触物体的导热性能有关。与皮肤接触的物体导热性越好，温度越低，传导所散失的热量就越多。空气是热的不良导体，因此，在寒冷环境中动物被毛竖起，增加隔热层厚度，以减少散热。动物体脂肪也是热的不良导体，因此，肥胖动物由机体深部向体表的传导散热较少，而新生动物皮下脂肪薄，体热容易散失，应注意保暖，不能长时间躺卧在冰冷的地面。水的导热性比空气好，因此在炎热的夏季，猪、水牛喜欢水浴。

（3）对流散热是机体靠周围环境冷热空气的不断流动散发体热的一种方式。动物体表的空气，由于受到体热的加温，密度变小而逐渐上升，被冷空气取而代之。这样冷热空气的不断对流就把动物的体热带走。影响这一散热方式的主要因素是空气的流动速度及其温度的高低。在一定限度内，对流速度（风速）越大，散热就越多。在实际生产中，冬季应减少动物舍内空气的对流，夏季则应加强通风。

（4）蒸发散热是当机体所处环境温度等于或超过体温时，由体表蒸发水分和呼吸道呼出水蒸气的一种散热方式。1 g 水分蒸发可带走 2.43 kJ 的热量，所以蒸发是有效的散热方式。尤其外界气温高于体表温度时，其余三种方式的散热量急剧减少，这一方式显得更为重要。汗腺不发达的动物则可通过呼气、唾液等蒸发来散热。禽类缺乏汗腺，但其皮肤血管丰富，在炎热的天气，皮肤的水分通过毛细血管透出的热量也增加，加大了散热。但对家禽来讲，更主要是靠呼吸道蒸发来散热，因为禽类的气囊发达，蒸发面积也大，当气温升高时，禽类会出现热性喘息（成年鸡的体温达 40 ℃ 以上出现热性喘息，呼吸频率可达 250 次/min）。

（二）体温调节的过程

恒温动物之所以能够维持体温相对恒定，是因为机体内存在调节体温的自动控制系统，下丘脑是体温调节中枢。

1. 体温调节机制

机体通过神经和体液调节，使体内产热和散热过程保持动态平衡，从而维持体温恒定。

（1）神经调节。对温度敏感的感受器，称为温度感受器。机体许多部位存在温度感受器，全身皮肤、某些黏膜及腹腔内脏等处均有温度感受器分布，它们能够感受体表和机体深部的温度变化，产生神经信息，向体温调节中枢传输信号。温度感受器根据功能不同，可分为热感受器和冷感受器两种。

在动物机体的脊髓、延髓、脑干网状结构以及下丘脑等部位，存在有对温度变化敏感的神经元，有热敏感神经元和冷敏感神经元，统称为中枢性温度感受器。这两种神经元在视前区—下丘脑前部（PO/AH）区域数量最多，其中热敏感神经元较冷敏感神经元多。当热敏感神经元兴奋时，可使机体的散热量加强；而冷敏感神经元兴奋时，会引起机体的产热加强。这两种神经元共同构成了机体的体温调节中枢。

动物体温之所以能保持在一个稳定的范围内，是由于下丘脑的体温调节中枢存在着调定点，调定点的高低决定着体温的高低。下丘脑的温敏感神经元就起调定点的作用，温敏感神经元对温热的感受有一定的阈值，动物不同阈值不同。如马、猪的阈值是 38 ℃，这个阈值就叫该动物体温稳定的调定点。当中枢温度升高时，温敏感神经元冲动发出的频率就增加，使散热增加，反之则发出的冲动减少，产热增加，从而达到调节体温，使其保持相对恒定。

（2）体液调节。由于机体的代谢强度和产热量受体内一些激素的调控，因此有些激素和体温调节有密切关系。最主要和最直接参与体温调节的激素是甲状腺素和肾上腺素。

肾上腺素是由肾上腺髓质分泌的胺类激素，主要作用是促进糖和脂肪的分解代谢，使产热增加。如果动物暴露在寒冷环境中，通过交感神经，促进肾上腺髓质分泌肾上腺素，同时增加机体摄食量，以及随意或不随意地颤抖，从而促使产热增加。

甲状腺分泌的甲状腺激素能加速细胞内氧化过程，促进分解代谢，使产热量增加。如果动物长期在寒冷环境中，通过神经体液调节，甲状腺素分泌增加，从而提高基础代谢率，使体温升高，来维持体温恒定。如动物长期处于热紧张状态，会降低甲状腺的功能，使基础代谢率下降，此时摄食量下降、嗜睡以减少产热。

2. 体温调节过程

正常情况下，当体内、外温度降低时，皮肤、内脏的温度感受器接受刺激，发出神经冲动，沿着传入神经到达下丘脑的热敏感神经元；或血液温度降低直接刺激热敏感神经元和冷敏感神经元，分别使其抑制和兴奋，从而共同作用于下丘脑的体温调节机构。此时，皮肤血管收缩，减少皮肤直接散热，全身骨骼肌紧张度增强，发生寒战。同时在中枢的支配下，促进肾上腺素和甲状腺素分泌增加，使机体代谢增强，产热量增加。另外，动物行为方面会表现出被毛竖立，家禽羽毛增厚，皮下脂肪蓄积，增加产热作用，畜禽还采取蜷缩姿态等来减少散热。

当外界环境温度升高时，皮肤感受的热刺激和血液温度的轻微升高，可以通过下丘脑的体温调节中枢，反射性地引起皮肤血管舒张，汗腺分泌增强，肌肉紧张度下降，热性喘息，动物代谢减弱等相反的途径来增加散热，减少产热而维持体温相对恒定。

总之，来自各方面的温度变化信息在下丘脑整合后，经神经和体液途径来调节体温：通过交感神经系统，控制皮肤血管舒缩反应和汗腺分泌影响散热过程；通过躯体运动神经，改变骨骼肌活动（如肌紧张、寒战）；通过甲状腺和肾上腺髓质分泌活动的改变来调节产热过程。

拓展阅读

胰岛素

人和动物胰脏分泌的胰岛素，具有降低血糖和调节体内糖类代谢的功能。1958 年 12 月，中科院上海分院组成一支强有力的科研队伍进行联合攻关。中科院上海有机化学研究所和北京大学化学系负责合成 A 链，中科院生物化学研究所负责合成 B 链。经历 600 多次失败，经过近 200 步合成，终于在 1965 年 9 月 17 日，中国在世界上首次用人工方法合成结晶牛胰岛素。国家科委先后两次组织著名科学家进行科学鉴定，证明人工合成牛胰岛素具有与天然牛胰岛素相同的生物活力和结晶形状。这标志着人类在认识生命、探索生命奥秘的征途中迈出关键性的一步。

●●●●● 材料设备清单

项目 11		内分泌系统			学时		4
项目	序号	名称	作用	数量	型号	使用前	使用后
所用设备	1	投影仪	观看视频图片。	1 个			
	2	显微镜	组织构造观察。	40 台			
所用工具	4	手术器械	解剖构造观察。	4 套			

所用药品（动物）	5	活体牛	甲状腺、肾上腺体表投影位置确定。	2 头			
	6	羊、兔、鸡	解剖构造观察。	羊 1 只鸡、兔各 4 只			
所用材料	7	甲状腺组织切片	观察组织构造。	40 张			
	8	内分泌器官图片	大体解剖构造观察。	各 4 套			

●　●　●　●　● **作业单**

项目 11	内分泌系统
作业完成方式	课余时间独立完成。
作业题 1	腺垂体分泌哪些激素？有何作用？
作业解答	
作业题 2	神经垂体内贮存哪些激素？有何作用？
作业解答	
作业题 3	甲状腺和甲状旁腺各分泌哪些激素？有何作用？
作业解答	
作业题 4	肾上腺皮质和髓质分泌哪些激素？有何作用？
作业解答	
作业题 5	雄激素、雌激素和孕激素各有何作用？
作业解答	
作业题 6	各种动物体温数及如何测定？
作业解答	
作业题 7	简述体温恒定的神经调节和体液调节。
作业解答	

<table>
<tr><td rowspan="5">作业评价</td><td>班级</td><td></td><td>第　组</td><td colspan="2">组长签字</td><td></td></tr>
<tr><td>学号</td><td></td><td colspan="2">姓名</td><td colspan="2"></td></tr>
<tr><td>教师签字</td><td></td><td colspan="2">教师评分</td><td></td><td>日期</td><td></td></tr>
<tr><td colspan="7">评语：</td></tr>
<tr><td colspan="7"></td></tr>
</table>

●●●● 学习反馈单

项目 11	内分泌系统				
评价内容	评价方式及标准				
	作业评量及规准				
知识目标达成度	A（90分以上）	B（80～89分）	C（70～79分）	D（60～69分）	E（60分以下）
	内容完整，阐述具体，答案正确，书写清晰。	内容较完整，阐述较具体，答案基本正确，书写较清晰。	内容欠完整，阐述欠具体，答案大部分正确，书写不清晰。	内容不太完整，阐述不太具体，答案部分正确，书写较凌乱。	内容不完整，阐述不具体，答案基本不太正确，书写凌乱。
	实作评量及规准				
技能目标达成度	A（90分以上）	B（80～89分）	C（70～79分）	D（60～69分）	E（60分以下）
	能准确识别脑垂体、甲状腺、肾上腺等器官的位置、形态和构造，能正确进行体温测定。操作规范，速度快。	脑垂体、甲状腺、肾上腺等器官的位置、形态和构造识别绝大部分正确，体温测定绝大部分正确。操作规范，速度较快。	脑垂体、甲状腺、肾上腺等器官的位置、形态和构造识别部分正确，体温测定部分正确。操作较规范，速度一般。	脑垂体、甲状腺、肾上腺等器官的位置、形态和构造识别小部分正确，体温测定小部分正确。操作欠规范，速度较慢。	脑垂体、甲状腺、肾上腺等器官的位置、形态和构造识别基本不正确，体温测定基本不正确。操作不规范，速度很慢。

素养目标达成度	表现评量及规准				
	A （90 分以上）	B （80～89 分）	C （70～79 分）	D （60～69 分）	E （60 分以下）
	积极参与线上、线下各项活动，态度认真。处理问题及时正确，生物安全意识强，不怕脏不怕异味。	积极参与线上、线下各项活动，态度较认真。有较强处理问题能力和生物安全意识，不怕脏不怕异味。	能参与线上、线下各项活动，态度一般。处理问题能力和生物安全意识一般。不太怕脏怕异味。	能参与线上、线下部分活动，态度一般。处理问题能力和生物安全意识较差。有些怕脏怕异味。	线上、线下各项活动参与度低，态度较差。处理问题能力和生物安全意识较差，怕脏怕异味。
反馈及改进					

项目 12

动物解剖观察

●●●●● 学习任务单

项目 12	动物解剖观察	学时	12
布置任务			
学习目标	1. 知识目标 (1)知晓常见动物的解剖程序； (2)知晓常见动物各系统器官的位置、形态、构造。 2. 技能目标 (1)能正确对牛、羊、猪、鸡、犬和兔进行解剖和脏器的摘除； (2)能准确识别正常状态下各种动物主要脏器的形态、颜色、质地、位置和构造。 3. 素养目标 (1)培养学生发现、分析、解决问题的能力； (2)学会从辩证思维角度理解形态、构造与机能的关系； (3)培养学生爱岗敬业、精益求精、珍爱生命的工匠精神和人文素养。		
任务描述	在解剖实训室利用解剖器械对各种动物进行解剖，并观察主要脏器的形态、颜色、质地、位置和构造。 具体任务如下。 1. 牛羊的实地解剖观察。 2. 猪的实地解剖观察。 3. 鸡的实地解剖观察。 4. 犬的实地解剖观察。 5. 兔的实地解剖观察。		
提供资料	1. 白彩霞. 动物解剖生理. 北京：北京师范大学出版社，2021 2. 周其虎. 动物解剖生理. 第三版. 北京：中国农业出版社，2019 3. 张平，白彩霞，杨惠超. 动物解剖生理. 北京：中国轻工业出版社，2017 4. 丁玉玲，李术. 畜禽解剖与生理. 哈尔滨：黑龙江人民出版社，2005 5. 南京农业大学. 家畜生理学. 第三版. 北京：中国农业出版社，2009 6. 范作良. 家畜解剖. 北京：中国农业出版社，2001 7. 范作良. 家畜生理. 北京：中国农业出版社，2001		

	8. 动物解剖生理在线精品课：
对学生 要求	1. 能根据学习任务单、资讯引导，查阅相关资料，在课前以小组合作的方式完成任务资讯问题。 　　2. 以小组为单位完成任务，体现团队合作精神。 　　3. 严格遵守实训室和实习牧场规章制度，避免安全隐患。 　　4. 对各种动物的解剖特点进行对比学习。 　　5. 严格遵守操作规程，做好自身防护，防止疾病传播。

●●●●● 任务资讯单

项目 12	动物解剖观察
资讯方式	通过资讯引导、观看视频，到本课程及相关课程的精品课网站、图书馆查询，向指导教师咨询。
资讯问题	1. 牛羊体表主要观察哪些结构？ 　　2. 牛羊的致死方式和剥皮方法有哪些？ 　　3. 牛羊胸部、腹部、骨盆部和颅腔如何打开？ 　　4. 牛羊胸腔、腹腔、盆腔脏器如何摘除和观察？ 　　5. 牛羊的头颈部和四肢主要观察哪些结构？ 　　6. 猪的胸部、腹部、盆腔如何打开？ 　　7. 猪胸腔、腹腔、盆腔脏器如何摘除和观察？ 　　8. 猪的头颈部和四肢主要观察哪些结构？ 　　9. 鸡的外部主要观察哪些结构？ 　　10. 鸡的致死方式和拔毛方法有哪些？ 　　11. 鸡的体腔如何剖开？气囊如何观察？ 　　12. 鸡内脏如何摘除和观察？ 　　13. 鸡的头颈部、翼和后肢主要观察哪些结构？ 　　14. 犬的胸壁如何打开？胸腔脏器如何摘除和观察？ 　　15. 犬的腹壁和骨盆如何打开？腹腔和盆腔脏器如何摘除和观察？ 　　16. 犬的头颈部和四肢主要观察哪些结构？ 　　17. 兔的致死方式和剥皮方法有哪些？ 　　18. 兔的胸腔如何打开？胸腔主要脏器如何观察？ 　　19. 兔的腹腔如何打开？腹腔主要脏器如何观察？

资讯引导	所有资讯问题可以到以下资源中查询。 1. 白彩霞主编的《动物解剖生理》项目十二。 2. 动物解剖生理在线精品课： 3. 本项目工作任务单中的必备知识。

●●●● 案例单

项目 12	动物解剖观察		学时	12
序号	案例内容		关联教材内容	
1.1	8月龄羊，放牧过程中陆续出现有的羊突然死亡。病理剖检真胃出血性炎症变化，胸腔、腹腔、心包有大量积液，暴露于空气中易凝固，心内膜下（特别是左心室）和心外膜下有多数点状出血，肠道和肺脏的浆膜下也出血，胆囊肿胀。		此案例涉及与本项目内容相关的知识点和技能点为：羊的解剖和脏器摘除；识别各器官正常的形态、位置、大小、颜色、质地和构造。	
1.2	2月龄猪，体温在 41 ℃，喜卧、弓背、行走摇晃，食欲减退或废绝，喜欢饮水，有的发生呕吐，结膜发炎，前期便秘，后期腹泻，粪便恶臭。病死后皮肤出现紫斑；全身淋巴结肿胀，紫黑色，切面如大理石状；肾脏皮质和膀胱黏膜有小米状的出血点；脾脏有梗塞，以边缘多见，呈黑色小紫块；喉头黏膜及扁桃体出血；肠黏膜有散在的出血点，胃、肠黏膜呈卡他性炎症，大肠的回盲瓣处形成纽扣状溃疡。初步诊断为猪瘟。		此案例涉及与本项目内容相关的知识点和技能点为：猪的解剖和脏器摘除；识别各器官正常的形态、位置、大小、颜色、质地和构造。	
1.3	某农户家鸡群，发病初期以呼吸道和消化道症状为主，表现为呼吸困难，咳嗽和气喘，有时可见头颈伸直，张口呼吸，食欲减少或死亡，出现水样稀粪，用药物治疗效果不明显，病鸡逐渐脱水消瘦，呈慢性散发性死亡。剖检病变不典型，其中最具诊断意义的是十二指肠黏膜、卵黄柄前后的淋巴结、盲肠扁桃体、回肠、直肠黏膜等部位有出血灶，打开脑也有出血点。初步诊断为新城疫。		此案例涉及与本项目内容相关的知识点和技能点为：鸡的解剖和脏器摘除；识别各器官正常的形态、位置、大小、颜色、质地和构造。	

1.4	某兔场 4 月龄兔，突然出现食欲减退，精神沉郁，被毛无光泽，喜卧不喜动，严重腹泻等症状，个别兔腹围增大，肝区触诊敏感，粪便检查发现大量卵囊。剖检病死兔，可见肝脏高度肿大，肝表面及实质内有白色或淡黄色粟粒大至豌豆大的结节性病灶，多沿胆小管分布。取结节病灶压片镜检，可见到不同发育阶段的球虫虫体。诊断该病为兔球虫病急性期病例。	此案例涉及与本项目内容相关的知识点和技能点为：兔的解剖和脏器摘除；识别各器官正常的形态、位置、大小、颜色、质地和构造。
1.5	犬食欲不振、呕吐、腹泻，精神沉郁、烦躁易口渴、频频排尿，呼吸困难，体温达到 39.5 ℃，眼结膜苍白，体重逐渐下降。血液学检查有贫血、白细胞数量减少的情况，特别的是血液中的钙离子浓度上升。2 天后病死，剖检全身淋巴结有不同程度肿胀，扁桃体、肝脏、脾脏均肿大。血液学和病理组织学检查为淋巴瘤，初步诊断是恶性淋巴瘤。	此案例涉及与本项目内容相关的知识点和技能点为：犬的解剖和脏器摘除；识别各器官正常的形态、位置、大小、颜色、质地和构造。

●●●●● 工作任务单

项目 12	动物解剖观察
任务 1	羊解剖观察

　　任务描述：在实训室进行羊的解剖和脏器摘除，并识别主要器官正常的形态、位置、大小、颜色、质地和构造。

　　准备工作：在实习牧场准备羊、方盘、骨剪、手术刀、解剖刀、剪刀、镊子、棉线、一次性手套、实验服、碘伏和脱脂棉等。

　　实施步骤如下。

　　1. 在实习牧场将羊颈动脉放血致死。

　　2. 在实训室观察皮肤及被毛(完整性、肿胀)，营养状况，天然孔(分泌物、黏膜)，头，四肢，外生殖器。

　　3. 在实训室剥皮后观察咬肌、下颌淋巴结、腮腺、齿槽间隙、齿和舌、胸头肌、臂头肌、颈静脉沟、颈静脉、颈动脉、迷交干、颈浅淋巴结、喉、气管、食管和甲状腺、肩带肌、臂神经丛、胸壁肌、肋弓、肋间隙、剑状软骨、心脏、肺脏、纵隔、胸腺、主动脉、肺动脉、前后腔静脉和膈神经、腹壁肌肉、腹白线、腰旁三根神经、膈、肝、胆囊、十二指肠、胰、空肠、回肠、结肠、盲肠、直肠、肾脏、输尿管、瘤胃、网胃、瓣胃、皱胃、卵巢、输卵管、子宫、睾丸、输精管、副性腺和膀胱、四肢骨、关节和肌肉。

　　4. 借助互联网、在线精品课学习相关内容。

任务 2	猪解剖观察

　　任务描述：在实训室进行猪的解剖和脏器摘除，并识别主要器官正常的形态、位置、大小、颜色、质地和构造。

　　准备工作：在实习牧场准备猪、方盘、骨剪、手术刀、解剖刀、剪刀、镊子、棉线、脱脂棉、一次性手套和实验服等。

　　实施步骤如下。

　　1. 在实习牧场将猪在腋动脉放血致死。

　　2. 在实训室观察皮肤及被毛（完整性、肿胀），营养状况，天然孔（分泌物、黏膜），头，四肢，外生殖器。

　　3. 在实训室观察下颌淋巴结、腮淋巴结、肩前淋巴结、喉、气管、食管、甲状腺，网膜、十二指肠、空肠、回肠、盲肠、回盲瓣、结肠、直肠、胃、脾、胰腺、肝脏、肾脏、肾上腺、心包、心脏、肺、支气管淋巴结、膈、膈神经、迷走神经、胸腺、纵隔淋巴结、卵巢、输卵管、子宫、睾丸、输精管、副性腺、膀胱、髂内淋巴结、四肢骨、关节和肌肉等。

　　4. 借助互联网、在线精品课学习相关内容。

任务 3	鸡解剖观察

　　任务描述：在实训室进行鸡的解剖和脏器摘除，并识别主要器官正常的形态、位置、大小、颜色、质地和构造。

　　准备工作：在实习牧场准备鸡、方盘、骨剪、手术刀、解剖刀、剪刀、镊子、棉线、脱脂棉、一次性手套、实验服、碘伏等。

　　实施步骤如下。

　　1. 在实训室观察鸡冠和肉髯的颜色及大小，眼睑、眼、耳垂、耳孔、喙、全身羽毛、尾脂腺、脚鳞、距和爪、泄殖腔周围，并注意各关节的粗细。

　　2. 在实训室致死和拔毛后观察气囊、肝脏、胆囊、腺胃、肌胃、十二指肠、胰脏、空肠、卵黄囊憩室、肠系膜、回肠、盲肠、盲肠扁桃体、直肠、泄殖腔、腔上囊、心脏、肺脏、脾脏、卵巢（或睾丸）、输卵管（或输精管）、肾上腺、肾脏、输尿管、腹腔动脉、坐骨神经、食管、嗉囊、气管、支气管、鸣管、甲状腺、翼下静脉和后肢等。

　　3. 借助互联网、在线精品课学习相关内容。

任务 4	兔解剖观察

　　任务描述：在实训室进行兔的解剖和脏器摘除，并识别主要器官正常的形态、位置、大小、颜色、质地和构造。

　　准备工作：在实习牧场准备兔、方盘、骨剪、手术刀、解剖刀、剪刀、镊子、注射器、棉线、脱脂棉、一次性手套和实验服等。

　　实施步骤如下。

　　1. 在实训室沿兔耳边缘静脉打空气针致死。

　　2. 外部观察天然孔（分泌物、黏膜）、被毛（完整性、肿胀）、皮肤和营养状况。

　　3. 在实训室剥皮后观察胸头肌、臂头肌、肩胛舌骨肌、颈静脉沟、颈静脉、颈动脉、迷走交感神经干、气管、食管和甲状腺；肩带肌、胸壁肌、胸壁、心脏、肺脏，腹壁肌肉、肝、胆囊、十二指肠、胰、空肠、回肠、结肠、盲肠、盲肠扁桃体、圆小囊、蚓突、肾脏、输尿管、卵巢、输卵管、子宫、睾丸、输精管、副性腺的形态、位置和构造。

4. 借助互联网、在线精品课学习相关内容。

任务5	犬解剖观察

任务描述：在实训室进行犬的解剖和脏器摘除，并识别主要器官正常的形态、位置、大小、颜色、质地和构造。

准备工作：在实习牧场准备犬、方盘、骨剪、手术刀、解剖刀、剪刀、镊子、棉线、一次性手套、实验服、麻醉药、口笼、碘伏和脱脂棉等。

实施步骤如下。

1. 在实习牧场将犬动脉放血致死。

2. 在实训室观察皮肤及被毛（完整性、肿胀），营养状况，天然孔（分泌物、黏膜），头、四肢、外生殖器。

3. 在实训室剥皮后观察咬肌、下颌淋巴结、腮腺、齿和舌；胸头肌、臂头肌、颈静脉沟、颈静脉、颈动脉、迷交干、颈浅淋巴结、喉、气管、食管和甲状腺；肩带肌、臂神经丛、胸壁肌、肋弓、肋间隙、剑状软骨；心脏、肺脏、纵隔、胸腺、主动脉、肺动脉、前后腔静脉和膈神经；腹壁肌肉、腹白线、膈、肝、胆囊、胃、十二指肠、胰、空肠、回肠、结肠、盲肠、肾脏、输尿管、卵巢、输卵管、子宫、睾丸、输精管、副性腺和膀胱；四肢骨、关节和肌肉。

4. 借助互联网、在线精品课学习相关内容。

必备知识

第一部分　牛、羊解剖观察

一、牛、羊主要体表结构观察

（一）头部

主要观察鼻唇镜、齿槽间隙、面结节、咬肌、额隆起、下颌间隙、下颌淋巴结和腮腺。

（二）颈部

主要观察臂头肌、胸头肌、颈静脉沟、夹肌、项韧带和肩前淋巴结。

（三）胸背部及前肢

主要观察鬐甲、肩胛软骨、肩胛骨、肩峰、肩关节、肘关节、肘突、前臂正中沟、腕关节、掌内外侧沟、系关节（球节）、屈腱、指内侧沟、指外侧沟、肋间隙和肋弓。

（四）腰腹部、荐臀部和后肢

主要观察腰椎横突顶点、髋结节、荐结节、腰荐十字部、臀肌、荐坐韧带后缘、髋关节、坐骨结节、股二头肌沟、股阔筋膜张肌前缘、膝上淋巴结、膝盖骨、膝关节、小腿外侧沟、小腿内侧沟、跟腱、跟结节、跗关节、系关节（球节）、屈腱、跖内外侧沟、趾内外侧沟。奶牛还要观察乳房、乳头、乳头管口、腹壁皮下静脉。

二、致死方式、剥皮及浅层结构的解剖观察

（一）致死方式

按压住颈静脉沟的颈基部，让颈静脉鼓起，主刀迅速于颈静脉沟的后1/3处切开皮肤约6 cm长，钝性分离皮下组织，把颈静脉挤向上方，继续分离结缔组织，在气管的侧面即

可摸到搏动的颈动脉。把颈动脉拉出，分离迷走交感干，用止血钳夹住颈动脉的近心端和远心端，用小剪刀将颈动脉在距离近心端约 3 cm 处剪一个小口，将动脉插管（塑料或铜管都可以）向近心端插入 2 cm 左右，用缝合线将动脉壁与动脉插管牢固地缠绕在一起，松开近心端的止血钳，血液即沿着连在动脉插管上的橡胶管流出。动物抽搐几分钟后，用手触摸睫毛，如果睫毛不动、瞳孔放大，则表示已经死亡。

（二）剥皮（见图 12-1）

将牛放血致死后，使尸体仰卧（解剖羊通常采用右侧卧位），用刀从下唇正中线向后切开皮肤，经颈部和胸部，沿腹侧正中矢状线向后方切开。至脐部、乳房或阴茎时，向左、右分为两线，绕过这些器官后，切线又合并为一。经肛门和母畜的阴门时，各作一个环形切线，然后再合并为一，直至尾根部。四肢的切线与腹正中线垂直，沿四肢内侧面的正中切开皮肤，在系关节（或腕、跗关节）部作一个环形切线。头部剥皮可将上述第一道切线从颌间向两侧翻转，将上、下唇、鼻翼、眼睑和外耳部连在皮上，一起剥离，再从上述切线剥下全身皮肤。将尾根部皮肤剥离，露出一小段后，从椎间软骨处切断尾部。剥皮时应小心操作，以免破坏皮肌和位于浅表的血管、神经、肌腱、淋巴结等结构。

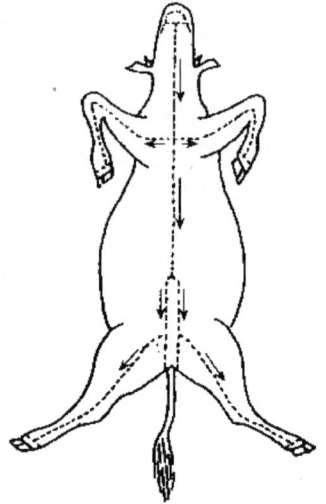

图 12-1　牛剥皮法

（三）全身浅层结构观察

观察并清理皮下结缔组织，解剖观察皮神经、皮肌和腹壁皮下静脉。

动物体壁的形态结构是对称的，对体壁的处理有两侧都解剖和只解剖一侧两种做法，采取哪种方法，可根据实际需要。但内脏器官的形态结构绝大部分是不对称的，所以应注意与接下来要做的内脏解剖保持一致。

三、肩带肌的解剖观察

清理颈外静脉、胸头肌、臂头肌、斜方肌、肩胛横突肌、胸肌、下锯肌、背阔肌之间的界限。解剖观察肩前（颈浅）淋巴结。切断胸头肌、臂头肌、肩胛横突肌和背阔肌。切断斜方肌，解剖观察菱形肌。切断胸肌并向外侧抬起前肢游离部，清理肩胛下间隙内的结缔组织和脂肪组织，寻找观察腋动脉、腋静脉、臂神经丛和腋淋巴结。切断并观察腋动脉、腋静脉、臂神经丛、下锯肌和菱形肌，最后取下前肢（注意防腐和保湿）。

四、四肢的解剖观察

（一）前肢

清理剩余的肩带肌。清理观察臂神经丛、腋动脉和腋静脉。清理、解剖和观察肩胛部、臂部、前臂部、腕部、掌部和指部的皮肤、肌肉、动脉、静脉、神经、肌腱、韧带和关节囊。切开软组织，观察各主要关节的关节面。纵向锯开一侧臂骨，观察剖面的结构。

（二）后肢

清理观察一侧臀肌等有关肌肉，露出荐结节阔韧带和髂骨，锯断髂骨体前上部，清理股薄肌等，在闭孔内侧缘的侧矢面上锯断耻骨和坐骨。清理肌肉和软组织，取下该侧后肢（清理观察骨盆腔各器官）。清理解剖观察股部、小腿部、跗部、距部和趾部的皮肤、肌肉、动脉、静脉、神经、肌腱、韧带、关节和骨等。

五、腹部和骨盆腔的解剖观察

（一）生殖系统和乳腺的解剖观察

1. 乳房

观察母牛（羊）乳房的形态和构造。沿左、右乳腺之间的浅沟（乳腺间沟）切开乳腺皮肤并将其翻起（乳头皮肤不宜剥离），观察并清理浅筋膜、深筋膜和乳房悬韧带。经过乳头纵切或横切乳腺，观察乳腺切面的腺组织、乳池和乳头管。

2. 阴囊、阴茎和包皮

观察公牛（羊）阴囊、阴茎和包皮的形态。在离阴囊缝约 2 cm 处，沿侧矢面切开阴囊皮肤，观察肉膜。切开肉膜，观察鞘膜。切开鞘膜，拉出并观察睾丸、附睾、睾外提肌和精索，观察腹股沟管、鞘膜、睾丸系膜、阴囊韧带和附睾尾韧带，切开并观察睾丸的切面。切开包皮，暴露阴茎，观察其形态。切断阴茎与坐骨弓的联系，取下阴茎。

（二）腹壁的解剖观察

逐层清理，观察并切开右侧腹外斜肌、腹内斜肌、腹横肌和腹直肌。观察肌纤维的走向、腹侧壁的神经、膝上淋巴结和腹膜，如果是雄性动物，还应注意观察腹股沟管。

（三）腹腔和骨盆腔的解剖观察

1. 右侧网膜和腹腔浅层器官

剖开腹腔后，首先观察腹腔和网膜的性状。由于牛的网膜特别发达，在剖开腹腔后，仅在剑状软骨部可见到网胃，右侧肋骨后缘部为肝脏、胆囊和皱胃，右肷部可见盲肠，其余脏器均被网膜覆盖。因此，为了取出牛的腹腔器官，应先将两层网膜切除，才能依次观察小肠、大肠、胃和其他器官。

切开网膜和膈，观察肝、胆囊、十二指肠、胰、空肠、回肠、结肠、盲肠、肾脏、输尿管、网胃、瓣胃、皱胃、卵巢、输卵管、子宫、睾丸、输精管、副性腺的形态位置。

2. 左侧腹壁解剖和浅层器官

以同样方法切开左侧腹壁，观察网膜、瘤胃、脾脏、网胃、肠系膜淋巴结、肾脏、输尿管、卵巢、输卵管、子宫、睾丸、输精管、副性腺的形态位置。

3. 主要内脏器官的分离

对肾脏、输尿管、肾上腺、腹主动脉、后腔静脉及其分支的基本情况进行初步观察后，在贲门附近双重结扎并切断食管，分离瘤胃、脾脏、肝脏与膈及腹壁的联系，切断总肠系膜，在结肠与直肠连接处双重结扎并切断肠管，取下各内脏器官。清理观察各部肠管的联通关系，清理观察门静脉和肠系膜淋巴结的形态位置，解剖观察胃肠各部的内部结构。

（1）腹腔脏器的采出。左手将大网膜提起，右手执刀切离其与十二指肠 S 状弯曲部、皱胃大弯、瘤胃左右沟等处的附着部，再将小网膜从其附着部（肝脏的脏面、瓣胃的壁面、皱胃的幽门部和十二指肠起始部）切开，即可将网膜取出，露出胃和小肠，此时应观察腹腔脏器的位置。

（2）空肠和回肠的采出。在右侧骨盆腔前缘提起盲肠，沿盲肠体向前见一连接盲肠和回肠的三角韧带，即回盲韧带。切断回盲韧带，分离回肠，距盲肠约 15 cm 处做双重结扎并切断，由此断端向前，分离回肠和空肠至空肠起始部，即十二指肠空肠曲，再做双重结扎并切断，取出空肠和回肠。

（3）大肠的采出。直肠做双重结扎并切断，手捏直肠断端，由后向前将结肠从背侧脂肪组织中分离出，并切离肠系膜直至前肠系膜根部，再将横结肠、结肠盘与十二指肠回行部之间的联系切断，最后把前肠系膜根部的血管、神经、结缔组织一同切断，取出大肠。

（4）胃、十二指肠和脾的采出。先分离十二指肠系膜，切断胆管、胰管和十二指肠的联系。将瘤胃向后方牵引，露出食道，在其末端双重结扎并切断，助手用力向后下方牵引瘤胃，用刀切离瘤胃与背部相连的结缔组织，并切断脾膈韧带，即可将胃、十二指肠、胰腺、脾脏同时采出。

（5）胰脏、肝脏、肾脏的采出。胰脏可由左叶开始逐渐切下，或将胰脏附于肝门部和肝脏一同取出，也可随腹腔动脉、肠系膜一并采出。采出肝脏时，先切断左叶周围的韧带及后腔静脉，然后切断右叶旁边的韧带、门静脉和肝动脉（不要破坏右肾），便可将肝取出。采出肾脏和肾上腺时，首先检查输卵管的状态，然后先取左肾，即沿腰肌剥离周围的脂肪囊，并切断肾门处的血管和输尿管，便可将左肾取出。右肾用同样的方法采出，肾上腺与肾脏同时采出，也可单独取出。

4. 深层腹腔器官

对腹主动脉、后腔静脉、肠系膜前神经节、肠系膜后神经节、迷走神经、腹后神经、节间支、肾脏、输尿管、肾上腺和各主要淋巴结进行清理观察。

5. 骨盆腔器官

先锯断髂骨体，然后锯断耻骨和坐骨的髋臼支，除去锯断的骨体，盆腔即暴露。用刀切离直肠与盆腔上壁的结缔组织。清理观察直肠、输精管、副性腺、输尿管、膀胱、髂内动脉、髂外动脉、髂内淋巴结、髂外淋巴结和腰荐神经丛。母牛还应切离子宫和卵巢，再由盆腔底壁切离膀胱颈、阴道及生殖腺等，最后切断附着于直肠的肌肉，将肛门、阴门做圆形切离，即可取出骨盆腔脏器。观察膀胱的大小，蓄尿，浆膜等。观察子宫的大小、光泽情况及子宫的位置情况，切开子宫，观察黏膜及分泌物情况。

六、胸部的解剖观察

（一）胸壁的解剖观察

清理剩余的肩带肌，清理并观察背腰最长肌、髂肋肌以及髂肋肌沟中发出的脊神经。逐层清理并观察肋间外肌、肋间内肌、肋胸膜和肋间的血管和神经。

（二）剪除部分胸壁

用肋骨剪剪断右侧第 2~10 肋的椎骨端，并切断肋骨与肋软骨的连接，切开胸壁，观察胸腔液，取下整块胸壁，进一步观察肋胸膜和肋间的血管神经。

（三）胸腔器官的解剖观察（见图 12-2）

1. 右侧浅层结构

观察右侧肺胸膜和膈胸膜，观察肺的形态、位置、分叶和颜色，触摸其质地。尽量将右肺向前移开，观察腔静脉褶、后腔静脉、右侧的膈神经和右肺的副叶，将副叶从腔静脉褶中拉出，切断肺根，取下右肺，放入方盘中。观察肺的颜色、质地和结构（肋面、膈面、纵隔面、背缘、腹缘和后缘等），将整个右肺或切下一小块肺叶放入水中，观察其浮沉情况。

2. 右侧深层结构

清理观察心包、膈、纵隔、胸段食管、胸段气管、膈神经、迷走神经、胸腺和纵隔淋巴结，清理观察前、后腔静脉、胸部交感神经和血淋巴结等结构。

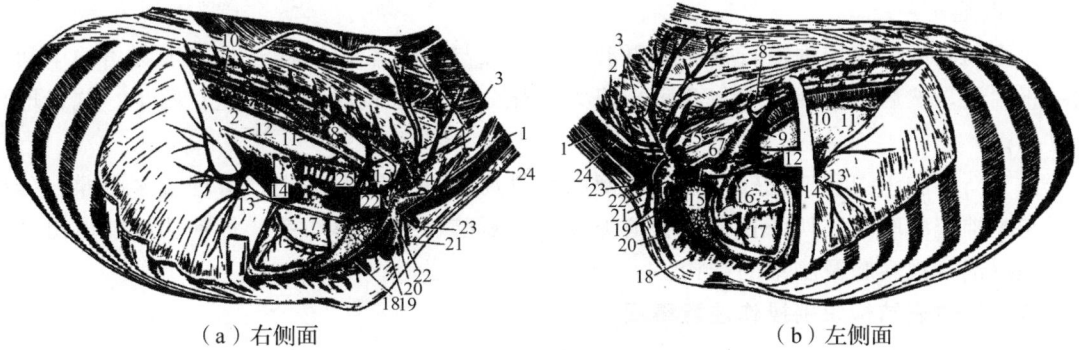

（a）右侧面　　　　　　　　　　　　　　（b）左侧面

图 12-2　牛胸腔深层解剖图

　　1. 颈总动脉和颈外静脉；2. 食管；3. 臂神经丛；4. 肋颈动、静脉干；5. 颈胸神经节；6. 臂头动脉干；7. 胸导管；8. 胸交感神经干；9. 左奇静脉；10. 胸主动脉；11. 迷走神经背侧干；12. 迷走神经腹侧干；13. 膈神经；14. 后腔静脉；15. 迷走神经；16. 肺动脉干；17. 心；18. 胸廓内动、静脉；19. 腋动、静脉；20. 胸廓外动、静脉；21. 头静脉；22. 锁骨下动脉；23. 颈浅动、静脉；24. 迷走交感神经干；25. 右奇静脉

3. 左侧胸壁与肺脏

按同样的方法解剖左侧胸壁，观察并切下左肺，观察心包、膈、纵隔、迷走神经、胸腺和纵隔淋巴结，清理观察胸部交感神经和血淋巴结等结构。

4. 左侧深层结构

清理观察臂神经丛、膈神经、星状神经节、迷走神经、交感神经、臂头动脉总干、主动脉弓、胸主动脉等结构。

5. 心脏

切开心包，观察心包液，观察心脏形态位置，切下心脏，观察心耳等表面结构。找到肺动脉，沿动脉圆锥剪开右心室，观察肺动脉瓣后，剪开右房室口，观察三尖瓣、右心室和右心房。自心尖沿两侧纵沟之间向上剪开左心室，观察二尖瓣后，剪开左房室口，观察左心房。剪开主动脉口，观察主动脉瓣和冠状动脉的开口等结构。

七、头颈部的解剖观察

（一）颈部

清理观察胸头肌、臂头肌、肩胛舌骨肌、颈静脉沟、颈静脉、颈动脉、迷走交感神经干和颈深淋巴结。解剖观察气管、食管和甲状腺。

（二）下颌间隙

清理观察下颌淋巴结、颌外动脉和颌外静脉。

（三）面部

清理观察面皮肌、面神经、面动脉、面静脉、腮腺管、腮腺、腮腺淋巴结和咬肌。清除一侧下颌骨，清理观察口腔、咽和喉等器官。清除外侧部分眼眶，解剖观察眼的结构。解剖观察耳的结构。

（四）颅腔（见图 12-3）

1. 切断头部

沿寰枕关节切断颈部，使头颈分离，然后除去下颌骨体及右侧下颌支，切除颅顶部附着的肌肉。

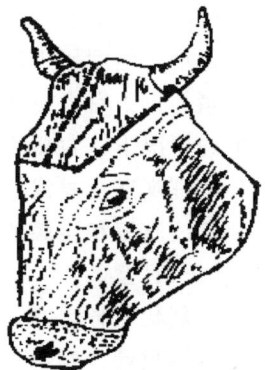

图 12-3　颅腔

2. 取脑

先沿两眼的后缘用锯横行锯断，再沿两角外缘与第一锯相接锯开，并于两角的中间纵锯一正中线，然后两手握住左右两角，用力向外分开，使颅顶骨分成左右两半，这样即可看见脑。

由于新鲜脑组织质地比较柔软，解剖颅骨时注意垂体窝的解剖，清理观察脑膜。分离嗅球与嗅神经的联系，切断视神经等脑神经，切断脑与脊髓的联系，将脑从颅腔取出并进行清理解剖，观察脑及脑室的结构。

八、牛体表结构识别操作注意事项

(一)人畜亲和

要以和善的态度对待家畜，忌讳粗暴的声音和动作。尤其是牛，粗暴的声音和动作以及鲜艳的颜色刺激，常可使牛发生激烈反应，会影响操作，甚至会造成人畜受伤。

(二)科学过渡

接触大家畜(主要指牛)，一般应先从鬐甲开始最安全。因为家畜前肢经常需要同时负重支撑躯干，且几乎没有外展运动能力，前肢几乎都是单轴关节，就连肩关节也主要是进行伸屈运动。而且鬐甲部位最不敏感，轻轻抚摸鬐甲，让动物感到操作人员对它比较友善，然后再逐渐向头颈部、前肢、胸腹和后肢及尾部等进行触摸和操作部位的过渡。

(三)安全操作

(1)在操作过程中尽量不使手臂接触自己身体其他部位及用品。

(2)应特别注意每种家畜的特殊危险角度。牛的危险角度除了头部的牛角附近之外，还有后肢的侧前方和侧后方。

(3)手臂不要伸到保定栏与动物之间，避免挤压手臂。

(4)要注意在进行四肢末端操作时，以一手扶在家畜躯干作为支点，双腿稍岔开，略微弯曲，俯身向下，用另一只手进行触摸，这样才能保证在紧急的情况下，迅速躲开。

第二部分　猪解剖观察

一、致死方式与剥皮

一般猪解剖时都会选择腋动脉(左右都可以)，将待解剖猪用鼻绳保定，然后用刀子沿腋窝处划开，这个方法简单易操作，放血也很干净，且不会破坏其他组织，便于观察。

解剖猪时一般多取仰卧位。先切断左右肩胛骨和大腿内侧的肌肉以及髋关节的关节囊和圆韧带，然后用力向外侧按压，使四肢摊开。

猪的皮下有大量脂肪蓄积，如果剥皮应注意脂肪中的浅层淋巴结等结构，也可在温度较低的情况下，直接将皮肤和皮下脂肪一并剥下。

清理观察全身浅层肌肉和淋巴结。

二、腹壁和腹腔的解剖观察(见图 12-4、图 12-5)

(一)腹壁

从剑状软骨后方，沿腹白线由前向后切开腹壁至耻骨前缘。观察腹腔中有无渗出物，渗出液的数量、颜色和性状，腹膜及腹腔器官浆膜是否光滑，肠壁有无黏连，再沿肋弓将腹壁两侧切开，暴露全部腹腔器官。

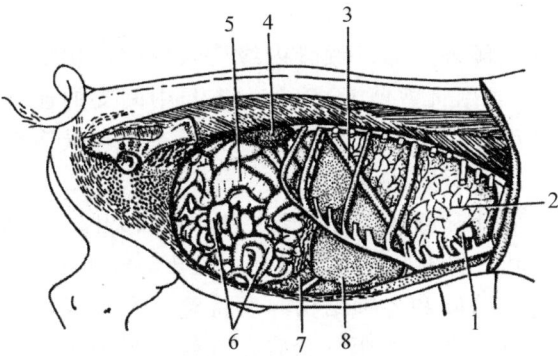

图 12-4　猪内脏（右侧）

1. 心脏；2. 肺；3. 膈；4. 右肾；5. 结肠；6. 空肠；
7. 大网膜；8. 肝

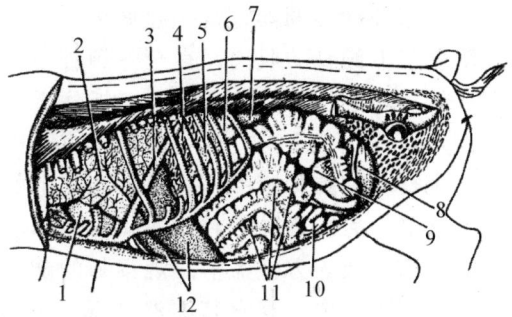

图 12-5　猪内脏（左侧）

1. 心脏；2. 肺；3. 膈；4. 大网膜；5. 脾；
6. 胰；7. 左肾；8. 膀胱；9. 盲肠；10. 空肠；
11. 结肠；12. 肝

（二）腹腔脏器的采出

可先取出脾脏与网膜，其次为空肠、回肠、大肠、胃和十二指肠。

1. 脾脏和网膜的采出

在左季肋部可见脾脏，提起脾脏，在接近脾脏根部切断网膜和其他联系后取出脾脏，然后将网膜从其附着部分离采出。

2. 空肠和回肠的采出

将结肠圆锥向右侧牵引，盲肠拉向左侧，显露回盲韧带与回肠。在离盲肠约 15 cm 处，将回肠做双重结扎并切断。然后握住回肠断端，用刀切离回肠、空肠上附着的肠系膜，直至十二指肠空肠曲。在空肠起始部做双重结扎并切断，取出空肠和回肠。边分离肠系膜边检查肠浆膜有无出血，肠系膜有无出血、水肿，肠系膜淋巴结有无肿胀、出血、坏死。

3. 大肠的采出

在骨盆腔口分离直肠，将其中粪便挤向前方做一次结扎，并在结扎后方切断直肠。从直肠断端向前方分离肠系膜，至前肠系膜根部。分离结肠与十二指肠、胰腺之间的联系，切断前肠系膜根部血管、神经和结缔组织以及结肠与背部之间的联系，即可取出大肠。接着将胃和十二指肠、肾脏和肾上腺、胰腺和肝脏采出。

4. 生殖器官

解剖母猪，首先解剖观察乳房的形态和构造；清理观察卵巢、输卵管、子宫和阴道形态和构造；解剖公猪先观察阴囊、阴茎和包皮的形态结构；清理观察睾丸、附睾、精索、副性腺、精阜等形态和构造。

（三）骨盆腔

清理观察直肠、子宫（或输精管和副性腺）、输尿管、膀胱、髂内动脉、髂外动脉、髂内淋巴结、髂外淋巴结和腰荐神经丛。

三、胸壁、胸腔和骨盆腔的解剖观察

（一）胸壁

解剖并观察肋间外肌、肋间内肌、肋胸膜和肋间的血管神经。剪断右侧肋骨的椎骨端，并切断肋骨与肋软骨的连接，观察胸腔液，取下胸壁，观察肋胸膜和血管神经。

(二)胸腔器官

颈部和胸腔的器官常一起摘出。用解剖刀在下颌部紧靠下颌骨内缘切入口腔，切断所有附着于下颌骨的肌肉，直至下颌骨角，并切断(或用骨剪剪断)舌骨大支与中间支的连接部。然后左手从切口伸入口腔，抓住舌尖向外拉引，用刀切开软腭。再切断一切与喉连接的组织，连同气管与食管一起取出直至胸腔入口。

观察右侧肺胸膜和膈胸膜，观察肺的形态、分叶和颜色。尽量将右肺向前移开，观察腔静脉褶、后腔静脉、右侧的膈神经和右肺的副叶，将副叶从腔静脉褶中拉出，切断肺根，取下右肺，放入方瓷盘中。观察肺的颜色、质地、分叶和各种结构。后将整个右肺或切下一小块放入水中，观察其漂浮情况。原位观察心包、膈、纵隔、食管、气管、膈神经、迷走神经、胸腺、纵隔淋巴结，观察前、后腔静脉。

按同样的方法解剖左侧胸壁，观察并切下左肺，观察心包、膈、纵隔、迷走神经、胸腺、纵隔淋巴结。清理观察臂神经丛、膈神经、迷走神经、交感神经、臂头动脉总干、主动脉弓和胸主动脉。

在胸腔入口处，用手向左右分离纵隔。切断锁骨下动脉和静脉及臂神经丛，此时用左手握住颈部器官向后上方牵引，分离附着于脊椎的组织。在膈部用刀切断食道、后腔静脉和动脉，剥离开心包与胸骨的联系，则将颈部和胸腔器官全部摘出。

切开心包，观察心包液。切下心脏，观察心脏外形。剪开左、右两侧心脏，分别观察左、右心房和左、右心室的结构。

四、头颈部和四肢的解剖观察

(一)头颈部

清理残余的肩带肌，解剖观察颈深淋巴结。清理观察气管、食管和甲状腺。清理观察下颌淋巴结。清理观察面神经、腮腺、腮淋巴结和咬肌。清除一侧下颌骨，清理观察口腔、咽和喉等器官。清除外侧部分眼眶，解剖观察眼的结构。解剖观察耳的结构。解剖颅骨，分离嗅球与嗅神经的联系，切断视神经等脑神经，切断脑与脊髓的联系，将脑从颅腔取出并进行清理解剖，观察脑及脑室的结构。

(二)四肢

清理浅层各肩带肌之间的界限，清理观察肩前(颈浅)淋巴结，切断胸头肌、臂头肌、肩胛横突肌和背阔肌。切断胸肌并向外侧抬起前肢游离部，清理肩胛下间隙内结缔组织和脂肪组织，解剖观察腋动脉、腋静脉、臂神经丛和腋淋巴结。切断斜方肌，清理观察切断菱形肌。切断腋动脉、腋静脉、臂神经丛和下锯肌，取下前肢。

清理观察一侧臀肌等有关肌肉，露出荐结节阔韧带、髋骨。锯断髋骨体前上部，清理股薄肌等，在闭孔内侧缘的侧矢面上锯断耻骨和坐骨，清理肌肉和软组织，取下该侧后肢(清理观察骨盆腔各器官)。清理并解剖观察后肢各部的皮肤、肌肉、血管、神经、肌腱、韧带、关节和骨。

第三部分　鸡解剖观察

一、外部观察及致死方式

(一)外部观察

观察和触摸冠和肉髯的颜色及大小，眼睑、眼、面部、耳垂、耳孔、喙、全身羽毛的状况、尾上腺、脚鳞、距和爪、泄殖腔周围，并注意各关节的粗细。

（二）致死和拔毛

鸡的致死有三种方法。第一种是口腔内放血，将鸡倒置保定，将手术刀或剪刀伸入口腔后部两侧，切断颅底部桥静脉，血液从口腔流出，放血致死。第二种是颈部脱臼法，将鸡的两个翅膀打结后，右手全部握住鸡头，用拇指按住鸡头与脖颈的连接处，寻找第一颈椎与头骨连接处的一小凹，左手保定好鸡的双腿，右手大拇指按住小凹，感觉到头骨和颈部脱臼即可，继续保定好鸡，直到不再抽搐为止。第三种是颈部放血，左手的中指、无名指和小拇指抓住鸡的一对翅膀（从上方），右手把鸡头往左手处推（注此时左手已抓住了翅膀），左手的大拇指与食指捏住鸡冠和其喉颈，不让喉颈部皮肤滑动，拔掉喉颈部羽毛，右手操刀在鸡颈部右侧迅速切一个小口（事先要准备一个盛鸡血的容器），切口处对准容器，放血致死。鸡致死后，立即浸入 70～80 ℃的热水中不断地搅动，拔净羽毛、去掉脚部的鳞片和爪及头部的角质喙，并将尸体洗净，置于解剖盘内。

二、体腔的剖开和气囊的解剖观察

（一）体腔的剖开

将腹壁和大腿内侧的皮肤切开，用力将大腿按下，使髋关节脱臼，将两大腿向外展开，从而将鸡尸体仰卧固定。由喙的腹侧沿正中线向后至肛门剪开皮肤，并向两侧剥离（到胸前口时，注意不要伤及嗉囊）。观察胸肌，并沿龙骨两侧切开胸大肌和其深层的胸小肌。自龙骨后端至肛门切开腹壁，再小心用骨剪沿胸骨两侧向前剪至锁骨，注意勿伤气囊。揭起胸骨后端，小心分离其与心、肝之间的连接，并翻转胸骨至前方，以暴露胸腹部体腔内器官。

（二）气囊的解剖观察

气囊在禽类分布很广，胸腔、腹腔皆有，在体腔打开、内脏器官采取过程中，随时注意观察，主要是看气囊的厚薄，有无渗出物等。

从一侧口角处剪开口腔，观察口腔顶部的腭裂和鼻后孔，咽底部的纵裂即喉门。将硬胶管（或塑料插管）从喉口插入气管，慢慢向肺和气囊内吹气，使之膨胀鼓起。分别观察 9 个气囊。

三、体腔器官的解剖观察（见图 12-6）

（一）体腔内浅层器官

在胸骨两侧的体壁上向前延长做纵形切口，将两侧体壁剪开。用骨剪剪断乌喙骨和锁骨，手握龙骨嵴，向上前方用力掰拉，割离肝、心与胸骨的联系及其周围的软组织，摘除胸骨。体腔打开后，清理观察肝脏、胆囊、腺胃、肌胃、脾、十二指肠、胰脏、空肠、肠系膜、回肠、盲肠、盲肠扁桃体、直肠和泄殖腔的位置、颜色、浆膜的状况，体腔内有无液体，各脏器之间有无黏连。

进一步分离上述器官，将其适当展开，观察其联通关系。切断肠系膜，把这些器官拉出体腔外，放于一侧。方法是可先将心脏连心包一起剪离，再取出肝。在食管末端将其切断，

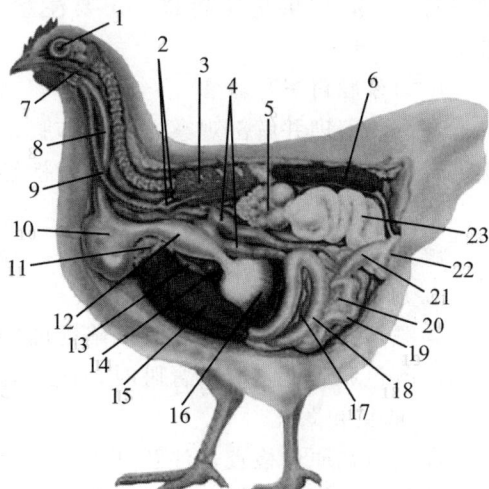

图 12-6　鸡内脏器官的位置

1. 眼；2. 支气管；3. 肺脏；4. 盲肠；5. 卵巢；
6. 肾脏；7. 喉；8. 食道；9. 气管；10. 嗉囊；
11. 心脏；12. 腺胃；13. 胆囊；14. 脾脏；
15. 肝脏；16. 肌胃；17. 胰腺；18. 十二指肠；
19. 空回肠；20. 肠系膜；21. 直肠；
22. 泄殖腔；23. 输卵管

将胃、肠、胰、脾一同取出。方法是向后牵拉腺胃，边牵拉边剪断胃肠与背部的联系，在靠近腺胃前方结扎并切断食管，在泄殖腔前方结扎并切断直肠，摘除胃、肠、肝、胰和脾，进一步解剖观察各器官的形态和构造。在分离肠系膜时，要注意肠系膜是否光滑。在观察胃、肠时，注意观察泄殖腔背侧的腔上囊(原位观察即可，也可摘除)。

1. 腺胃

纵向剖开腺胃，观察其壁内丰富的胃腺和黏膜面的腺胃乳头。

2. 肌胃

沿肌胃的凸缘切开胃壁，注意其肌层的厚度、黏膜面的类角质膜及胃内的砂粒等。观察内部角质层(又称鸡内金)、胃壁肌肉的变化及内容物的性状。

3. 脾脏

剖开脾脏，要注意其大小、颜色、硬度以及横断面的状况。

4. 肠管

可先从外观察肠神经、肝门静脉、胆管、胰脏和盲肠扁桃体、肠壁及肠系膜颜色及粗细程度，分辨十二指肠、空肠、回肠、盲肠、直肠。也可以剪开一段小肠和大肠，用刀背轻轻刮掉其内容物，观察肠内壁情况。

5. 胰脏

胰脏呈长条分叶状，淡黄或红色，位于十二指肠"U"形肠袢内。

6. 肝

解剖观察肝的颜色、大小，触摸质地。

7. 泄殖腔

从肛门一侧剖开泄殖腔，用干脱脂棉球沾去其内部的粪便，观察泄殖腔。可见泄殖腔被两个环形黏膜褶分为粪道、泄殖道和肛道。观察泄殖道上的输尿管开口、输精管乳头或输卵管开口，如果是幼龄鸡，还要注意观察位于泄殖腔背侧的腔上囊，呈球形，开口于肛道。

(二)体腔内深部器官

进一步清理并解剖观察心脏、肺脏、脾脏、卵巢(或睾丸)、输卵管(或输精管)、肾上腺、肾脏、输尿管、腹腔动脉和坐骨神经的形态位置结构。

1. 心脏

解剖观察心包腔、心外膜、心肌、心房、心室、心内膜的状态。

2. 肺和肾

陷藏于肋间隙内及腰荐骨凹陷处的肺和肾，可用外科刀柄或手术剪剥离取出。注意观察肺的颜色和质地。取出肾脏时，注意观察输尿管。肺和肾也可在原位观察。

3. 卵巢和睾丸

卵巢可在原位检查，注意其大小、形状、颜色(注意和同日龄鸡比较)，卵黄发育状况。输卵管位于左侧，右侧已退化，只见一水泡样结构，输卵管观察也可在原位进行。睾丸观察可在原位进行，位于体腔肾前叶腹侧，淡黄白色，注意其形状、大小、颜色、表面、切面和质地，二者是否一致。

四、其他器官的解剖观察

(一)头颈部

清理观察食管、气管、血管、甲状腺、甲状旁腺和嗉囊。如果是幼禽，还应注意解剖观察颈部两侧呈串珠状分布的胸腺。剪开喉、气管、食管及嗉囊，观察黏膜面的正常形态、结构和颜色，注意其湿润和黏液附着量等性状。

解剖口腔，观察舌、腭和唾液腺开口。在眼眶与鼻孔之间，横向剪断头部，观察眶下窦和鼻腔的横断面，注意其形状、颜色和黏液附着量等性状。解剖颅腔，可先用刀剥离头部皮肤，再剪除颅顶骨（大鸡用骨剪或普通剪，小鸡用手术剪），即可露出大脑和小脑，将头顶部朝下，剪断脑下部神经，将脑取出，观察脑的形态。

（二）翼和后肢

解剖观察翼的三段结构，即前脚部、前臂部和臂部的皮肤及肌肉的形态结构。观察翼膜和翼下静脉的正常形态结构。解剖观察两侧锁骨之间以及乌喙骨、肩胛骨与胸骨、臂骨和胸廓之间的关系。解剖观察肋和胸廓的结构特征。

在大腿内侧股骨稍后方纵向切开并分离内收肌，暴露出坐骨神经。解剖观察坐骨神经的来源、位置、正常形态结构和分支分布。此外，观察脊柱两侧、肾脏后部的腰荐神经，肩胛和脊椎之间的臂神经，颈椎两侧、食管两旁的迷走神经。

第四部分　兔解剖观察

一、致死方式及外部解剖观察

（一）致死方式

兔致死一般采用空气栓塞法。将兔置笼内，头伸出笼外，兔笼盖扣紧。兔耳外缘的血管是静脉，在静脉远端进针处剪毛，用酒精棉球消毒并使血管扩张。用左手食指和中指夹住耳缘静脉近心端，使其充血，并用左手拇指和无名指固定兔耳。右手持注射器（针筒内已抽有 10～20 mL 空气）将针头平行刺入静脉，刺入后再将左手食指和中指移至针头处，协同拇指将针头固定于静脉内，右手推进针栓，缓慢注入空气。若针头在静脉内，可见随着空气的注入，血管由暗红变白。如注射阻力大、血管未变色或局部组织肿胀，表明针头未刺入血管，应拔出重新刺入。首次注射应从静脉的远心端开始，注射完毕，抽出针头，用干棉球按压进针处。向耳外缘静脉注入空气后，在血管形成空气栓塞，空气栓塞随血流至右心室，然后进入肺动脉，造成肺栓塞，大面积栓塞使机体不能进行气体交换，发生严重缺氧和二氧化碳潴留，兔经一阵挣扎后，瞳孔放大，全身松弛而死。

（二）外部观察

主要查看天然孔、被毛、皮肤和营养状况。

1. 营养状况

可以从肌肉的丰满程度判断。营养不良的兔被毛粗乱、无光泽、肌肉薄，脊椎和骨骼明显。

2. 皮肤观察

注意观察皮肤的颜色、厚度，感受硬度及弹性。

3. 天然孔观察

观察包括耳、鼻、眼、口、肛门、阴门等的颜色，有无分泌物或排泄物以及流出液的性状。

二、剥皮

剥皮时，从下颌角开始，沿颌间中线经过颈部腹面，沿胸腹壁正中线做一纵切口至肛门。用镊子提起皮肤，用剪子或手术刀剥离皮肤，一般只剥离腹侧皮肤。若全剥，则在口角稍后部，做一环形切开与纵口会合。前肢在桡骨中部、后肢在跗关节处做环形切口，在四肢内侧垂直于纵切口切开皮肤，将尸体皮肤全部剥掉。剥皮时注意皮下组织脂肪的多少及颜色。也可以不剥皮，但为了防止兔毛飞扬，沾染组织，可用清水或消毒液将尸体浸湿。

三、腹腔的解剖观察（见图 12-7）

已剥皮或未经剥皮背侧卧位的尸体，将两前肢与胸壁附着处少许切割，使两前肢充分向两侧伸展，对两后肢往下施加压力，使耻骨联合稍有断裂，骨盆腔充分暴露。在腹壁正中松弛部位，用镊子提起腹壁，剪一小孔，用圆头剪子插入腹腔内，剪开腹壁，前方止于胸骨的剑状软骨，后方止于肛门。在胸骨剑状软骨处，垂直于第一切口，紧靠着最后肋骨后缘，剪开左右侧腹壁到腰肌为止，使整个腹腔充分暴露出来。

观察腹腔渗出液的有无、多少及性状，可直接涂片检查或培养。然后仔细检查腹膜有无炎症、增厚及黏连，腹腔器官的位置有无异常（兔的腹腔大部被盲肠占据，几乎充满右腹部，回肠进入盲肠处膨大，称圆小囊。盲肠末端为壁厚细长的蚓突，两者均为淋巴组织）。

摘除腹腔器官，应先摘除脾和网膜。用镊子提起胃贲门部，切断贲门部和食道，向后一边牵拉一边分离，将胃、肠从腹腔内一起摘出。用镊子夹住静脉根部，小心将肝脏摘出。用镊子剥离肾脏周围脂肪，将肾脏和肾上腺一同摘出。最后摘出膀胱与生殖器官（可在原位观察）。摘出的器官按一定顺序摆放在盘中（为防止干燥，可在上面盖一块浸有生理盐水的纱布）。

四、胸腔的解剖观察

在肋上端、肋与胸骨交接处，由后向前剪断两侧肋，提起胸壁，暴露胸腔器官，注意观察胸腔和心包的液体数量及性状。

在喉部剪断气管，先摘除胸腺，牵拉气管并剪断肺、心脏与其他组织的联系，即可将肺、心脏、气管及喉头一同摘出。

首先观察心脏的外部情况、心脏的体积及颜色，然后切开心脏观察心内膜及各个心房和心室。

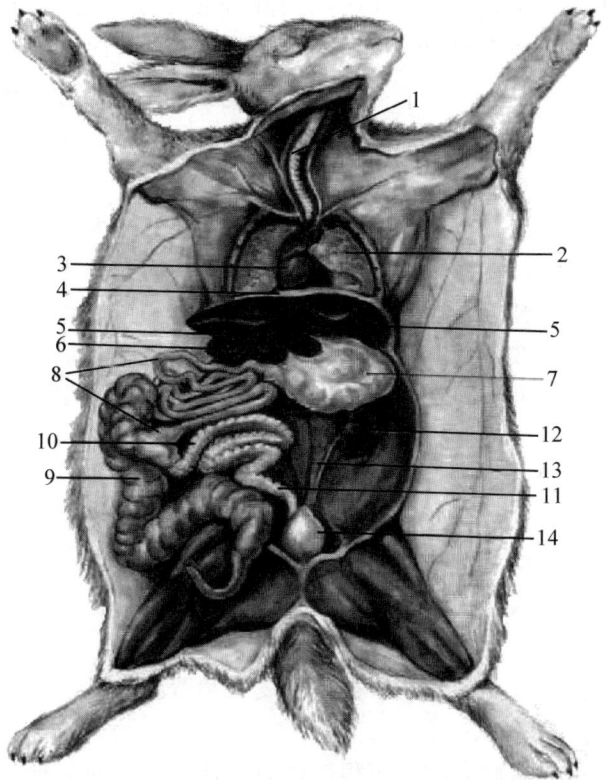

图 12-7　家兔的内脏器官
1. 气管；2. 肺脏；3. 心脏；4. 膈；5. 肝脏；6. 胆囊；7. 胃；8. 小肠；9. 盲肠；10. 结肠；11. 直肠；12. 肾脏；13. 输尿管；14. 膀胱

肺的观察：注意肺的颜色、大小、质地、切面有无液体流出，液体的颜色和数量，间质有无变化。再剪开气管，并观察腔内分泌物性状以及黏膜颜色。

五、口腔及颅腔的解剖观察

如要打开口腔及颅腔进行检查，通常在观察完内脏器官之后进行。从颊部做纵向切口，然后将一侧下颌支剪断，向外侧翻转，使舌及口腔全部暴露出来。

颅腔的观察：在枕骨与第一颈椎的关节处切断，将头与体腔分离，把头放在解剖盘内，以两内眼角连一条直线，在此直线两端向枕骨大孔各连一条线，用外科刀沿这三条直线破坏骨组织。去掉头盖骨后，用镊子提起脑膜，用剪子剪开，即可观察颅腔液体的数量、颜色、透明度以及脑膜等情况。最后，用镊子钝性剥离大脑与周围连接，再将大脑从颅腔内取出进行观察。

第五部分 犬解剖观察

一、致死方式、外部观察和剥皮

（一）致死方式

1. 硫喷妥钠麻醉

采用徒手、绷带和口笼保定等方法，将犬保定后，按每千克体重静脉注射硫喷妥钠 $20\sim30$ mg，动物即很快入睡。暴露股三角区，用锋利的杀犬刀在股三角区做一个约 10 cm 的横切口，把股动脉、股静脉全切断，立即喷出血液。用一块湿纱布不断擦去股动脉周围的血液和血凝块，同时用自来水冲洗流血，使股动脉处保持畅通，$3\sim5$ min 内即可致死。采用此种方法，犬比较安静，对脏器无损伤。

2. 乙醚麻醉

将犬嘴扎紧，以防麻醉初期动物兴奋时骚动咬人，按动物大小选用合适的麻醉口罩，并在口罩内放入浸润乙醚的纱布。一人将狗按倒，用膝盖和两手固定动物的髋部及四肢。麻醉者一手握住下颌以固定头部（注意防止窒息），另一手将口罩套在犬嘴上，使其吸入乙醚。吸入 $10\sim20$ min 乙醚后开始发挥作用。

（二）外部观察

剥皮前应仔细观察尸体外部状态，包括犬的皮肤及被毛（完整性、肿胀）、营养状况、天然孔（分泌物、黏膜）、外在器官的形态（头、四肢、外生殖器）。

（三）剥皮和皮下观察

剥皮时，将尸体仰卧保定。从下颌部、颈部、胸腹正中线将皮肤切开，一直到脐部后，遇到生殖器官或乳腺时做环形切口，继续向后切至尾根部。再沿四肢内侧向腹中线垂直切开皮肤，在球节做环切。然后沿切开的皮肤对尸体进行全身皮肤剥离。临床上可根据需要进行不完全剥皮。剥皮同时观察皮下组织的情况（皮肤的弹性，皮下脂肪的多少、肌肉的体积及颜色等）和肋骨的形态特征。

二、肩带肌的解剖观察

清理解剖头静脉、肩胛横突肌、锁臂肌、锁颈肌、胸头肌、斜方肌、胸肌、下锯肌、背阔肌之间的界限。清理观察肩前（颈浅）淋巴结，切断背侧组肩带肌。切断胸肌并向外侧抬起前肢游离部，清理肩胛下间隙内结缔组织和脂肪组织，解剖观察腋动脉、腋静脉、臂神经丛和腋淋巴结。切断斜方肌，清理观察切断菱形肌。切断腋动脉、腋静脉、臂神经丛和下锯肌，取下前肢。

三、腹部和骨盆腔的解剖观察

(一)腹壁

剥皮后将犬仰卧保定，可先切断前后肢与躯干内侧的联系，使体位更加牢固。

原位观察公犬阴囊、阴茎和包皮(或母犬乳房)的形态和构造，再切除犬的生殖器(包括乳腺)。解剖清理观察并切开腹外斜肌、腹内斜肌、腹横肌和腹直肌(如果是公犬应注意解剖观察腹股沟管)，观察腹侧壁的神经、膝上淋巴结和腹膜。

在剑状软骨部剪一小口，用中指和食指隔离腹壁和腹腔内器官，然后从前向后剪开腹壁，再沿肋软骨剪至胯部。注意不要破坏腹腔内的器官。打开腹腔后，立即观察腹腔内脏器的颜色、位置和形态，腹腔积液，腹膜等。

(二)腹腔器官(见图 12-8、图 12-9)

清理观察膈、肝脏、胆囊、胃、脾脏、肾脏、输尿管、膀胱、尿道、直肠、空肠、十二指肠、胰脏、盲肠和结肠的形态结构及相互位置关系。

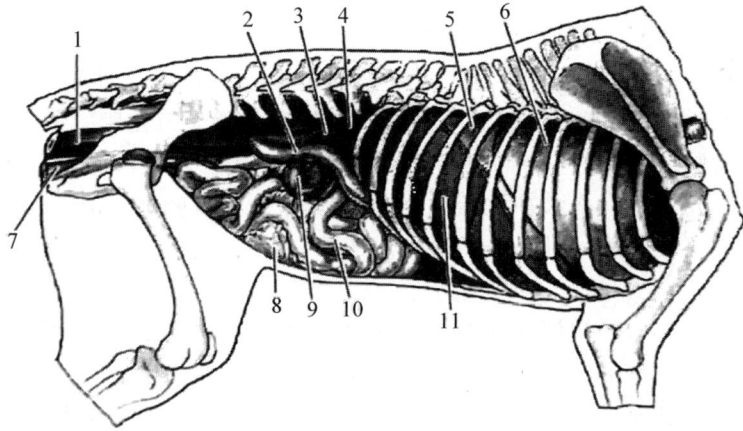

图 12-8　犬的内脏(右侧)

1. 直肠；2. 十二指肠；3. 胰脏；4. 右肾；5. 膈；6. 肺脏；7. 泌尿生殖前庭；
8. 大网膜；9. 盲肠；10. 空肠；11. 肝脏

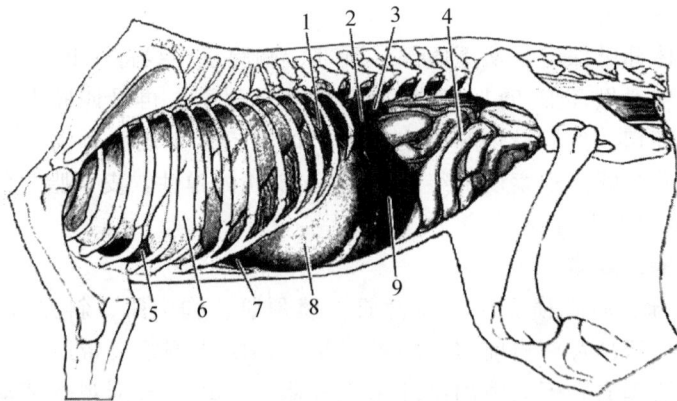

图 12-9　犬的内脏(左侧)

1. 膈；2. 脾头；3. 左肾；4. 肠；5. 心脏；6. 肺脏；7. 肝脏；8. 胃；9. 脾尾

1. 摘除网膜

打开腹腔后可见肝和胃，其他器官被大网膜覆盖，将其除去，则见十二指肠、空肠以及部分结肠和盲肠。观察网膜状态后，再将其摘除。

2. 摘除胃、肠

找到胃和食管，暴露食管，在食管末端做双不完全环切，于环切处做结扎，在结扎之间剪断食管。在骨盆腔内找到直肠，将直肠末端的内容物向直肠前端挤压，并在末端做结扎，在直肠末端剪断肠管。由前向后依次剪断胃肠与背部的结缔组织，即摘除胃、小肠、大肠和脾脏。

3. 摘除肝脏和胰腺

剪断肝脏左叶的三角韧带、后腔静脉和右叶周围的三角韧带、门静脉、肝动脉，之后摘除肝脏，同时将胰脏一同摘除。同时观察肠系膜的状态、淋巴结情况。

4. 摘除肾和肾上腺

首先观察输尿管的状态，剥离肾脏周围的脂肪囊，切断进入肾脏的血管和输尿管，之后摘除左肾和右肾，同时摘除肾上腺，也可单独摘除。

清理观察腹主动脉、后腔静脉、腹腔植物性神经、肾脏、输尿管、肾上腺和主要淋巴结。

切断食管、肠系膜和结肠末端，取下部分内脏器官。进一步清理观察直肠、输尿管、膀胱、髂内动脉、髂外动脉、髂内淋巴结、髂外淋巴结和腰荐神经丛等。

（三）骨盆腔

首先锯断髂骨体，再锯断耻骨和坐骨的髋臼支，将锯断的骨体摘除，骨盆腔随即打开。切断直肠连接骨盆腔的结缔组织。进一步清理观察腹主动脉、后腔静脉和腰荐神经丛。如解剖的是母犬，还要解剖观察子宫和卵巢，再将膀胱颈、阴道和生殖腺切离。最后将肛门、阴门做环形切离，并取出骨盆腔脏器。如果是公犬，应注意解剖观察输精管和副性腺。

四、胸腔的解剖观察

（一）胸壁

清理剩余的肩带肌，清理并观察肋间外肌、肋间内肌、肋胸膜和肋间的血管神经。用骨剪剪断左、右侧肋与胸骨和胸椎的连接，取下肋暴露整个胸腔。观察胸膜的状态、胸腔内液体的性状，取下整块胸壁，观察肋胸膜和肋间的血管神经。

（二）肺

解剖观察肺胸膜和膈胸膜，原位观察肺的形态、质地、分叶和颜色。尽量将右肺向前移开，观察腔静脉褶、后腔静脉、右侧的膈神经和右肺的副叶，将副叶从腔静脉褶中拉出，切断肺根，取下右肺，放入方盘中。观察肺的颜色、质地和各种结构，将整个右肺或切下一小块放入水中，观察其浮沉情况。

（三）纵隔

清理观察心包、膈、食管、气管、膈神经、迷走神经和大的血管主干及其主要分支。在心包右侧剪十字形切口，食指和中指伸入心包腔，将心尖提起，同时观察心包液的量和性状，切断心基部的血管，摘除心脏。观察心脏外形，剪开左、右两侧心脏，分别观察左、右心房和左、右心室的结构。

五、头颈部和四肢的解剖观察

（一）头颈部（见图 12-10）

切断咬肌，在下颌骨的第一臼齿前锯断左侧下颌支，再将下颌支内面的肌肉及后缘的腮腺、下颌关节的韧带及冠状突周围的肌肉分离，摘除左侧下颌支。用手握住舌头，切断舌骨支及其周围组织，顺次切断喉、气管和食管周围组织的联系，一直至胸腔入口处，打开口腔及摘除全部颈部器官。观察胸头肌、臂头肌、肩胛舌骨肌、迷走交感神经干（迷交干）和颈深淋巴结，观察气管、食管和甲状腺。

清理残余的肩带肌，解剖观察气管、食管和甲状腺。清理观察下颌淋巴结，清理观察面神经、腮腺、腮淋巴结和咬肌。清除一侧下颌骨，解剖观察口腔、咽和喉等器官。清除外侧部分眼眶，解剖观察眶腺（颧骨腺）和眼的结构。解剖观察耳的结构。

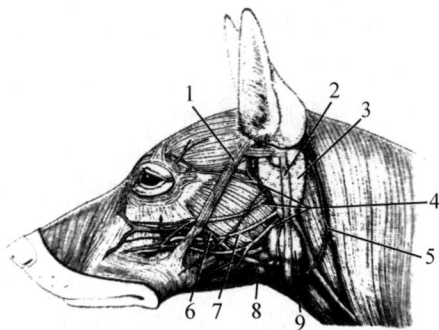

图 12-10　犬头部浅层器官

1. 颧肌；2. 腮耳肌；3. 腮腺；4. 面神经；
5. 第 2 颈神经；6. 面静脉；7. 腮腺管；
8. 下颌淋巴结；9. 颌下腺

除去剩余的下颌骨体及右侧下颌支，切去颅顶部附着的皮肤和肌肉，将顶骨锯除（沿两眼的后缘用锯横行锯断，再沿两角外缘与第一锯相接锯开，用力使顶骨与头部分离），暴露颅腔，分离嗅球与嗅神经的联系，切断视神经等脑神经，切断脑与脊髓的联系，将脑从颅腔取出并进行清理解剖，观察脑及脑室的结构。

（二）四肢

清理右侧剩余的肩带肌，清理观察臂神经丛、腋动脉和腋静脉。解剖观察前肢各部的皮肤、肌肉、血管、神经、肌腱、韧带和关节，解剖头静脉及其邻近器官。

清理观察一侧臀部有关肌肉，露出荐结节阔韧带和髂骨，锯断髂骨体前上部，清理股薄肌等，在闭孔内侧缘的侧矢面上锯断耻骨和坐骨，清理肌肉和软组织，取下该侧后肢（清理观察骨盆腔各器官）。清理并解剖观察后肢各部的皮肤、肌肉、血管、神经和骨骼，注意对膝关节后方腓肠肌和腘肌的解剖观察。

拓展阅读

布鲁氏杆菌

布鲁氏杆菌，简称布病，在牛羊之间、人畜之间传播。人患布病的主要表现为低烧、精神恍惚以及周身关节疼痛等症状。所以一旦人感染布病，极容易被误诊成为普通感冒等疾病，延误最佳治疗时机。进行牛羊的解剖观察时候，一定要提前对牛羊进行布病检测，没有传染性的动物才可以用来实验。

●●●●● 材料设备清单

项目 12			动物解剖观察		学时		12	
项目	序号	名称	作用	数量	型号	使用前	使用后	
所用设备	1	投影仪	观看视频图片。	1 台				
所用工具	2	手术器械	器官解剖构造观察。	4 套				
所用药品（动物）	3	羊、猪、犬、兔、鸡	动物解剖与观察。	羊猪犬各 1 个鸡、兔各 4 只				

●●●●● 作业单

项目 12	动物解剖观察
作业完成方式	课余时间独立完成。
作业题 1	简述牛羊的体表观察、致死方式和解剖程序。
作业解答	
作业题 2	简述猪的致死方式和解剖程序。
作业解答	
作业题 3	简述鸡的外部观察、致死方式和解剖程序。
作业解答	
作业题 4	简述兔的外部观察、致死方式和解剖程序。
作业解答	
作业题 5	简述犬的外部观察、致死方式和解剖程序。
作业解答	

<table>
<tr><td rowspan="5">作业评价</td><td>班级</td><td></td><td>第　组</td><td>组长签字</td><td></td></tr>
<tr><td>学号</td><td></td><td colspan="2">姓名</td><td></td></tr>
<tr><td>教师签字</td><td></td><td>教师评分</td><td>日期</td><td></td></tr>
<tr><td colspan="5">评语：</td></tr>
<tr><td colspan="5"></td></tr>
</table>

●●●●● 学习反馈单

项目 12	动物解剖观察				
评价内容	评价方式及标准				
	作业评量及规准				
	A （90 分以上）	B （80～89 分）	C （70～79 分）	D （60～69 分）	E （60 分以下）
知识目标 达成度	内容完整，阐述具体，答案正确，书写清晰。	内容较完整，阐述较具体，答案基本正确，书写较清晰。	内容欠完整，阐述欠具体，答案大部分正确，书写不清晰。	内容不太完整，阐述不太具体，答案部分正确，书写较凌乱。	内容不完整，阐述不具体，答案基本不太正确，书写凌乱。
	实作评量及规准				
	A （90 分以上）	B （80～89 分）	C （70～79 分）	D （60～69 分）	E （60 分以下）
技能目标 达成度	能正确解剖各种动物，能准确识别各系统器官的形态、位置、构造。操作规范，速度快。	各种动物解剖程序绝大部分正确，各系统器官的形态、位置、构造识别绝大部分准确。操作规范，速度较快。	各种动物解剖程序部分正确，各系统器官的形态、位置、构造识别部分准确。操作较规范，速度一般。	各种动物解剖程序小部分正确，各系统器官的形态、位置、构造识别小部分准确。操作欠规范，速度较慢。	各种动物解剖程序基本不正确，各系统器官的形态、位置、构造识别基本不准确。操作不规范，速度很慢。

	表现评量及规准				
	A （90 分以上）	B （80～89 分）	C （70～79 分）	D （60～69 分）	E （60 分以下）
素养目标 达成度	积极参与线上、线下各项活动，态度认真。处理问题及时正确，生物安全意识强，不怕脏不怕异味。	积极参与线上、线下各项活动，态度较认真。有较强处理问题能力和生物安全意识，不怕脏不怕异味。	能参与线上、线下各项活动，态度一般。处理问题能力和生物安全意识一般。不太怕脏怕异味。	能参与线上、线下部分活动，态度一般。处理问题能力和生物安全意识较差。有些怕脏怕异味。	线上、线下各项活动参与度低，态度较差。处理问题能力和生物安全意识较差，怕脏怕异味。
反馈及改进					

课程量化评价单

纸笔考试各项目配分表

教材内容（考试范围）	项目1 动物体基本结构	项目2 运动系统	项目3 被皮系统	项目4 消化系统	项目5 呼吸系统	项目6 泌尿系统	项目7 生殖系统	项目8 心血管系统	项目9 免疫系统	项目10 神经系统	项目11 内分泌系统	项目12 动物解剖观察	合计
教学时间（108学时）	10	10	4	20	10	6	8	12	4	8	4	12	108
占分比例　理想	10	10	4	22	11	6	8	13	4	8	4	0	100
占分比例　实际	9	9	4	22	10	7	9	14	4	8	4	0	100

纸笔考试双向细目表

教学目标 教材内容	试题形式	1.0 记忆 配分	1.0 记忆 题数	2.0 理解 配分	2.0 理解 题数	3.0 运用 配分	3.0 运用 题数	4.0 分析 配分	4.0 分析 题数	5.0 评价 配分	5.0 评价 题数	6.0 创造 配分	6.0 创造 题数	合计 配分	合计 题数
CP1（认知动物体基本结构）	单选题	2	1	2	1									4	2
	判断题	2	1											2	1
	名词解释	3	1											3	1
	简答题														
	……														
	小计	7	3	2	1									9	4
CP2（识别骨骼和肌肉）	单选题	2	1			2	1							4	2
	判断题			2	1									2	1
	名词解释	3	1											3	1
	简答题														
	……														
	小计	5	2	2	1	2	1							9	4

续表

教学目标		1.0 记忆		2.0 理解		3.0 运用		4.0 分析		5.0 评价		6.0 创造		合计	
教材内容	试题形式	配分	题数	配分	题数	配分	题数	配分	题数	配分	题数	配分	题数	配分	题数
CP3（识别皮肤及其衍生物）	单选题			2	1	2	1							4	2
	判断题														
	名词解释														
	简答题														
	……														
	小计			2	1	2	1							4	2
CP4（识别消化器官）	单选题	4	2	2	1	4	2							10	5
	判断题	2	1	2	1									4	2
	名词解释			3	1									3	1
	简答题			5	1									5	1
	……														
	小计	6	3	12	4	4	2							22	9
CP5（识别呼吸器官）	单选题			2	1									2	1
	判断题	2	1											2	1
	名词解释														
	简答题							6	1					6	1
	……														
	小计	2	1	2	1			6	1					10	3
CP6（识别泌尿器官）	单选题														
	判断题														
	名词解释														
	简答题							7	1					7	1
	……														
	合计							7	1					7	1

续表

| 教学目标 | | 1.0 记忆 | | 2.0 理解 | | 3.0 运用 | | 4.0 分析 | | 5.0 评价 | | 6.0 创造 | | 合计 | |
教材内容	试题形式	配分	题数	配分	题数	配分	题数	配分	题数	配分	题数	配分	题数	配分	题数
CP7（识别生殖器官）	单选题	2	1											2	1
	判断题	2	1			2	1							4	2
	名词解释	3	1											3	1
	简答题														
	……														
	小计	7	3			2	1							9	4
CP8（识别心血管）	单选题					2	1							2	1
	判断题					2	1							2	1
	名词解释			3	1									3	1
	简答题					7	1							7	1
	……														
	小计			3	1	11	3							14	4
CP9（识别免疫器官）	单选题	2	1											2	1
	判断题					2	1							2	1
	名词解释														
	简答题														
	……														
	小计	2	1			2	1							4	2
CP10（识别神经器官）	单选题			6	3	2	1							8	4
	判断题														
	名词解释														
	简答题														
	……														
	小计			6	3	2	1							8	4

教学目标		1.0 记忆		2.0 理解		3.0 运用		4.0 分析		5.0 评价		6.0 创造		合计	
教材内容	试题形式	配分	题数	配分	题数	配分	题数	配分	题数	配分	题数	配分	题数	配分	题数
CP11（识别内分泌器官）	单选题			2	1	2	1							4	2
	判断题														
	名词解释														
	简答题														
	……														
	小计			2	1	2	1							4	2
配分合计	单选题	12	6	16	8	12	6							40	20
	判断题	8	4	4	2	8	4							20	10
	名词解释	9	3	6	2									15	5
	简答题			5	1	7	1	13	2					25	4
	……														
	合计	29	13	31	13	27	11	13	2					100	39

注：1. 试题形式指填空题、选择题、判断题、简答题、计算题、分析题、综合应用等形式；

　　2. 试卷结构应包含主观题和客观题，具体题型由制定人确定，题型不得少于4种；

　　3. 每项配分值为本项所含小题分数的和；

　　4. 本表各项目视教学目的、实际教学及命题需要可进行适当调整。

参考文献

[1]白彩霞．动物解剖生理[M]．北京：北京师范大学出版社，2021．

[2]周其虎．动物解剖生理[M]．第三版．北京：中国农业出版社，2019．

[3]张平，白彩霞，杨惠超．动物解剖生理[M]．中国轻工业出版社，2017．

[4]范作良．家畜生理[M]．北京：中国农业出版社，2001．

[5]山东省畜牧兽医学校．家畜解剖生理[M]．第三版．北京：中国农业出版社，2000．

[6]沈霞芬．家畜组织学与胚胎学[M]．第四版．北京：中国农业出版社，2010．

[7]董常生．家畜解剖学[M]．第五版．北京：中国农业出版社，2015．

[8]南京农业大学．家畜生理学[M]．第三版．北京：中国农业出版社，2009．

[9]中国人民解放军兽医大学．家畜生理学[M]．长春：吉林科学技术出版社，1986．

[10]广东省仲恺农业技术学校．家畜解剖生理学[M]．第2版．北京：农业出版社，1991．

[11]刘建柱．宠物医师临床急救手册[M]．北京：中国农业出版社，2014．

[12]周其虎．畜领取解剖生理[M]．第二版．北京：中国农业出版社，2009．

[13]丁玉玲，李术．禽畜解剖与生理[M]．哈尔滨：黑龙江人民出版社，2005．

[14]陆桂平．动物病理[M]．北京：中国农业出版社，2001．

[15]韩行敏．宠物解剖生理[M]．北京：中国轻工业出版社，2012．

[16]周铁忠，陆桂平．动物病理[M]．北京：中国农业出版社，2008．

[17]王仲兵，岳文斌等．现代牛场兽医手册[M]．北京：中国农业出版社，2008．

[18]张泉鑫，朱印生．猪病[M]．北京：中国农业出版社，2008．

[19]陈品．实用兽医诊疗操作新技术[M]．北京：中国农业出版社，2006．

[20]陈志伟，邓国华，王秀荣．兽医操作技术7日通[M]．北京：中国农业出版社，2004．

[21]范作良．家畜解剖[M]．北京：中国农业出版社，2001．

[22]马仲华，家畜解剖学及组织胚胎学[M]．第三版．中国农业出版社，2010．

[23]杨维泰，张玉龙，董常生．家畜解剖学[M]．北京：中国科学技术出版社，1993．

[24]程会昌，王军．动物解剖学与组织胚胎学[M]．第3版．北京：中国农业大学出版社，2023．

[25]彭克美，张登荣．组织学与胚胎学[M]．北京：中国农业出版社，2002．

[26]陈功义．动物解剖[M]．北京：中国农业出版社，2010．

[27]中央农业广播电视学校．家畜解剖生理学[M]．北京：中国农业出版社，1986．

[28]安铁珠．谭建华，韦旭斌．犬解剖学[M]．长春：吉林科学技术出版社，2003．

[29]动物解剖生理在线精品课网址：https://www.xueyinonline.com/detail/201656181．